长江上游梯级水库群多目标联合调度技术丛书

梯级水库群联合调度与风险分析

纪昌明　张验科　阎晓冉　李宁宁　著

·北京·

内 容 提 要

本书以长江流域梯级水库群为研究对象，在已有风险分析与多目标决策方法的基础上，重点介绍了梯级水库群多目标优化求解算法、多目标风险效益互馈关系分析、联合防洪和兴利调度风险分析、联合调度多目标风险决策等研究成果。本书丰富和完善了现有梯级水库群多目标调度风险分析的理论与方法，探索提出了风险与效益最佳协调的先进技术，对于变化环境下的水利工程防灾减灾、水资源高效利用具有重要理论价值和应用前景。

本书可供水利、电力、交通、地理、气象、环保、国土资源等领域的广大科技工作者、工程技术人员参考使用。

图书在版编目（CIP）数据

梯级水库群联合调度与风险分析 / 纪昌明等著. --
北京 : 中国水利水电出版社, 2020.12
（长江上游梯级水库群多目标联合调度技术丛书）
ISBN 978-7-5170-9327-5

Ⅰ. ①梯… Ⅱ. ①纪… Ⅲ. ①长江流域一上游一梯级水库一水库调度一研究 Ⅳ. ①TV697.1

中国版本图书馆CIP数据核字(2020)第271768号

书　　名	长江上游梯级水库群多目标联合调度技术丛书 **梯级水库群联合调度与风险分析** TIJI SHUIKU QUN LIANHE DIAODU YU FENGXIAN FENXI
作　　者	纪昌明　张验科　阎晓冉　李宁宁　著
出版发行	中国水利水电出版社 （北京市海淀区玉渊潭南路 1 号 D 座　100038） 网址：www.waterpub.com.cn E-mail：sales@waterpub.com.cn 电话：(010) 68367658（营销中心）
经　　售	北京科水图书销售中心（零售） 电话：(010) 88383994、63202643、68545874 全国各地新华书店和相关出版物销售网点
排　　版	中国水利水电出版社微机排版中心
印　　刷	北京印匠彩色印刷有限公司
规　　格	184mm×260mm　16 开本　20.5 印张　499 千字
版　　次	2020 年 12 月第 1 版　2020 年 12 月第 1 次印刷
印　　数	0001—1000 册
定　　价	**188.00** 元

前言

全球气候变化给生态环境及人类生存带来了严重影响，为应对极端气候导致的洪涝旱灾，我国相关部门强调要积极应对全球气候变化、加强生态保护和防灾减灾体系建设、加大环境保护力度和资源节约与管理。因此，如何在不利气候条件下完善防灾减灾和水资源高效利用的工程与非工程措施，实现经济、社会与资源、环境的协调发展已成为我国国民经济和社会发展中迫切需要解决的重大科学问题。

自古以来，我国就是世界上洪涝灾害最严重的国家之一。受气候和地理条件的影响，我国的洪涝灾害具有范围广、频率高、突发性强、损失大的明显特征，这些特征决定了我国防洪任务的长期性和艰巨性。我国洪涝灾害连年不断，每次洪水灾害都使人民生命财产遭受巨大损失，灾区的生态环境受到严重创伤，往往数年难以恢复元气。在超标准洪水、洪灾及灾害损失不可避免时，如何减轻灾害损失，是进行风险分析和管理研究的根本目的，其研究具有显著的实际价值。

自然界中客观存在着大量不确定性因素，任何事物都无法避免由不确定性带来的风险。处于社会经济、生态环境复合系统中的水库群系统，在获取巨大效益、减轻大自然产生的风险的同时，又潜藏着更大的风险，在不可抗拒的自然因素或决策失误等人为因素影响下，一旦垮坝（溃堤）或连续垮坝（溃堤），其后果不堪设想。因此，在变化环境条件下，管理决策水平的好坏及其产生的风险大小直接影响着人类健康、环境安全和国民经济的发展。风险存在的普遍性、经济建设的迫切性和管理的重要性说明了相关研究具有普遍性意义。

梯级水库群调度管理综合利用效益主要体现于防洪与兴利，而两者之间围绕有限库容的利用冲突十分突出：一方面，防洪部门按照规划设计要求，为了确保防洪安全，洪水到来前运行水位往往严格控制在防洪限制水位及以下，致使汛期水位在大概率意义下处于低水位运行，导致了大量弃水，影响了水库蓄满率；另一方面，兴利部门等为了获取有限资源的效益，总希望基于大量的预报信息，使起调水位和运行水位尽可能抬高，减少资源浪费，增加水库蓄满概率，缓解枯水期缺电、缺水的风险，但一旦出现小概率大洪水事件，将导致不可估量的洪灾损失。如何在风险可承受条件下，既不造成附加风险损失，又能获取最佳的兴利效益，一直是防洪兴利部门普遍关注和亟待解决的重大问题。这一问题的有效解决可以获得巨大的经济和社会效益。

梯级水库群调度风险管理涉及水文、水力、工程、经济、社会、生态环境等诸多风险。梯级水库群联合调度与风险分析就是要在风险辨识和估计的基础上，探求各类风险之间关系及其相互间矛盾转化规律、协控模式和决策方法，以便充分合理运用工程与非工程措施，减少或避免大自然或主观决策特别是管理不善造成的更大风险或资源浪费，监控风险决策的实际效应，保证工程、人民生命和国家财产安全，提高科学管理水平和防洪、兴利系统整体效益，促进国民经济和人类社会持续、稳定地发展与繁荣，实现工程技术与社会经济、生态环境系统的最佳协调与可持续发展，这无疑是个理论和学术意义重大、应用前景广阔的课题。

风险与效益是一对互斥共生的对立体，效益的产生必然伴随着一定的风险。在不确定环境下，为了获得更大效益，就必须对当前的水文预报信息、运行状态、实时控制与决策等进行一系列的风险分析，将风险控制在可接受范围内，获取工程的最佳综合利用效益。因此，本书建立梯级水库群联合调度与多目标风险分析与决策技术理论体系，探讨综合利用水库优化调度方法，识别调度中的输入、运行、输出等各类风险，研究水库群联合调度多目标风险、效益间互馈响应关系，将综合利用水库群风险分析与决策模型、调度方案的综合评价分析及协调机制融为一有机整体，形成包含多目标优化算法、风险识别与量化、风险评价与决策、风险效益协调机制等的理论与方法，有效克服现有风险管理模式的不足，协调处理水库调度风险与效益间关系，提高水库工程的整体效益，高效利用水资源，促进社会经济、生态环境复合系统的健康快速发展和持续繁荣，无疑具有重大科学意义和实际应用价值。

本书共分 14 章，第 1～第 8 章为理论方法，第 9～第 14 章为工程应用，主要以长江流域的几个典型梯级水库为对象，在已有风险分析与多目标决策方法的基础上，重点介绍了梯级水库群多目标风险效益互馈关系分析、联合防洪和兴利调度风险分析、联合调度多目标决策技术等研究成果。本书提出了基于结构方程的梯级水库群多目标风险效益互馈关系分析方法，构建了考虑入库洪水预报误差的梯级水库群联合防洪调度风险分析和考虑来水不确定性的梯级水库群联合发电调度风险分析模型，以及多种决策背景下的单一决策者和群决策者的多目标风险决策模型等；丰富和完善了现有梯级水库群多目标调度风险分析的理论与方法，探索提出了风险与效益最佳协调的先进技术，对于变化环境下的水利工程防灾减灾、水资源高效利用具有重要理论价值和应用前景。

在本书编写过程中，王丽萍、李崇浩、缪益平、谢维、蒋志强、李荣波、李传刚、王渤权、张培、梁小青、俞洪杰、马皓宇、张佳新、刘源、赵亚威、吴月秋、马秋梅等对本书的撰写给予了大力的协助，在此，谨向他们致以真挚地感谢；张超、曹成琳、肖倩、郃雨航等承担了本书的校核工作，在此一并表示感谢。

本书的部分科研成果是在国家重点研发计划（2016YFC0402208）和国家自然科学基金（51279062；51709105）资助下完成的，对此表示感谢。

由于作者水平有限，书中难免有不妥之处，敬请读者批评指正。

作者

2020年10月

目录

第1章

绪　论

1.1 研究背景及意义

水是生命的源泉，是人类生存和发展必不可少的重要自然资源之一，我国的水资源和水能资源虽然丰富，但是人口基数大，人均水资源量不足世界平均水平的1/4，而且随着全球气候变化和我国经济社会发展，水的需求越来越大，可供利用的水资源日趋紧张。因此，在各流域的开发治理深度和广度不断加大的同时，自然和人为风险的影响也越来越明显。如何积极应对全球气候变化，充分利用流域资源优势，加强资源节约和管理，加大环境保护力度，在满足防洪、供水、发电、航运、生态需水等部门综合利用要求下，减轻或消除主观和客观风险，充分发挥水利工程整体利用效益，是一个亟待解决的重大问题。

水库是水资源时空调配的重要工程措施，其通过对上游天然来水进行蓄泄调节，可有效利用蓄水形成的水头进行发电，减轻流域洪灾损失，缓解水资源短缺等问题，为下游河道提供生态流量保障，为社会发展提供清洁能源支撑。自20世纪中叶以来，我国围绕防洪、发电、供水、航运、生态等方面的需求，在各大流域建设了大量水库，但是随着流域的水文过程和水资源供需时空格局不断改变，一定程度上加剧了流域洪旱灾害防治和水资源高效利用的难度，迫切需要高效的水资源开发利用技术。尤其我国在不断大力修建水利工程的同时，调度管理等工作发展相对滞后、洪旱灾害对国民经济发展和社会安定存在潜在威胁、水利工程的水（能）资源利用率不高、水环境恶化等仍是比较突出的问题。

随着水利工程的建设与不断完善，我国水利行业的管理工作责任重大，2019年全国水利工作会议指出下一步水利工作的重心将转到"水利工程补短板、水利行业强监管"上来，这是当前和今后一个时期水利改革发展的总基调。对于水库而言，强监管就意味着要深化科学运行管理、优化水资源调度，充分发挥其防洪、发电、供水、航运、生态等综合利用效益。但是在水库调度管理过程中，由于众多客观不确定性因素的存在，如气象因素、来水预报误差、上下游用水量随机变化、电网负荷需求的变动及工程状态的不确定性等，再加上人为调度管理等主观因素的相互作用，给水库的防洪、发电、供水、航运、生态等主要功能或效益带来一定的影响，使水库调度管理工作存在不同程度的风险。

从流域整体角度来考虑，为有效避免梯级水库群分散调度可能出现的上下游水库蓄泄矛盾，协调防洪与兴利和水资源综合利用与水生态环境关系，应对洪灾、旱灾、水污染突发事件等，在单一水库调度理论与方法研究基础上进一步开展水库群联合调度研究工作，以充分发挥水库群联合调度效益是十分必要的。其主要目的可以概括为如下 3 个方面：①进一步提高防洪能力。主要表现为利用流域内降水在时间和空间分布上的差异，充分发挥水库群调节性能之间的互补性，通过水库群统一协调调度进行拦蓄洪峰、滞洪错峰，以提高流域整体的防洪能力。②提高兴利效益。主要表现为可以充分发挥龙头水库的调节性能，通过各梯级水库之间的径流补偿调节和合理蓄泄，提高河流水能资源的整体利用效率，创造更多的社会效益和经济效益。③提高洪水资源利用程度。通过水库群的整体协调调度，在保障防洪安全的前提下，可以使部分还没有得到有效利用的流域洪水资源在空间和时间上进行合理的分配，以满足流域内不同地区在不同季节的社会经济和生态环境保护的用水需求，从而实现对流域洪水资源的高效利用。

由于水库群联合调度方案一般是基于历史信息、径流预报和专家经验等做出的，在水库群联合调度过程中，无论执行什么样的调度方案都可能存在不同程度的风险，表现为以一定概率突破一个或几个关键性指标和由此可能产生的损失。例如，以三峡水库为核心的长江干支流水库群的联合调度虽有助于提高长江中下游的防洪能力、增加库群发电效益，改善供水、航运等条件，具有非常可观的经济效益，但由于三峡上游干支流众多，洪水遭遇情况及水力关系复杂且难以确定，而现有预报水平又非常有限，这就可能存在联合调度方案不但难以达到预期的目标，反而给库群造成一定损失的可能性。例如，在汛期如果上游水库为三峡拦洪错峰，占用过多防洪库容，则可能威胁自身防洪安全；在蓄水期如果库群之间的蓄水关系协调不好又会影响其枯水期兴利效益。为了使联合调度在风险小于某一设定值或可承受值的条件下追求运行效益的最大化，或者在满足获得一定联合调度效益条件下追求风险的最小化，就需要事前预测分析所制订的联合调度方案可获得的效益及面临的风险情况，为调度运行人员提供必要的决策支撑。

梯级水库群多目标联合优化调度方案制订、分析、决策问题由于其复杂性，目前无论是理论研究还是实际应用均存在迫切需求和发展空间，亟须发展新的理论与方法对其进行完善，从而满足实际运行管理要求。由于风险与效益是一对相互对立的概念，效益的产生必然潜藏着一定的风险。在不确定环境下，为了获得更大效益，就有必要对当前的运行方案、自动决策方案及即将要执行方案的风险情况进行分析，以便于调度决策人员掌握当前梯级水库群运行的状态，将风险控制在可接受范围内。因此，开展梯级水库群联合调度和风险分析研究工作，不仅包含对常规运行调度、传统优化调度和智能优化调度及改进方法进行研究，而且需要基于风险分析的基本流程进行风险识别、风险估计、风险评价、风险决策等基础理论方法的发展和探索；在此基础上，对梯级水库群单目标优化调度、多目标优化调度、联合调度风险与效益互馈关系、联合防洪调度风险、联合兴利调度风险、联合调度多目标决策等开展工程应用的探索；建立包含调度算法及改进、风险识别与量化、风险互馈与估计、风险评价与决策等方面研究的一套理论方法体系，不仅可以克服现有梯级水库群调度管理模式的不足，协调处理水库群联合调度风险与效益间关系，充分利用工程措施获取潜在效益，而且对变化环境条件下提高水资源综合利用效率，促进我国经济的健康快速发展和社会进步具有重要理论意义和实际应用价值。

1.2 研究现状和趋势

1.2.1 联合调度

水库调度是指运用水库自身的调节性能，根据已知的实际来水或预报来水情况，有计划地进行蓄放，以保障工程安全为基本前提，按照水库具有的功能任务进行调度，满足国民经济各部门的需求。对于梯级水库群而言，各水库间存在复杂的水力及电力联系，梯级水库群联合调度工作实际上是一个多变量、高维度、强耦合、多阶段、多目标、非线性的大型系统工程问题，长期以来，一直是研究的热点与难点问题。

梯级水库群联合调度优化方法主要分为传统优化方法和现代智能算法，其中传统优化方法主要是以线性规划、非线性规划、大系统分解-协调、动态规划等运筹学方法为理论基础，虽然这些方法均具有较强的寻优能力，但是其计算量相对较大，尤其对于梯级水库群而言，易出现“维数灾”问题，导致其应用受到一定的限制；现代智能算法的出现为解决该类难题提供了新的思路，由于其具有计算量相对较小、计算效率相对较高的特点，受到了众多学者的青睐。以遗传算法、粒子群算法、鱼群算法和蚁群算法等为代表的一系列智能算法也逐渐被应用于水库优化调度中。但由于智能算法随机性较强，其寻优结果往往依赖于初始条件及局部搜索性能，常常伴有易早熟、陷入局部最优解的缺陷，因此对其改进研究成了国内外众多学者研究的重点。

1.2.1.1 传统优化方法

1. 线性规划（Linear Programming，LP）

线性规划是最早、最简单且应用范围最广的一种方法，属于运筹学的一个分支学科，是解决各种线性系统优化问题的好方法；苏联学者 Kantorovitch（1939）在他的著作中提出类似线性规划的模型，并给出了相应的求解方法，这便是线性规划的雏形；随后美国数学家 Dantzig 等（1974）提出了单纯形法，该方法对于求解线性问题有着重要的理论价值，进而奠定了线性规划的理论基础；同年，美国学者 Von Neumann 与奥地利学者 Morgenstern（1947）提出了对偶理论，从此线性规划理论方法逐渐成形，并在各领域被广泛应用。由于其成熟、简单、通用的计算程序，国内外众多学者逐渐将其引入到水库优化调度的问题求解中来。

Hall 等（1967）针对水库优化调度问题的特性，耦合动态规划与线性规划构建了水库优化调度模型；Windsor（1973）将线性规划引入到水库防洪调度中来；Vedula 等（1992）建立了水库短期的优化调度线性规划模型；Loganathan 等（1991）将多目标线性规划方法应用在肯塔基的格林河流域的水库调度中；都金康等（1995）构建了水库防洪调度的线性规划模型；戴晓晖（1996）针对梯级水库群联合调度中涉及的多种调度目标问题，提出了多目标线性规划模型；葛文波（2008）在对三峡—葛洲坝梯级水库水头、机组动力特性曲线等综合分析的基础上，构建了梯级水库线性规划模型；江钊（2012）利用分段线性逼近法将梯级水库短期优化调度中非线性约束条件进行了转化，建立了符合标准的线性规划模型；陈森林等（2017）利用线性规划方法构建了水库防洪补偿调节的线性规划模型；等等。

线性规划以其结构简单、求解方便、具有全局收敛性的特点在优化问题中广为使用，然而，由于其主要解决的是各种线性系统问题，对于非线性问题则需要将其变成线性问题来进行求解，这在一定意义上忽略了原问题中的信息，从而求解出来的结果可能会有失偏颇。因而，线性规划在水库（群）优化调度问题求解中具有一定的局限性。

2. *非线性规划*（Nonlinear Programming，NLP）

非线性规划理论始于20世纪50年代，主要是用来求解多元实函数在满足约束条件下的优化问题，并且针对的是在目标函数或约束条件中存在未知量的非线性函数。根据问题特点的不同，非线性规划又可进一步分为无约束优化、约束优化、凸规划、二次规划等内容。非线性规划的概念正式被提出是在Kuhn和Tucker（1951）所发表的最优性条件的论文中，随后又基于单纯形法提出了非线性规划的相关解法。在20世纪60—70年代，对非线性规划的研究进一步深入，并逐渐将其引入到经济、军事、科研等多个领域中，由于该方法相比于线性规划更适合处理水库调度中的非线性问题，因而得以陆续应用。

Barros等（2001）将非线性规划应用于梯级水库优化调度中，并论证了其合理性；Mariano等（2007）构建了梯级水库群非线性规划模型，并与梯级水库群线性规划模型进行了对比；田峰巍等（1987）利用非线性规划中的可变容差法来求解水电站的厂内负荷分配问题；梅亚东等（1989）构建了水库群死库容的非线性网络流模型，并求解得到不同保证出力与年平均发电量下的多种方案；罗强等（2001）采用非线性规划方法建立了以灌溉为主的水库群非线性网络流模型；王健（2018）采用非线性规划求得了兼顾年内发电量和年末蓄能的多年调节水电站效益-损失对冲规则；等等。虽然非线性规划用于求解非线性问题较线性规划有着独有的优势，求解结果更符合实际，尤其对于水库优化调度过程中的复杂非线性问题来说，非线性规划显然更加适合。但是，由于非线性规划求解方法较线性规划方法复杂，需要具体问题具体分析，因此，在求解水库优化调度问题时也受到一定的限制。

3. *大系统分解-协调算法*（Large-scale System Decomposition-coordination Algorithm）

自然和社会中的许多问题均可作为复杂系统控制问题来求解，大系统研究方法便应运而生，其中分解协调思想是研究大系统问题的重要途径之一，占有举足轻重的地位。该方法主要把原问题分解为独立的子问题，之后通过迭代协调使得子问题的解逼近原问题的解。总体而言，在协调算法中，主要有两种途径进行寻优求解：①利用数学模型中的结构式来进行求解，进而总结出一类算法，例如，求解对角块结构的大型规划问题的著名方法——Dantzig-Wolf分解原理，求解大型混合整数规划的Benders分解算法等；②利用大规模互联系统的特性，对非线性规划问题采用拉格朗日乘子理论来进行分解协调计算，此概念是Mesarovic等在1970年提出，随后被人逐渐推广完善。

对于水库群联合调度而言，可将水库群看成一个复杂的优化系统，而其中各个水库则为相对独立的子优化问题，且分层结构明显，因此大系统分解协调算法可以用来求解梯级水库群优化调度问题，国内外众多学者也相继开展了研究。例如，Valdes等（1992）应用分解协调算法来指导水库群调度工作；马光文（1991）针对水库群长期优化调度特点，将各水库径流时间空间随机相关性考虑进去，提出了水库群优化运行的随机递阶求解方法，结果表明，该方法避免了“维数灾”问题，且具有所用时间少、所占内存小的优势；黄志中和周之豪（1995）采用分解协调算法对串联与并联水库防洪调度问题进行了求解，并将其推广到混联水库当中；解建仓等（1998）对黄河干流上的水库群构建了联合优化调度模型，并基于协同分解协调理论对模型进行了求解；戴明龙（2004）将大系统分解协调理论与 GM(1,1) 模型相结合，将其应用在流域水库群实时联合防洪调度中；吴昊等（2015）基于分解协调理论构建了具有二级递阶结构的水库群优化调度模型；刘方等（2017）为提高梯级水库群间的电力补偿效益，建立了水电精细化调度模型，基于分解协调算法将水库群分解为多个子系统进行逐区求解并协调优化；等等。

4. *动态规划*（Dynamic Programming，DP）

动态规划理论始于 20 世纪 50 年代初，是由美国学者 Bellamn（1957）提出的一种最优化理论的方法，隶属于运筹学范畴的另一个分支，且在求解优化问题中占有重要地位，主要用于处理多阶段决策类问题。动态规划主要是将多阶段问题转化成单阶段逐个进行求解，具有全局性、无后效性的特点。由于动态规划对于目标函数及其约束条件没有硬性要求，无论是线性、非线性，连续、离散的，只要是多阶段决策优化问题即可采用动态规划对其求解，且所求结果具有全局最优性，这对于水库群的优化调度问题非常适用。因此，动态规划在水库调度传统优化算法中堪称经典，成为国内外众多学者研究的重点与热点。

国外学者 Little（1955）针对未来径流序列具有不确定性的特点，采用随机动态规划（SDP）方法构建了水库随机优化调度模型，得到在未来径流序列情况下的水库蓄放策略；Young（1967）对单库优化调度采用动态规划（DP）方法进行求解，得到单库长期优化调度策略，该策略使得效益最大同时产生的经济损失最小；Rossman（1977）将 SDP 与拉格朗日理论相结合，求解出在收益不稳定情况下最优的水库运行策略；Foufoula（1988）改进了 DP 中的表达式与单阶段求解过程，提出了一种梯度动态规划方法，求解出了多维水库的调度策略；Xiang（2013）将 DP 进行并行设计，并用于多维水库联合优化调度中，结果表明，该算法不仅能够有效缩短计算时间，且可以有效减少存储内存。

另外，国内学者对于 DP 在水库调度中的应用研究也硕果累累。吴沧浦（1960）针对年调节水库运用问题采用 DP 进行了求解；李文家等（1990）以黄河的水库群为研究对象，构建了洪水最优控制模型，并采用 DP 求解出了最优调度策略；廖伯书和张勇传（1989）针对单库多目标优化调度问题构建了多目标的 SDP 模型，得到该问题的非劣解集；万新宇和王光谦（2011）利用计算机多核资源，构建水库并行动态规划模型，将其应用于水布垭水库优化调度问题中，提高了计算速度；孙平等（2014）构造出多层嵌套与状态组合遍历的 DP，将其应用于多维水库调度中；蒋志强等（2014）为提高 DP 在水库调度中的求解性能，提出了一种多层嵌套并行动态规划方法；冯仲恺等（2015）将水库不同阶段的库容组合视为多水平多因素试验，将均匀设计思想引入到 DP 中，提出了均匀动态规划算法；纪昌明等（2016）通过泛函分析理论对 DP 进行改进，构建了基于泛函思想的动态规划模型，并应用于水库群优化调度中。

随着我国各大流域梯级水库群的建设，动态规划在水库群联合优化调度求解时易出现计算时间长、计算量大的问题，即“维数灾”，这一问题严重阻碍了动态规划在水库优化调度中的应用。因此，出现了一系列改进算法，例如，Heidari 等（1971）针对 DP 求解多维水库联合调度时计算时间长、所占内存大的缺陷，提出了离散微分动态规划（DDDP）；Yeh 等（1972）采用了逐次逼近算法（DPSA）求解水库群优化调度问题，验证了该方法计算量小、可有效缩短计算时间的优势；白小勇等（2008）利用人工鱼群算法中能够快速收敛的优势，将其与 DDDP 进行了结合；胡名雨和李顺新（2008）结合水库调度特点，提出一种步长变化的 DPSA；徐嘉等（2011）将 DDDP 应用于水库汛期运行水位的优化；赵铜铁钢等（2012）针对动态规划的“维数灾”问题，构造出了一种改进算法；史亚军等（2016）针对水库群优化调度问题的复杂性，将灰色系统预测方法与 DDDP 相结合，提出灰色 DDDP；纪昌明等（2018）通过构建时段可行搜索空间和动态规划并行模式，规避无效状态组合计算并充分发挥计算机多核优势，提高水库群优化调度问题计算效率；等等。

此外，除了上述较为常见的传统优化方法外，还有一些传统方法也被广泛应用，例如，方强等（2006）将最优化控制理论应用于水库调度中，得到了很好的效果；梅亚东等（1989）采用网络流规划法求解了水库优化调度问题，并论证了方法的可行性与实用性。

1.2.1.2 现代智能算法

1. 遗传算法（Genetic Algorithm，GA）

遗传算法最早是被美国学者霍华德于 20 世纪 60 年代依照生物进化机制提出的一种优化方法，“物竞天择、优胜劣汰”是该算法的核心思想，通过对优良个体的选择、个体上基因交叉及变异等操作不断更新剔除表现差的个体，一代一代的进化，最终选择出最优的个体。遗传算法在智能算法中是较为成熟、具有一定代表性的算法，因其计算效率高、求解步骤明确简单而受众多学者青睐，同时，也是解决水库优化调度问题常用的方法。

Zhang 等（2013）将 GA 中参数的设定引入自适应动态控制机制，提出了一种分层自适应遗传算法；Chen 等（2017）通过模型训练、机械学习的方式改进 GA 中的个体，使其较原算法收敛效率更高；畅建霞等（2001）将 GA 中二进制编码改用十进制来表示，进而减少了计算机内存，一定程度上提高了计算效率，并在水库调度中进行了应用；万星和周建中（2007）将自适应对调算法加入 GA 中，实时改变寻优策略以提高收敛速度和寻优能力；李维乾等（2008）将蜜蜂算法与 GA 相结合，通过引入“蜂王”和“外来种群”的概念改善原算法的个体，并与原算法比较，结果表明，在进化相同代数的情况下，改进算法能够得到更优的解；邹进和张勇传（2013）通过改变可行解空间，提出了一种 AGASA 算法，并通过水库调度实例对该方法的适用性进行了验证；王丽萍等（2017）将均匀设计思想及自组织映射算法与 GA 方法进行耦合，提出了均匀自组织映射遗传算法；等等。

2. 粒子群算法（Particle Swarm Optimization，PSO）

粒子群算法是由美国的 Eberhart 和 Kennedy 两位学者在 1995 年所提出的一种群体智能优化算法。该算法受到鸟类觅食活动所启发，并将鸟抽象成粒子，每个粒子即是优化问题的一个解，通过调整粒子的速度与位置进行更新，最终得到最优粒子，即为最优解。与 GA 一样，粒子群在智能算法中同样有着重要的地位。

He 等（2014）针对水库防洪调度优化问题，基于改进的逻辑图映射原理提出了混沌粒子群算法；Zhang 等（2013）提出一种多精英策略的粒子群优化算法，用于解决多维水库群优化调度问题；Afshar（2013）通过鉴定和排除非可行域提出改进 PSO 算法，以多水库组成的系统优化问题为例，验证了该算法的优势；Zhang 等（2014）针对 PSO 易早熟的特点，通过对其参数实现动态控制，提出了自适应粒子群优化算法；Luo 等（2015）将 EDA 与 PSO 相结合，对粒子群进行划分，得到子群后采用估计算法对其进行估计计算，进而提高算法的计算效率，最后在水库多目标调度中进行了应用，验证了算法的有效性；向波等（2008）将免疫算法中浓度选择机制与 PSO 相结合，改善了原算法的搜索性能，并在水库优化调度中进行验证；申建建等（2009）将模拟退火算法中降温过程作用于 PSO 后期寻优操作中，对其进行改进，提高了算法的搜索性能与进化速度；谢维等（2010）利用文化算法中的信仰空间概念对 PSO 进行了改进；陈田庆等（2011）对 PSO 引入小生境交叉选择算子的概念，对最优个体进行多样化操作处理，提高了算法的寻优性能及计算速度；纪昌明等（2013）利用鲶鱼效应中较强的搜索性能与 PSO 进行结合，应用于水库水沙多目标优化调度模型求解，有效缓解了维数灾问题；周华艳（2018）耦合标准烟花爆炸算法（FA）寻优机制与量粒子群算法有效利用粒子位置信息的进化机制，求解四库联合优化调度问题更易获得高质量结果，且收敛快、鲁棒性强；等等。

3. *蚁群算法*（Ant Colony Algorithm，ACA）

蚁群算法最初是由 Dorigo 于 1991 年根据蚂蚁对食物路径的搜索行为所提出的一种优化算法，主要用来解决组合优化问题，现已被众多学者广泛应用于各个领域中。例如，Afshar（2008）对 ACA 进行了改进，提出了约束蚁群算法，并应用于水库群优化调度模型的求解；徐刚等（2005b）将 ACA 应用于水库发电调度优化问题，并与 DP 进行了比较，证实了该算法计算量小，求解速度快的优势；王德智等（2006）提出一种连续蚁群算法，提高了计算性能，并应用于水库供水优化调度问题的求解；林剑艺等（2008）通过改变信息素的更新策略对 ACA 进行改进以提高原算法的求解性能，最后以漫湾-大朝山梯级水库群为例进行了研究，证实了改进算法的优越性；万芳等（2011）提出了一种免疫 ACA 方法，克服了原算法中因初期信息匮乏而导致寻优性能差的不足；喻杉等（2012）基于 ACA 对梯级水库群优化调度进行了研究；刘玒玒等（2015）提出了自适应蚁群算法，通过自适应调整信息素系数等操作规避原算法收敛效果差的缺陷，在水库群供水调度实例应用中得到了验证；等等。

4. *人工鱼群算法*（Artificial Fish School Algorithm，AFSA）

人工鱼群算法是我国的李晓磊等于 2002 年根据鱼群的生态行为提出的一种新型智能算法，其通过鱼群的觅食、聚群及追尾等一系列行为进行更新迭代，最终输出最优个体。尽管该算法是近年新兴起来的算法，但目前已被广泛应用于电力系统规划、运输系统及水库调度等多个领域中。例如，王正初等（2007）针对水库优化调度问题的特点，构建了水库优化调度模型，采用 AFSA 进行求解，验证了算法的可行性；白小勇等（2008）将 AFSA 与 DDDP 相结合，通过 AFSA 生成初始解，并采用 DDDP 进行进一步寻优，最后通过水库短期发电调度实例证实了算法的优越性；彭勇等（2011）通过动态调整 AFSA 中鱼群视野以及步长，增强了算法的搜索性能；黄锋等（2014）利用混沌优化算法中具有遍历性的特点，弥补了 AFSA 算法后期易陷入局部解的缺陷，并以水库优化调度实例为研究背景，证实了改进算法具有较快的收敛速度及较好的寻优能力；彭少明等（2016）构建了水库旱限水位最优控制模型，并采用 AFSA 得到了最优水位控制策略，为水库调度提供了重要的参考；等等。

5. 混合蛙跳算法（Shuffled Frog Leaping Algorithm，SFLA）

混合蛙跳算法是一种求解组合优化问题的智能算法。该算法遵照青蛙觅食行为特性，结合了 GA 与 PSO 两大算法的优点，具有参数设置少、寻优能力强的特点，属于近年来应用较为广泛的新型算法。在水库调度方面，纪昌明等（2013）将克隆算法与 SFLA 相结合，提高了计算效率，通过水库联合调度实例验证了该算法的优势；王丽萍等（2014）利用云模型中知识表达法的优势来改善 SFLA 的局部搜索性能，并应用于梯级水库群优化调度，结果证实了改进算法拥有更强的寻优性能和计算速度；次年，王丽萍等（2015）又将并行计算引入云变异蛙跳中，采用并行设计理论进一步提高了算法的计算效率；王新博等（2015）引入自适应调整机制改变原算法的局部搜索策略，有效地处理了诸如以水库群优化调度为例的非线性、高维度的优化求解问题；方国华等（2017）构建了梯级水库多目标生态调度模型，并提出混合蛙跳差分算法进行模型求解；等等。

除上述现代智能算法外，其他一些群体智能算法及其改进算法也被逐渐应用于水库优化调度研究，如人工蜂群算法（Artificial Bee Colony Algorithm，ABCA）、狼群算法（Wolf Pack Search Algorithm，WPSA）、鲨鱼算法（Shark Algorithm，SA）、差分进化算法（Differential Evolution Algorithm，DEA）等。总之，一方面，智能算法凭借其计算量小、物理意义明确、较强的寻优能力受到越来越多的学者青睐；但另一方面，也是智能算法的通病，即初始解过于随机及局部搜索能力有限，这两大缺陷限制了智能算法的发展，这也是智能算法不能够取代传统方法的主要原因。

1.2.2 风险分析

风险可以认为是在一定的时空条件下，不利事件发生的可能性。在风险分析过程中，风险因子的识别与分析对于后面的风险估计、评价与决策具有重要意义。国外关于水库调度风险方面的研究主要涉及水文、水力和工程结构等因素，最早且考虑最多的风险因子以径流或水库入流的不确定性为主，而对于其他因素多予以假定。早在 20 世纪 80 年代，我国学者就将洪水出现的不确定性和入库径流的不确定性作为主要影响因素，开展了水库防洪与兴利调度的风险分析研究，例如，胡振鹏等（1989）通过建立入库径流的模拟模型，对丹江口水库汛期分期汛限水位的确定进行了风险分析。后来国外学者曾有采用数据生成法生成人造入流序列对水库的风险进行评估分析，其主要还是采用模拟生成水库入流过程的思想。

20 世纪 90 年代中期，水库调度风险分析新思想不断涌现，不但考虑的风险因素进一步增多，而且新的理论与技术也层出不穷，具有代表性的是随机微分方程理论被引入到水库泄洪风险分析中。这一方法不直接考虑水文、水力和工程等不确定性因素，而是将入库洪水过程的水文条件不确定性、出库泄洪能力的水力条件不确定性、库容与水位关系的边界条件不确定性和防洪起调水位的初始条件不确定性等统一归为导致水库水位变化过程和相应泄洪能力的随机性，通过建立以水库水位为变量的随机微分方程，求得水库水位在各个时段的概率分布函数，从而评估泄洪风险。在同一时期，为了增加水库的兴利效益，许多学者又提出水库汛期运行水位动态控制的想法，这就使得汛期水库运行水位成为防洪调度风险分析需要重点考虑的另一主要影响因素。比如，一般考虑的方式是根据入库预报或调度人员的经验合理确定汛期起调水位的离散值或区间，再结合入流的不确定性进行水库防洪调度的风险估计。

为了考虑水文因素对水库调度风险的影响，王本德等（1996）提出利用蒙特卡罗方法和主观频率假定法对24h降雨预报误差进行量化分析和水库防洪调度风险率计算；杨百银等（1996）在研究单一水库和梯级水库的泄洪风险分析模式时，用求解多变量联合分布函数的方法对洪水本身的客观不确定性、水库水位、区间洪水、多库联合调洪等多种因素进行了联合分析；谢崇宝等（1997）利用蒙特卡罗方法综合考虑了水文、水力等不确定性因素，并将仅考虑水文不确定性的防洪调度风险结果与同时考虑水文及水力不确定性的计算结果进行了对比；陈凯等（2017）提出了一种基于Copula-Monte Carlo（Copula-MC）方法的水库防洪调度多目标风险分析方法，定量描述汛期干支流洪水不确定性给水库防洪调度决策带来的风险。21世纪以来，考虑的风险因子进一步增多，不仅涉及水文、水力、工程、经济、人为等因素，而且拓展到了气候、时间和空间尺度的变化等因素，但对于某一具体的水库工程来说，并不是所有因素都值得去考虑的，因此需要对水库调度产生主要影响的风险因子进行识别，方法主要有专家分析法、事故树法、幕景分析法、层次分析法、灰色优势关联分析模型、多元相关分析模型等，这些方法可以剔除不太重要的风险因子，而仅需对主要因子进行量化分析，从而减小了风险因子分析的难度，例如，刘红岭（2009）针对径流和电价的随机性这两类主要风险因素，提出了市场环境下水电系统收益最大化和风险最小化的均衡问题；迟福东等（2019）采用改进层次分析法，对风险成因进行挖掘，确定大坝安全风险的主要影响因素及潜在失事模式、失事路径。

水库调度风险估计主要是从水库大坝的安全风险和洪灾风险研究开始的，国外在20世纪70年代初期，就开始了大坝安全风险分析的研究工作，美国、加拿大、澳大利亚等国家在大坝的安全评估和决策方面开展了许多研究工作，提出了一系列大坝风险估计的理论和方法，荷兰等国家在防洪风险估计和大坝设计标准方面也取得了丰富的研究成果，受到各界重视。20世纪90年代，我国学者也将风险分析理论引入大坝的安全和洪灾区的风险分析中来，内容多涉及大坝的安全标准、水库防洪调度、洪水风险图的制作、水库泄洪风险等，而关于水库调度兴利方面的风险研究成果较少。进入21世纪以来，关于发电、供水等兴利部门的风险分析研究成果才逐渐丰富起来。但是对于水库调度涉及的防洪、发电、供水、航运、生态等风险，很少有提出指标体系来进行风险估计研究，一般多是考虑某一个或几个风险因子对防洪、发电或生态等单独研究，而水库群调度一般具有综合利用功能，是一个复杂的多目标协调问题，仅片面的考虑某一类风险显然是欠妥当的。

自从20世纪50年代左右提出风险概念至今，风险估计方法的研究发展相对较为缓慢，主要有直接积分法、蒙特卡罗方法、均值一次两阶矩方法、改进一次两阶矩方法和JC法等。这些方法对于水库调度这一复杂系统的风险分析来说又存在诸多不足。例如，直接积分法只有对于概率分布形式确定的变量可用，蒙特卡罗方法解决小概率事件需要大量的模拟等。而水库调度风险研究过程中不可避免地会涉及各种类型或方面的风险估计，所需考虑的风险因素之间具有不同程度的内在与外在的联系，这一复杂的大系统的风险估计必然需要新技术新方法予以支撑，所以在现有风险估计方法研究的基础上，迫切需要发展新的方法进一步对其补充和完善。

得到水库调度风险估计结果后，需要合理确定风险标准，才能知道水库面临的风险需要如何应对和处理。风险标准通常可分为两种：一种是可接受风险（Acceptable Risk）标准，另一种是可容忍风险（Tolerable Risk）标准。这两种风险标准反映了人们对风险的不同态度。国内外在很早就开始了水库大坝的风险标准研究工作，国外大坝防洪设计标准经历了早期的第一代标准、第二代标准，现在正在向第三代标准迈进，其中第三代标准改进了前两代分级定标准的做法，能更好地反映各个水库的防洪安全情况。我国学者梅亚东等（2002a，2002b）于 21 世纪初提出了大坝安全的可接受风险值及大坝失事概率计算方法，并指出大坝的可接受风险标准必须与社会、经济、文化、法律及管理方面的其他风险标准相一致，因而根据允许、可接受的风险标准来判断大坝的防洪安全性非常困难。目前许多学者运用了多学科交叉的思想进行深入研究，结合了多种新技术与新方法，如应用随机模糊理论、随机微分方程、蒙特卡罗模拟等技术进行大坝运行和漫坝失事风险分析，并应用 GIS 技术建立溃坝洪水风险管理系统等。王丽萍等（2019）通过风险矩阵有效衔接现有风险规范，提高了大坝风险可接受水平确定的客观性。

除了防洪标准外，发电、供水、航运、生态、环境各方面也都有自己的风险标准，但由于这与各综合利用部门的具体需求有很大关系，所以一般都以其最低需求作为约束条件或极限标准。而根据风险标准进行风险评价和决策是风险分析的重要环节，水库调度风险的评价和决策方法最初是以单目标为主，后来逐渐发展到多目标，随着梯级水库群调度系统的越来越复杂，需要考虑的目标会越来越多，各个目标间的关系也会越发复杂，这无疑会增加风险评价和决策的难度。现在一般是以多目标及多属性决策理论为基础，或者采用模糊综合评判、逼近于理想解的排序方法等，将多指标归一为单指标问题或者直接采用多指标综合评价方法，例如，纪昌明等（2005）对防洪工程的风险状况进行了分级，应用物元分析及可拓集合中的并联函数，建立了防洪工程体系的综合评判物元模型；李荣波等（2019）运用最小鉴别信息原理提高了指标权重的可信度，并运用最大化群体效益和最小化个体损失的评价原理进行评价决策，增强了决策过程的合理性，等等，这些成果为水库防洪调度管理工作奠定了坚实的基础。

1.2.3 调度决策

由于梯级水库群一般具有综合利用功能，调度决策要对多个调度方案和多个调度目标或指标进行综合评价和优选，一般实施不同调度方案就意味着可能构成防洪、发电、供水、航运、生态等目标的不同效益组合。由于各个目标间可能存在竞争性和不可公度的冲突或联系，因此，决策过程通常需要考虑多个目标属性效益间的主次与平衡。多数情况下很难找到一个方案使所有目标都达到最大效益或满意程度，所以，梯级水库群联合调度本质上是一个复杂系统中的多目标决策问题。由于每个目标可能采用多个属性指标来描述，所以又可以视为是一个约束条件复杂和求解难度高的多属性决策问题。常用的方法包括最大最小法、加权法、层次分析法和逼近理想解法等经典的方法，随着需求的变化和研究的不断深入，模糊决策、Vague集决策、集对分析决策等新理论新方法为梯级水库群联合调度多目标决策的研究提供了新的思路和方向。

1.2.3.1 模糊决策方法

当决策信息难以定量表示时，模糊决策方法可通过模糊化处理进行信息转化，从而便于决策。尤其是有些候选方案的评价指标难以用精确的数值描述，或者用精确的数值描述无法准确地反映专家主观决策信息中蕴含的犹豫和不确定性，那么模糊化处理就是解决这类问题的有效方法。例如，陈守煜等（1990）在多目标决策模型里使用了层次模糊法，奠定了模糊多目标决策方法的理论基础；Bender等（2000）采用模糊折衷法解决了利用传统精确数值无法处理的水资源系统管理中的不确定性问题；邹进（2003）引入模糊数学来描述决策指标中语言变量，进行了多目标决策问题模糊演算；王本德等（2004）通过模糊循环迭代不断地调整折衷权重系数，确定了主客观权重；侯召成等（2004）运用一致模糊判断矩阵解决了水库群防洪调度的群体决策问题；2008年，Fu等（2008）引入三角模糊数来描述难以精确描述的指标，并用模糊距离衡量候选方案与正、负理想方案之间差距；2009年，陈文轩（2009）为了解决水量调度多目标决策问题，运用多目标模糊决策理论找到了合理的农业灌溉用水方式；申海等（2011）根据各目标的权重先确定模糊划分，再确定各候选方案的排序，通过实例验证了模糊集理论在水库防洪调度多目标决策中的有效性；次年，申海等（2012）又将犹豫度引入多属性决策模型中，将决策中的犹豫信息通过直觉模糊集进行表征，提出了一种改进的多属性决策方法；张宁（2020）采用多目标半结构化的模糊决策分析方法建立了供水工程水资源配置方案比选模型，向专家咨询各层系统每个目标的重要性及对工程决策的影响程度，将定性目标定量后与定量目标一起进行定量分析，这样可以对方案进行完整的优劣分析；等等。

1.2.3.2 Vague集决策方法

Vague集的前身是模糊集理论，与模糊决策的不同之处在于，其可以从不确定性、反对程度、支持程度这三个不同的角度进行指标评价，以获得对于工程最具实际应用价值的决策结果。该方法的第一步为数据模糊处理，进而通过模糊计算方法提取评价指标信息，从而实现不同评价指标的优劣排序，这种方法在不确定信息下的决策过程中具有很大的优势，但其前提条件是方案的设置具有连续性，否则难以得到最佳均衡解。例如，李凡等（2001）利用专家给出的候选方案评价指标的满意度和优先度矩阵获得了评价指标的权重值，采用Vague集对候选方案进行了评价；周晓光等（2005）借助评价指标值与正、负理想方案的距离得到反对度和支持度，计算出Vague集下评价指标的评价值，并加权得到候选方案的评价值；李娜等（2006）通过计算Vague集下中立、支持、反对三个方面的各个水库的评价值，获得了不同风险态度下较为满意的调度方案；罗军刚等（2008）引入属性测度理论，通过目标的犹豫度函数及真、假隶属函数得到了目标的Vague值；李英海等（2010）构造了衡量候选方案评价指标与其理想结果差距的Vague值矩阵，而后采用了一种改进熵权法加权得到各候选方案的Vague值，有效地处理了防洪调度多目标决策问题；等等。

1.2.3.3 集对分析决策方法

集对分析决策方法一般从对立性、差异性和同一性三个角度分析指标之间的关系，再采用相应的评价技术分析它们的优缺点，最后得出各种方案的最优排序。例如，赵学敏等（2009）引入了变异系数法进行指标赋权，通过集对分析法进行水利工程方案多属性决策；杨俊杰等（2009）在集对分析法中考虑了不确定性，分别计算了不同决策态度所对应的各方案理想程度；孟宪萌等（2009）以某一水质评价研究为案例，从指标的对立性、差异性和同一性出发，采用集对分析法获得了与工程实际相符的方案决策结果；李文君等（2011）考量了水量、水质、水生物、防洪标准及水体连通性等因素对河流生态健康的影响，建立了基于集对分析法的生态调度方案评价模型；卢有麟等（2015）为确定候选方案的优劣排序，将三元联系数引入集对分析方法来衡量其与正、负理想方案的贴近度，应用实例表明该方法能取得令人满意的决策结果；等等。

1.2.3.4 灰靶决策方法

灰靶决策方法的理论基础是灰色系统理论，目前在项目筛选、技术评价等多属性决策中广为应用。该方法在计算过程中首先将指标集进行测度变换，从而规避量纲不同对于决策结果造成的影响，进而以一个方案作为靶心，通过测量各个方案与靶心的距离确定方案排序。近年来，许多研究人员对传统灰靶决策方法根据不同项目背景进行了有针对性的改进，从不同角度极大地丰富了传统灰靶决策方法的理论和内涵。例如，王文平（1997）将效用函数引入灰色系统理论，给出了灰色效用函数的概念；党耀国等（2004）提出了采用“奖优罚劣”的测度变换算子获得灰靶空间，并研究了将灰靶决策方法从实数扩展到区间数的可能性；陈勇明等（2007）考虑到传统模型在极性变换中可能存在不相容问题，以适中值指标组成序列进行了验证；王正新等（2009）在传统灰靶决策方法的基础上引入马氏距离，在统一指标量纲、考虑指标重要程度差异的同时，兼顾了指标间相关性，从而可以得到更为合理的决策结果；宋捷等（2010）借鉴了逼近理想点法里正、负理想点的思想，提出了正负靶心灰靶决策模型；李安强等（2018）采用马氏距离计算候选方案与靶心的距离，采用灰靶环数作为方案排序依据，对灰靶决策模型进行了改进；等等。

1.3 需进一步开展的研究

变化环境下梯级水库群联合调度与风险分析是一个涉及众多不确定因素影响下的大系统优化问题，一方面需要寻求联合调度优化方案的高效高精度求解算法，另一方面需要对方案开展包含风险识别、风险估计、风险评价与风险决策的风险分析，为调度工作实施全面的风险管理提供理论支撑。纵观目前已有研究成果，将各类风险综合研究的较少，大多只是针对风险要素相对独立的问题或方法，成果多涉及某一个部门的效益最优或风险最小，带有一定的孤立性和局限性，尚未形成相对完善的理论与方法体系，也难以满足梯级水库群联合调度工作的需要，为此，在以下几个方面亟须深入开展研究。

（1）梯级水库群联合调度风险因子处理方法。风险因子有时也被称作风险要素，是风险的起源。如何正确和准确地获得其量化形式（主观量化、客观量化和主客观结合量化），对风险估计具有重要意义。然而现阶段多数研究成果仅考虑某一类型的风险要素造成的影响，这对于梯级水库群这个涉及气象、水文、水力、工程、人为管理、社会等多种不确定性的复杂系统来说不免显得有些片面和不符合实际。梯级水库群联合调度风险的大小可以说是各种风险因子相互作用的综合表征，缺少对任何一个因素的分析得出的结果都可能存在偏差。但是，由于人们认识世界的能力是有限的，不可能完全掌握每一种风险因子的变化规律，而且这也是不现实和没必要的，所以需要做的就是利用现有技术条件和信息，获得对风险或不确定性信息的最好把握。

一般情况下，人们都是通过识别对梯级水库群联合调度结果产生影响的主要风险要素，然后分析每一种风险要素所产生的调度风险，进而也就会出现一些以风险要素名字开头的风险词语，例如预报误差风险、人为管理风险、洪水风险、泄流风险等。然而，目前将各种风险要素综合考虑分析的相对较少，其中一个很重要的原因就是在考虑多个风险要素的综合影响时，必然会遇到诸如多元联合分布的处理等困难，而对于梯级水库群联合调度来说，气象、水文、水力、管理等多种风险要素往往属于不同类型，不确定性和分布形式各异，比如，随机性、模糊性、不确定性因素有时并存，这无疑更增加了风险因子的处理难度。

（2）梯级水库群联合调度风险快速估计方法。水库调度涉及多种不确定性和多个目标的特点决定了其调度风险评价的指标体系也必然要涵盖多个方面，尤其是梯级水库群联合调度，其风险因子和目标众多，更为复杂，而对于这类复杂系统风险的估计存在3个主要问题：①多种不确定性因素作为系统输入条件的量化处理；②针对系统本身模型的精确构建；③系统输出的风险指标的量化处理。蒙特卡罗方法由于其本身的多种优越特性，一直是这类系统风险估计时应用相对较多且较为普遍的方法。但对于梯级水库群联合调度系统一般模型结构庞大、计算耗时长，并且由于存在洪水等极值事件，多数风险指标的计算实质上是一些小概率事件，当利用蒙特卡罗方法进行求解时就需要大量的模拟计算，这无疑又会增加风险估计的困难。所以，寻求复杂梯级水库群联合调度风险估计的快速算法已成为迫在眉睫的问题。

（3）基于风险与效益协调优化的多目标互馈关系。梯级水库群联合调度各个目标一般并非彼此独立，某一个目标效益的变化可能造成其他目标效益的增加或减少，即各个目标间均存在一定程度的互馈关系。然而，现有的研究成果大多集中于多目标优化调度模型求解，虽然一些学者针对计算结果进行了多目标竞争关系的分析，但在研究时仅用单一指标表示目标，且仅做出了定性分析，这对于风险或效益信息的表征是具有局限性的，而同时考虑多个指标的互馈响应关系及其定量化计算尚不多见。在梯级水库群联合调度过程中，各个目标可能相互影响又彼此竞争，例如在来水预报、负荷预测、用水需求、电力市场等变化的外部条件下呈现出动态的博弈过程。因此，有必要进行多目标互馈关系的量化研究，这对于梯级水库群合理优化利用水（能）资源和调控风险具有重要现实意义。

（4）梯级水库群联合调度多目标智慧决策。尽管近几十年来国内外对水库调度多目标决策问题的研究和实践已经取得了丰硕成果，研究范围也从单一水库发展到梯级和跨流域水库群，研究方法从传统方法到智能、智慧方法，各种优化理论和优化调度模型也在不断发展过程中，并在生产实践中得到广泛的应用。但就梯级水库群联合调度而言，由于面临多种不确定性因素，且具有复杂性、多样性等特点，很少有学者将多目标决策、风险分析与大数据处理、人工智能等技术结合进行研究，这正是水库优化调度的相关理论和实际应用之间仍然存在差距的重要原因。多目标方案执行过程中，决策者一般既希望得到期望最大的效益，又不愿承担太大的风险，因此，利用物联网、云计算、移动互联等及时掌握系统输入、输出及系统本身的动态变化，开展梯级水库群联合调度多目标智慧决策研究具有重要意义。

综上，把梯级水库群作为一个研究对象，在研究联合调度优化方法的基础上，从风险因子识别与量化、风险估计、风险评价与多目标决策、风险与效益的互馈分析等方面深入开展梯级水库群联合调度和风险分析理论研究，对于补充和完善水库调度风险分析基本理论、提高科学管理水平、获取水（能）资源最佳利用效益、促进流域或地区社会经济和生态环境系统可持续发展，无疑具有重大的科学意义和广阔的应用前景。

第2章

常规调度方法

水库调度，也称水库控制运用，属于非工程措施。其运用水库的调蓄能力，按来水蓄水实况和水文预报，有计划地对入库径流进行蓄泄。在保证工程安全的前提下，根据水库承担任务的主次，按照综合利用水资源的原则进行调度，以达到防洪、兴利的目的，最大限度地满足国民经济各部门的需要。通常将水库调度分为防洪调度和兴利调度两部分。

实现水库合理调度的方法主要分为常规调度和优化调度两种。常规调度是借助于常规调度图进行水库调度。常规调度图则是由根据实测的径流时历特性资料计算和绘制的一组调度曲线及水库特征水位划分的若干调度区组成。以往对长期发电运行规则的研究多偏重于调度图和调度函数这两种调度方法，且大多数研究都是单独采用这两种方法之一对所求问题进行研究。

2.1 水库常规调度图

水库常规调度图（见图2.1）是由一组以水电站水库水位为纵坐标、时间为横坐标表示的调度线及由这些表征水库特征水位的调度线划分的若干调度区所组成。调度线分为基本调度线和附加调度线。基本调度线包括上基本调度线（又称防破坏线）和下基本调度线（又称限制出力线）。附加调度线包括一组加大出力线、降低出力线和防弃水线。这些调度线将全图划分为保证出力区、加大出力区、降低出力区、预想出力区等。水库实际运行时，根据当前的时间和水库水位，在调度图中查得相应的出力工作区，从而确定水库的运行方式。

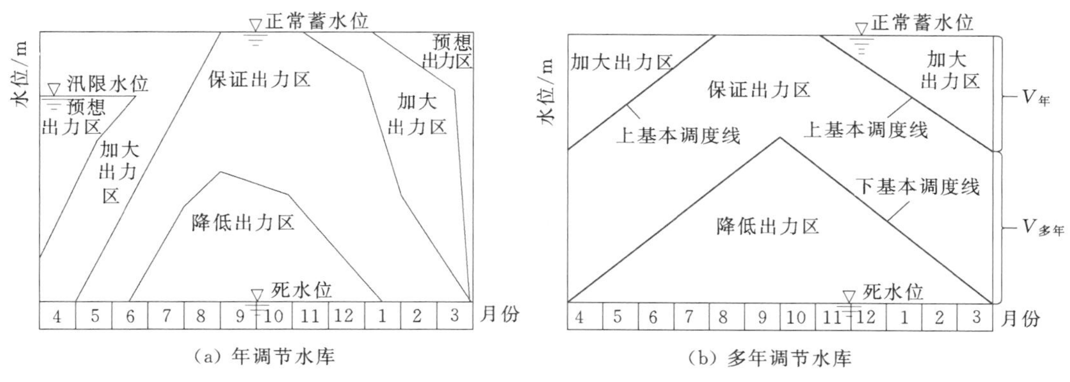

图2.1 水库常规调度示意图

多年调节水库的调节周期长达数年，加之水文资料有限，难以绘出可靠的包括整个调节周期的调度线。因此，在实际工作中多采用简化的方法——计算典型年法，来绘制多年调节水库的基本调度线，简化后的绘制方法不研究多年调节的整个周期，而是研究供水年组的第一年和最后一年，即根据供水年组的第一年来绘制上基本调度线，根据供水年组的最后一年来绘制下基本调度线。

2.2 水库群蓄能调度图

2.2.1 蓄能调度图简介

梯级水库群蓄能调度图是由一组以梯级水库群的总蓄能为纵坐标、时间为横坐标表示的调度线及由这些调度线划分的若干调度区所组成。单库调度采用水库水位作为指标，非常直观、方便，这是因为水库水位能直接反映水库的有效蓄水量，从而反映与这些蓄水量相当的蓄能。而对于梯级水库群而言，不能用各库的蓄水量之和作为指标，因为不同水库的同一个蓄水量，可能因为本身及其下游电站可以利用的水头不同而具有不同的蓄能，因而各库蓄水量之和最大时蓄能不一定最大。因此，绘制梯级水库群的蓄能调度图时采用各水库蓄能之和代表水库群的总蓄能。

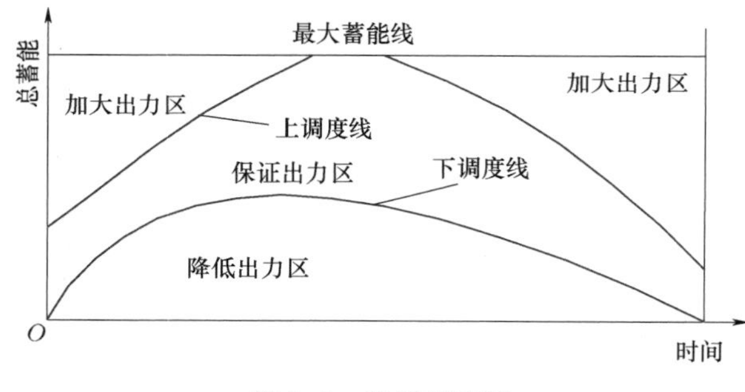

图 2.2 蓄能调度图

蓄能调度图的形式和单个水库的常规调度图类似，有三条基本调度线：最大蓄能线、上调度线和下调度线，如图 2.2 所示。这些调度线将全图划分为保证出力区、加大出力区、降低出力区。水库实际运行时，按照时间和总蓄能，可以查得在调度图中的位置，并确定水库的工作方式。

蓄能调度图运用规则如下：当梯级水库群实际蓄能位于上、下调度线之间的保证出力区时，水电站按保证出力工作；当梯级水库群实际蓄能位于上调度线之上的加大出力区时，水电站按加大出力工作；当梯级水库群的实际蓄能位于下调度线之下时，水电站按降低出力工作。

2.2.2 蓄能调度图的绘制

2.2.2.1 水库群的蓄、供水次序

具有相当于年调节程度的蓄水式水电站水库，其生产的电能通常分为蓄水电能和不蓄电能。前者是指水库前期蓄水泄放所能生产的电能，它取决于水库的消落深度；后者是指面临时段的天然来水所能产生的电能，它取决于水库的运行方式，与水库调节过程中的水头变化有密切关系。如果同一系统中有两个或两个以上水库特性不同的电站联合运行时，它们在同一供水或蓄水时段产生相同数量电能所引起的水头变化不同，这样就使以后各时

段面对同样的来水情况，产生的出力和发电量也不同。因此，为了使梯级水电站水库群联合运行时总发电量尽可能大，就需要确定水库间的蓄供水次序。

在进行梯级水电站水库群联合调度时，面临时段初各库的来水流量已知，因此，可以计算出各水电站水库不蓄不供时，按来水发电的出力之和 P_t。显然，当 $P_t>P_q$ 时（P_q 为水电站群的保证出力），水电站水库群应该蓄水；当 $P_t<P_q$ 时水电站水库群应该供水；当 $P_t=P_q$ 时，则水电站水库群不蓄不供。当水电站水库群需要蓄水时，总的蓄水量为能够发使因蓄水而减少的总出力为 P_t-P_q 的水量；当水电站水库群需要供水时，总的供水量为能够发使因供水而增加的总出力为 P_q-P_t 的水量。

1. 蓄水次序的确定

步骤一：水电站水库群在满足 P_q 要求且当 $P_t>P_q$ 时，水电站水库群应该蓄水，设由水电站水库 j 蓄水，需要蓄入水电站水库 j 的能量为 ΔE_x。

步骤二：计算水电站水库 j 蓄水后，时段末水库水位变化值 DH_j：

$$DH_j=\Delta E_x/(0.00272\eta F_j\sum H) \tag{2.1}$$

式中：F_j 为时段平均的水库面积，这里采用时段初的水库面积替代；η 为水电站水库 j 的发电效率；$\sum H$ 为水电站水库 j 及其下游有水力联系的各电站的总水头之和；设水头的变化仅由水库水位的变化引起的，则水电站水库 j 的水头增加值为 DH_j。

步骤三：计算因水电站水库 j 蓄水后，水头升高 DH_j，时段末水电站水库群所增加的能量 ΔE_{Wj} 和 ΔE_{Vj}。ΔE_{Wj} 是指针对该时段水电站水库 j 的来水量，因水电站水库 j 水头提高 DH_j 而使水电站水库 j 本身增加的能量。ΔE_{Vj} 是指针对水电站水库 j 上游各水电站水库可供发电的总蓄水量因水电站水库 j 水头提高 DH_j 而增加的蓄能增量。

$$\Delta E_{Wj}=0.00272\eta W_j DH_j \tag{2.2}$$

$$\Delta E_{Vj}=0.00272\eta\sum VDH_j \tag{2.3}$$

$$\Delta E_{Wj}+\Delta E_{Vj}=0.00272\eta(W_j+\sum V)DH_j \tag{2.4}$$

式中：W_j 为水电站水库 j 的来水量；$\sum V$ 为水电站水库 j 上游各水电站水库可供发电的总蓄水量；η 为各电站的发电效率（假设梯级所有电站的发电效率都相同）；$\Delta E_{Wj}+\Delta E_{Vj}$ 为水电站水库 j 蓄水后，时段末水电站水库群的能量总增量。

步骤四：计算水电站水库 j 蓄入单位能量时，所引起的时段末水电站水库群的能量增量为

$$K_j=(\Delta E_{Wj}+\Delta E_{Vj})/\Delta E_x=(W_j+\sum V)/(F_j\sum H) \tag{2.5}$$

式中：K_j 为水电站水库 j 的判别系数，当由不同水库蓄水时，计算出来的 K 值一般是不同的。在蓄入能量同为 ΔE_x 的前提下，K 值大的水电站水库应该先蓄水。即 K 值越大的水电站水库蓄入单位能量所引起的梯级水电站水库群的能量增加就越多。

2. 供水次序的确定

步骤一：水电站群在满足 P_q 要求且当 $P_t<P_q$ 时，水电站水库群应该供水，设由水电站水库 i 供水，提供的能量为 ΔE_g。

步骤二：计算水电站水库 i 供水后，时段末水库水位消落值 DH_i：

$$DH_i=\frac{\Delta E_g}{0.00272\eta F_i\sum H} \tag{2.6}$$

式中：F_i 为时段平均的水库面积，这里采用时段初的水库面积替代；η 为水电站水库 i 的发电效率；$\sum H$ 为水电站水库 i 及其下游有水力联系的各电站的总水头之和；设水头的变化仅由水库水位的变化引起的，则水电站水库 i 的水头消落值为 DH_i。

步骤三：计算因水电站水库 i 供水后，水头消落值 DH_i，时段末水电站水库群所损失的能量 ΔE_{Wi} 和 ΔE_{Vi}。ΔE_{Wi} 是指针对该时段水库 i 的来水量，因水电站水库 i 水头消落值 DH_i 而使水电站水库 i 本身损失的能量。ΔE_{Vi} 是指针对水电站水库 i 上游电站各库可供发电的总蓄水量因水电站水库 i 水头消落值 DH_i 而减少的蓄能损失量。

$$\Delta E_{Wi}=0.00272\eta W_i DH_i \tag{2.7}$$

$$\Delta E_{Vi}=0.00272\eta \sum V DH_i \tag{2.8}$$

$$\Delta E_{Wi}+\Delta E_{Vi}=0.00272\eta (W_i+\sum V) DH_i \tag{2.9}$$

式中：W_i 为水电站水库 i 的来水量；$\sum V$ 为水电站水库 i 上游电站各库可供发电的总蓄水量；η 为各水电站水库的发电效率（假设梯级所有电站的发电效率都相同）；$\Delta E_{Wi}+\Delta E_{Vi}$ 为水电站水库 i 供水后，时段末水电站水库群的能量总损失量。

步骤四：计算水电站水库 i 供水增发单位能量时，所引起的时段末水电站水库群的能量损失量为

$$K_i=\frac{\Delta E_{Wi}+\Delta E_{Vi}}{\Delta E_g}=\frac{W_i+\sum V}{F_i\sum H} \tag{2.10}$$

式中：K_i 为水电站水库 i 的判别系数。当由不同水库供水时，计算出来的 K 值一般是不同的。在增发电能同为 ΔE_g 的前提下，K 值小的水电站应先蓄水。即 K 值越小的水电站增发单位能量所引起的梯级水电站群的能量损失就越小。

比较式（2.5）和式（2.10）可以看出，二者的形式一样：

$$K=(W+\sum V)/(F\sum H) \tag{2.11}$$

式中：K 为判别系数。时段初，根据水库的时段来水量 W、水电站上游各库可供发电的总蓄水量 $\sum V$、该水电站的水库面积 F 和该电站及下游有水力联系的各水电站的总水头 $\sum H$，可以计算出各水库的判别系数 K；然后，按照 K 值小的水库先供水，K 值大的水库先蓄水的原则，来安排最有利的蓄供水次序。

2.2.2.2 水电站群的总出力在各电站的分配

蓄能调度就是在已知水电站群的保证出力 P_q 下，将 P_q 在各个电站中进行分配。当 P_q 一定时，分配到各电站的保证出力有无数个组合，其中必有一个能使时段末水电站群剩余蓄能最大的最优组合，蓄能调度就是要找出这个最优组合。

首先，计算出该时段各水库不蓄不供，按来水发电的总出力 P_t 和各电站的判别系数 K_i。

当 $P_t>P_q$ 时，说明来水量大于按梯级保证出力发电所需的水量，故水电站群应蓄水。先由判别系数最大的水库蓄水，其他电站按来水流量发电，蓄水量以水电站群的总出力等于 P_q 为限。第 1 个水库蓄水后，其判别系数将逐渐减小，当减小到和次大的系数相等时，可以与判别系数排第 2 位的水库同时蓄水，此时随便挑选一个水库进行蓄水即可。当水库蓄至该时段允许最高蓄水位时，若水电站群的总出力仍大于 P_q，则由判别系数次大的水库继续蓄水，依次类推，直至水电站群的总出力等于 P_q，或各库均蓄水至限制水

位为止。蓄水结束后，各电站的出力就是一个最优的分配方案，此时，梯级时段末的总蓄能最大。

当 $P_t < P_q$ 时，说明来水量小于按梯级保证出力发电所需的水量，故水电站群应供水。先由判别系数最小的水库供水，其他电站按来水流量发电，供水量以水电站群的总出力等于 P_q 为限。第1个水库供水后，其判别系数将逐渐增大，当增大到和次小的系数相等时，可以与判别系数排次小的水库同时供水，此时随便挑选一个水库进行供水即可。当水库供水至该时段允许最小水位时，若水电站群的总出力仍大于 P_q，则由判别系数次小的水库继续供水，依次类推，直至水电站群的总出力等于 P_q，或各库均供水至限制水位为止。供水结束后，各电站的出力就是一个最优的分配方案，此时，梯级时段末的各库剩余的总蓄能最多。

当 $P_t = P_q$ 时，各电站就按来水流量发电。各电站的出力之和就是 P_t，正好等于 P_q。亦即各电站的出力就是 P_q 在各电站的分配值。

2.2.2.3 蓄能调度线的绘制

首先从历史径流资料系列中选出若干典型年，这些典型年的来水总量应等于该年水电站群满足保证出力时的所需的水量且要求径流年内分配不同。然后根据典型年，划分出水库的供、蓄水期。典型年选取方法和水库供、蓄水期的划分与常规调度图中的方法一致。蓄能调度图一般采用设计枯水年组第一年和最后一年绘制上、下调度线。

（1）最大蓄能线：根据水文年各个时段各电站允许的最高蓄水位，计算出各电站相应的蓄能及水电站群的总蓄能，以水平线段把各时段的总蓄能标示出来即为最大蓄能线。

（2）上调度线：选择设计枯水年组第一年（径流年内分配不同的）作为典型年组。对每个典型年，从蓄水期末电站的正常蓄水位开始，按照上面水电站群总出力分配原则，逆时序计算到供水期初，并同时计算出各时段初水库水位相应的蓄能，相加得到全年各时段初水电站群的总蓄能。针对各典型年所求得的蓄能调度线取上包线就得到了上调度线。

（3）下调度线：选择设计枯水年组最后一年（径流年内分配不同的）作为典型年组。对每个典型年，从供水期末电站的死水位开始，按照上面水电站群总出力分配原则，逆时序计算到蓄水期初，并同时计算出各时段初水库水位相应的蓄能，相加得到全年各时段初水电站群的总蓄能。针对各典型年所求得的蓄能调度线取下包线就得到了下调度线。

2.3 水库群调度函数拟合

水库群调度函数拟合是指在将水库调度系统看作是单输出系统的基础上，找出水库运行决策变量与其相关因子之间的函数关系。

2.3.1 决策变量与相关因子选择

2.3.1.1 决策变量的选择

根据优化调度模型的结构及其求解过程，决策变量可以是时段的平均下泄流量或出力，也可以是时段末的水库蓄水量或水位。大量的实践经验表明：从调度函数的有效性检验结果看，以时段末的水库蓄水量为决策变量较好；从调度决策的直观简单方便考虑，以时段平均下泄流量或出力为决策变量较好；而当下泄流量中含有综合用水量时，最好取时段平均下泄流量为决策变量。

2.3.1.2 相关因子的选择

在回归拟合计算中，初选相关因子至关重要。因为回归拟合得出的是一种统计相关关系，并不能完全说明因变量和自变量之间存在物理关系或因果关系，也不能完全排除因变量和自变量之间的假相关关系。相关因子的选择既要考虑与决策变量的内在联系情况，还应考虑其可用性。可用性体现在指导实际调度过程中，面临时段入库流量已知，后续时段来水未知，相关因子不用后续来水的信息。

一般来说，相关因子可以分为时间因子和空间因子两种类型。时间因子即该水库自身所处的状态（包括蓄水量和来水量），空间因子是指与该水库有联系的其他水库所处的状态。有的水电站水库的待选因子在时间因子和空间因子的基础上，还可以引入能量因子作为相关因子。

在模型的建立和求解过程中，时段初的水库水位和入库流量无疑是影响决策大小的两个重要因子。但是由于时段初水位与入库流量的量纲不同，在拟合过程中回归效果不是很理想，且入库流量转化为库水位是一个非线性过程，其相关关系取决于水库的库容曲线。因此，需对天然来流做进一步处理，将其转化为水库的叠加水位，即假设在时段初水位的基础上，当月来流全部蓄至水库所能达到的水位。该水位既包含了时段初水位特征，又包含了当月入流特征，同时规避了流量和水头之间的非线性关系，在以末水位为决策变量拟合调度函数时起到了重要的作用。

在以出力为决策变量的拟合过程中，还应引入反映时段能量的因子，其中以蓄能和入能为相关因子的拟合效果比较好，因此将水电站水库时段初蓄能及当月入能作为调度函数的重要因子。蓄能的含义为时段初水库水位在一个时段内消落至死水位所能产生的发电量；入能的含义是假设水库不蓄不供，当前时段的入库流量所产生的发电量。此外，水库调度决策与梯级系统的总蓄能和总入能密切相关，因此需要将时段初系统的总蓄能及总入能也纳入相关因子的选择范围。需要注意的是：对于时段初蓄能大，但入能比较小的时段；和时段入能大，但蓄能比较小的时段；以及二者都适中的情况下，寻优过程中可能做出相同的决策，也就是说二者之和或者乘积与决策有成正比的趋势，不妨引入交互项作为相关的因素。

综上所述，一般选定的相关因子有：面临时段初的库水位、叠加水位、电站蓄能、系统蓄能、系统蓄能平方；面临时段的电站入库流量、水库入能、系统入能及蓄能与入能的交互项。

2.3.2 水库调度函数拟合方法

2.3.2.1 逐步回归分析法

调度函数的决策变量虽然与以上诸多相关因子存在物理意义上的相关性，但是不同的月份，由于径流形成特性、所处起始状态及调度规则的不同，调度函数与各因子的相关性是不同的。一般情况下，并非所有的自变量都对因变量有显著的影响，这就存在着如何挑选出对因变量有显著影响的自变量问题。m 个自变量的所有可能子集构成 2^m-1 个回归方程，当可供选择的自变量不太多时，用多元回归方法可以求出一切可能的回归方程，然后采用几个选元准则去挑出最优的方程；但是当自变量的个数较多时，要求出所有可能的回归方程是非常困难的。为此，需要有其他选择最优方程的方法，逐步回归分析法就是其中的一种。

1. 逐步回归分析法的主要思路

逐步回归分析法是在多元线性回归分析的基础上发展起来的一种方法。其基本思想是：将变量逐个引入，引入变量的充要条件是该变量对函数拟合优度的提高贡献显著，同时每引入一个新变量后，对已选入的变量要进行逐个检验，将不显著变量剔除，以保证最后所得的变量子集中的所有变量都是显著的，这样经过若干步骤便可得“最优”变量子集。

逐步回归分析法的实施过程是每一步都要对已引入回归方程的变量计算其偏回归平方和（即贡献），然后选一个偏回归平方和最小的变量，在预先给定的 F 水平下进行显著性检验，如果显著则该变量不必从回归方程中剔除，这时方程中其他的几个变量也都不需要剔除（因为其他的几个变量的偏回归平方和都大于最小的一个更不需要剔除）。相反，如果不显著，则该变量要剔除，然后按偏回归平方和由小到大地依次对方程中其他变量进行 F 检验。将对 y 影响不显著的变量全部剔除，接着再对未引入回归方程中的变量分别计算其偏回归平方和，并选其中偏回归平方和最大的一个变量，同样在给定 F 水平下作显著性检验，如果显著则将该变量引入回归方程，这一过程一直继续下去，直到回归方程中的变量都不能剔除而又无新变量可以引入时为止，这时逐步回归过程结束。

2. 逐步回归分析法的主要计算步骤

确定 F 检验值：在进行逐步回归计算前要确定每个变量是否显著的 F 检验水平，以作为引入或剔除变量的标准。F 检验水平要根据具体问题的实际情况来定，一般地，为使最终的回归方程中包含较多的变量，F 水平不宜取得过高，即显著水平 α 不宜太小。F 水平还与自由度有关，因为在逐步回归过程中，回归方程中所含的变量的个数不断在变化，因此方差分析中的剩余自由度也总在变化，为方便起见按 $n-k-1$ 计算自由度，n 为原始数据观测组数，k 为可能选入回归方程的变量个数。

逐步回归分析法计算步骤如下：

如果已计算 t 步（包含 $t=0$），且回归方程中已引入 l 个变量，则第 $t+1$ 步的计算为：

（1）计算全部自变量的贡献 V'（偏回归平方和）。

（2）在已引入的自变量中，检查是否有需要剔除的不显著变量。选取具有最小 V' 值的一个自变量并计算其 F 值，如果 $F_1 \leqslant F_2$，表示该变量不显著，应将其从回归方程中剔除，计算转至步骤三。如果 $F_1 > F_2$，则不需要剔除变量，这时则考虑从未引入的变量中选出具有最大 V' 值的一个并计算 F 值，如果 $F > F_1$，则表示该变量显著，应将其引入回归方程，计算转至步骤三。如果 $F \leqslant F_1$，表示已无变量可选入方程，则逐步计算阶段结束，计算转入步骤三。

（3）剔除或引入一个变量后，相关系数矩阵进行消去变换，第 $t+1$ 步计算结束。其后重复（1）～（3）再进行下步计算。

综上所述，逐步回归分析法计算的每一步总是先考虑剔除变量，仅当无剔除时才考虑引入变量。实际计算时，开头几步可能都是引入变量，其后的某几步也可能相继地剔除几个变量。当方程中已无变量可剔除，且又无变量可引入方程时，计算结束。

2.3.2.2 多元线性回归模型

据有关统计表明，水库某时刻的出力与上下库水位、当月上库来水量等因素的关系可近似为线性相关关系，水库调度函数可采用多元线性回归进行拟合。

1. 多元线性回归模型

多元线性回归则是找出自变量与因变量（为线性相关关系）之间的数量变化关系。描述数量变化关系的数学公式，称为多元线性回归模型。多元线性回归模型的求解原理如下。

设因变量 y 与自变量 x_1，x_2，…，x_k 之间的回归函数为

$$y=\beta_0+\beta_1 x_1+\beta_2 x_2+\cdots+\beta_k x_k \tag{2.12}$$

式中：β_0，β_1，…，β_k 为回归系数；y 为因变量。

多元线性样本回归函数为

$$\hat{y}=\hat{\beta}_0+\hat{\beta}_1 x_1+\hat{\beta}_2 x_2+\cdots+\hat{\beta}_k x_k \tag{2.13}$$

式中：$\hat{\beta}_0$，$\hat{\beta}_1$，$\hat{\beta}_2$，…，$\hat{\beta}_k$ 为 β_0，β_1，β_2，…，β_k 的估计值。

回归函数中回归系数采用最小二乘法进行估计，根据极小值原理，可知残差平方和 $SSE=\sum(y-\hat{y})^2$ 存在极小值，则 SSE 对 β_0，β_1，β_2，…，β_k 的偏导数等于 0，整理后可得到 $k+1$ 各标准方程组如下：

$$\begin{cases}\dfrac{\partial SSE}{\partial \beta_0}=-2\sum(y-\hat{y})=0\\ \dfrac{\partial SSE}{\partial \beta_i}=-2\sum(y-\hat{y})x_i=0\\ i=1,2,\cdots,n\end{cases} \tag{2.14}$$

通过求解这一方程组便可分别得到 β_0，β_1，β_2，…，β_k 的估计值 $\hat{\beta}_0$，$\hat{\beta}_1$，$\hat{\beta}_2$，…，$\hat{\beta}_k$，进而得到调度函数的方程式。

得到调度函数方程式后，需要对回归方程式的拟合优度、显著性进行相应检验，以判断模型是否能全面客观起到反映及预测总体的作用。

2. 拟合优度检验

回归方程的拟合优度检验一般用决定系数（R^2）来实现。该指标是建立在对总离差平方和进行分解的基础上。

因变量的样本观测值（y）与其样本均值（$\overline{y}$）的离差即总离差（$y-\overline{y}$）可以分解为两部分：一部分是因变量的预测值与其样本均值的离差（$\hat{y}-\overline{y}$），它可以看作是能够由调度函数解释的部分，称为可解释离差；另一部分是实际观测值与理论回归值的离差（$y-\hat{y}$），它是不能由调度函数加以解释的残差 e。对任一实际样本观测值有

$$y-\overline{y}=(\hat{y}-\overline{y})+(y-\hat{y}) \tag{2.15}$$

将式（2.15）两边平方，并对所有 n 个点求和，最终得到

$$\sum(y-\overline{y})^2=\sum(\hat{y}-\overline{y})^2+\sum(y-\hat{y})^2 \tag{2.16}$$

式中：$\sum(y-\overline{y})^2$ 为总离差平方和 SST；$\sum(\hat{y}-\overline{y})^2$ 为回归平方和，即调度函数可以解释的那部分离差平方和 SSR；$\sum(y-\hat{y})^2$ 为残差平方和，即调度函数无法解释的离差平方和 SSE。

由此可得：

$$SST=SSR+SSE \tag{2.17}$$

决定系数（R^2）的含义是回归方程中回归平方和（SSR）占总离差平方和（SST）的比例，该比例越接近 1，说明由调度函数可解释的那部分离差平方和比例越大，即直线的拟合优度越高；反之决定系数越接近 0，说明调度函数的拟合程度就越差。因此，决定系数（R^2）测度了调度函数对观测数据的拟合程度。

3. 显著性检验

回归方程的显著性检验是对因变量与所有自变量之间的线性关系是否显著所进行的一种假设检验。针对回归方程采用 F 显著性检验。对于多元线性回归方程：

$$F=\frac{SSR/k}{SSE/(n-k-1)}=\frac{\sum(\hat{y}-\overline{y})^2/k}{\sum(\hat{y}-\overline{y})^2/(n-k-1)} \tag{2.18}$$

式中：SSR 为回归平方和；SSE 为残差平方和。F 统计量服从第一自由度为 k、第二自由度为（$n-k-1$）的 F 分布。即：$F\sim F(k,(n-k-1))$。

可见，调度函数的拟合优度越高，F 统计量就越显著；F 统计量越显著，调度函数的拟合优度也越高。利用 F 统计量进行回归方程显著性检验的步骤如下：

（1）提出假设：

H_0：$\beta_0=\beta_1=\beta_3=\cdots=\beta_k=0$

H_1：β_j 不全为 $0(j=1,2,\cdots,k)$

（2）在 H_0 成立条件下，计算 F 统计量：

$$F=\frac{SSR/k}{SSE/(n-k-1)}\sim F_\alpha(k,(n-k-1)) \tag{2.19}$$

根据给定的显著水平确定临界值 $F_\alpha(k,(n-k-1))$。若 $F>F_\alpha(k,(n-k-1))$，就拒绝原假设 H_0，接受备择假设 H_1，认为所有回归系数同时与零有显著差异，自变量与因变量之间存在显著的线性关系，回归方程显著；否则认为回归方程不显著。拟合优度和回归方程的显著性检验在回归分析的每一步变量筛选计算中都必须进行。

第3章

传统优化调度方法及改进

梯级水电站水库群联合优化调度是一个非常复杂的非线性规划问题，具有耦合性强、维度高、约束条件多、不确定性大等特征。当前已有的线性规划、整数规划、非线性规划、网络流规划算法和大系统分解协调方法等优化计算方法在求解这类问题时，存在着约束处理难、求解效率低、“早熟收敛”及“维数灾”等问题。因此，有必要寻求适用性强、更高效的优化计算方法，以提高对梯级联合优化调度问题的求解能力。

动态规划及其改进方法、现代智能优化算法已成为应用于梯级水电站水库群联合优化调度模型求解的主要方法。动态规划作为一种多阶段优化方法，其最大的优点是具有全局收敛性，但随着水库数目增加而带来的“维数灾”问题又是其严重的缺陷，因此，动态规划在单库优化调度中应用广泛，但在梯级水库群联合优化调度计算中的应用受到很大限制。为此，一直以来，众多学者都致力于动态规划降维的研究，提出了多种改进算法，如POA、DPSA、DDDP及这些方法的组合等。

动态规划改进方法虽有效避免了动态规划应用于梯级水库群联合优化调度模型求解时的“维数灾”问题，但在一定程度上也丧失了全局收敛性。因此，这类算法往往只能得到问题的次优解。而对于遗传算法、粒子群算法等智能优化算法，虽然它们可应用于处理非连续、非线性、多维及不可导等复杂问题，但受随机性影响，这类算法所得解也往往不是全局最优解。因此，开展多维动态规划算法自身降维方式的研究，提升该算法的求解效率，以快速而有效地获得梯级水库群联合优化调度问题的全局最优解，对梯级系统最优调度方案和调度规则的制定，以及其他优化调度方法的优化能力评价或最优性检验都有着重要的意义。

3.1 非动态规划类算法

3.1.1 线性规划

线性规划是最早建立起来的、最简单的也是应用最为广泛的一种数学规划方法，是求解静态规划问题最有效的一种优化方法。在线性规划中目标函数和约束条件都是线性的，且所有决策变量是非负的；因此在应用线性规划时，如遇到个别表达式是非线性时，应先作线性化处理，转换成线性规划问题再进行求解。线性规划的每一个最大值问题，都相应存在一个最小值问题，一般把最大值问题称为原型问题，相应的最小值问题称为对偶问题，只要得到对偶问题的最优解，也就得到了原型问题的最优解。因此，利用线性规划的对偶性可以达到简化计算、节省计算工作量的目的，如变量数 n 小于约束条件数 m，一般用对偶问题求解计算较好；反之采用原型问题。

线性规划的理论和方法比较成熟，并且具有适用于一般性线性规划问题的标准单纯形法、改进单纯形法及内点法等通用求解方法，随着现代计算机技术的进步，线性规划几乎不受变量数目的限制，因此线性规划可很好地应用于大规模问题的优化求解。但线性规划在具体应用中必须对具有非线性特征的目标函数和约束条件做相应地线性化处理，才能求解，这就不可避免地降低了计算结果的求解精度，从而使得其应用受到了一定的限制。

Becker 等（1976）用线性规划对水电站水库的确定性最优控制问题进行了研究，以直接寻求水库最优运行策略；Ponnambalam 等（1989）建立了多库系统的线性规划，并采用内点法进行求解。曾勇红等（2004）也应用线性规划方法进行了梯级水电系统短期发电计划的优化计算。

3.1.2 整数规划

在水电能源系统的优化尤其是规划设计阶段的优化问题中，许多求解的结果必须是整数，如装机台数、电厂人员编制、机组的启停状态等都须是整数。在这种情况下，可以建立问题的整数规划模型进行求解。

整数规划与线性规划一样要求目标函数和约束条件必须是线性等式或不等式，区别仅在于其决策变量必须是非负整数。整数规划可分为三种：全整数规划（所有决策变量都限于取正整数）、混合整数规划（部分决策变量都限于取正整数，其余取实数）以及 0-1 规划（决策变量仅限于取逻辑值 0 或 1）。其中，0-1 规划特别适用于水电能源系统中工程方案的筛选、工程开发时序确定及机组台数的最优组合等问题的求解。

3.1.3 非线性规划

如果求解问题的数学模型中的目标函数或约束方程式不完全是线性的，即有一个或多个是非线性的，求解这类问题就需要采用非线性规划。与线性规划相比，非线性规划的求解要困难得多。不像 LP 问题那样有单纯形法这样的通用求解方法，NLP 目前还没有适用于各种问题的一般性解法，各种方法都有自己特定的使用范围，有些方法对目标函数和约束条件方程式有较严格的要求。一般来说，NLP 问题可分为两大类：无约束极值问题和有约束极值问题。对无约束极值问题，可用梯度法、共轭梯度法、步长加速法等直接求解方法；对含有约束的极值问题，其求解比较困难，因为在求解时除了要使目标函数值不断向极值靠近外，还要时刻注意解的可行性问题，即看是否处于约束条件所限的范围之内。为了简化寻优工作，通常采用以下一些方法：①将非线性规划问题转化为线性规划问题，再用线性规划方法求解，如对仅含有等式约束的非线性规划问题，常用拉格朗日乘子法将其转化为无约束问题求解；②对含有等式约束和不等式约束的一般非线性规划问题，可用 Kuhn-Tucker 条件来确定某点为极值点的必要条件（注意必须是凸规划问题才是充要条件）。

非线性规划能有效地处理许多其他数学方法不能处理的不可分目标函数和非线性约束

问题。但由于需要大量计算机内存及机时，其优化过程较慢，计算也比线性规划复杂，并且没有通用求解方法和程序，使得它在水电能源系统中的应用不如动态规划及线性规划那么广泛。

3.1.4 网络流规划算法

网络流规划算法是针对网络问题的一类特殊算法，适合求解高维数、多约束的线性和非线性优化问题。网络图由节点和将其连接起来的弧构成。弧规定有方向、流量、单位费用、长度、流量限值等特征。

由于网络模型的结构由弧和结点确定，因此常常利用网络中弧上的流来满足约束条件，然后在流中寻优求解。网络流规划算法有其优越和独到之处，如模型表示清晰直观、计算速度快、处理约束能力强。但在某些情况下，其应用也受到一定的限制。如在给定梯级系统负荷条件下，当调度期末库容可变化时，网络模型表示困难。

Xia 等（1988）应用该算法对梯级水电厂的日发电计划问题进行了研究，将发电弧和弃水弧合并成泄水弧，用不平衡数组表示各结点的天然入流量，采用非线性最小费用网络流算法求解，这样使弧的总数较常规网络流模型减少一半，从而加快了计算速度。

3.1.5 大系统分解协调方法

对于大规模的水电能源系统优化问题，由于系统庞大、状态空间维数高，应用前述的线性规划、动态规划等各种数学规划方法往往难以求解。基于系统递阶控制结构的大系统分解协调方法则是一种有效的大规模优化问题求解方法，其基本原理可概括为：将每个子系统视为下层决策单元，并在其上层设置协调器，通过上层协调器与下层子系统间的信息交流来达到整个系统的最优。

Mesarovic 等在 1970 年首次精确描述了大系统非线性规划分解理论基础——拉格朗日乘子理论，并在此基础上提出了大系统优化的分解协调算法；而后 Haimes 等在 1977 年又进一步对此方法进行了改进和完善。大系统分解协调方法的基本优化过程如下：首先将整个复杂的大系统分解成许多各自独立但又互相关联的子系统，应用常规的优化方法进行子系统的最优化，然后再通过上一层的控制和协调，使得各个子系统既能各自达到最优，又能满足彼此的制约，从而达到全系统的整体最优。

拉格朗日松弛法是有着成熟理论的优化方法，适于求解大规模的水电系统的优化问题，但也存在着一些缺点，如在用对偶法求解时存在着对偶间隙，需要根据对偶问题的优化解采取一定的措施构造原问题的优化可行解，这在某些情况下较困难；另外在迭代求解过程中，可能出现振荡或奇异现象，需要采取相应的措施加以处理，同时随着求解问题规模的增大也使得计算复杂化（袁晓辉等，2005）。

具体应用中，Turgeon 在 1980 年用逐步聚合-分解方法进行了 6 个水电站组成的水库群的短期优化调度研究，Turgeon 还分别提出了并联和串联水库的聚合计算方法。Vaddes 等（1992）用聚合-分解方法进行了水电站水库群的实时调度研究，利用聚合模型将库群聚合为一座等价水库再进行优化。国内也有许多学者进行了大系统应用方面的研究，如董增川（1986）、黄志中等（1995）、万俊等（1994）、李爱玲（1997）。

3.2 动态规划算法（DP）

3.2.1 条件

在水库优化调度模型的众多求解方法中，动态规划算法以其对阶段性、非线性问题的有效处理而获得了广泛应用。但用动态规划求解相关问题时需要满足如下3个条件：

（1）多阶段决策过程中，能用阶段变量的变化来描述阶段的演变特征，状态转移或变化的效果取决于阶段决策变量的变化，同时满足下阶段的初状态就是前阶段的末状态这一条件。

（2）满足无后效性，即过去的状态与将来的决策无关，而仅与当前面临的状态有关。

（3）分段最优决策服从于全过程最优决策。

3.2.2 步骤

采用动态规划方法建立单一水库中长期发电调度模型的步骤可简述如下：

步骤一：划分阶段并确定阶段变量。对具有调节性能的水库，一般将其调度期（一般为一年）按月或旬为时段划分为 T 个阶段，将其看成是一个多阶段决策问题，以 t 代表阶段变量（$t=1\sim T$）。则 t 为面临时段，$(t+1)\sim T$ 为余留时期。

步骤二：确定状态变量。一般选取水库蓄水量（或水位）为状态变量，记 V_{t-1} 为第 t 时段初的水库蓄水量，V_t 为第 t 时段末的水库蓄水量。因为每一时段的末蓄水量都是下一时段初的蓄水量，满足无后效性原则。

步骤三：确定决策变量。一般取下泄流量 Q_t 为决策变量。

步骤四：确定状态转移方程。即水量平衡方程 $V_t=V_{t-1}+(I_t-Q_t)\Delta t$。

步骤五：确定阶段指标。即各阶段系统的出力 $N_t(V_{t-1}, Q_t)$，表示第 t 阶段在时段初状态为 V_{t-1} 和时段决策变量为 Q_t 时的出力。

步骤六：确定最优值函数。即 $f_t^*(V_{t-1})$，表示从第 t 阶段初库容为 V_{t-1} 出发，到第 T 个时段的最优出力（发电量）之和。

于是可得动态规划的逆时序递推方程为

$$\begin{cases} f_t^*(V_{t-1}^{m1})=\max\limits_{\boldsymbol{\Omega}_t}\{N_t(V_{t-1}^{m1},Q_t)+f_{t+1}^*(V_t^{m2})\} \\ f_{T+1}^*(V_T^{m2})=0 \end{cases} \tag{3.1}$$

式中：V_{t-1}^{m1} 为第 t 时段初离散点取为 $m1$ 时的蓄水量值；V_t^{m2} 为第 t 时段末（$t+1$ 时段初）离散点取为 $m2$ 时的蓄水量值，且 $m1=0$，1，…，M，$m2=0$，1，…，M，M 为蓄水量离散点数；Q_t 为第 t 时段的平均下泄流量；$t=1$，2，…，T，表示时段编号；$f_t^*(V_{t-1}^{m1})$ 为从第 t 时段初蓄水量为 V_{t-1}^{m1} 出发到第 T 时段的最优出力（发电量）之和；$f_{t+1}^*(V_t^{m2})$ 为从第 $t+1$ 时段初蓄水量为 V_t^{m2} 出发到第 T 时段的最优出力（发电量）之和；$N_t(V_{t-1}^{m1}, Q_t)$ 表示时段初蓄水量状态为 V_{t-1}^{m1}，平均下泄流量为 Q_t 时的出力值；$\boldsymbol{\Omega}_t$ 为决策变量，表示平均下泄流量 Q_t 在蓄水量 V_{t-1} 已给定时满足水电站水库各项约束的决策集合。

利用式（3.1）对模型进行求解时需要首先对蓄水量进行离散。对于有调节的水库，水库水位汛期一般在防洪限制水位和死水位之间变化，而非汛期一般在正常蓄水位和死水位之间，故可将可用蓄水量以步长 ΔV 划分为 $M-1$ 个网格，共 M 个点，如图3.1所示。

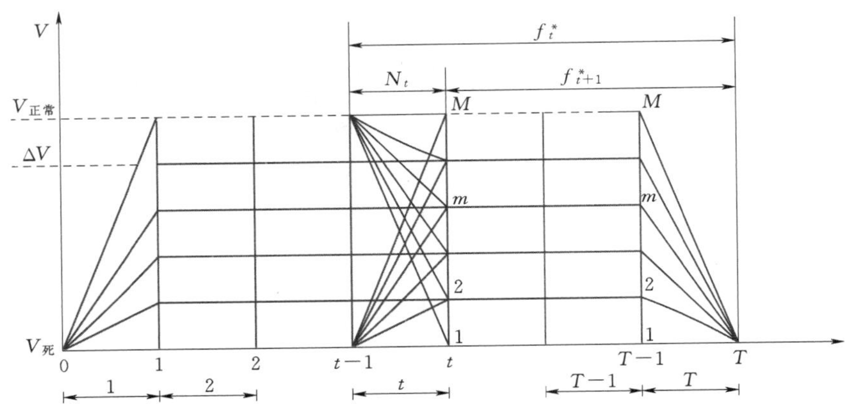

图3.1 单一水库动态规划逆时序递推网格图

3.2.3 求解

建立模型之后就是具体的求解，动态规划模型的求解（逆推法）主要有两大步骤。

步骤一：逆时序递推计算：根据式（3.1），从最后一个阶段（阶段 T）出发向前逐时段递推至第一个阶段（阶段1），求出在满足相关约束条件下电站在整个调度期各时段发电量之和最大的逆时序过程，即求最优值 $\sum N_t^*$。

步骤二：顺时序递推计算：求最优值 $\sum N_t^*$ 所对应的最优策略 $\{Q_t\}$ 及相应各最优状态点值 $\{V_i\}$。

若已知某水库在调度期各时段的允许最小蓄水量为 $V_{t,\min}$，允许最大蓄水量为 $V_{t,\max}$，并已知 $Z_上—V$ 曲线、$Z_下—Q$ 曲线、初始库容 V_0 及各时段径流 I_t，则具体的求解步骤如下。

步骤一：将调节期划分为 T 个时段，并将每个时段内的可用蓄水库容（$V_{t,\min}\sim V_{t,\max}$）离散为 M 个蓄水量状态点；

步骤二：令 $t=T$，并获取蓄水量边界值 V_0 及 V_T。由时段初离散点 $m1(m1=1,2,\cdots,M)$ 所对应的蓄水量值 V_{T-1}^{m1}、时段末蓄水量值 V_T 查 $Z_上—V$ 曲线可计算得时段平均库水位 $Z_平$；由水量平衡方程可求得时段平均下泄流量 Q_T，再由出力迭代计算过程可求得该时段出力 N_T 及发电引用流量 q_T。

步骤三：应用式（3.1），因为 $f_{T+1}^*(V_T)=0$，故

$$f_T^*(V_{T-1}^{m1})=\max_{\Omega}\{N_T(V_{T-1}^{m1},Q_T)+f_{T+1}^*(V_T)\}=N_T(V_{T-1}^{m1},Q_T) \tag{3.2}$$

步骤四：令 $t=t-1$，对时段初离散点 $m1(m1=1,2,\cdots,M)$ 重复步骤二，此时的时段末蓄水量值为 $V_t^{m2}(m2=1,2,\cdots,M)$，由式（3.1）求得对应于时段初离散点 $m1$ 的最大余留期效益 $f_t^*(V_{t-1}^{m1})$ 及其所对应的时段末最优蓄水量点 $V_t^*(V_{t-1}^{m1})$，并保存相关的信息，直至 $t=1$，逆时序递推计算结束。

步骤五：由调度期初蓄水量 V_0 及其所对应的第 1 时段末最优蓄水量 $V_1^*(V_0)$，可求得时段最优出力 N_1^* 及其所对应的平均下泄流量 Q_1^*，回代至 $t=T$，顺时序递推计算结束。

以上递推计算过程（逆时序＋顺时序）可用图 3.2 表示，图中 $m1$ 表示时段初库容离散点索引值，$m2$ 表示时段末库容离散点索引值。

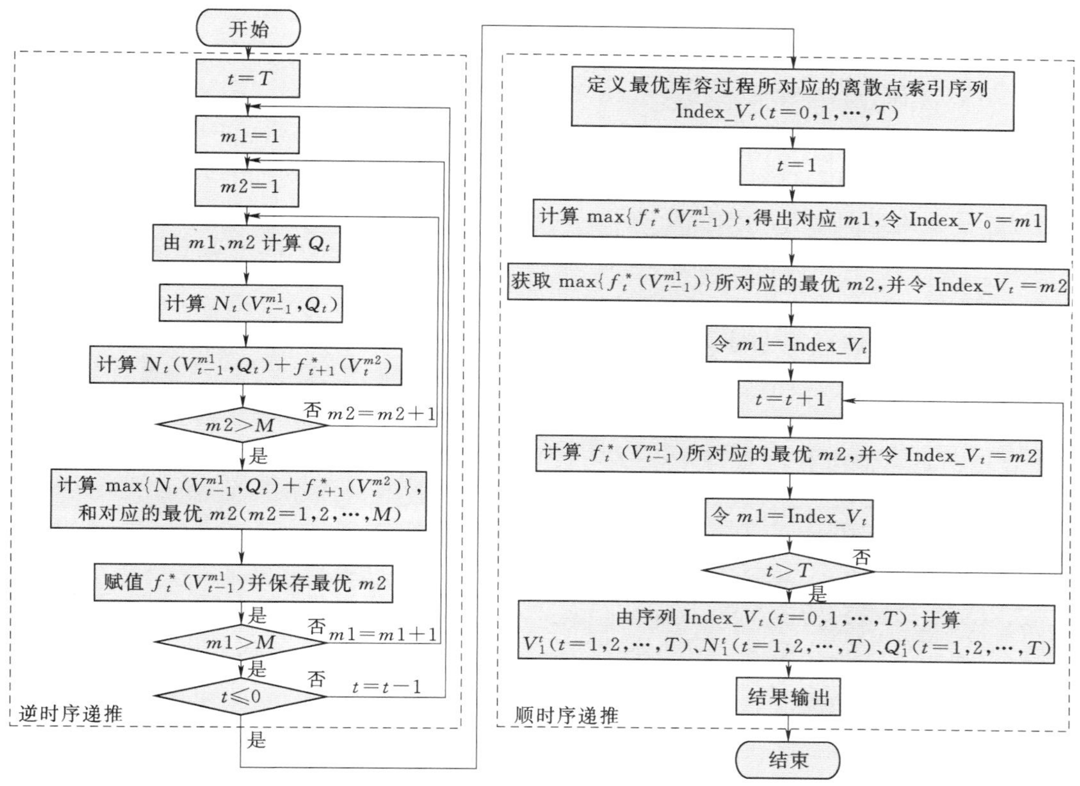

图 3.2　单库动态规划顺推及逆推计算流程图

动态规划方法是一种全局搜索法，它把原问题化成一系列结构相似且相对简单的子问题，再对所有子问题进行组合遍历寻优，其最大的优点在于可求出给定离散程度下的全局最优解，且不需要给定初始解。

梯级水电站水库群的动态规划法与前述的单库动态规划法步骤一样，只是考虑了梯级水库间的水力联系。假设有水库 1、水库 2 两座梯级水库，将其允许库容分别进行 $l-1$、$s-1$ 等分，则两库各时段蓄水量分别离散成 l、s 个点。若用常规的动态规划进行求解，则第 T 个时段总共要计算 ls 次，第 $T-1$ 个时段要计算 l^2s^2 次，…，所有时段总计算量为 $[(T-2)l^2s^2+2ls]$ 次，可见，其计算量随着 l 和 s 的增加以二次方倍的速度递增，而且当梯级水库的数量增加时，其计算量又将呈指数倍增加，不仅导致计算时间大大延长，而且计算内存占用量也将急剧增加，从而出现动态规划的“维数灾”问题。为了缓解动态规划的“维数灾”问题，于是产生了各种改进动态规划方法，例如 POA、DPSA 等。

3.3 逐步优化算法（POA）

逐步优化算法（Progressive Optimality Algorithm，POA）是传统动态规划算法的一种改进算法，该算法是在最优化原理的基础上发展而来，用以求解多阶段动态规划问题。简单来讲，它是把一个 T 阶段 m 维的问题分解成 $T-1$ 个二阶段决策子问题，从而使原问题的求解得到大大简化。POA 的计算步骤可概括成一个简要的流程图，如图 3.3 所示。

POA 的具体计算步骤如下：

步骤一：通过其他合适的方法选取一条初始调度线 $\{V_0(0),V_1(0),\cdots,V_T(0)\}$。

步骤二：固定 $V_{T-2}(0)$ 和 $V_T(0)$ 两个水库蓄水量值，在 $T-1$ 阶段初允许蓄水量范围内优选最佳的蓄水量值，以使 $T-1$ 和 T 两个阶段的目标函数值（出力或发电量）达到最大。保存此时的最优蓄水量值 V_{T-1}^*，并令 $V_{T-1}(1)=V_{T-1}^*$，以作为下两个阶段计算的固定初始值。

在 $T-1$ 时刻进行蓄水量值优选前，需要对该时刻的蓄水量值 $V_{T-1}(0)$ 进行离散，离散的可行域需满足水库蓄水量约束的要求，即 $V_{T-1,\min}\leqslant V_{T-1}\leqslant V_{T-1,\max}$。根据入库流量的大小、机组最大过流能力及 $V_{T-2}(0)$ 和 $V_T(0)$ 等信息，将 $V_{T-1}(0)$ 按均匀步长 ΔV 离散成 M 个值点：$V_{T-1}^1(0)$，$V_{T-1}^2(0)$，…，$V_{T-1}^M(0)$，如图 3.4 所示。

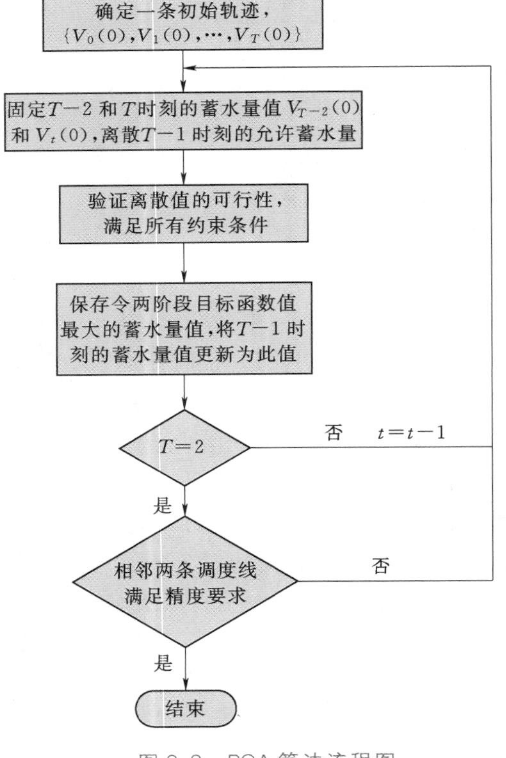

图 3.3 POA 算法流程图

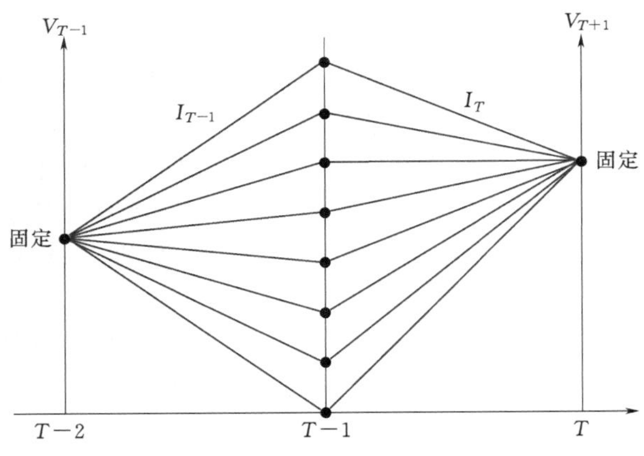

图 3.4 POA 法蓄水量离散示意图

步骤三：固定蓄水量值 $V_{T-3}(0)$ 和 $V_{T-1}(1)$，与步骤二类似地求出使这两个阶段的目标函数值达到最大的 $T-2$ 时刻的最优蓄水量值 V_{T-2}^{*}，并令 $V_{T-2}(1)=V_{T-2}^{*}$。

步骤四：根据步骤二、步骤三依次类推，遍历整个调度期的所有调度时段，直到 $t=1$ 为止，可得到一条新的蓄水量变化过程线 $\{V_0(1),V_1(1),\cdots,V_T(1)\}$。

步骤五：比较初始调度线与 $\{V_0(1),V_1(1),\cdots,V_T(1)\}$ 所对应的调度期总发电量，若达到迭代精度要求，则停止计算，输出相关的最优过程信息；否则以 $\{V_0(1),V_1(1),\cdots,V_T(1)\}$ 作为新的调度线，返回步骤二。

3.4 逐次逼近算法（DPSA）

逐次逼近算法（Dynamic Programming Successive Approximation，DPSA）是伴随动态规划“维数灾”问题而发展起来的另一种动态规划改进方法，其基本思路是：首先，将梯级水电站水库群系统分解为 n 个单库子系统，对各单库子系统按其他方法求出一个可行解以作为 DPSA 的初始解；然后，结合梯级水库群联合运行的众多约束条件，依次改进各库的运行策略，即对第 i 个水库寻优时，将其余水库的运行策略固定，而仅对该水库以单库动态规划进行寻优计算。该方法将 n 维动态规划问题转化为一系列一维动态规划问题求解，大大降低了梯级水电站水库群联合优化调度模型的求解难度。

对于一个 n 库梯级系统，DPSA 算法流程如图 3.5 所示。

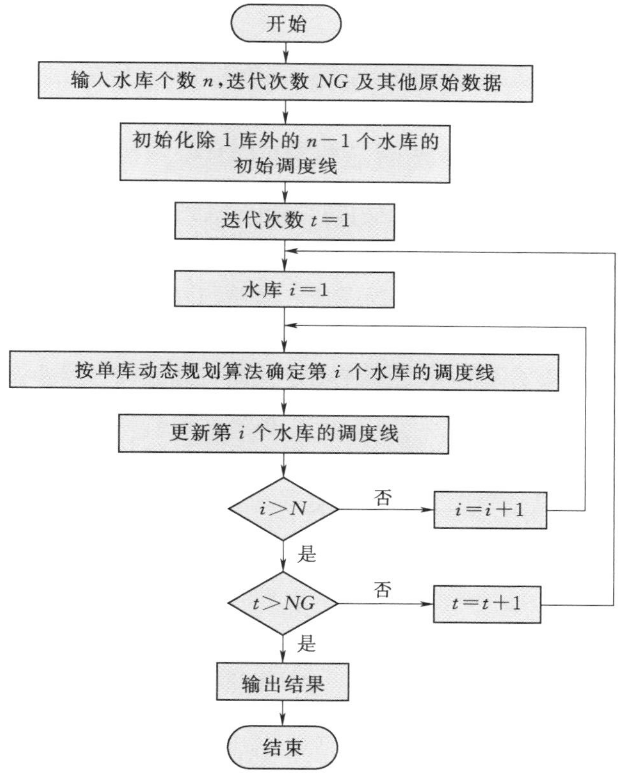

图 3.5 DPSA 算法流程图

以三库梯级系统为例，假定水库从上游到下游依次编号为 1、2、3，则逐次逼近法的基本步骤如下：

步骤一：采用其他合理的方法，给出库 1、库 2、库 3 一条满足各项约束条件的初始调度线：$\{V_0^1(0),V_1^1(0),\cdots,V_T^1(0)\}$、$\{V_0^2(0),V_1^2(0),\cdots,V_T^2(0)\}$ 及 $\{V_0^3(0),V_1^3(0),\cdots,V_T^3(0)\}$。其中，括号内数字代表迭代次数，下标代表时段编号，上标代表水库编号。

步骤二：固定库 2、库 3 两库的初始调度线，利用 DP 对库 1 进行优化调度计算，得出库 1 第一次优化后的调度线：$\{V_0^1(1),V_1^1(1),\cdots,V_T^1(1)\}$。在对库 1 进行优化计算的过程中，计算其第 t 个时段的效益时要包含库 1 的下泄流量与库 2 的区间入流在库 2 所产生的效益。

步骤三：将库 1 第一次优化后的调度线 $\{V_0^1(1),V_1^1(1),\cdots,V_T^1(1)\}$ 以及库 3 的初始调度线 $\{V_0^3(0),V_1^3(0),\cdots,V_T^3(0)\}$ 固定，对库 2 进行同样的优化计算，得出库 2 第一次优化后的调度线：$\{V_0^2(1),V_1^2(1),\cdots,V_T^2(1)\}$。同样，在对库 2 进行优化计算的过程中，计算其第 t 时段的效益时要包含库 2 的下泄流量与库 3 的区间入流在库 3 所产生的效益。

步骤四：将库 1、库 2 第一次优化后的调度线 $\{V_0^1(1),V_1^1(1),\cdots,V_T^1(1)\}$、$\{V_0^2(1),V_1^2(1),\cdots,V_T^2(1)\}$ 固定，对库 3 进行同样的优化计算，得出库 3 第一次优化后的调度线：$\{V_0^3(1),V_1^3(1),\cdots,V_T^3(1)\}$。

步骤五：重复步骤二、步骤三、步骤四，直到前后两次优化后所求得的系统总效益达到精度要求或达到迭代次数为止，输出相关的最优数据信息。

3.5 嵌套结构多维动态规划算法（MNDP）

3.5.1 传统多维动态规划（MDP）维数灾问题分析

在梯级水库优化调度模型中，梯级发电量最大模型最为常见，本节就以该模型为基础，定量探讨 MDP 在梯级水库优化调度中的“维数灾”问题。

水库优化调度可看成是一多阶段决策问题，对于一个从上游到下游共 n 库的梯级系统，若每个水库的蓄水量离散点数均取为 M，则可知梯级系统在每个时段初均有 M^n 个库容组合，参照单一水库确定性动态规划的逆时序递推计算思路，可把时段初梯级系统的各个库容组合作为一个状态，从后向前进行逆时序递推计算，并在每个时段内遍历所有库容组合，最终可得到整个调度期发电量最优的各时段初库容组合。因此，多维动态规划算法的逆时序递推方程可表述为

$$\begin{cases}F_t^*(\boldsymbol{V}_{t-1})=\max\limits_{D_t}\{N_t(\boldsymbol{V}_{t-1},\boldsymbol{Q}_t)+F_{t+1}^*(\boldsymbol{V}_t)\}\\ F_{T+1}^*(\boldsymbol{V}_T)=0\end{cases} \tag{3.3}$$

式中：$\boldsymbol{V}_{t-1}=(V_{t-1}^1,V_{t-1}^2,\cdots,V_{t-1}^n)^{\mathrm{T}}$ 为状态变量向量，表示在第 t 时段初梯级系统的一个蓄水量状态组合；$F_t^*(\boldsymbol{V}_{t-1})$ 为从第 t 时段初梯级系统的一个蓄水量组合 $\boldsymbol{V}_{t-1}=(V_{t-1}^1,V_{t-1}^2,\cdots,V_{t-1}^n)^{\mathrm{T}}$ 开始到第 T 时段结束的各时段最优出力之和；$F_{t+1}^*(\boldsymbol{V}_t)$ 为从第 $t+1$ 时段的一个蓄水量组合 $\boldsymbol{V}_t=(V_t^1,V_t^2,\cdots,V_t^n)^{\mathrm{T}}$ 开始到第 T 时段结束的各时段最优出力之和；$\boldsymbol{Q}_t=(Q_t^1,Q_t^2,\cdots,Q_t^n)^{\mathrm{T}}$ 为决策变量向量，表示在第 t 时段内梯级系统的一个平均下泄流量组合；$N_t(\boldsymbol{V}_{t-1},\boldsymbol{Q}_t)$ 为在时段初蓄水量组合为 $\boldsymbol{V}_{t-1}$、时段平均下泄流量组合为 $\boldsymbol{Q}_t$ 时的第 t 时段系统总出力。

在状态变量向量 $\boldsymbol{V}_t$ 中，$V_t^1,V_t^2,\cdots,V_t^n$ 中均包含 M 个离散点，即 V_t^1 包含 $V_t^{1,1},V_t^{1,2},\cdots,V_t^{1,M}$；$V_t^2$ 包含 $V_t^{2,1},V_t^{2,2},\cdots,V_t^{2,M}$；$V_t^n$ 包含 $V_t^{n,1},V_t^{n,2},\cdots,V_t^{n,M}$。

对于一个三库梯级系统，传统多维动态规划算法核心的循环计算原理如图 3.6 所示。其中 $m0$、$m1$、$m2$ 分别表示时段初上、中、下三库的蓄水量离散点索引值，其范围均为

1,2,…,M；$n0$、$n1$、$n2$ 分别表示时段末上、中、下三库的蓄水量离散点索引值，其范围均为 1,2,…,M；调度时段从 $t=0$ 开始到 $t=T-1$ 结束。

根据式（3.3），可以得到含有三个水库的梯级系统用 MDP 进行求解的逆时序递推计算流程，如图 3.7 所示。

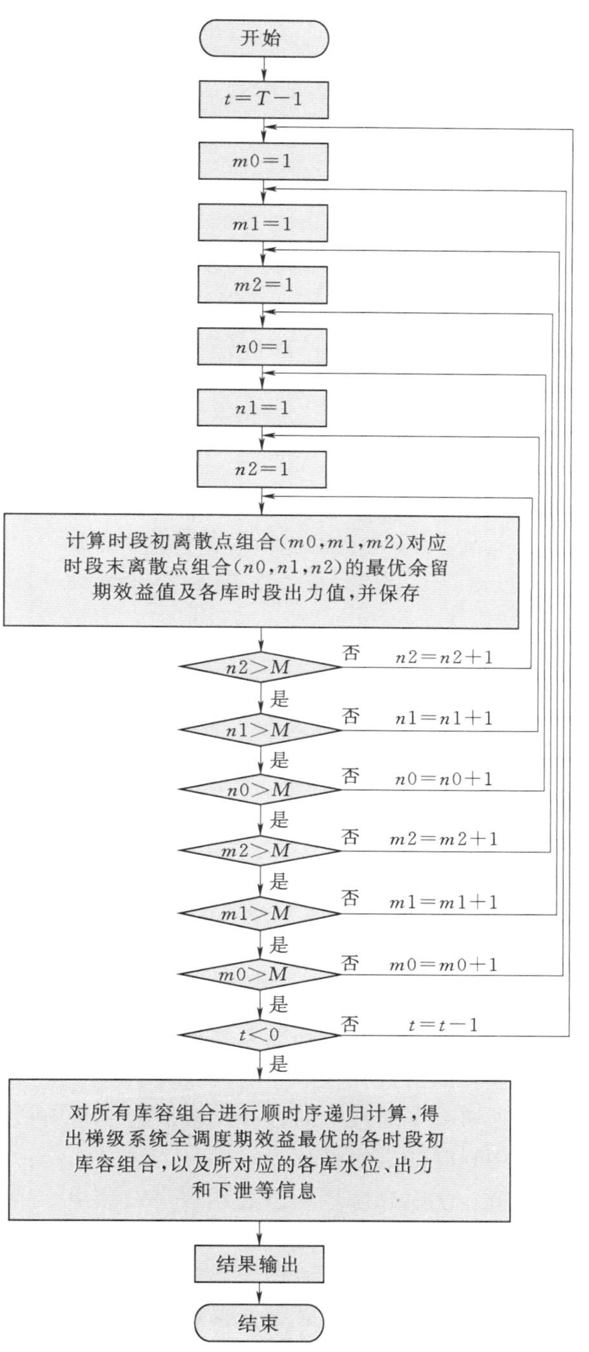

图 3.6　MDP 核心计算流程

含有三个水库的梯级系统用 MDP 进行求解的具体递推计算过程可描述如下：在最后一个时段 T 中，对于梯级系统中的每一个水库，时段初都有 M 个蓄水量离散点，因此三个水库就一共有 M^3 个时段初蓄水量组合，每个蓄水量组合中包含三个蓄水量离散点，此时每个组合的转移路径因时段末水位（防洪限制水位或死水位）固定而唯一；但在 $T-1$ 时段，每个水库的时段末蓄水位不再固定，此时，对于系统中的每个水库时段末都有 M 个蓄水量离散点，而系统对应的会有 M^3 个时段末蓄水量组合。对于时段初的任意一个蓄水量组合，例如组合（2,2,3），其中括号中的数字分别代表上、中、下库的一个蓄水量离散点，如图 3.7 中的实线圈点所示。对于该组合，可以通过遍历时段末的 M^3 个蓄水量组合来找出它的最优候选路径，假设最优候选路径所对应的时段末蓄水量离散点组合为（3,M,2），如图 3.7 中的虚线圈点所示。然后在计算机中保存最优候选路径及其所对应的最优余留期效益值（出力），以用于下一时段的递推计算。最优余留期效益值表示从当前时段 t 到最后时段 T 的各时段最优效益（出力）之和。通过对时段初剩余 M^3-1 个蓄水量离散组合进行上述同样的计算就可以最终完成第 $T-1$ 时段的计算。而通过对调度期的其他时段进行与第 $T-1$ 时段相同的计算，便可以完成整个调度期的逆时序递推计算。

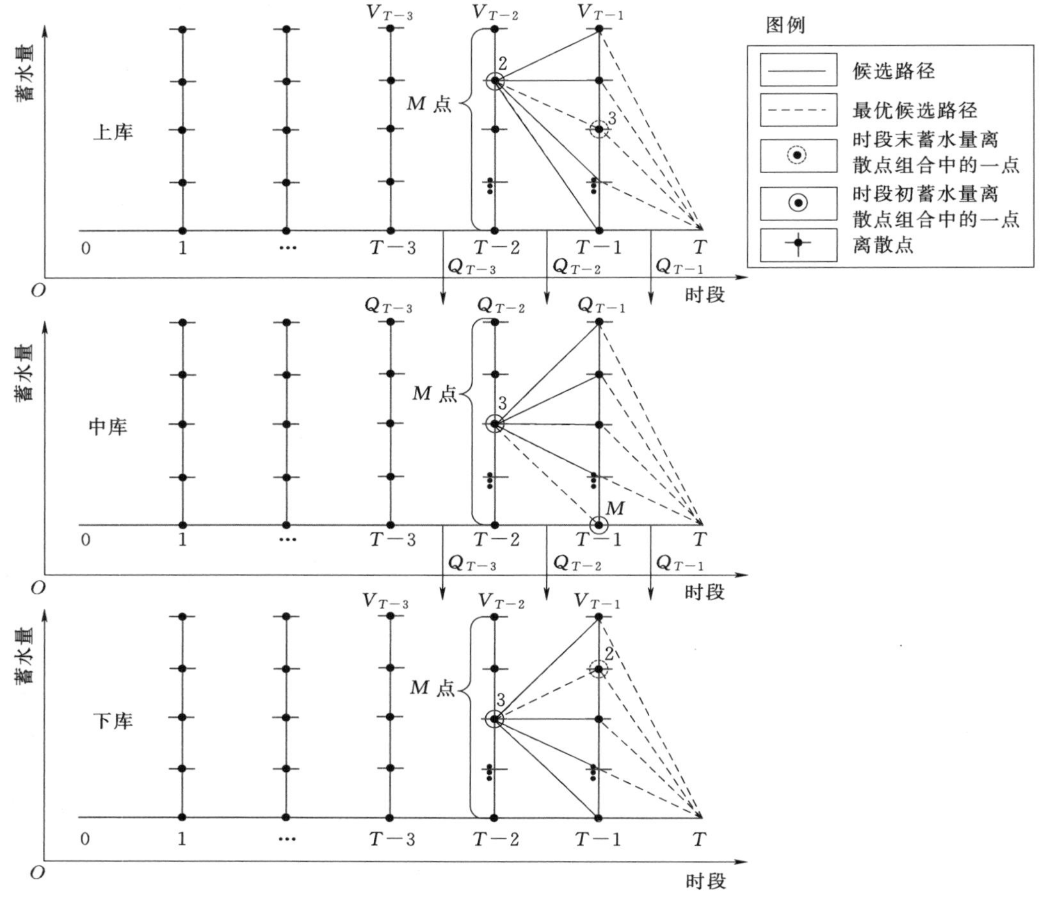

图 3.7 MDP 逆推计算示意图

从上述逆时序递推流程可以看出，在一个时段内，三库梯级系统在时段初有 M^3 个蓄水量组合，每一个时段初蓄水量组合又对应着 M^3 个时段末蓄水量组合。因此，对于一个三库梯级系统而言，在一个时段中将有 M^6 次由时段初到时段末的循环计算，在整个调度期内除了第一个时段（时段 1）和最后一个时段（时段 T）外将一共有 $(T-2)\times M^6$ 次由时段初到时段末的循环计算。

在单一水库确定性动态规划程序设计中，用到了两个全局二维数组，一个是最优余留期效益数组，另一个是最优余留期蓄水量离散点数组。最优余留期效益数组用于存储每个时段初所有蓄水量离散点所对应的最优余留期效益值，而最优余留期蓄水量离散点数组用于存储每一个时段初蓄水量离散点的最优余留期效益所对应时段末蓄水量离散点索引值。随着动态规划逆时序递推计算的结束，这两个数组也被完成赋值，此时再以这两个数组为基础通过顺时序递推计算就可得出全局最优的时段发电量和时段蓄水量变化过程。在单一水库计算中，这两个二维数组的大小均为 $T\times M$，而在三库梯级系统中这两个数组由二维变为了四维，其大小也变为了 $T\times M\times M\times M$。因此，对于三库梯级系统的多维动态规划模型求解，其计算过程中所需要的计算机内存空间是非常大的，理论上是单一水库确定性动态规划所需内存量的 M^2 倍，假如 $M=20$，那么就是400倍。因此，一般来说普通计算机很难满足多维动态规划模型求解的内存需求。

由上述分析可以看出，随着模型中计算维数（水电站水库数目）的增加，多维动态规划的“维数灾”问题不仅仅表现在程序计算量的剧增，更体现在计算过程的高度复杂化和计算机内存空间的不足上。计算过程的高度复杂化会使得编程计算难度增加，甚至无法实现；而计算机内存空间的不足除了通过减少蓄水量离散程度来缓解以外，就只能更换更大内存、更高性能的计算机，但减少蓄水量离散程度会降低算法的求解精度，而更换计算机平台则往往会需要很大的资金投入。

为了在不增加额外投资、不降低算法实用性并保持算法全局收敛性的情况下有效缓解多维动态规划算法的“维数灾”问题，研究将多层嵌套结构思想引入多维动态规划的算法设计中，构建一种新的嵌套结构的多维动态规划计算模式，以实现多维动态规划算法在梯级水电站水库群优化调度计算中的有效应用。

3.5.2 MNDP 基本原理

嵌套结构多维动态规划（MNDP）与传统多维动态规划（MDP）的本质区别在于前者基于嵌套结构的思想引入了一种新的计算模式。以一个三库梯级系统为例，MNDP的基本原理可描述如下：在求解三库梯级系统的多维动态规划模型时，对应上库的每一个出流过程，应用多维动态规划求解由中库和下库构成的两库梯级优化调度问题，都有一个唯一确定的最优解；同样的，在求解中下两库系统的多维动态规划模型时，对应中库的每一个出流过程，应用动态规划求解下库优化调度问题，都有一个唯一确定的最优解。因此，在求解三库梯级系统的多维动态规划模型时，可根据多层嵌套结构的思想，将三库梯级系统看成是一个上库单库子系统和下游两库梯级子系统的组合，而将下游两库梯级子系统又可以看成是一个中库单库子系统和下库单库子系统的组合。经过如此的分析和处理，应用多维动态规划算法求解三库梯级系统优化调度问题的计算流程可以简单地归纳为：对应上库的每一个来流过程嵌套求解中下两库梯级系统的二维多维动态规划模型。而求解中下两库梯级系统的二维多维动态规划模型又可归纳为：对应中库的每一个来流过程嵌套求解下库单库系统的一维动态规划模型。

类似地，可以用相同的方式来处理包含更多水库的梯级系统，如此就可以极大程度地减轻多维动态规划算法在梯级水库优化调度问题应用中的复杂度，从而在算法编程复杂度方面有效减轻多维动态规划算法的“维数灾”问题。MNDP应用于三库梯级系统优化调度问题时的计算原理可用图3.8来表示，图中 TN_1 表示下库对应中库一个固定下泄流量过程下的最优总效益（出力），TN_2 表示中、下两库梯级系统对应上库一个固定下泄流量过程下的最优总效益（出力）。

MNDP的逆时序递推计算过程与一维动态规划在单一水库优化调度问题应用中的计算过程相似，不同之处在于MNDP中上库的最优余留期效益（出力）代表的是三库梯级系统总的最优余留期效益（出力）而不仅仅是上库。同样，中库的最优余留期效益（出力）代表的是中下两库梯级子系统总的最优余留期效益（出力）而不仅仅是中库，下库的最优余留期效益（出力）则仅代表下库本身。对于三库梯级系统中的每一个水库，MNDP

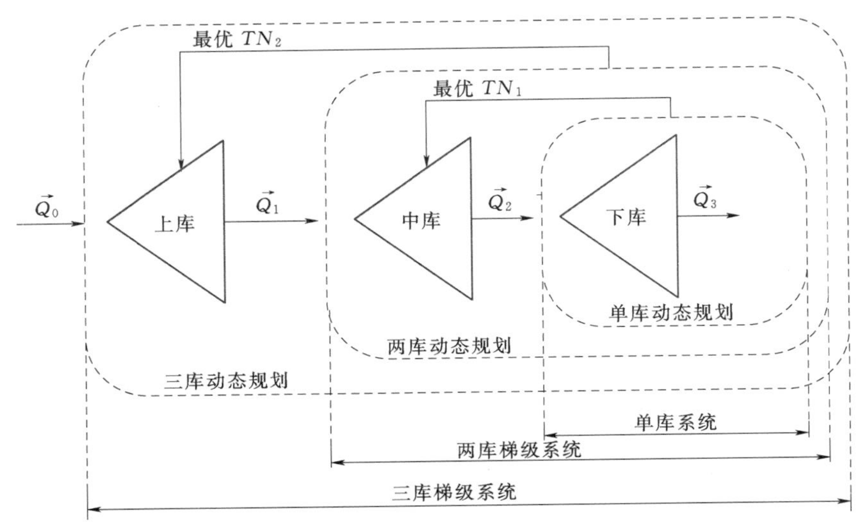

图 3.8 嵌套结构多维动态规划原理图

的逆时序递推方程可表示如下：

上库：$$\begin{cases} x_t^*(V_{t-1}^1)=\max\limits_{\Omega_t}\{N_t(V_{t-1}^1,Q_t^1)+TN_{t\sim T}^{2,3}[Q_t^1,Q_{j\sim T}^1(x_{t+1}^*(V_t^1))]+TN_{j\sim T}^1[x_{t+1}^*(V_t^1)]\} \\ x_{T+1}^*(V_T^1)=0 \end{cases} \tag{3.4}$$

中库：$$\begin{cases} y_t^*(V_{t-1}^2)=\max\limits_{\Omega_t}\{N_t(V_{t-1}^2,Q_t^2)+TN_{t\sim T}^3[Q_t^2,Q_{j\sim T}^2(y_{t+1}^*(V_t^2))]+TN_{j\sim T}^2[y_{t+1}^*(V_t^2)]\} \\ y_{T+1}^*(V_T^2)=0 \end{cases} \tag{3.5}$$

下库：$$\begin{cases} z_t^*(V_{t-1}^3)=\max\limits_{\Omega_t}[N_t(V_{t-1}^3,Q_t^3)+z_{t+1}^*(V_t^3)] \\ z_{T+1}^*(V_T^3)=0 \end{cases} \tag{3.6}$$

式中：$x_t^*()$ 为上库最优余留期效益函数，表示三库梯级系统从第 t 时段出发到第 T 时段的最优出力（发电量）之和；$y_t^*()$ 为中库最优余留期效益函数，表示中、下两库从第 t 时段出发到第 T 时段的最优出力（发电量）之和；$z_t^*()$ 为下库最优余留期效益函数，表示下库从第 t 时段出发到第 T 时段的最优出力（发电量）之和；V_t 为状态变量，表示第 t 时段末的蓄水量；Q_t 为决策变量，表示第 t 时段的平均下泄流量，变量的上标表示水库编号；$N_t(V_{t-1}^1,Q_t^1)$ 为上库在第 t 时段初蓄水量为 V_{t-1}^1、平均下泄流量为 Q_t^1 时的出力；$N_t(V_{t-1}{}^2,Q_t^2)$ 为中库在第 t 时段初蓄水量为 V_{t-1}^2、平均下泄流量为 Q_t^2 时的出力；$N_t(V_{t-1}^3,Q_t^3)$ 为下库在第 t 时段初蓄水量为 V_{t-1}^3、平均下泄流量为 Q_t^3 时的出力；$TN_{t\sim T}^{2,3}[Q_t^1,Q_{j\sim T}^1(x_{t+1}^*(V_t^1))]$ 为中、下两库梯级子系统对应上库的一个下泄流量过程（即 $\{Q_t^1,Q_{j\sim T}^1\}$）从时段 t 到时段 T 的最优出力（发电量）之和，其求解计算需用到式（3.5）和式（3.6）；$TN_{j\sim T}^1[x_{t+1}^*(V_t^1)]$ 为上库对应其最优余留期效益从时段 j 到时段 T 的各时段出力（发电量）之和；$TN_{t\sim T}^3[Q_t^2,Q_{j\sim T}^2(y_{t+1}^*(V_t^2))]$ 为下库对应中库的一个下泄流量过程（即 $\{Q_t^2,Q_{j\sim T}^2\}$）从时段 t 到时段 T 的最优出力（发电量）之和，其求解计算需用到式（3.6）；$TN_{j\sim T}^2[y_{t+1}^*(V_t^2)]$ 为中库对应其最优余留期效益从时段 j 到时段 T 的各时段出力（发电量）之和；j 为第 t 时段的下一时段编号，且 $j\leqslant T$；$Q_{j\sim T}^1(x_{t+1}^*(V_t^1))$ 为上

库最优余留期效益 $x_{t+1}^{*}(V_t^1)$ 所对应的从时段 j 到时段 T 的下泄流量组合；$Q_{j\sim T}^2(y_{t+1}^{*}(V_t^2))$ 为中库最优余留期效益 $y_{t+1}^{*}(V_t^2)$ 所对应的从时段 j 到时段 T 的下泄流量组合。

由式（3.4）～式（3.6）最终得到的 $x_1^{*}(V_0^1)$ 即为三库梯级系统在整个调度期内的最优出力（发电量）之和。

从上述三个逆时序递推方程可以看出，对于 MNDP 算法，系统中各水库在进行逆推计算时所包含的状态变量仅有一个，不同于 MDP 算法包含梯级系统中所有的状态变量，如式（3.3）所示。同时，MNDP 算法通过将 n 库梯级系统分解为 n 个单一水库系统而实施嵌套计算，在计算上有一定的先后顺序；而 MDP 算法在一个时段内要求该时段初、末所有状态离散点同步进行组合计算，因此在任何一个时间点，MNDP 算法的状态组合量是大大少于 MDP 算法的，这就使得 MNDP 算法在计算过程中的内存占用量大大降低。

3.5.3 MNDP 求解流程

以三库梯级系统为例，MNDP 算法对于上库的逆时序递推计算过程可简单地用图 3.9 表示。中库和下库的逆时序递推过程与上库类似，此处不再给出。在图 3.9 中，变量 m_1、m_2 和 m_3 分别代表上库、中库和下库的时段初状态离散点索引值；变量 n_1、n_2 和 n_3 分别代表上库、中库和下库的时段末状态离散点索引值；变量 t_1、t_2 和 t_3 分别代表上库、中库和下库的时段编号。变量 m、n 和 t 的下标代表水库编号。MNDP 算法应用于三库梯级系统联合优化调度模型求解时的计算步骤如下。

步骤一：从最后时段 T 开始逆时序递推计算。对于上库的任一时段，在该时段内的一个状态组合的最优候选路径可通过如下计算获得：以第 $T-2$ 时段为例（$t=T-2$），在该时段初、末蓄水量之间有 M^2 个状态组合，对于其中的任意一个组合，例如组合 m_5-n_3，m_5 是第 $T-2$ 时段初蓄水量的一个离散点，n_3 是第 $T-2$ 时段末蓄水量的一个离散点。因从时段 T 到时段 $T-1$ 的逆时序递推计算已经完成，故组合 m_5-n_3 中离散点 n_3 所对应的最优候选路径也是已知的，假设如图 3.9 的上库中的点虚线所示，对应这条候选路径，上库有一个出流过程，此出流加上中库的区间入流就可以得到中库从时段 T 到时段 $T-1$ 的入流过程，利用该入流过程和上库状态组合 m_5-n_3 所确定的上库时段 $T-2$ 出流，就可以通过 MNDP 求解中下两库梯级子系统的联合优化调度模型而获得中库和下库从时段 T 到时段 $T-2$ 的最优候选路径，假设该候选路径分别如图 3.9 的中、下两库的点虚线所示。图 3.9 中三条最优候选路径（点虚线）所对应的各时段出力之和再加上上库状态组合 m_5-n_3 所对应的时段出力即为状态组合 m_5-n_3 的最优余留期出力（累计出力）。

步骤二：对于第 $T-2$ 时段末的其他状态离散点，也就是除 n_3 之外的从离散点 n_1 到离散点 n_M，根据步骤一实施相同的计算，便可以找出在第 $T-2$ 时段所有时段末离散点中余留期出力最大的离散点 n^{*}，以该点作为时段初离散点 m_5 的最优候选路径。

步骤三：对于第 $T-2$ 时段初的其他状态离散点，也就是除 m_5 之外的从离散点 m_1 到离散点 m_M，根据步骤一、步骤二实施相同的计算，便可以找出它们各自的最优候选路径及所对应的最优余留期出力，然后保存相关信息。

步骤四：令 $t=T-3$，根据步骤一、步骤二、步骤三进行类似计算，直到 $t=1$ 结束。

步骤五：基于已保存的各时段初离散点的最优候选路径，从第 1 时段到第 T 时段进

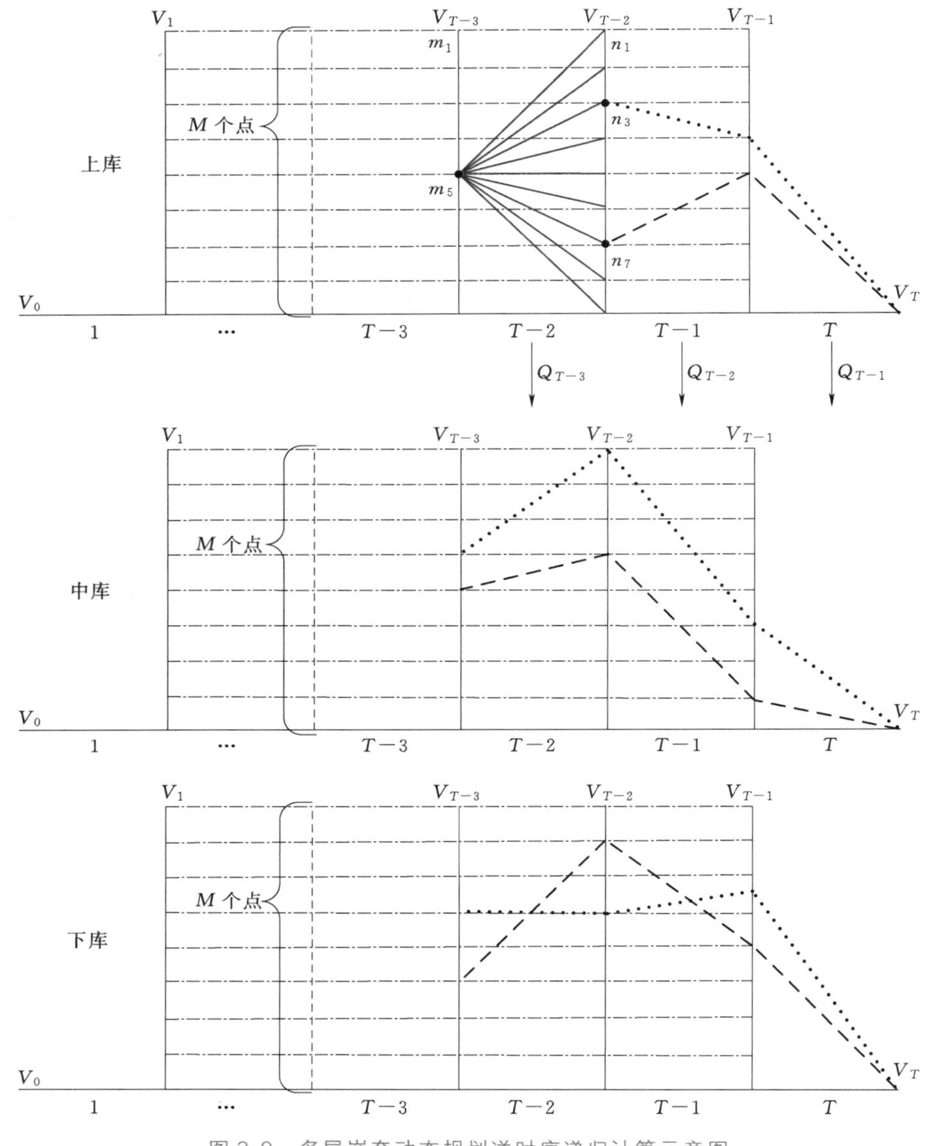

图 3.9 多层嵌套动态规划逆时序递归计算示意图

行顺时序递推计算，最终确定上库最优蓄水量变化过程及其所对应的最优出力过程、最优出流过程等。

步骤六：以上库最优出流加上中库的区间入流得到下游两库子系统的入流过程，再利用 MNDP 算法求解中下两库梯级子系统的联合优化调度模型，可获得中库和下库的最优蓄水量变化过程及其所对应的最优出力、出流过程等。其中所用上库最优出流过程是与步骤五中所得上库最优蓄水量变化过程相对应的。

在步骤一和步骤六中，用 MNDP 算法求解中下游梯级子系统联合优化调度模型时的逆时序计算步骤与上述计算上库时的步骤（步骤一到步骤五）类似。

3.5.4 MNDP 优势分析

通过对 MNDP 算法求解步骤的描述，可以获得该算法相对于传统 MDP 算法所具有的 3 个优点。

（1）MNDP 算法以重复部分计算的方式在逆时序递推计算过程中不存储龙头水库以外其他水库的中间变量，能大大减轻程序的计算机内存占用量，使得该算法可在能满足单库动态规划内存要求的普通的计算机上实现。

（2）MNDP 算法嵌套结构的计算模式将下游子系统作为一个相对独立的系统来处理，能够减少大量中间数据的传输与交换，可以在很大程度上减轻算法的编程复杂度，从而使得算法的可读性增强。因此，MNDP 算法可以在不增加多少额外工作量的情况下较容易地实现包含更多水库的梯级系统联合优化调度模型的求解。

（3）MNDP 算法的嵌套结构计算模式与 MDP 算法相比更利于并行计算的实现，MNDP 算法的并行计算不仅可以在时段内的离散点间进行，还可以在相对独立的下游子系统内进行，也就是说 MNDP 算法可以实现 MDP 算法所不能实现的多级并行。

当然，任何事物都有利有弊，所提出的 MNDP 算法也有一个缺点，即部分计算量的重复而导致计算时间有一定程度的增加，这也是该算法在计算过程中内存占用量大大减少所付出的代价。

第4章

智能优化调度方法及改进

随着水电事业蓬勃发展，水库群规模逐渐扩大，水库群联合优化调度也逐渐成为研究的热点与难点。由于传统优化方法在解决诸如水库群联合调度等大型复杂优化问题时易出现计算量过大而无法计算的情况，每增加一库，其计算量呈指数性质增加（即“维数灾”问题），无法满足快捷高效制订调度方案的要求，为水电站规划管理工作带来了一定困难。集群智能算法的产生为求解复杂优化问题提供了新的思路，由于其物理意义明确、计算流程清晰、求解效率高的优势，被广泛应用到众多领域中。如遗传算法、蚁群算法、粒群算法、蜂群算法、鱼群算法、文化粒子群算法及以这些算法为基础衍生出来的改进算法，其共同特点是多源于对自然界群居昆虫或动物群体活动（如觅食行为）的模拟。因此，在智能优化算法中，通常将搜索和优化的过程模拟成个体在环境中的演化或觅食过程，将求解问题的优化目标通过个体对环境的适应程度来度量，将个体的优胜劣汰过程或觅食过程类比为搜索和优化过程中用好的可行解取代较差可行解的迭代过程。通过这些类比模拟，形成了一种具有“生成＋检测”特征的迭代寻优算法，同时也是一种求解极值问题的自适应、自组织人工智能优化技术。

本章在介绍蚁群算法、粒群算法及其改进算法的同时，提出了并行设计的均匀自组织映射遗传算法。自组织映射遗传算法（SOM-GA）由王渤权（2018）提出，主要将自组织映射中的拓扑保持与分布保持特性作用于算法后期，进而增强算法的后期寻优能力，改进了原算法易陷入局部最优解的缺陷，并在水库常规调度与优化调度中进行了应用，为水电站规划及管理提供了一定的参考。虽然SOM-GA在一定意义上有效解决了原算法的不足，但仍存在初始化种群个体不够合理和计算效率低的缺陷。为此又引入均匀设计思想，将水库调度求解过程中的个体初始化过程看成一试验，将个体上基因赋值的过程看作试验点选择过程，对SOM-GA个体初始化策略进行了改进，进而增强算法的寻优性能，提出了均匀自组织映射遗传算法（USOM-GA）。另外，随着计算机技术突飞猛进地发展，多核处理器、大内存存储等已经进入到人们的视野中，为人们在处理复杂数据问题方面提供了更加强有力的硬件支持。并行计算作为计算机学科领域的重要分支，其计算模式能够充分利用计算机多核优势，有效减少求解问题的计算时间。为此，可以将多线程技术引入USOM-GA中，通过对USOM-GA进行并行结构设计，提出基于并行设计的USOM-GA，进一步提高算法的求解效率，减少计算时间。

4.1 蚁群算法

受到蚂蚁觅食过程中信息交流机制的启发，Dorigo 等（1991）提出了蚁群优化（Ant Colony Optimization，ACO）算法，随后提出了其基本模型——蚂蚁系统（Ant System，AS），并应用于经典的旅行商（TSP）问题。从蚂蚁系统开始，蚁群算法得到了不断的改进、发展和完善，并在 TSP 及许多实际优化问题求解中得到了进一步的应用和验证。

4.1.1 算法的基本原理

蚁群算法是通过模拟蚂蚁寻找食物并回到巢穴的觅食过程来求解问题的。在搜寻食物时，蚂蚁在前进途中会留下一种信息素，通过这种信息素来与其他蚂蚁交流、合作，以找到较短路径。经过某一地点的蚂蚁越多，该地点的信息素浓度就越高（当然，信息素浓度也会随时间逐渐减小）。研究表明蚂蚁选择路径时偏向于选择信息素浓度高的方向，实际上这也是蚂蚁能找到回到巢穴或食物处的较短路径的原因。实验还表明，这种跟随信息素浓度前进的行为会随着经过的蚂蚁的增多而加强。由于通过较短路径往返于食物和巢穴之间的蚂蚁能以更短的时间经过这条较短路径上的点，这些点上的信息素的浓度就会因蚂蚁经过它的次数更多而更强；这样就会有更多的蚂蚁选择这条路，这条路径上的信息素的浓度就会越来越高，选择这条路径的蚂蚁也会越来越多。直到最后，几乎所有的蚂蚁都选择这条较短路径，图 4.1 演示了蚁群觅食时绕开障碍物的不同路线比较，路线 *abcde* 显然要比路线 *abhde* 长得多，因而经过一段时间后，路线 *abhde* 上必然有更多的蚂蚁。这是一种正反馈现象，蚁群算法就是利用正反馈机制来达到求解优化问题的目的。

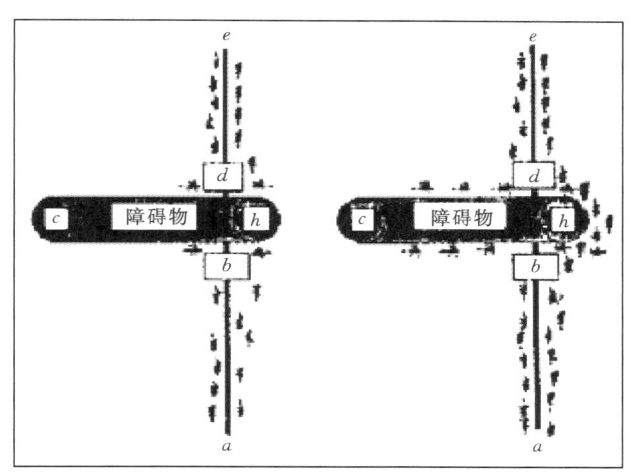

图 4.1 蚁群觅食时绕开障碍物的不同路线示意图

4.1.2 算法的具体实现

蚁群算法最初用于求解 TSP 问题，并以此建立算法的基本模型，以下就结合 TSP 问题介绍蚁群算法的具体实现。TSP 问题是组合优化问题中的标准问题，可以用有向图 $G=(\mathbf{V},\mathbf{E})$ 表示，其中 $\mathbf{V}=\{1,2,\cdots,n\}$ 表示节点的集合，$\mathbf{E}=\{(ij)\}$ 表示边的集合。$D=(d_{ij})$ 表示边距离或费用。在应用蚁群算法求解 TSP 问题之前需要限定每个人工蚂蚁在一个路径上每个城市只能选择一次。所有的蚂蚁都搜索到一个完整合法的路径之后，根据蚂蚁走过的线路更新各个边对应的信息素。在搜索过程中，蚂蚁根据各个路径上的信息素及路径的启发信息计算概率，根据此概率选择下一个城市。人工蚂蚁在 t 时刻由城市 i 转移到城市 j 的概率为

$$\rho_{ij}^{k}(t)=\begin{cases}\dfrac{[\tau_{ij}(t)]^{\alpha}[\eta_{ij}(t)]^{\beta}}{\sum\limits_{s\in \mathbf{R}_k}[\tau_{is}(t)]^{\alpha}[\eta_{is}(t)]^{\beta}} & j\in \mathbf{R}_k\\ 0 & j\notin \mathbf{R}_k\end{cases} \tag{4.1}$$

式中：$\mathbf{R}_k=\{0,1,\cdots,n-1\}-tabu(k)$ 表示人工蚂蚁在第 k 个城市时，下一步允许选择的城市集合。人工蚂蚁具有记忆功能，用 $tabu(k)$ 记录该蚂蚁当前已经走过的城市，随着进化过程作动态调整。随时间推移，以前留下的信息逐渐消失。$\eta_{ij}(t)$ 为边 ij 的能见度，取 $\eta_{ij}=1/d_{ij}$；$\tau_{ij}(t)$ 为边 ij 在 t 时刻的信息素；d 为信息素的相对重要程度；β 为能见度的相对重要程度。用 $1-\rho(0\leqslant\rho<1)$ 表示信息素挥发程度。

经过一定时刻蚂蚁完成一次循环，对各个路径上的信息素根据式（4.2）、式（4.3）进行调整：

$$\tau_{ij}(t+1)=\rho\tau_{ij}(t)+\Delta\tau_{ij}(t) \tag{4.2}$$

$$\Delta\tau_{ij}(t)=\sum_{k=1}^{m}\Delta\tau_{ij}^{k}(t) \tag{4.3}$$

式（4.2）和式（4.3）中：$\Delta\tau_{ij}^{k}$ 为第 k 只蚂蚁在该次循环中留在路径 ij 上的信息素；$\Delta\tau_{ij}$ 表示该次循环中路径 ij 上的信息素的增量（即为人工蚂蚁该次循环留在路径 ij 上的信息素之和）。

$$\Delta\tau_{ij}^{k}=\begin{cases}\dfrac{Q}{L_k} & \text{若第 } k \text{ 只蚂蚁在该次循环中经过 } ij\\ 0 & \text{其他}\end{cases} \tag{4.4}$$

式中：Q 为信息素浓度，是常数；L_k 为第 k 只蚂蚁在该次循环中所走路径的总长。

初始时刻，$\tau_{ij}(0)=C$（常数），$\Delta\tau_{ij}=0(i,j=l,\cdots,n-1)$。

为了完整地描述 AS 应用于 TSP 问题的基本求解过程，以下给出实现算法的伪代码（Dorigo 等，1996），其中的参数设置来自 Dorigo 等的实验。

```
//* 算法初始化 * ========================
α=1;β=5;ρ=0.5;τ0=10^-6;e=5;
FOR 每条路径(i,j)DO
τi,j(0)=τ0
END
FOR k=1 TO m DO
将蚂蚁 k 分配到随机选择的城市
END
T+ =算法执行过程中所得到的最短路径变量;
L+ =算法执行过程中所得到的最短路径的长度变量;
//* 程序主循环
FOR t=1 TO tmax DO
  FOR k=1 TO m DO
    执行 n-1 次如下计算,构造 k 条路径 T^k(t):
```

```
    按式(4.1)计算选择下一个目标城市的概率 ρ^k_ij(t)；
END
FOR k=1 TO m DO
计算蚂蚁 k 在当前所经过的路径 T^k(t)和长度 L^k(t)；
END
    IF 发现更好的路径 THEN
      更新 T+ 和 L+；
  END IF
  FOR 每条路径(i,j)DO
按式(4.2)、式(4.3)、式(4.4)更新各路径上的信息素；
END
FOR 每条路径(i,j)DO
τi,j(t+1)=τ(t)；
END
  输出最短路径 T+ 和 L+。
END
//* 计算结束 * ==========================
```

4.1.3 蚁群算法的发展

基本蚁群算法在规模不大的TSP问题（30～70个城市）上能够较快地收敛到比较好的解。为了进一步提高蚂蚁系统算法的性能，Dorigo等（1996）在AS的基础上提出了蚁群系统（Ant Colony System，ACS）算法。ACS在转化规则、信息素更新方法、局部信息素更新、候选列表4个方面对AS进行了改进，研究表明ACS在大多数问题中获得了比其他典型算法如Elastic Net（EN）、SA、GA和EP更好的解。除了AS和ACS外，还有许多研究者提出了各种修正方法以提高蚁群算法的求解能力，如Stutzle等（2000）提出的Max-Min AS（MMAS），通过限制信息素浓度范围防止个别路径的信息素浓度过高，从而避免了算法的过早停滞，也就克服了AS在大规模问题上求解能力下降的弊病；Bullnheimer等（1999）提出了另一种基于AS的改进蚁群算法——Rank-based AS，通过精英蚂蚁更新更好路径上的信息素，并且根据排序加权方式确定每个蚂蚁放置信息素的强度，以此提高AS的求解能力。

尽管蚁群算法对于解决TSP问题并不是目前最好的方法，但它提出了一种解决TSP问题的新思路，并很快被应用到其他组合优化问题中，例如二次规划问题（Quadratic Assignment Problem，QAP）、图着色（Graph Coloring）、网络路由优化（Networks Routing Optimization）及作业流程计划（Job-shop Scheduling）等问题。

蚁群算法在电信路由上获得了成功的应用。HP公司和英国电信公司在20世纪90年代中后期研制的蚁群路由算法（Ant Colony Routing，ACR）中，每只蚂蚁根据它在网络上的经验与性能，动态更新路由表项。如果因为一只蚂蚁经过了网络中堵塞的路段而导致了比较大的延迟，那么就对相应的表项作较小的增强，如果某条路段比较顺利，那么就对该表项作较大的增强。同时应用挥发机制，就可以做到更新系统信息，从而不再保留过期的路由信息。这样，在当前最优路径出现阻塞时，ACR算法能很快找到另一条可替代的最优路径，从而提高网络的均衡性、网络负载量及网络的利用率。

在电力系统领域应用上，郝晋等（2002）将机组最优投入问题设计成类似TSP问题的模式，再应用蚁群算法对UC问题进行优化求解，通过6节点3机系统和10机系统的算例证明了算法的可行性和有效性；侯云鹤等（2002）提出一种广义蚁群算法，将其应用于电力系统的经济负荷分配问题并取得了较好的效果。其他如电力系统无功优化、配电网网架优化等问题均有相关的研究成果（林昭华等，2003；王志刚等，2002）。

蚁群算法在水电站水库优化调度问题上也有成功的应用。徐刚等（2005a，2005b）应用蚁群算法对单一水库的优化调度和梯级水电站的竞价优化调度问题均做了有益的探索，取得了较好的效果；李崇浩等（2005）针对常规蚁群算法计算搜索时间过长的问题，提出一种应用于梯级水电厂日优化运行的进化蚁群算法，通过GA的种群进化操作生成信息素的初始分布，再应用常规蚁群算法进行优化求解，从而达到改善算法寻优效率的目的。

4.2 粒群优化算法

粒群优化（Particle Swarm Optimization，PSO）算法，又称微粒群算法或粒子群算法，是由Kennedy和Eberhart在1995年首先提出的一种集群智能优化方法。PSO源于对鸟群飞行行为的研究，通过对“鸟群”简单社会系统进行模拟，在多维解空间中构造具有一定规模的“微粒群”，并以微粒对解空间中的最优微粒的追随进行解空间的寻优搜索。

PSO算法是一类随机全局优化技术，由于算法具有流程简单易实现、算法依赖的参数少、收敛速度快等特点，被迅速、广泛地应用到函数优化、神经网络训练、模糊系统控制及整数优化问题的求解等。近年来该算法发展很快，已成为国际演化计算界的研究热点。

4.2.1 PSO算法的基本原理

通过对动物群体行为的观察和研究，如鸟群的飞行、鱼群的游动等，人们发现在群体中信息共享能积极推进群体行为的良性演化。PSO算法的基本思想是根据个体与环境的适应程度，并通过群体中的信息共享来实现寻优搜索，从而将群体中的个体逐渐“吸引”到最佳区域。在PSO算法中，N维空间中的每一个“微粒”都是优化问题的一个解，所有的微粒都有一个由目标优化函数决定的适应值，以及一个速度决定其飞行的方向和距离。

算法首先初始化生成一个随机微粒群（随机解），然后让微粒在此多维空间中以一定速度飞行，飞行速度可根据其本身的飞行经验和其他微粒的飞行经验进行动态调整。在“飞行”（即寻优）过程中，每个微粒的位置就是一个潜在解，设其编号为i，则微粒i在N维空间中的位置可表示为$\boldsymbol{X}_i=(x_{i1},x_{i2},\cdots,x_{iN})$，将其代入适应度函数即可算出微粒在该位置上的适应值，适应值的大小表示着该位置的优劣程度。将微粒自身飞行过程中所得到的最佳位置记为$\boldsymbol{X}_p=(x_{p1},x_{p2},\cdots,x_{pN})$，称之为个体极值$pbest$；整个微粒群飞行所经历过的最佳位置记为$\boldsymbol{X}_g=(x_{g1},x_{g2},\cdots,x_{gN})$，代表整个微粒群目前找到的最优解，称之

为全局极值 $gbest$。微粒在飞行中的每一次位置变换时，都根据这两个极值来调整自己的飞行速度，并更新所在的位置。任意一个微粒 i 在其第 d 维空间（$1 \leqslant d \leqslant N$）上的运动方程式如下：

$$V_{i,d}(k+1)=wV_{i,d}(k)+C_1\text{Rand}()(\boldsymbol{X}_{p,d}-\boldsymbol{X}_{i,d})+C_2\text{Rand}()(\boldsymbol{X}_{g,d}-\boldsymbol{X}_{i,d}) \tag{4.5}$$

$$\boldsymbol{X}_{i,d}(k+1)=\boldsymbol{X}_{i,d}(k)+V_{i,d}(k+1) \tag{4.6}$$

式中：w 为惯性权重；C_1、C_2 为加速因子，通常取 $C_1=C_2=2$；Rand() 为［0，1］之间的随机数；$V_{i,d}$ 为微粒 i 在 d 维空间上的速度，$V_{i,d}\in[-V_{i\max},\ V_{i\max}]$；$\boldsymbol{X}_{i,d}$ 为微粒 i 在 d 维空间上的位置。

从运动方程式（4.5）可以发现，微粒飞行的速度由三个部分组成。其中第一项表示微粒维持先前速度的程度，它维持算法拓展搜索空间的能力，惯性权重 w 可起到调整算法全局和局部搜索能力的作用；第二项表示“认知”部分，表示微粒对自身成功经验的肯定和倾向，并通过适当的随机扰动来防止陷入局部最优；第三项表示“社会”部分，表示微粒间的信息共享和互相合作。这正是 PSO 算法的关键所在，若没有第三项，算法将等价于各个微粒单独运行，得到最优解的概率就很小。

算法迭代终止条件一般为：达到最大迭代次数或微粒群迄今为止搜索到的最优位置的适应值满足设定的最小适应度阈值。由于所有微粒都根据自身经验和群体经验不断向最优解的方向靠近，当所有微粒趋向同一点时，即认为微粒群整体已经到达最优位置。

4.2.2 PSO 算法流程

基本 PSO 算法的具体流程如下：

步骤一：随机初始化微粒群体的位置和速度。

步骤二：计算每个微粒的适应值，并计算个体极值和全局极值。

步骤三：对每个微粒，将其适应值与个体极值进行比较，如果较优，则更新当前的个体极值。

步骤四：对每个微粒，将其适应值与全局极值进行比较，如果较优，则更新当前的全局极值。

步骤五：根据式（4.5）和式（4.6），更新每个微粒的位置和飞行速度。

步骤六：如未达到预先设定的停止准则（最大迭代次数或收敛控制精度），则返回步骤二，若达到则停止计算，输出计算结果。

4.2.3 算法的应用现状

随着粒群算法的不断发展和完善，研究者尝试将其应用于工程领域的各种优化问题，其中对神经网络的优化设计是粒群算法的最早应用。Salerno（1997）、Ismail（2000）利用 PSO 算法实现了对人工神经网络权值和网络模型结构的优化，并将研究结果应用于“自然语言词组”的分析方法设计，研究表明：在神经网络优化应用中，PSO 算法能够适应大多数网络结构（正反馈、回归网络等）或训练方法（反向传播、径向基函数等），并显示出其简洁有效的特点。Kassabalidis 等（2002）用 PSO 算法实现对卫星无线网络路由的自适应调整，提高网络容量的有效利用率。所完成的一系列实验证实，PSO 算法作为一种新型的优化算法具备解决复杂工程优化问题的能力。

在电力系统方面，PSO 算法的应用研究起步较晚，但近几年它在电力系统领域中逐渐显示出广阔的应用前景，已引起电力科学工作者的关注和研究兴趣。Yoshida（2001）利用 PSO 算法实现了对各种连续和离散控制变量的优化，从而达到了通过控制核电机组电流稳定输出电压的目的，并设计了算法的二进制形式和实数形式混合运算的新版本。Sensarma 等（2002）在电网扩展规划问题上，建立了扩展输电网的最小费用模型，设计了基于 PSO 的求解算法，并以 IEEE7 节点系统为例进行测试，测试结果表明应用 PSO 算法求解电网扩展规划问题是可行的。在机组优化组合问题上，Gaing（2003）将离散二进制 PSO 算法（BPSO）与经典 λ 迭代方法相结合来解决机组组合问题，BPSO 专门用于根据机组的启、停转化成本来确定机组开、停状态，而 λ 迭代方法则用于解决机组运行状态确定后的经济负荷分配问题，对 10 机和 26 机系统的机组组合问题的求解得到了优于遗传算法的结果。其他应用包括经济负荷分配、无功优化控制及电力系统稳定器（PSS）的优化设计等，均取得了显著的优化效果。国内近年也有较多的研究成果，具体可参阅文献唐剑东等（2004）、汪新星等（2004）、袁晓辉等（2004）、赵波等（2004）。

4.3 进化粒群算法

通过前面的介绍可知，粒群算法作为一种新兴的、极具潜力的智能优化算法，具有简单易实现、经验参数少并且收敛速度快的优点，尤其适合各类复杂的全局随机性优化问题，具有重大的应用研究意义。

在基本粒群算法的基础上提出一种改进的进化粒群算法，该算法针对基本粒群算法易局部收敛和后期搜索慢的不足，借鉴遗传算法的变异操作，引入变异算子并采用自适应惯性权重，以提高算法的全局寻优能力，并对改进后的进化微粒群优化算法进行了应用和比较研究。

4.3.1 基本粒群算法的不足

Kennedy 和 Eberhart 提出的 PSO 算法是通过鸟群个体之间的协作与互动来使群体达到最优的。PSO 算法的实现并不复杂，首先，微粒群初始化为一群随机微粒，然后通过迭代找到最优解。每次迭代计算时，微粒通过跟踪微粒本身所找到的最优解和群体找到的最优解两个极值，并根据这两个极值来调整和更新自己的飞行，最终使得整体收敛于最优解。算法的数学语言描述及具体的算法流程已经介绍过，此处不再赘述。

PSO 算法很突出的一个优点是算法简单，易于实现，简易的算法背后又蕴含着深刻的智能科学背景和丰富的自然哲学含义。此外，算法还具有经验参数少、收敛速度快的特点，使得其在神经网络训练、参数优化、组合优化及其他许多领域得到了广泛、良好的应用，是一种极具潜力的现代智能优化方法。

但是，PSO 算法也存在自身的缺陷。一个缺陷就是局部收敛问题，即收敛“早熟”现象：算法在运行过程中，如果某微粒发现一个当前最优位置，其他微粒将迅速向其靠拢，如果该位置为一局部最优点，微粒群就无法在解空间内重新搜索，从而使得算法陷入局部最优，出现了所谓的早熟收敛现象。事实上这也是许多全局优化算法（如遗传算法）都不可避免的问题，尤其在复杂多峰函数的寻优求解中尤为突出；另一个缺陷是算法寻优求解后期的收敛速度缓慢，有时甚至近似于停滞状态。这两个缺陷，尤其是局部收敛问题，成为影响和制约PSO算法进一步应用和推广的重大障碍。

为此，众多学者如Shi等（2001）、Kennedy等（1995）、Angeline（1999）、Higashi等（2003）、Van den Bergh F（2002）提出了种种改进方法，包括对基本粒群算法参数的优化、微粒群拓扑结构改进及采用微粒群混合优化策略等方法，各种改进的粒群算法在不同程度上改善和提高了基本粒群算法的全局寻优性能和收敛速度。

4.3.2 进化粒群算法原理

进化粒群算法（Evolutive Particle Swarm Optimization，EPSO）的基本原理与PSO算法是一致的。算法中，每一个微粒的空间位置代表了优化问题的一个可行解，所有的微粒都有一个由目标函数决定的适应值（Fitness Value）和一个决定其飞行方向和距离的速度（Velocity）。微粒群在随机初始化后，开始在解空间中飞行（寻优），飞行速度根据其自身的和其他微粒的飞行状况及经验进行动态调整。设微粒 i 在 N 维空间中的某一位置表示为 $\boldsymbol{X}_i=(x_{i1},x_{i2},\cdots,x_{iN})$，根据适应度函数可计算微粒在该位置上的适应值，适应值反映该位置（解）的优劣程度。将每个微粒自身飞行过程中所得到的最佳位置记为 $pbest$；整个微粒群飞行所经历过的最佳位置记为 $gbest$。微粒根据当前位置的适应值与这两个极值的差距来调整飞行的速度，使得整个微粒群不断向最优点靠近，直到搜索到多维解空间中的最优位置为止。

针对PSO算法的局部收敛和后期搜索效率低的问题，本书在综合众多的PSO算法优化性能及效率改进研究成果的基础上，提出从以下3个方面来改进PSO算法的不足，从而提高算法的全局优化能力和寻优搜索效率。

4.3.2.1 引入变异算子

在遗传算法中，变异操作通过随机改变个体中某些基因而产生新个体，有助于增加种群的多样性，是促进种群良性进化、避免算法早熟收敛的重要措施。在此，借鉴其思想，在粒群算法中引入变异算子，使微粒群得以进化，以增加种群多样性，即解的多样性。具体做法是：当微粒群陷入局部最优时，通过变异算子对微粒群的局部最优值（即群体最优值 $gbest$）进行变异操作，通过变异后的群体最优值 $gbest^*$ 使微粒群跳出局部最优值。变异算子 ϕ 定义如下：

$$gbest(d)^*=\varphi(gbest(d))=gbest(d)\left(1+\frac{\lambda}{2}\right) \tag{4.7}$$

式中：$gbest(d)^*$ 为经过变异操作后群体最优值第 d 维的坐标值；λ 为在 $[0,1]$ 区间上服从正态分布的随机变量。

4.3.2.2 采用线性递减的自适应惯性权重 w

研究表明，惯性权重 w 对粒群算法的优化性能有很大的影响，较大的 w 值有利于提高算法的收敛速度，而 w 较小时则有利于提高算法的收敛精度，通常希望在前期有较高的全局搜索能力，而在后期有较高的开发能力以便加快收敛速度。为此，采用以下线性递减的自适应惯性权重 w：

$$w(t)=w_{\text{ini}}-\frac{w_{\text{ini}}-w_{\text{end}}}{MaxNumber}\times t \tag{4.8}$$

式中：w_{ini}为惯性权重初值；w_{end}为惯性权重的终值；t 为迭代的次数；$MaxNumber$ 为最大迭代次数。

随着迭代的进行，惯性权重 w 不断减小，使得算法在初期具有较强的全局收敛能力，而后期则具有较强的局部精细搜索能力。

这样，微粒群的运动方程式为

$$V_{i,d}(k+1)=w(t)V_{i,d}(k)+C_1\text{Rand}()(\boldsymbol{X}_{p,d}-\boldsymbol{X}_{i,d})+C_2\text{Rand}()(\boldsymbol{X}_{g,d}-\boldsymbol{X}_{i,d}) \tag{4.9}$$

$$\boldsymbol{X}_{i,d}(k+1)=\boldsymbol{X}_{i,d}(k)+V_{i,d}(k+1) \tag{4.10}$$

式中：$w(t)$ 为自适应惯性权重系数，随迭代次数的增加而线性递减；C_1、C_2 为加速因子，通常取 $C_1=C_2=2.0$；Rand() 为 [0，1] 之间的随机数；$V_{i,d}$为微粒 i 在 d 维空间上的速度，$V_{i,d}\in[-V_{i\max}, V_{i\max}]$，$V_{i\max}$为微粒 i 的最大速度，一般取相应维变化范围的 5%～30%；$\boldsymbol{X}_{i,d}$为微粒 i 在 d 维空间上的位置。

4.3.2.3 微粒群分批分工合作

惯性权重是粒群算法协调微粒群全局优化能力和局部搜索精度的重要参数，除了采用自适应惯性权重外，进化粒群算法还进一步让微粒群分批实现分工合作，具体做法是：将微粒群分成 3～5 个批次，分别赋予不同的惯性权重，较大惯性权重的微粒主要承担拓展搜索空间、寻找好的区域的任务；较小惯性权重的微粒则主要承担在已经搜索到的最优区域内进行局部搜索的工作。所有微粒通过群体最优位置 *gbest* 来实现信息的共享和合作。

应该注意的是，在进行变异操作时，必须先对微粒群是否陷入局部最优进行判断，只有确实发生局部收敛时才进行变异操作，以免增加不必要的计算量。具体的判断准则是：如果目标函数值连续 K 代没有改善，则对微粒群进行变异操作，以产生新的个体，跳出局部最优。为了避免采用此方法后影响算法的稳定性，因此需要合理地选择代数 K，一般取为 10～20 代，即认为 K 代以内 *gbest* 无改善的情况下，就需要进行变异。如果多次变异（一般 3 次以上即可）后得到的最优值保持一致，则认为微粒群获得了全局最优解，寻优结束。

4.3.3 进化粒群算法的计算流程

根据以上进化粒群算法的原理，EPSO 的具体实现流程如下：

步骤一：确定微粒群的规模及 C_1、C_2、K 等参数的值，分批设置微粒群的惯性权重初始值 w_{ini}，然后随机初始化微粒群的位置和速度。

步骤二：计算每个微粒的适应值，并统计得到个体极值 *pbest* 和群体极值 *gbest*。

步骤三：比较每个微粒的适应值与个体极值，如果较优，则更新 *pbest*。

步骤四：比较每个微粒的适应值与全局极值，如果较优，则更新 *gbest*。

步骤五：根据式（4.9）和式（4.10）调整、更新每个微粒的飞行速度和空间位置。

步骤六：计算每个微粒的适应值，更新 *pbest*、*gbest*。

步骤七：判断是否达到收敛准则要求，如果是，转入步骤十；否则，继续下一步。

步骤八：判断 *gbest* 是否 K 代内无足够大改善，如果是，继续下一步；否则直接转入步骤二。

步骤九：判断是否变异次数大于 3 次 *gbest* 仍无改善，是则转入步骤十，否则按式（4.7）进行变异操作，然后重新随机设置微粒群的速度和位置，转入步骤二继续寻优。

步骤十：停止计算，输出计算结果。

上述 EPSO 算法的实现流程中，步骤二～步骤七与 PSO 算法基本相同，其他则为 EPSO 算法改进措施的具体实施；其中步骤七中的收敛准则一般可设为指定的最大迭代次数，或是给定的收敛控制精度阈值。

4.4 文化粒子群算法

4.4.1 文化算法原理

在人类社会中，文化是存在于一定文明、社会及社会群体（尤其是一个特殊的时代）中的包含了知识、习俗、信念、价值等的复杂系统。从人类学角度来看，文化被定义为：一个通过符号编码表示众多概念的系统，而这些概念是在群体内部及不同群体之间被广泛传播的，如历史般悠久。文化被看作是信息的载体，可以被社会所有的成员全面接受，并用于指导每个社会成员的各种行为。Robert G. Reynlods 从模拟人类社会的进化过程思想出发，于 1994 年提出了文化算法（Cultural Algorithm，CA）。文化能使种群以一定的速度进化并适应环境，这个速度超越了单纯依靠基因遗传生物的进化速度。在种群进化过程中，个体知识的积累和群体内部知识的交流在另一个层面促进群体的进化，文化算法框架如图 4.2 所示。

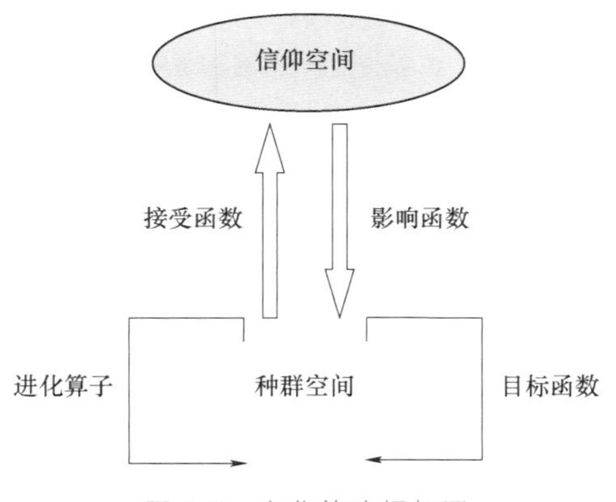

图 4.2 文化算法框架图

不同于其他进化算法，文化算法包含两个进化空间：①微观层面上的由具体个体组成的种群空间（Population Space）；②宏观层面上的由进化过程中获取的知识和经验组成的信仰空间（Belief Space）。这两个空间通过由接受函数 Acceptance( ) 和影响函数 Influence()组成的通信协议进行交流。在种群空间，通过目标函数 Objective()评价个体适应值，并将个体在进化过程中形成的个体经验，通过 Acceptance()传递给信仰空间，信仰空间将收到的个体经验按一定的规则形成群体经验，并通过更新函数 Update()不断更新现有的信仰空间。信仰空间凭借更新后的群体经验，通过 Influence()函数修改种群空间中个体的行为规则，从而高效指引种群空间的进化。

4.4.2 文化粒子群算法原理

文化算法实质是提供一种高效的算法框架，任何一种基于种群的进化算法都可以为文化算法的群体空间提供种群，如 GA、ACA、PSO 等。对于信仰空间的定义，最常用的两类是形势知识（SK）和规范化知识（NK），即〈S,N〉结构。文化粒子群算法在群体空间采用 PSO 算法，并在信仰空间中使用〈S,N〉结构来引导群体空间中种群的进化。针对 PSO 算法易陷入局部最优，导致“早熟”的问题，利用信仰空间中的形式知识对群体空间陷入局部最优的情况进行监视和改进，利用信仰空间的规范化知识提高算法的计算效率。

4.4.2.1 信仰空间的定义及更新

形势知识由 $n+1$ 个元素组成（n 为种群规模）如图 4.3 所示，前 n 个元素为 E_1～E_n，其中 E_i 由 i 粒子的历史最优位置（$x_1, x_2, \cdots, x_m$），其对应的适应度值（y_f）和其连续未更新的迭代次数（$nStaCount$）组成。第 $n+1$ 个元素为 E_g，由整个种群的历史最优值、其对应的适应度值（y_f）和其连续未更新的迭代次数（$nStaCount$）组成。

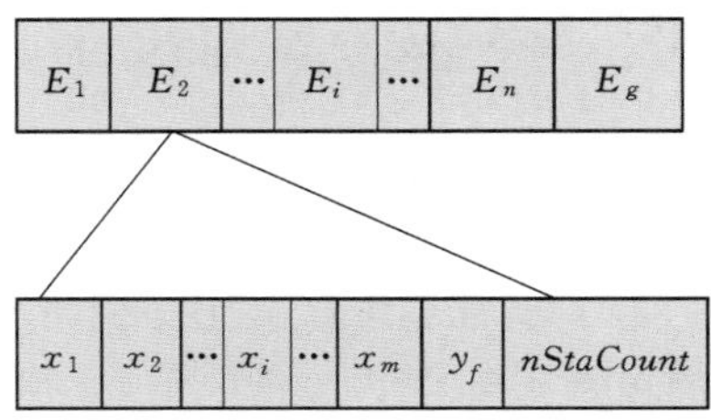

图 4.3 形势知识数据结构图

初始化形势知识时，每个元素取其对应粒子的初始化位置和初始适应度值，$nStaCount$ 值取 0。全局最优元素取初始化群体中适应度值最大的粒子的初始位置和其适应度值，$nStaCount$ 值也取 0。每次迭代时，通过 Acceptance()函数对形势知识进行更新，当某个粒子的当前的适应度值大于形式知识中其对应元素中的适应度值时，用当前粒子的信息更新形势知识中对应的元素，并将元素的 $nStaCount$ 值赋为 0。否则将对应元素的 $nStaCount$ 值加 1。对于形势知识中的 E_g 也做同样的处理。

规范化知识 $N=\langle X_1, X_2, \cdots, X_i, \cdots, X_m\rangle$，表示每个决策变量的取值区间信息，$m$ 为决策变量的个数，X_i 表示为 $\langle I_i, L_i, U_i\rangle$，其中 $I_i=[l_i, u_i]=\{x \mid l_i \leqslant x \leqslant u_i\}$，表示决策变量 i 的取值范围，L_i 表示变量 i 的下限 l_i 所对应的适应值，U_i 表示变量 i 的上限 u_i 所对应的适应值，均初始化为 $+\infty$。假设第 i 个粒子影响第 j 个决策变量的下限，第 k 个个体影响 j 的上限，则规范化知识 N 根据式（4.11）进行更新：

$$
\begin{cases}
l_j^{t+1}=\begin{cases} x_{i,j}^t & x_{i,j}^t \leqslant l_j^t \text{ 或 } F(x_i^t)<L_j^t \\ l_j^t & \text{其他} \end{cases} \\
L_j^{t+1}=\begin{cases} obj(x_i) & x_{i,j}^t \leqslant l_j^t \text{ 或 } F(x_i^t)<L_j^t \\ L_j^t & \text{其他} \end{cases} \\
u_j^{t+1}=\begin{cases} x_{k,j}^t & x_{k,j}^t \geqslant u_j^t \text{ 或 } F(x_k^t)<U_j^t \\ u_j^t & \text{其他} \end{cases} \\
U_j^{t+1}=\begin{cases} obj(x_k) & x_{k,j}^t \geqslant u_j^t \text{ 或 } F(x_k^t)<U_j^t \\ U_j^t & \text{其他} \end{cases}
\end{cases}
\tag{4.11}
$$

4.4.2.2 信仰空间对群体空间的影响

信仰空间通过 Influence() 函数对群体空间的粒子施加影响。具体为：①形式知识对群体的影响。为了防止算法陷入局部最优，设定一个阈值 staMax，当信仰空间中某个元素的连续未更新迭代次数（*nStaCount*）大于这个阈值时，就将此元素对应的粒子列为待变异个体。当群体中的待变异粒子数达到设定的比率 ρ 或者全局最优粒子未更新的迭代次数（*nStaCount*）达到某一阈值时，对所有的待变异个体进行随机交叉变异，并更新它们对应的信仰空间的元素。设 a、b 为两待变异个体，则对它们交叉变异的计算公式为式（4.12）。②规范化知识对群体的影响。对于每一次迭代不同的粒子，当前位置、状态的不同，则它下一次“飞行”受到的影响也不同，根据当前粒子的位置确定下一步的速度，可得到式（4.13）。这体现了知识对各粒子不同的指导作用，使算法更合理有效。

$$\begin{cases} x_a(t+1)=sx_a(t)+(1-s)x_b(t) \\ x_b(t+1)=sx_b(t)+(1-s)x_a(t) \end{cases} \tag{4.12}$$

$$v_{i,j}^{t+1}=\begin{cases} w^t v_{i,j}^t+c_1r_1(p_{i,j}^t-x_{i,j}^t)+c_2r_2(p_{g,j}^t-x_{i,j}^t) & x_{i,j}^t<l_j^t \text{ 且 } x_{i,j}^t<p_{g,j}^t \\ w^t v_{i,j}^t-c_1r_1(p_{i,j}^t-x_{i,j}^t)-c_2r_2(p_{g,j}^t-x_{i,j}^t) & x_{i,j}^t>u_j^t \text{ 且 } x_{i,j}^t>p_{g,j}^t \\ w^t v_{i,j}^t\pm c_1r_1(p_{i,j}^t-x_{i,j}^t)\pm c_2r_2(p_{g,j}^t-x_{i,j}^t) & \text{其他} \end{cases} \tag{4.13}$$

式中：“±”号表示按相同概率取“+”或“−”。

4.4.3 文化粒子群算法计算流程

PSO-CA 计算步骤如下，计算流程如图 4.4 所示。

步骤一：参数初始化。随机产生 N 个符合约束条件的粒子，并初始化各粒子的初始速度。设定加速常数 c_1 和 c_2，惯性权重 w，最大进化迭代数 G。

步骤二：根据初始种群的信息初始化信仰空间中的形势知识和规范化知识。

步骤三：根据适应度函数（粒子的适应度函数一般是根据所求的问题设定，通常以所求问题的目标函数与约束条件组成的罚函数形式表示）计算每个粒子的适应度函数值。根据计算结果，更新每个粒子自身所经历的最佳位置 P_i^t 及整个粒子群经历的最佳位置 P_g^t。

步骤四：将种群空间的群体信息通过 Acceptance() 函数传递给信仰空间，并更新信仰空间中的形势知识和规范化知识。

步骤五：信仰空间将提炼出的群体经验信息通过 Influence() 函数传递给种群空间。

步骤六：在信仰空间的指导下，种群空间产生新一代粒子。

步骤七：判断迭代是否达到终止条件。算法迭代的终止条件一般为设定最大迭代次数或粒子群迄今为止搜索到的最优位置的适应度值满足预定阈值。若满足终止条件，寻优结束，否则转入步骤三继续寻优。

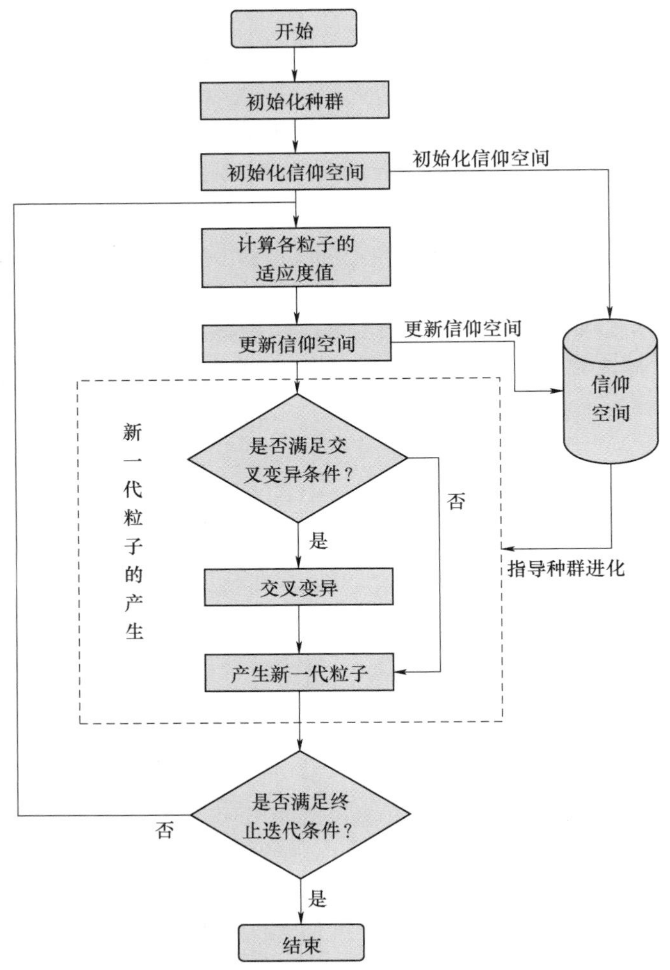

图 4.4 PSO-CA 计算流程图

4.5 并行设计的均匀自组织映射遗传算法

4.5.1 均匀设计

均匀设计是在 20 世纪 80 年代由我国的王元与方开泰两位学者结合数论及多元统计分析等理论提出的一种与均匀性原则相结合的设计试验方法。其核心思想为采用一种确定性的方法来搜寻均匀分布在可行空间中的点集。由于该方法能够均匀生成具有代表性的试验点，且有效减少试验次数，因此自发明以来受到众多学者的青睐，目前已被广泛应用于各个领域。

4.5.1.1 基本思想

众所周知，设计试验即在试验范围里挑选出有效的试验点，并根据试验获得相应的数据观测值，进而通过数据分析得出最终的结果。对于试验因素与试验水平数众多的试验而言，若要将每一种试验组合均做一遍，既浪费时间又浪费资源，显然是不切实际的。因此选择出一种设计试验方法，用最少的试验次数来获取最丰富的试验信息，这就需要在试验点的选取上进行相关研究。均匀设计受到近似分析中的数论方法启发，是基于数论中的一致分布理论发展而来，属于伪蒙特卡罗的范畴，将数论与多元统计分析相结合而逐渐形成的一门理论学科。与正交试验设计不同，均匀设计中选取的代表点注重“均匀分散”性而忽略它的“整齐可比”性，这样便能确保试验点的分布呈现出尽可能均匀的特性，这一特性可使得每一因素的水平出现且仅出现一次，且试验点具有较好的代表性，这样便可实现基于最少试验资源而获取最丰富信息的目的，较传统的正交试验效率更高。举例来说，对于 6 水平试验而言，若用正交设计则需要进行 72 组试验，而使用均匀设计则只需 6 次试验即可，其 $U_6(6^6)$ 均匀设计见表 4.1。

表 4.1　$U_6(6^6)$ 均匀设计表

试验号 \ 水平值 \ 因素	1	2	3	4	5	6
1	1	3	2	6	4	5
2	2	6	4	5	1	3
3	3	2	6	4	5	1
4	4	5	1	3	2	6
5	5	1	3	2	6	2
6	6	4	5	1	1	4

从表 4.1 可以看出 6 因素 6 水平情况下经过均匀设计的试验次数为 6 次，每次试验中的水平数出现且仅出现一次，且不同试验呈现出均匀分散的特点，这样便大大提高了试验效率，且代表性较好。

4.5.1.2　相关定理

假设有 s 个因素，每个因素各有 q 个水平，以此为前提均匀设计方法涉及主要的相关定理如下。

定理 1：设 q 个素因子分解为 $q=p_1^{l_1}p_2^{l_2}\cdots p_m^{l_m}$，其中 $p_1<p_2<\cdots<p_m$，m 为素数的个数，则有

$$\varphi(q)=q\prod_{i=1}^{m}\left(1-\frac{1}{p_i}\right) \tag{4.14}$$

式中：$\varphi(q)$ 为 Euler 函数，表示为不大于 q 的与 q 互素的自然数个数，称作 q 的缩系，其含义为在确定了水平数 q 之后，可安排的因素数的上限。

定理 2：素数 p 的原根个数为 $\varphi(p-1)$。若 a 为 p 的原根，则 $a^0,a^1,\cdots,a^{p-2}(\mathrm{mod}\,p)$ 必无两个互相同余。

4.5.1.3　试验点选取原则

设 G_s 表示一个 s 维的单位立方体，G_s 中的点列表示为 $P(k)(k=1,2,\cdots,n)$，对于

G_s 中任意 $\boldsymbol{r}=(r_1,r_2,\cdots,r_s)$ 组成一多面体 $\boldsymbol{H}(\boldsymbol{r})=\{(x_1,x_2,\cdots,x_s):0\leqslant x_i\leqslant r_i,i=1,2,\cdots,s\}$，置 $N(\boldsymbol{r})$ 表示 $P(1),P(2),\cdots,P(n)$ 落入多面体 $\boldsymbol{H}(\boldsymbol{r})$ 中的个数，若存在

$$\lim_{n\to\infty}\frac{N(\boldsymbol{r})}{n}=|\ \boldsymbol{r}\ |=\prod_{i=1}^{s}r_i \tag{4.15}$$

则称点列 $P(k)$ 在 G_s 上趋于均匀分布（又称一致分布）。

将式（4.15）进行变形，可等价为

$$\sup_{r\in G_s}\left|\frac{N(\boldsymbol{r})}{n}-|\boldsymbol{r}|\right|=D(n) \tag{4.16}$$

$D(n)$ 即为所选取的点列的偏差，又称为均匀性度量，其值越小，说明选取的点列越好。对于所选取的试验点系列，需要使 $D(n)$ 尽可能的小，此即为均匀性原则。

由上述均匀性原则即可进行试验点的选取：假设有 s 个因素，每一因素均包含 q 个水平，基于均匀设计方法的试验点选取原则如下：

（1）每一因素的水平均各做一次试验，即一共做 q 次试验。

（2）取自然数 $a_1,a_2,\cdots,a_s$，使得 $(a_i,q)=1$，其中 $i=1,2,\cdots,s$；$(a_i,q)=1$ 表示 a_i 与 q 的最大公约数为 1，则试验点具备如下条件：

$$P(k)=(ka_1,ka_2,\cdots,ka_s)\bmod q \tag{4.17}$$

式中：k 为试验设计点所在的行号，$k=1,2,\cdots,q$；$\bmod q$ 表示对 q 取余，特别地，$kq\bmod q=q$，而不是 0。由此便可确定出试验设计点的大小及相应的位置。

4.5.1.4 均匀设计表构造步骤

对于已知因素数及相应的水平数的试验可直接确定试验次数及相应的试验点信息，而对于某些试验而言，需要在确定试验次数（水平数）之后来确定能够安排的最大因素数，进而构造出均匀设计表。基于前述内容均匀设计表的构造步骤可简要概括如下：

步骤一：确定试验次数 n，以及相应的能够安排的最大试验因素数 s，采用的公式计算为

$$s=n\left(1-\frac{1}{p_1}\right)\left(1-\frac{1}{p_2}\right)\cdots\left(1-\frac{1}{p_l}\right) \tag{4.18}$$

式中：s 为试验所能安排的最大因素数；p_1，p_2，…，p_l 为素数，其形式满足 $n=p_1^{a1}p_2^{a2}p_l^{an}$。

步骤二：逐步搜索，选出所有比 n 小的且与 n 互质的数 h_i，使其组成一组向量 $\boldsymbol{h}=(h_1,h_2,\cdots,h_k)$。

步骤三：按式（4.19）构造均匀设计表：

$$u_{ij}=ih_j\bmod n \tag{4.19}$$

式中：u_{ij} 为第 i 行第 j 列的水平值；i 为行数；j 为列数；h_j 为向量 $\boldsymbol{h}$ 中第 j 个位置的值，$\bmod n$ 为取余运算。

由此便可得到每一行每一列的水平值，共同组成该试验对应的均匀设计表，以此表为依据进行试验点的选取。

4.5.2 并行算法

4.5.2.1 并行计算概述

并行计算发展至今已经历了几十年的历史，简而言之，并行计算就是利用计算机技术，将复杂的计算问题分解为相互独立的且能够同时进行计算的若干子问题，在并行计算机上完成计算。实际上，并行计算能够将一个问题同时分配到不同的计算任务中，通过共同完成求解计算来得到计算结果，减少了原有算法求解该问题的计算时间，提高了对问题的求解效率。

并行计算机是指可以进行并行计算的多处理器计算机系统，进一步地，可将并行计算机分为两类：集中式多处理器及多计算机。其中，集中式多处理器是集成的紧密系统，系统中的所有 CPU 共享全局内存，各个处理器可以通过共享内存实现与其他处理器的通信与同步；多计算机是由多台计算机及互联网组成的并行计算机，不同计算机上的处理器可以通过传递消息来相互通信。

多核技术是在科学技术的不断发展与实际需求的不断增加下发展起来的，是处理器在一定发展阶段的必然产物。多核技术是指在一个处理器中集成了至少两个完整的内核，此时的处理器能够支持系统上多个核心共同工作，相互独立完成任务。与以往需要多个处理器才能够实现并行计算不同，多核技术的提出，不仅解决了单核处理器运行过热的缺陷，且能够充分利用计算机资源、极大提升计算机的处理速度。因此，多核技术目前已在多个领域中进行了广泛应用。

4.5.2.2 并行计算模型

并行计算模型是指从并行计算机中选出可以体现计算机特征的若干参数，并按照一般模型的定义来构造成本函数，进而形成一个抽象计算模型。目前，对于并行计算模型的研究成果已有很多，但尚未形成统一，总体而言，并行计算模型大体可分为三类：共享内存并行模型、分布式并行模型和基于 GPU 的并行模型。

1. 共享内存并行模型

共享内存并行模型是指多个处理器能够共享同一数据，由于这些处理器均可访问同一内存空间地址，所以可利用共享变量的方式来进行处理器间的交互与同步，无须处理器间进行通信。这样即可实现多个任务能够各自执行且同时使用一份数据，而各个进程间如何通信不需要考虑，由编译器来完成中间细节操作。这类模型优点主要为操作简单、易于使用。

在众多共享内存并行模型中，OpenMP（Open MultiProcessing）模型为该类典型的代表。OpenMP 模型是在串行编程模型基础上发展而来的，通过对已有的串行代码中的参数进行修改，转化为并行程序，并且能够大幅提高计算效率，是一种应用程序编程接口。OpenMP 能够自动将程序里的函数分配到多个线程中使用。用户只需要掌握基本指令操作，而无须用大量时间来了解多线程基本知识，更易于上手，可有效提高程序运行效率；此外，目前该模型能够支持 C、C++及 Fortran 等多种编程语言及 GNU Compiler、Viso Studio 和 Intel Compiler 等多种编译器，同时也可在 Windows NT 和 UNIX 系统等多种平台上进行应用，具有较强的移植性与实用性，能够很好地适用于具有多核/多 CPU

结构的并行计算机，充分发挥计算机多核/多 CPU 特性，运行效率高，通信开销少。需要注意的是，OpenMP 并行程序不能和串行代码交替运行，而是需要等待所有并行程序均执行完毕之后方能执行串行程序。

2. 分布式并行模型

与共享内存并行模型不同，分布式并行模型中的各处理器进程均有各自独立的存储地址，各个进程的数据无法互相直接访问，而需要通过消息传递语句来实现数据传递与共享，每个处理器处理各自的并行任务，进而组成了一个并行程序。由于各个进程有各自的存储空间且只能自身访问，因而该模型的数据存储模式为分布式存储，数据分配模式为显式。

MPI（Message Passing Interface）并行模型是该类模型的典型代表，它是某一种语言的消息传递库及 API 接口，主要用于不同节点间的通信，即将一个消息从一个 MPI 进程传输到另外一个 MPI 进程。MPI 标准有多重实现，其中比较重要的是 MPICH 和 LAM 两种。前者是最重要的一种实现，与规范同步发布；而后者是由 Ohio State University 实现且适用于异构体系中。由于 MPI 并行技术常被用于高性能计算机、服务器集群等非共享内存环境中，因而需要学习的线程知识较多，具有一定的使用难度。

3. 基于 GPU 的并行模型

相比于 CPU 而言，GPU 的内存带宽更高，大约为 CPU 的几十倍，GPU 的核数理论上要远大于 CPU 核数，其并行性相较于 CPU 来说也更大，同时还拥有更快的浮点数运算速度。因此，结合 GPU 的多核资源优势便出现了基于 GPU 的并行计算模型。

在基于 GPU 的并行计算模型中，CUDA 编程框架是较为典型的并行方法，CUDA 的框架主要分为两部分：Host 端和 Device 端。其中 Host 端是在 CPU 上执行，而 Device 端则在 GPU 上执行（在 Device 端的程序部分也叫“Kernel”）。对于一般情况而言，Host 端存储着需要计算的数据信息，通过 CPI-Express 接口来实现 CPU 与 GPU 之间的数据传输，将 CPU 中的数据传送到 GPU 内存中来执行 Device 端程序，执行完毕后再传送到 CPU 中。另外，CUDA 编程模型中基本的执行单元是线程，若干个线程可以组成块，执行相同程序的块可以将其分到一个网格中，同一块中的线程可以操作同一个共享内存，进而减小通信开销，而同一网格中不同块中的线程则不能操作同一个共享内存，不能直接进行通信。

4.5.2.3 并行计算性能评价指标

对算法进行并行设计，可有效提高算法的计算效率，为了能够有效验证并行算法设计的合理性，需要在设计完成之后综合考虑一些性能指标来评价其优越性，而非仅从运行时间上来衡量。目前，主要涉及的评价指标有以下几种：

（1）并行程序运行时间 T_P。在保证所用平台、编程语言均相同的情况下，通过 P 个处理器运行的并行设计算法的运行时间 T_P，是侧面反应并行计算执行效率的关键指标。

（2）加速比 S_P。加速比是另一重要指标，用来衡量并行计算机相比于串行计算机的加速倍数。假设串行程序在并行计算机上的运行时间为 T_S，通过 P 个处理器运行的并行设计算法的运行时间为 T_P，则加速比 S_P 为

$$S_P = \frac{T_S}{T_P} \tag{4.20}$$

（3）并行效率 E_P。该指标是用来衡量单位处理器上的计算能力被有效利用的比率。在理想状况下，每个处理器均充分利用，并行效率为 1，加速比对应为处理器个数 P，但在实际情况下，由于算法冗余计算、通信开销等因素的存在，其并行效率往往介于 0 到 1 之间。并行效率 E_P 的表达式如下：

$$E_P = \frac{S_P}{P} \tag{4.21}$$

4.5.3 USOM-GA 的并行设计及应用

综上所述，为解决 SOM-GA 中初始解分布不均的问题，从而进一步提高算法的计算性能与寻优效率，通过均匀设计对 SOM-GA 进一步改进，使其初始化的个体均匀分散在可行域中，从而更快地达到收敛，于是，提出了均匀自组织映射遗传算法（USOM-GA）。另外，通过引入并行算法设计模型，充分利用并行计算机多核资源，结合 USOM-GA 本身的并行性，利用共享内存模型中的 OpenMP 编程模型对其进行并行设计，进一步增强算法的计算性能，扩大算法的实用性。

4.5.3.1 均匀设计初始化个体策略

均匀设计主要用来进行试验点的选取，需要设计者在确定了试验次数（水平数）之后进一步确定出可以安排的因素数，方可进行试验点的位置确定与选取。对于水库调度过程而言，可以看成一个多因素多水平的试验过程，如图 4.5 所示。以单库为例，其中横轴为时段数，即试验安排的因素数；纵轴为库容离散点数，即试验的水平数，不同的水平值代表着不同的离散点位置，从上到下依此标为 $1,2,\cdots,M$，M 为所安排的水平总数，而不同时段不同离散点的连线即构成一个个体（水位过程），即调度方案。而种群规模即可看成试验次数，每个个体即代表一次试验，每个试验对应着有不同的因素数与水平数。

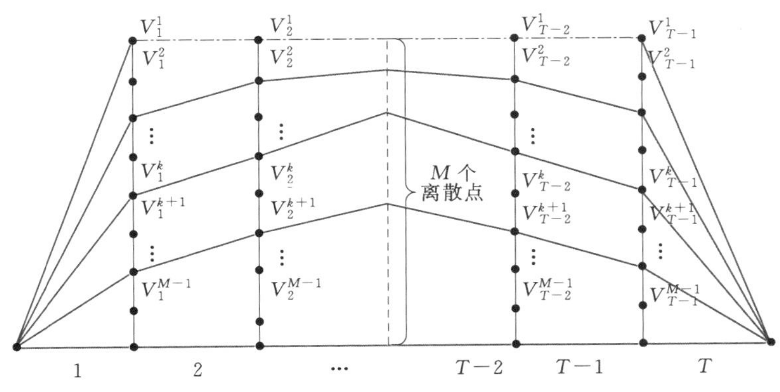

图 4.5 水库均匀设计示意图

综上，基于均匀设计思想的初始化种群个体策略步骤如下。

步骤一：初始化种群规模 N，并将其视为试验次数，采用式（4.18）确定该次试验所能安排的最大因素数 s。

步骤二：划分调度期时段数 T，判断与 s 的大小。若 $T>s$，则返回步骤一重新对种群进行初始化；若 $T\leqslant s$，根据水库及当地流域特性将调度期划分为蓄水期与供水期两个时期，转到步骤三。

步骤三：对于每个时段末库容进行均匀离散，离散点与种群规模相同，并从上到下依次编码为 $1,2,\cdots,N$。

步骤四：采用均匀设计构造表（表4.1）步骤一～步骤三生成初始均匀设计表，这里，表中行代表不同的个体，而列代表不同的时段，各行各列的值即为不同个体不同时段的基因值。

步骤五：根据调度期时段特性与水库调度特点对个体上的基因值依照均匀设计表赋值。

步骤六：判断是否遍历所有个体，若否则返回步骤五继续执行；若是，则初始化种群个体完成，输出结果。

4.5.3.2 USOM-GA 的并行设计

未考虑并行设计的 SOM-GA，是一个串行顺序计算过程，即将总种群放到一个线程中，通过选择、交叉、变异及自组织映射更新种群个体，通过迭代更新最终得出最优的个体，完成计算。在上述过程中可以看出，种群个体循环计算，是一个相互独立的过程，在计算完成后方进行总体的排序，若将负责一个种群计算任务的线程看成一个独立的个体，则可采用多个线程共同来分担这个线程的计算任务，实现并行。基于此，可充分利用并行计算机多核资源，将该串行算法加入并行结构设计，以提高算法的计算效率。具体操作如下：

步骤一：确定计算线程数 P，初始化种群规模 N，将其 N 个个体分成 P 份，即形成 P 个子种群。

步骤二：使每个子种群在各自的线程中独立进行计算，依照 SOM-GA 算法中的计算步骤执行计算。

步骤三：确定迁移策略，在子种群指定次迭代次数时进行子种群间的信息交换，即将每个子种群中的优良个体替换掉另一种群中的表现差的个体，这样做的目的是扩大种群多样性，从而更易获得全局最优解。

步骤四：判断是否达到终止条件，若否，则返回步骤二；若是，输出不同种群中的最优个体，将其综合一起进行适应度值排序，从中选出最终的全局最优个体，即计算得到的最优解。

4.5.3.3 基于并行设计的 USOM-GA 的梯级水库群发电调度实施步骤

通过上述计算步骤即完成了 USOM-GA 的并行设计，其在梯级水库群发电优化调度中的具体计算流程如图4.6所示。

步骤一：初始化算法基本参数。

步骤二：确定库容离散点数，这里选取库容离散点数与种群规模数相同，即为 N。

步骤三：采用均匀设计初始化个体策略的步骤一～步骤六初始化种群个体，得到均匀分散的种群个体。

步骤四：检验是否达到约束要求，若是，则转到步骤五；若否，则依照 SOM-GA 中的约束处理方式进行修正，遍历所有个体。

步骤五：按照 USOM-GA 的并行设计的步骤一～步骤四执行计算，最终输出最优解。

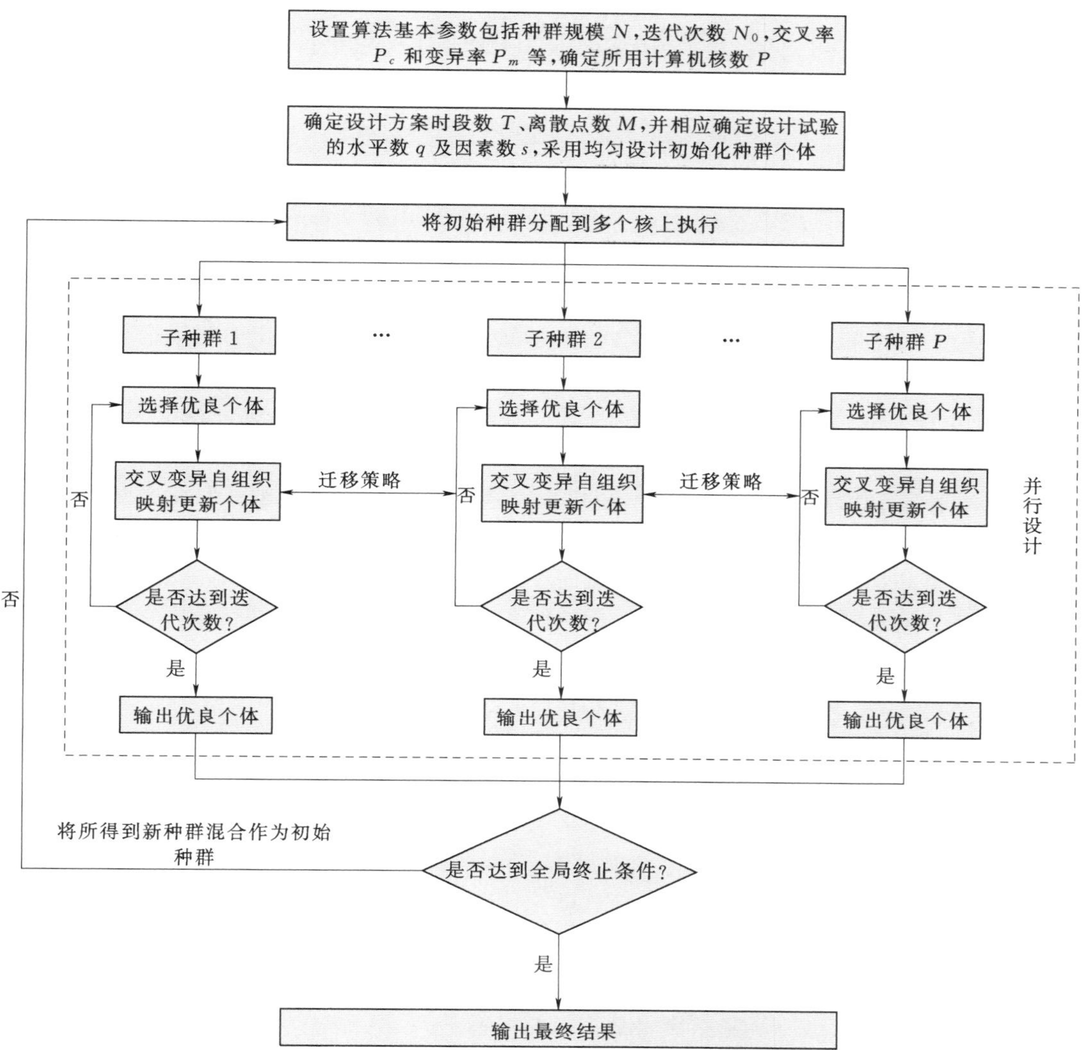

图 4.6　基于并行设计的 USOM-GA 流程图

第5章

风险识别方法与评价指标体系

风险分析就是对风险的辨别、估计、评价和决策做出的全面和综合性分析。在风险分析研究中，首先，要对研究的对象进行风险识别，即研究对象所处的环境中存在着哪些风险、可能产生哪些后果、对其有关参数有哪些影响。其次，要对风险进行估计，即确定风险的概率大小及分布。这一概率分布以已知分布来描述，并对其产生的后果进行定性或定量的研究，如风险损失函数或风险效益函数等。再次，寻求既要获得效益，又要避免或减轻风险的对策，并对其做出令人满意的决策。最后，对所做出的决策进行综合性的评价，确定最终的选择方案。

所谓风险识别就是对风险的类型、主要因素及其后果进行系统的、科学的辨识。换而言之，风险识别是从系统的观点出发，横观事物所涉及的各个方面，纵观事物的整个发展过程，将引起风险的复杂因素分解成比较简单、容易被认识的简单事物，从错综复杂的关系中找出因素间的本质联系，从众多的影响因素中抓住主要因素，并且分析它引起事故变化的后果及其严重程度。

风险识别主要回答以下几个问题（郭仲伟，1987）：

（1）有哪些风险应当考虑？

（2）引起这些风险的因素是什么？

（3）这些风险引起的后果和严重程度如何？

风险识别是风险分析的基础，如果没有风险识别，风险分析的其他方面（如风险估计、风险评价等）就成为空中楼阁，而且整个风险分析成果的正确与否也是在风险因素及其关系的基础之上进行判断的。回答上述三个问题的主要方法是通过调查、分解、讨论、协商、咨询，提出所有的可能变化因素，并分析和筛除那些影响微弱、作用不大的因素，简化工作，然后再讨论与研究主要因素之间的关系。

风险识别理论实质上是有关知识、推理、判断和搜索的理论，也是人类学、社会学及自然科学中的一部分内容，随着科学的发展和计算机应用的更新，这一理论将不断深化和完善，特别是人工智能系统的产生，极大地推进了风险识别工作的开展。风险识别理论的另一个基础就是统计推断。在某种意义上讲，风险识别也可认为是一个统计分类的过程，这也需要利用统计学的理论作为其识别的工具。为了全面识别风险存在的可能性，要对某事物的内在关联进行剖析。

本章在介绍传统风险识别方法的基础上，对水库调度过程中可能涉及的水文、水力、工程、社会经济、人为等风险因子进行了识别，最后提出了水库调度概化风险评价指标体系。为后续风险因子不确定性处理和风险主客观估计量化方法奠定了基础。

5.1 传统风险识别方法

5.1.1 故障树分析法

故障树（Fault Trees）分析法是1961年美国贝尔（Bell）实验室在对导弹发射系统进行分析时提出来的。这种方法广泛地应用于工业和其他复杂的大系统中。故障树分析法的基本思想是利用图解形式将大故障分解成各种小故障，大系统分解成小系统，或对引起故障的原因进行分解，像树枝一样，越分越多，越分越细，故名故障树。

例如，某一溃坝事件的风险分析故障树可以表示为图5.1。

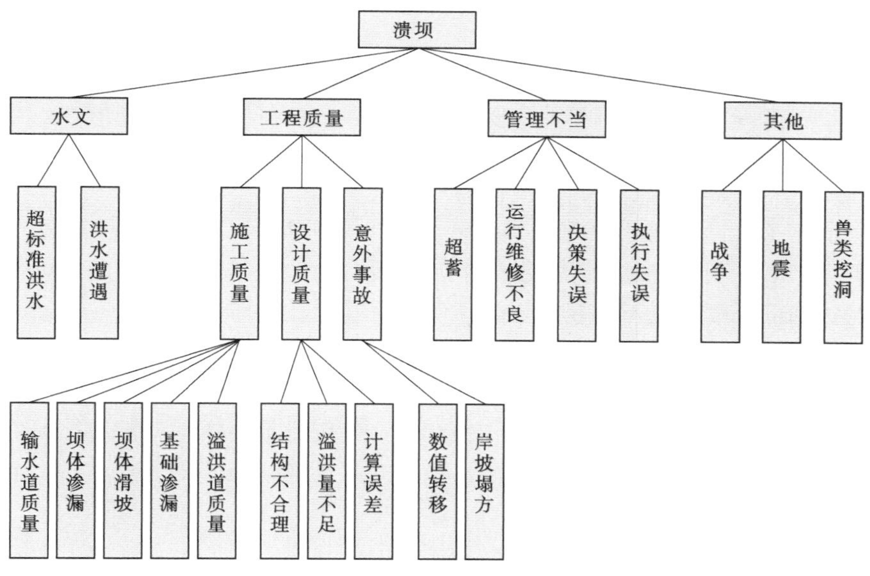

图5.1 某一溃坝事件的风险分析故障树

故障树最常用于直接经验很少的风险识别。由图5.1可看出，溃坝风险可以分解成4个方面原因：水文、工程质量、管理不当及其他。再下一级又可以针对各种原因进行细分，如图5.1中所示的几种可能原因。这一故障树还可以进一步用来确定溃坝的总风险率（或概率），此时需要找出溃坝风险的所有可能原因及其相互间的关系，估计其概率，然后即可进行计算，从而演生成概率树。

5.1.2 专家调查法

专家调查法是大系统风险识别的主要方法。它是以专家为索取信息的主要对象。各领域的专家运用专业方面的经验和理论，找出各种潜在的风险并对某后果进行预测。专家调查方法主要包括专家个人判断法、专家会议法、智暴法、德尔菲法等十余种方法，这里只介绍适用于大型水利工程风险分析的几种常用方法。

5.1.2.1 专家个人判断法

专家个人判断法是利用专家的知识对某事物的风险作出识别，采用个别专家的意见，其特点主要就是不受外界影响，没有心理压力，可以最大限度地发挥个人的创造能力，但是仅仅依靠个人的判断容易受到专家的知识面、知识深度和现有的资料，以及对预测问题是否有兴趣所左右，难免带有片面性。

5.1.2.2 智暴（Brainstorming）法

智暴法在国内译法很多，如头脑风暴法、集中思考法、诸葛亮会议等，类似于群决策方式，但它主要是对风险进行识别，也可以推广到群决策、专家系统等方法之中。智暴法是一种刺激创造性、产生新思想的技术。它通过专家之间的互相交流，在头脑中进行智力碰撞，产生新的智力火花，使专家的论点不断集中和精化。智暴法作为一种创造性的思维方法在风险分析中得到了广泛的应用。智暴法一般利用专家小组会议的形式进行，专家小组一般应包含以下成员：

（1）方法论学者——风险分析或预测领域的专家，一般可担任会议的组织者。

（2）思想产生者——专业领域的专家，人数应占小组的50%～60%。

（3）分析学者——专业领域中知识比较渊博的专家。

（4）演绎者——具有较高逻辑思维能力的专家。

智暴法适用于探讨问题比较单纯、目的比较明确的情况。如果问题复杂、涉及面太广、包含因素太多，则首先进行分析和分解，然后再用此法分别讨论。当然对智暴法的结论还要进行详细的分析，既不能轻视，也不能盲目接受。

5.1.2.3 德尔菲（Delphi）法

德尔菲法是美国兰德公司于1964年首先用于技术风险预测的。它是专家会议法的一种发展，以匿名方式通过几轮咨询征求专家意见，然后对每一轮意见都进行汇总整理，作为参考资料再发给专家，供他们分析判断，提出新的论证，如此反复多次，专家的意见日趋一致，最终结论的可靠性越来越大。

德尔菲法是系统分析方法在意见和判断领域的一种有限延伸。它突破了传统的数据分析限制，为更合理的决策开阔了思路。由于该法能够对于未来发展中各种可能出现的、期待出现的前景做出概率估计，因此可为决策者提供方案选择的可能性。而用其他方法都很难获得这样重要的以概率表示的明确结论。

德尔菲法较智暴法有以下特点：

（1）匿名性：为克服专家会议易受心理因素影响的特点，德尔菲法采用匿名信咨询征求意见。应邀参加的专家互不了解，完全消除了心理因素的影响。专家可以参考前一轮的结果修改自己的意见，而无须作出公开说明。

（2）轮间反馈沟通情况：德尔菲法不同于民意测验，一般要经过四轮。在匿名情况下，为了使参加的专家掌握每一轮预测的汇总结果和其他专家提出的论证意见，达到相互启发的目标，应对每一轮结果进行统计，并作为反馈材料发给每个专家，供提出下一轮结果参考。

（3）预测结果的统计特征：做定量处理是德尔菲法的一个重要特点，为了定量评价预测结果，德尔菲法采用统计方法进行结果处理。

5.1.3 幕景分析法

所谓幕景分析（Scenarios Analysis）法就是通过计算机屏幕或图表描述某事物的一个方面或未来某种状态的方法。在进行风险分析时需要一种能识别引起风险的关键因素及影响程度的方法，幕景分析则可以达到这一目的。在进行风险识别时，人们往往希望知道当某种因素变化时，整个情况将是怎样的，会有什么风险，能够像电影银幕上放映一样展示出来以便让人去分析比较。这种方式既直观又易懂。

幕景分析大致可以分为两大类：一类是未来某种情况的描述；另一类是对一个发展过程的描述即未来若干年某种情况的变化链。例如，可向某决策者提供最可能的、最好或最坏的投资前景，并且详细描述绘出不同情况下可能发生的事件和危险，供决策者决策时参考。

幕景分析在风险识别中的具体应用就是对风险因素的筛选、检测、诊断过程。筛选是用某种程序将具有潜在风险的产品、因素、现象进行分类和选择的风险识别过程；检测是对某种风险及其后果对产品、因素、现象进行观测、记录和分析的复现过程；而诊断则是根据症状或者其后果与可能起因的关系进行评价和判断，找出可疑的起因并进行仔细检查。

值得提出的是，当各种目标项目冲突和排斥时，幕景分析就显现出独特优势，它可以被看作是扩展决策者的视野、增强风险预判能力的一种思维程序。但是这种方法有很大的局限性，即所谓“隧道眼光”现象。即好像从隧道中观察外界一样看不到全面情况，因为所有幕景分析都是围绕着分析者目前的考虑、价值观和信息水平进行的，因此就可能产生偏差，需要分析者和决策者结合其他方法对其进行精确估计。人工智能逻辑程序设计工具——PROLOG 语言的诞生使幕景分析的动态过程模拟得以实现，使风险识别幕景图像展示在决策者面前。目前国内外已有诸多学者对风险决策支持系统进行了研究，该方法展现出广阔的应用前景。

5.2 水库调度风险因子识别

水库调度是一个涉及多输入和多输出的复杂系统。这个系统要达到不同的目标也会面临不同类型的风险，而无论单独应用哪种识别风险的方法都会存在欠缺。例如，采用故障树分析法可能漏掉某些重要的风险因素；采用专家调查法可能由于专家个人知识组织结构的不同而存在人为偏差；采用幕景分析方法可能由于分析人员受现阶段信息水平限制或估计不够精确而存在局限性。因此，为了尽可能地找出水库调度存在的各类风险及引起风险的因素，这里综合采用故障树分析法、专家调查法和幕景分析法等多种思路进行分析考虑，而且这也是符合实际情况的。

通过分析，一般情况下，水库调度风险是多个风险要素或因子相互作用的综合结果，但其中有主观风险因子和客观风险因子，主要风险因子和次要风险因子之分。在识别风险因子的过程中，要充分了解所研究的水库对象的自然环境和社会环境，剖析调度过程的各个环节，找出各种风险因子与调度风险之间的内在联系，从而鉴别出对调度产生主要影响的风险因子。在水库调度过程中，各个风险因子之间相互作用、相互影响，联系较为复杂。为分析方便，常将其分为以下几类。

（1）水文风险因子。水文风险因子是指对水库上游来水和当地径流的特性产生影响的各种不确定性因素。它们一方面来自水文事件本身的不确定性，另一方面则来自水文模型与资料分析产生的误差，例如雨洪转换模型、水文统计模型等的不确定性及其参数的不确定性。模型不确定性产生的原因是所选定的模型仅仅是原型中的一个，由于水文事件的样本容量及计算手段、方法的限制，就必定会在认识水文过程时产生不确定性，即参数和模型的不确定性。在实际工作中，人们通常把径流过程或降雨过程看作随机过程，通过水文资料的统计分析，可得出它们的概率分布。

（2）水力风险因子。水力风险因子主要是指由于应用不合理描述水流运动的水力模型计算水流时所造成的水力模型本身的不确定性，以及由于测量和施工误差造成的结构和材料的不确定性。例如，经模型试验得出的流量系数、三维水流模型简化为一维水流模型时的模型参数等。另外，还有由于测量误差、模型不确定性、水库中泥沙淤积、库岸坍塌等造成的水位库容曲线和水位下泄流量曲线的不确定性等。这些资料一般是水库调度所依据的基本资料，稍有偏差都可能在计算过程中将误差不断扩大，从而给调度决策带来较大的影响。

（3）工程风险因子。工程风险因子主要包括水库的工程情况和其调度特点两个方面。工程情况是指在设计、施工和管理运用中存在的一些不确定性因素，它们影响着工程能否发挥其预定的功能。再者就是水库的工程调度特点，包括汛期运行水位、汛期起调水位、调度规则、信息获取、预报技术等。

（4）社会经济风险因子。这里指经济、社会、政策、法令等因素，它们不同程度地影响着调度风险的发生和效益损失的程度。

（5）人为风险因子。人为风险因子指调度管理人员的各种决策行为。由于决策人员的风险偏好不同，如有的决策者是冒险型的、有的是保守型的、有的是中间型的，这些都将对调度结果产生不同程度的影响。

5.3 概化风险评价指标体系

结合水库的功能和要求，梯级水库群联合调度风险可用三层风险指标体系来概化描述，如图 5.2 所示。

第一层：目标层，为综合风险，即梯级水库群联合调度风险。目标层追求综合风险值最小，社会总效益最大。

第二层：类别层，即各类风险，可以分成五大块，分别为防洪风险、发电风险、航运风险、供水风险、生态风险。

第三层：指标层，即各类风险评价指标。针对每一类别的风险提出相应的风险评价指标，对此类风险的大小进一步描述。

对于以上风险分层表示的指标体系，水库调度的综合风险、各类风险及风险指标是一种递阶的概括与描述关系。针对每一个调度方案，指标体系的前两层可归属为概念层指标，只能通过下一层的指标表征或量化；第三层，即风险评价指标层，是该指标体系的具体量化层。

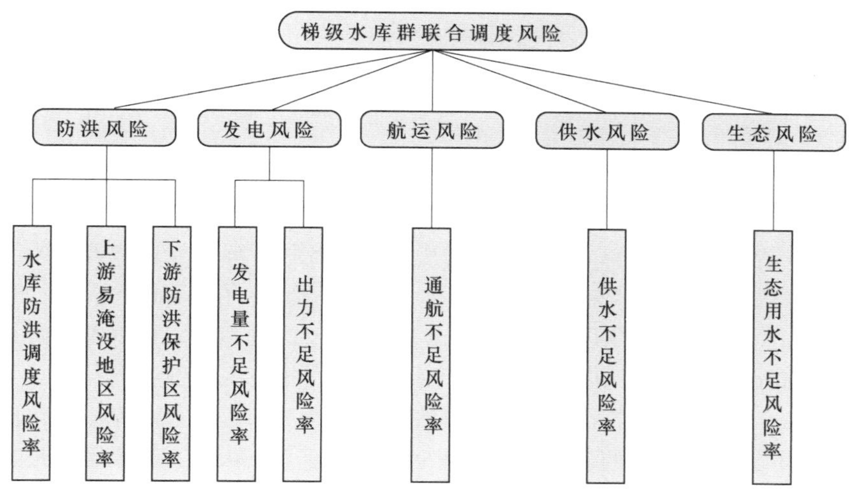

图 5.2　梯级水库群联合调度概化风险评价指标体系

第 6 章

风险因子不确定性处理方法

在识别风险因子的基础上，通过量化方法剖析出各种不确定性因素及对整个系统的影响，对于后续风险估计工作具有重要意义。水库调度系统中存在随机性、模糊性等不确定性，所以它是一个非常复杂的不确定性系统。正是由于这些不确定性因素的普遍存在，使得水库及其所在流域在规划、设计、开发、利用及获得相应经济效益的同时，也不可避免地面临着各种类型的风险。那么，如何评价和降低风险？如何进行水库系统风险规划与管理？解决这些问题不仅需要对风险因素有较为深入的研究与认识，更要不断地探索风险因素的定性、定量分析方法。

对于水库调度而言，风险来源于其调度过程中存在的水文、水力、工程状态、人为管理等众多不确定性因素，如入库径流的随机性和洪水出现的不确定性、来水预报误差、水位库容曲线和水位下泄流量关系曲线的不确定性、人为决策失误等。但是，由于现在技术水平的限制或实际需求的差别，在对水库进行风险分析的过程中我们没有能力或者没有必要将所涉及的所有对水库调度效益产生影响的不确定性因素都在风险计算过程中予以考虑，一般只需考虑对效益产生影响的主要不确定性因素即可。

在目前已有的研究成果中，对风险因子予以系统性分析的研究尚不多见，例如计算发电风险时，往往只分析径流的随机性对发电造成的影响，这对于发电调度来说是考虑不尽完善的，而实际水库发电调度风险是径流随机性、预报误差、人为决策等多方面因素造成的综合结果。本章主要通过探讨识别水库调度的主要风险因素，对水库调度中的各种风险及不确定性因素进行系统分析，提出了在调度过程中广泛存在的随机性和模糊性两类主要不确定性的量化方法，并针对径流预报误差和径流与洪水过程的随机模拟方法进行探索研究，在此基础上依据 Copula 函数在处理多个变量联合分布函数上的优良特性，提出多个风险因子的组合量化方法。

对于涉及众多不确定性风险因子的大型复杂梯级水库群系统，除了多风险因子在空间的组合量化上的困难，另外一个难点就是风险因子的多时间尺度的量化，比如入库径流过程预报误差的量化。因此，针对单一分布不能准确描述入库径流预报误差变化特征的不足，引入自适应性良好的高斯混合模型拟合单一预见时刻入库径流预报误差；再利用高维 meta-student t-Copula 函数将多个高斯混合分布相耦合，建立了随机模型。以锦屏一级水库日入库径流过程预报误差的研究为例，通过不同预见时刻入库径流预报误差随机模拟的结果验证了模型的有效性。

6.1 单风险因子量化方法

6.1.1 随机性因子量化方法

对于多数风险因子不确定性，处理其随机性的首选工具就是概率论与数理统计，待求风险因子的量化大致可归结为如下步骤：①定性确定随机变量的大致范围，如果分布函数形式不好确定，这时一般采用在指定区间范围内服从均匀分布的方式处理；②在一定置信限内找到一种或几种与待求变量样本系列最为接近的分布函数形式；③由待求变量样本通过最大熵等方法得到该变量的分布密度函数关系式；④通过待求变量的一定数量的模拟样本系列予以代表。

风险分析过程往往涉及多个风险因子，而且各个风险因子变量的性质不尽相同，为了在风险分析输入条件中将多个风险因子考虑在内，简便且比较通用的方法就是先确定因子变量的分布函数形式或规律，再利用随机模拟的方法为风险分析提供大量的数据输入样本，通过所建模型的计算分析，得到待求问题变量的样本系列，这同时也是蒙特卡罗方法的基本思想。完成这个过程需要用到产生各种分布函数的随机数的方法，例如乘同余法、反函数法等，具体要根据变量的类型和特点来分析确定，但最为常用的就是在 0 和 1 之间服从均匀分布的随机数产生方法，其他分布函数的随机数都可以由均匀分布的随机数产生。

6.1.1.1 均匀分布随机数的产生

均匀分布随机数通常是利用递推公式进行数值计算而产生随机数序列，常用的方法有乘同余法和混合同余法。其中，乘同余法具有较好的统计性质，且能迅速地产生大量随机数，应用最广泛。

乘同余法的计算公式为

$$x_{i+1}=\lambda x_i(\mathrm{mod}M) \quad (i=0,1,2,\cdots) \tag{6.1}$$

或

$$x_{i+1}=\lambda x_i-M\left[\frac{\lambda x_i}{M}\right] \quad (i=0,1,2,\cdots) \tag{6.2}$$

式中：λ 为乘子；M 为模。它们都是非负整数，且 $\lambda \ll M$。x_{i+1} 为乘积 λx_i 被 M 整除后的余数，称 x_{i+1} 与 λx_i 对模 M 同余。

由上述计算规律可见，恒有 $x_i<M$，于是：

$$\mu_i=\frac{x_i}{M} \quad (i=0,1,2,\cdots) \tag{6.3}$$

式中：μ_i 为 $[0,1]$ 区间上均匀分布的随机数。

6.1.1.2 正态分布随机数的产生

产生正态分布随机数的方法有舍选法、反函数法、坐标变换法和中心极限定理等。其中，坐标变换法应用较多。

设 u_1，u_2 为 $[0,1]$ 区间上均匀分布的随机数，令

$$\begin{cases} t_1=\sqrt{-2\ln u_1}\cos(2\pi u_2) \\ t_2=\sqrt{-2\ln u_1}\sin(2\pi u_2) \end{cases} \tag{6.4}$$

则可证明，t_1、t_2 为相互独立的两个标准化正态变量的随机数。

若已知变量 $X\sim N(\overline{x},\ \sigma^2)$，则

$$x_i=\overline{x}+\sigma t_i \quad (i=1,2,\cdots) \tag{6.5}$$

式中：x_i 为正态变量 X 的随机数。

因此，只要产生一串均匀分布随机数 $u_1,u_2,\cdots,u_n$，代入式（6.4）即可得到一串 t 值，再代入式（6.5），即可得到正态变量 X 的一个容量为 n 的样本。

6.1.1.3 任意分布函数随机数的产生

任意分布函数的随机数产生方法主要分为两种：一种是反函数存在或比较容易求出的情况；另一种是反函数不存在或难以求出的情况。由于本章采用了多种方法确定未知变量的分布函数，一般情况下得到的函数都希望能够找到一种通用的方法，所以这里随机数的产生主要针对第二种情况。这种可以产生任意分布函数随机数的方法就是舍选法。舍选法的基本思想实质上是从许多均匀分布随机数中选出一部分，使之成为具有给定分布的随机数。

设随机变量 X 的概率密度函数为 $f(x)$，存在实数 $a<b$，使得 $P\{a<X<b\}=1$，则：

步骤一：选取常数 λ，使得 $\lambda f(x)<1$，$x\in(a,\ b)$。

步骤二：产生两个均匀分布随机数 u_1、u_2，令 $y=a+(b-a)u_1$。

步骤三：若 $u_2<\lambda f(y)$，则令 $x=y$，否则剔除，重复步骤二。

重复循环，产生的随机数 $x_1,x_2,\cdots,x_n$ 的分布就可以由概率密度函数 $f(x)$ 确定。

6.1.2 模糊性因子量化方法

对于水库调度风险分析中所遇到的模糊性因子，同随机性因子的处理方法一样，这里主要采用可信性理论予以解决。Zadeh 于 1978 年提出了可能性与必要性测度。随后，刘宝碇等在 2005 年提出了可信性测度。一般情况下，研究学者多数认为可能性测度就像概率测度一样在模糊数学的领域中具有重要地位，但是，经过分析研究，实际上在模糊集合论中承担概率测度角色的是可信性测度。随着基于可信性测度的一套有关模糊性的完备公理化体系的形成，可信性理论也就应运而生。这套理论为处理模糊性因子提供了必要的基础理论与方法。

6.1.2.1 可信性理论

1. 基础公理及定义

在模糊理论中，可能性 $Pos\{A\}$ 描述了事件 **A** 发生的可能性。假设 $\boldsymbol{\Theta}$ 为非空的集合，$\mathbf{P}(\boldsymbol{\Theta})$ 为 $\boldsymbol{\Theta}$ 的幂集。则有下面四条公理。

公理 1：$Pos\{\boldsymbol{\Theta}\}=1$。

公理 2：$Pos\{\boldsymbol{\Phi}\}=0$。

公理 3：对于 $\mathbf{P}(\boldsymbol{\Theta})$ 中任意集族 $\{A_i\}$，有 $Pos\{\bigcup\limits_i A_i\}=\sup\limits_i Pos\{A_i\}$ 。

公理 4：如果 $\mathbf{\Theta}_i(i=1,2,\cdots n)$ 是非空集合，其上定义的 $Pos\{\ \}$ 分别满足前 3 条公理（则称为可能性测度），并且 $\mathbf{\Theta}=\mathbf{\Theta}_1\mathbf{\Theta}_2\cdots\mathbf{\Theta}_n$，则对于每个 $\mathbf{A}\in\mathbf{P}\ \{\mathbf{\Theta}\}$：

$$Pos\{\mathbf{A}\}=\sup_{(\theta_1,\theta_2,\cdots,\theta_n)\in\mathbf{A}} Pos_1\{\theta_1\}\wedge Pos_2\{\theta_2\}\wedge\cdots\wedge Pos_n\{\theta_n\} \tag{6.6}$$

此时记作 $Pos=Pos_1\wedge Pos_2\wedge\cdots\wedge Pos_n$。如果它满足前 3 条公理，意味着它也是可能性测度。

整个可信性理论的所有内容均可在上述的 4 条公理基础上推导得出。

一个集合 $\mathbf{A}$ 的必要性测度定义为对立集合 $\mathbf{A}^c$ 的不可能性。假设 $(\mathbf{\Theta},P(\mathbf{\Theta}),Pos)$ 是可能性空间，$\mathbf{A}$ 是幂集 $\mathbf{P}(\mathbf{\Theta})$ 中的一个元素，则称 $Nec\{\mathbf{A}\}=1-Pos\{\mathbf{A}^c\}$ 为事件 $\mathbf{A}$ 的必要性测度。

2. 可信性测度

一个模糊事件的可信性测度定义为可能性和必要性的平均值。可信性测度扮演了类似于概率测度的角色。设 $(\mathbf{\Theta},\mathbf{P}(\mathbf{\Theta}),Pos)$ 是可能性空间，$\mathbf{A}$ 是幂集 $\mathbf{P}(\mathbf{\Theta})$ 中的一个元素，则称

$$Cr\{A\}=\frac{1}{2}(Pos\{\mathbf{A}\}+Nec\{\mathbf{A}\}) \tag{6.7}$$

为事件 $\mathbf{A}$ 的可能性测度。

即使一个模糊事件的可能性为 1，该事件也未必成立。另外，即使一个模糊事件的必要性为 0，该事件也可能成立。可是，假如一个模糊事件的可信性为 1，则该事件必然成立；反之，若一个模糊事件的可信性为 0，则该事件必然不成立。

3. 模糊变量及隶属度函数

设 $\zeta(\theta)$ 是从可能性空间 $(\mathbf{\Theta},\mathbf{P}(\mathbf{\Theta}),Pos)$ 到实数集 $\mathbf{R}$ 的一个函数，则称 ζ 为一个模糊变量。又设 ζ 是可能性空间 $(\mathbf{\Theta},\mathbf{P}(\mathbf{\Theta}),Pos)$ 上的模糊变量。则由可能性测度导出的函数 $\mu(x)=Pos\{\theta\in\mathbf{\Theta}|\xi(\theta)=x\}$，$x\in\mathbf{R}$ 称为 ζ 的隶属度函数。

4. 可信性分布

设 ζ 为模糊变量，则下面给出的函数 $\Phi:(-\infty,+\infty)\to[0,1]$，$\Phi(x)=Cr(\theta\in\mathbf{\Theta}|\xi(\theta)\leqslant x)$ 称为模糊变量 ζ 的可信性分布。

也可以说，可信性分布函数值 $\Phi(x)$ 是模糊变量 ζ 取值小于或等于 x 的可信性。一般来说，可信性分布 Φ 关于 x 既非左连续又非右连续。

如式（6.8）右端两个积分中至少有一个为有限的（为了避免出现 $-\infty\sim+\infty$ 的情形），则称

$$E[\xi]=\int_0^{+\infty}Cr\{\theta\in\mathbf{\Theta}\mid\xi\geqslant r\}\,\mathrm{d}r-\int_{-\infty}^{0}Cr\{\theta\in\mathbf{\Theta}\mid\xi\leqslant r\}\,\mathrm{d}r \tag{6.8}$$

为模糊变量 ζ 的期望值。

6.1.2.2 基于可信性理论的模糊风险因子量化方法

一般情况下水库调度过程中常见的模糊变量有三角形模糊变量和梯形模糊变量等，这里主要介绍三角形模糊变量。

三角形模糊变量是指由三元组 (r_1,r_2,r_3) 完全决定的模糊变量，此处 $r_1<r_2<r_3$，其隶属度函数为

$$\mu(x)=\begin{cases}\dfrac{x-r_1}{r_2-r_1} & r_1\leqslant x\leqslant r_2\\ \dfrac{x-r_3}{r_2-r_3} & r_2\leqslant x\leqslant r_3\\ 0 & 其他\end{cases} \tag{6.9}$$

可信性分布为

$$\Phi(x)=\begin{cases}0 & x\leqslant r_1\\ \dfrac{x-r_1}{2(r_2-r_1)} & r_1\leqslant x\leqslant r_2\\ \dfrac{x+r_3-2r_2}{2(r_3-r_2)} & r_2\leqslant x\leqslant r_3\\ 1 & r_3\leqslant x\end{cases} \tag{6.10}$$

三角形模糊变量 (r_1,r_2,r_3) 的期望值为 $E[\xi]=\dfrac{1}{4}(r_1+2r_2+r_3)$。

6.2 多风险因子组合量化

6.2.1 Copula 函数的定义

Copula 是一个由多维变量映像至均匀分布（Uniform Distribution）的函数，符号以 C 表示，满足以下三个条件：

（1）$C:[0,1]^n\rightarrow[0,1]$。

（2）C 是递增的函数。

（3）C 的所有边际函数 C_i 满足：$C_i(u)=C(1,\cdots,1,u,1,\cdots,1)=u$，$u\in[0,1]$。

假如 F_1，…，F_n 是单变量的累积分配函数，则 $C[F_1(x_1),\cdots,F_n(x_n)]$ 是表示一多变量的累积分布函数，其边际函数为 $F_1,\cdots,F_n$。由以上定义可以了解 Copula 是一个联合概率分布的函数，在实际运用上，Sklar's 定理是关于 Copula 函数最重要的定理。

6.2.2 Sklar's 定理

对于一个具有一元边缘分布 $F_1,F_2\cdots,F_n$ 的联合分布函数，一定存在 Copula 函数 C，满足：

$$F(x_1,x_2,\cdots,x_n)=C[F_1(x_1),\cdots,F_n(x_n)] \tag{6.11}$$

若 $F_1,\cdots,F_n$ 连续，则 C 唯一确定；若 $F_1,\cdots,F_n$ 为随机变量的边缘分布，那么由式（6.11）定义的函数 F 是 $F_1,\cdots,F_n$ 的联合分布函数。

设 $u_n=F_n(x_n)$ 为一随机变量，$u_n\in[0,1](n=1,2,\cdots,N)$，则 $C(u_1,\cdots,u_N)$ 是一个在 N 维 $[0,1]$ 空间上服从 $[0,1]$ 均匀边缘分布的多元分布函数。基于 Copula 函数的密度函数 c 和各个边缘密度函数，就可以很容易地得到 N 元分布函数的密度函数 f：

$$f(u_1,u_2,\cdots,u_N)=c[F_1(x_1),F_2(x_2),\cdots,F_N(x_N)]\prod_{n=1}^{N}f_n(x_n) \tag{6.12}$$

式中：$c(u_1,u_2,\cdots,u_N)=\dfrac{\partial C(u_1,u_2,\cdots,u_N)}{\partial u_1\partial u_2\cdots\partial u_N}$；$f_n$ 为边缘分布 F_n 的密度函数。

在水库调度中，采用多个因子联合分布的方式进行模拟分析要优于单纯依靠单变量分布的方式，原因在于仅根据各个变量的分布形式进行风险分析很难考虑各因子变量之间的相互联系。而在实际中，各个风险因子之间既有相互独立的，又有具有相关关系的。例如，水位与库容关系曲线、水位与下泄流量关系曲线这两个因子的不确定性实际上是在设计测量过程中产生的，两者之间没有直接联系；而入库洪水与下游区间洪水互相遭遇的可能性往往因受自然、地理等相关因素的影响而且有一定的规律可循，具有相关性。因此，以往研究中将这些因素视为相互独立，可能无法真实反映水库调度所面临的风险。

假设水库调度过程中涉及的风险因子变量分别为 $x_1,x_2,\cdots,x_n$，只考虑这些因子的随机性，设 $f_1(x_1),f_2(x_2),\cdots,f_n(x_n)$ 和 $F(x_1),F_2(x_2),\cdots,F_n(x_n)$ 为各个风险因子变量的密度函数和分布函数，则依据 Sklar's 定理一定存在 C，可以使得 $x_1,x_2,\cdots,x_n$ 的联合分布函数表示为

$$F(x_1,x_2,\cdots,x_n)=C[F_1(x_1),F_2(x_2)\cdots,F_n(x_n)] \tag{6.13}$$

利用 Copula 函数处理多个因子联合分布关系的一个很重要的优点是允许 $F_1(x_1)$，$F_2(x_2),\cdots,F_n(x_n)$ 为不同的分布类型。另外，这样得到的相关性结构函数 C 对于各个风险因子变量的严格递增变换是不变的。

从式（6.12）中可以看出，多风险因子变量的联合分布可以拆分为 $c[F_1(x_1)$，$F_2(x_2),\cdots,F_N(x_N)]$ 和 $\prod\limits_{n=1}^{N}f_n(x_n)$ 两部分，前面一部分为多个风险因子变量的相关结构关系，后一部分为各个风险因子变量密度函数的乘积。所以，我们需要解决的两个问题是：①确定风险因子变量的边缘分布；②确定关联结构函数 C。风险因子变量的边缘分布形式确定在单个风险因子量化方法部分已基本都有介绍，下面介绍在确定多个风险因子联合量化形式时可以用到的 Copula 函数及选择方法。

在极端的情况下，当各变量之间独立时，可以得到 $C(u_1,\cdots,u_n)=u_1\times\cdots\times u_n$。这里经常会用到的 Copula 函数主要有经验 Copula、Normal-Copula、t-Copula。

1. 经验 Copula

定义：令 $\{(x_k,y_k)\}_{k=1}^{n}$ 表示连续两变量分布的一个样本长度为 n 的样本。经验 CopulaC_n 为

$$C_n\left(\frac{i}{n},\frac{j}{n}\right)=\frac{\text{样本中使 } x<x_{(i)}\text{、}y<y_{(j)}\text{ 的数量}}{n} \tag{6.14}$$

式中：$x_{(i)}$ 和 $y_{(j)}$，$1\leqslant i$，$j\leqslant n$，表示从样本中来的次序统计。

2. Normal-Copula

所谓的 Normal-Copula 即为多元常态分配下的 Copula 函数，其定义为：假设 $\boldsymbol{X}=(X_1,X_2,\cdots,X_n)$ 是多元正态分布，而且若：其边际函数 $F_1,\cdots,F_n$ 皆为正态分布且存在唯一的 Copula 函数，即 Normal-Copula，使得

$$C_{\boldsymbol{R}}^{N}(u_1,\cdots,u_n)=\Phi_{\boldsymbol{R}}(\varphi^{-1}(u_1),\cdots,\varphi^{-1}(u_n)) \tag{6.15}$$

式中：$\Phi_{\boldsymbol{R}}$ 为标准的多元正态分布，其相关矩阵为 $\boldsymbol{R}$；φ^{-1} 则是一维标准正态分布的反

函数。

当 $n=2$ 时，可以得到此时的 Copula 函数为

$$C_{\boldsymbol{R}}^{N}(u,v)=\int_{-\infty}^{\varphi^{-1}(u)}\int_{-\infty}^{\varphi^{-1}(v)}\frac{1}{2\pi(1-\boldsymbol{R}_{12}^{2})^{1/2}}\exp\left(-\frac{s^{2}-2\boldsymbol{R}_{12}st+t^{2}}{2(1-\boldsymbol{R}_{12}^{2})}\right\}\mathrm{d}s\mathrm{d}t \tag{6.16}$$

3. t-Copula

t-Copula 是指多元 Student's t 分配下的 Copula 函数，若假设 $\boldsymbol{X}=(X_1,X_2,\cdots,X_n)$ 服从多元标准正态分布，其相关矩阵为 $\boldsymbol{R}$，Y 是 χ^2 分配的随机变数，自由度为 v，则 t-Copula 函数为

$$C_{v,\boldsymbol{R}}^{t}(u_1,\cdots,u_n)=t_{v,\boldsymbol{R}}(t_v^{-1}(u_1),\cdots,t_v^{-1}(u_n)) \tag{6.17}$$

式中：$u_i=\frac{\sqrt{\nu}}{\sqrt{Y}}X_i(i=1,\cdots,n)$。

当 $n=2$ 时，可以得到 t-Copula 函数为

$$C_{v,\boldsymbol{R}}^{t}(u,v)=\int_{-\infty}^{t_v^{-1}(u)}\int_{-\infty}^{t_v^{-1}(v)}\frac{1}{2\pi(1-\boldsymbol{R}_{12}^{2})^{1/2}}\left\{1+\frac{s^{2}-2\boldsymbol{R}_{12}st+t^{2}}{v(1-\boldsymbol{R}_{12}^{2})}\right\}^{-(v+2)/2}\mathrm{d}s\mathrm{d}t \tag{6.18}$$

4. 其他 Copula 二维表达形式

Gumbel-Hougaard（GH）Copula

$$C(u,v)=\exp\{-[(-\ln u)^{\theta}+(-\ln v)^{\theta}]^{1/\theta}\}\quad \theta\in[1,+\infty) \tag{6.19}$$

Clayton Copula：

$$C(u,v)=(u^{-\theta}+v^{-\theta}-1)^{-1/\theta}\quad \theta\in(0,+\infty) \tag{6.20}$$

Ali-Mikhail-Haq（AMH）Copula：

$$C(u,v)=\frac{uv}{1-\theta(1-u)(1-v)}\quad \theta\in[-1,1) \tag{6.21}$$

Frank Copula：

$$C(u,v)=-\frac{1}{\theta}\ln\left[1+\frac{(\mathrm{e}^{-\theta u}-1)(\mathrm{e}^{-\theta v}-1)}{\mathrm{e}^{-\theta}-1}\right]\quad \theta\in\mathbf{R} \tag{6.22}$$

6.3 入库径流过程预报误差随机模型

入库径流预报可以根据预见期的长短分为短期预报、中期预报和长期预报，也可以根据预报结果分为确定性预报、概率预报和集合预报。短期径流预报一般是根据前期实测降雨等资料，结合水文模型产汇流计算得到的确定性预报，其与水库优化调度模型相结合，可以得到水库调度方案。尽管预报技术不断进步，但由于天然径流的不确定性，预报值与实测值之间还是存在着一定偏差，成为调度方案制订与实施的重要影响因素。以水库发电调度为例，入库径流预报误差越大，发电计划与实际调度的偏离程度就越大，超过一定临界值时，就可能导致水库不得不弃水或修改发电计划，从而给梯级水库系统的安全运行和整体效益造成影响。通过提高预报模型精度，以降低来水不确定性对水库调度产生的

不利影响，一直是解决这一类问题的重要措施之一。但入库径流预报误差是客观存在且不可避免的，在预报模型精度难以继续提高的情况下，通过对入库径流预报误差的定量分析来实现提高水库调度方案制定的准确性和实施效果等目标，这种研究方式逐渐受到学者们的重视，且已取得了一些前期研究成果（Zhao et al.，2011，2013；李响等，2010；Li et al.，2010；Yan et al.，2014；蒋志强等，2019）。

目前对于某一预见时刻的入库径流预报误差，主要通过参数估计、非参数估计、统计图形等方法或依据最大熵理论（何洋等，2016）来进行分析，进而得出入库径流预报误差服从或近似服从正态分布、对数正态分布、Laplace 分布、最大熵分布等形式。说明了这些单一分布均可对入库径流预报误差进行拟合，在某些情况下也呈现出了较好的拟合效果。然而，从它们各自的拟合特点来看：正态分布适合于描述具有对称、薄尾特征的误差；对数正态分布适合于描述具有右偏、厚尾特征的误差；Laplace 分布适合于描述对称、厚尾特征的误差；最大熵分布适合于小样本误差。所以，任一种单一分布在应用时又有其局限性，对刻画不满足其适用范围的分布可能得不到理想的效果。由于流域下垫面、预报模型、预见时刻等的不同，入库径流预报误差可能同时包含多种特征，由单一分布来描述缺乏合理性。因此，寻求一种较灵活的理论分布，以尽可能地与入库径流预报误差的实测数据相吻合，从而更好地描述其统计变化规律，具有重要意义。

高斯混合模型（Gaussian Mixture Model，GMM）是由多个高斯分布加权组合构成的非高斯概率分布，适合于较大样本，且对于样本点的归属划分得较为精细，从而可以平滑地拟合任意形状的样本分布，具有很好的自适应性，近年来常被用在语音、图像识别等方面，取得了不错的效果，但鲜见其在水文方面的应用。由于在样本长度一定的情况下，随着高斯混合模型中参与分类的高斯分布个数的增加，不仅模型结构和参数估计将变得更为复杂，而且有可能降低模型的拟合精度，因此，拟采用二权重高斯混合模型对入库径流预报误差进行拟合。另外，随着当前水库调度工作的不断细化，从传统仅考虑单一预见时刻的入库径流预报误差，逐渐过渡到考虑多个预见时刻的入库径流过程预报误差，即研究的变量维数不断增加。当变量维数大于等于 3 时，变量之间的相关关系也趋于复杂化。meta-elliptic Copula 函数族中的高维 meta-student t-Copula、高维 meta-Gaussian Copula 是水文中常用的两类分布，它们可以利用变量之间的相关系数矩阵，准确反映出变量之间复杂的相关性结构，不仅成为求取高维水文变量联合分布和进行随机模拟的有力工具，而且也为进一步提高水库优化调度效益提供了可能性。陈璐等（2016）在广义逻辑分布函数拟合预报改进的基础上，用 Copula 函数求取了预报改进的联合分布，对三峡水库汛期日入库径流预报的不确定性进行了模拟。马超等（2018）采用经验分布函数拟合三峡水库 3—6 月平均入库流量，并用 Copula 函数求取其联合分布，对三峡水库非汛期月入库径流预报的不确定性进行了模拟。

针对已有研究工作多采用单一分布来拟合单一预见时刻的入库径流预报误差，难以描述入库径流预报误差特征多样性和体现各预见时刻入库径流预报误差之间相关性的问题，本章在引入高斯混合模型提高各预见时刻入库径流预报误差拟合效果的基础上，利用高维 meta-student t-Copula 函数构造各预见时刻入库径流预报误差的联合分布，提出了一种入库径流过程预报误差随机模型 GMM-Copula。

6.3.1 单一预见时刻误差高斯混合分布

在滚动预报方式下，设 $x_{s(j),t(i)}(1\leqslant i\leqslant n,\ 1\leqslant j\leqslant N)$ 为在预报作业时刻 $s(j)$ 预报未来时刻 $t(i)$ 来流所产生的误差，采用相对值表示形式

$$x_{s(j),t(i)}=\frac{Q'_{s(j),t(i)}-Q_{s(j),t(i)}}{Q_{s(j),t(i)}}\times 100\% \tag{6.23}$$

式中：$Q'_{s(j),t(i)}$、$Q_{s(j),t(i)}$ 分别为入库径流预报值和实测值。

依据 N 个预报作业时刻，每个作业时刻 n 个预见时刻的入库径流预报误差，可建立如下误差矩阵：

$$\boldsymbol{X}=\begin{bmatrix} x_{s(1),t(1)} & x_{s(1),t(2)} & \cdots & x_{s(1),t(n)} \\ x_{s(2),t(1)} & x_{s(2),t(2)} & \cdots & x_{s(2),t(n)} \\ \vdots & \vdots & \ddots & \vdots \\ x_{s(N),t(1)} & x_{s(N),t(2)} & \cdots & x_{s(N),t(n)} \end{bmatrix} \tag{6.24}$$

记预见时刻 $t(i)$ 的入库径流预报误差变量为 $x_{t(i)}$，其分布包含有 K 个高斯分量，那么，$x_{t(i)}$ 的高斯混合分布概率密度函数 $f[x_{t(i)}]$ 可表示为

$$f[x_{t(i)}]=\sum_{k=1}^{K}\alpha_k p[x_{t(i)};\mu_k,\sigma_k^2] \tag{6.25}$$

式中：$p[x_{t(i)};\mu_k,\sigma_k^2]$ 为第 k 个高斯分布的概率密度函数；α_k、μ_k、σ_k^2 为第 k 个高斯分布的参数，分别代表权重、均值和方差，且 $\sum\limits_{k=1}^{K}\alpha_k=1$。

由式（6.25），第 k 个高斯分布的参数可表示为集合 $\boldsymbol{\theta}_k=\{\alpha_k,\mu_k,\sigma_k^2\}$，则高斯混合分布的所有参数可表示为集合 $\boldsymbol{\Theta}=\{\boldsymbol{\theta}_1,\boldsymbol{\theta}_2,\cdots,\boldsymbol{\theta}_K\}$。由于事先不能确定每个样本值属于哪个高斯类，所以这些参数需通过隐变量估计得到。

6.3.2 多个预见时刻预报误差随机模型

6.3.2.1 模型的建立

考虑受同一预报模型、前期降雨等因素的影响，不同预见时刻的入库径流预报值之间、预报误差之间均可能存在相关关系。所以，在准确拟合各预见时刻入库径流预报误差的基础上，建立如下描述多个预见时刻入库径流过程预报误差的随机模型 GMM-Copula：

$$C(u_1,u_2,\cdots,u_n)=T_{\Sigma,v}[T_v^{-1}(u_1),\cdots,T_v^{-1}(u_n)]=\int_{-\infty}^{T_v^{-1}(u_1)}\cdots\int_{-\infty}^{T_v^{-1}(u_n)}g(\boldsymbol{\omega}_1,\cdots,\boldsymbol{\omega}_n)\mathrm{d}\boldsymbol{\omega} \tag{6.26}$$

$$g(\boldsymbol{\omega}_1,\cdots,\boldsymbol{\omega}_n)=\frac{\Gamma\left(\frac{v+n}{2}\right)}{\Gamma\left(\frac{v}{2}\right)}\frac{1}{\sqrt{(\pi v)^n|\Sigma|}}\left(1+\frac{\boldsymbol{\omega}^{\mathrm{T}}\Sigma^{-1}\boldsymbol{\omega}}{v}\right)^{-\frac{v+n}{2}} \tag{6.27}$$

式中：$C(u_1,u_2,\cdots,u_n)$ 为 n 维随机变量联合分布理论频率，$u_1,u_2,\cdots,u_n$ 分别为随机变量 $X_{t(1)},X_{t(2)},\cdots,X_{t(n)}$ 的高斯混合分布函数，$u_i=F[x_{t(i)}]$；$T_{\Sigma,v}(\ )$ 为具有相关系数矩阵 Σ 和自由度 v 的标准 n 维 student t 分布；$T_v^{-1}(\cdot)$ 为自由度 v 的 student t 分布的逆函

数；相关系数矩阵$\Sigma=[\rho_{ab}]_{n\times n}$，$\rho_{ab}=\begin{cases}1 & a=b\\ \rho_{ba} & a\neq b\end{cases}$，$-1\leqslant\rho_{ab}\leqslant 1$；$\boldsymbol{\omega}$ 为被积函数变量矩阵，$\boldsymbol{\omega}=[\omega_1,\cdots,\omega_n]^{\mathrm{T}}$。

6.3.2.2 模型求解

模型求解主要是对参数 $\boldsymbol{\Theta}$ 进行估计，这里采用极大似然法，由误差矩阵式（6.24），可得到对数似然函数：

$$\ln L(\boldsymbol{\Theta})=\ln\prod_{j=1}^{N}f[x_{s(j),t(i)}]=\sum_{j=1}^{N}\ln\{f[x_{s(j),t(i)}]\} \tag{6.28}$$

利用 EM 算法（周志华，2016）对式（6.28）进行求解。主要步骤如下：

步骤一：随机化 α_k，μ_k，σ_k^2 的初始值（$k=1,\cdots,K$）。

步骤二：利用贝叶斯理论，计算 N 个样本中第 $j(j=1,\cdots,N)$ 个样本属于第 k 个高斯分布的后验概率 $\gamma_{jk}(k=1,\cdots,K)$：

$$\gamma_{jk}=\frac{\alpha_k p[x_{s(j),t(i)};\mu_k,\sigma_k^2]}{\sum_{k=1}^{K}\alpha_k p[x_{s(j),t(i)};\mu_k,\sigma_k^2]} \tag{6.29}$$

步骤三：计算 N 个样本中，属于第 k 个高斯分布的样本个数 $N_k(k=1,\cdots,K)$：

$$N_k=\sum_{j=1}^{N}\gamma_{jk} \tag{6.30}$$

步骤四：重新估算第 $k(k=1,\cdots,K)$ 个高斯分布的各个参数：

$$\alpha_k^{\text{new}}=\frac{1}{N}N_k \tag{6.31}$$

$$\mu_k^{\text{new}}=\frac{1}{N_k}\sum_{j=1}^{N}\gamma_{jk}x_{s(j),t(i)} \tag{6.32}$$

$$\sigma_k^{2\text{new}}=\frac{1}{N_k}\sum_{j=1}^{N}[x_{s(j),t(i)}-\mu_k^{\text{new}}][x_{s(j),t(i)}-\mu_k^{\text{new}}]^{\mathrm{T}} \tag{6.33}$$

步骤五：返回到步骤二，直到满足收敛条件：参数变化不显著，即，$|\boldsymbol{\Theta}-\boldsymbol{\Theta}'|<\boldsymbol{\varepsilon}$，$\boldsymbol{\Theta}'$为更新后的参数，$\varepsilon$ 取 10^{-4}。

步骤六：将求得的各预见时刻入库径流预报误差的高斯混合分布参数代入式（6.26），即可得到随机模型。

6.3.2.3 模型评价

通过 P—P 图和均方根误差随机模型进行评价。P—P 图是将变量经验频率与理论频率的二维点据点绘在图中，计算决定系数 R^2。均方根误差可以从整体上反映经验频率与理论频率之间的差距。决定系数越接近于 1，均方根误差越接近于 0，说明模型性能越好，越能反映出误差的实际情况。

n 维随机变量 $X_{t(1)},X_{t(2)},\cdots,X_{t(n)}$联合分布经验频率可由式（6.34）计算：

$$\begin{aligned}F(x_{jt(1)},x_{jt(2)},\cdots,x_{jt(n)})&=P(X_1\leqslant x_{s(j),t(1)},X_2\leqslant x_{s(j),t(2)},\cdots,X_n\leqslant x_{s(j),t(n)})\\&=\frac{N'-0.44}{N+0.22}\end{aligned} \tag{6.34}$$

式中：N'为样本序列中满足条件的数据的对数；N 为样本长度对数。

6.3.2.4 模型应用

已证明：假设 Y、Z 为随机变量，若 $Y \sim N(0, \Sigma_{n\times n})$，$Z \sim \chi_v^2$，则变量 $W = \dfrac{Y}{\sqrt{Z/v}}$ 服从自由度为 v 的 n 维 student t 分布。

由 n 维 student t 分布的定义，基于蒙特卡罗法及逆函数的原理，由入库径流预报误差随机模型模拟 n 维入库径流预报误差的主要步骤如下：

步骤一：生成相关系数矩阵为$\Sigma_{n\times n}$的 n 维高斯分布随机数 $w_i(i=1,2,\cdots,n)$。

步骤二：生成自由度为 v 的卡方独立分布随机数 z。

步骤三：进行 student t 分布变换随机数，得到 $u_i = T_v\left(\dfrac{w_i}{\sqrt{z/v}}\right)$。

步骤四：将步骤三得到的 u_i 作为随机变量 $X_{t(i)}$ 高斯混合分布的值，通过求取高斯混合分布的逆函数，得到模拟入库径流预报误差 $x'_{s(j),t(i)} = F^{-1}(u_i)$。

由此可得到模拟入库径流过程预报误差为 $\{x'_{s(j),t(1)}, x'_{s(j),t(2)}, \cdots, x'_{s(j),t(n)}\}$，对入库径流预报过程 $\{Q'_{s(j),t(1)}, Q'_{s(j),t(2)}, \cdots, Q'_{s(j),t(n)}\}$ 进行修正，得到修正后的入库径流预报过程 $\{Q''_{s(j),t(1)}, Q''_{s(j),t(2)}, \cdots, Q''_{s(j),t(n)}\}$，修正公式为

$$Q''_{s(j),t(i)} = \frac{Q'_{s(j),t(i)}}{1 + x'_{s(j),t(i)}} \tag{6.35}$$

6.3.3 算例分析

6.3.3.1 研究对象

以雅砻江流域梯级水库群为例，锦屏一级水库是“锦官电源组”梯级水库中具有控制性作用的年调节水库，其调度过程是否合理，对整个梯级水库系统调度方案的制订及安全经济运行都有着十分重要的影响。由于雅砻江流域汛期来流较大，水电站常满负荷发电；枯水期来流较小，预报精度较高；由枯水期到汛期或者由汛期到枯水期（称为过渡期），包括5月、6月和10月，来流不确定性较大，易发生因水库水位超出安全控制范围而被迫修改调度计划的情况。

由此，以雅砻江流域水电开发有限公司采用新安江水文预报模型得到的锦屏一级水库过渡期内日入库径流过程预报成果为基础，应用所建随机模型对预报误差进行分析，以期为相关工作人员准确制订调度方案提供一条新的途径。入库径流过程预报误差随机模型研究流程如图6.1所示。

6.3.3.2 单一预见时刻入库径流预报误差统计分析

采用锦屏一级水库2013—2017年过渡期内，日入库径流过程预报过程中，预报作业时刻后6h、12h、18h、24h的径流预报值及实测值，预见时刻分别以 $t(6)$、$t(12)$、$t(18)$、$t(24)$ 表示。采用预报合格率 QR、偏度 S 和峰度 γ 三个指标对各预见时刻入库径流预报误差样本做统计分析。

根据《水文情报预报规范》(SL 250—2000)，预报误差在实测值的±20%以内即为合格预报，且按照合格率大小分为甲级（$QR \geqslant 85\%$）、乙级（$85\% > QR \geqslant 70\%$）和丙级（$70\% > QR \geqslant 60\%$）三个精度等级，其计算公式为

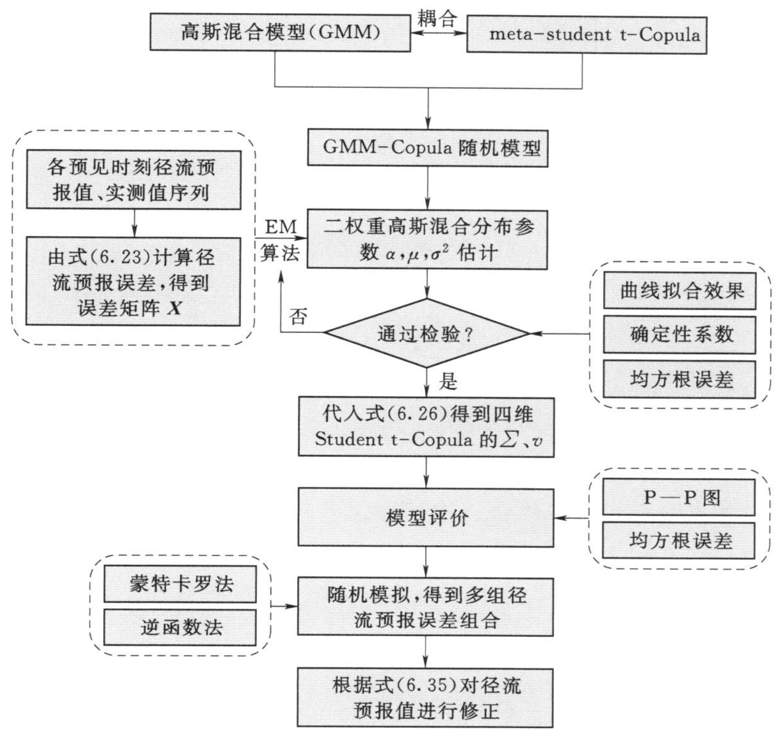

图 6.1 入库径流过程预报误差随机模型研究流程图

$$QR=\frac{M_0}{M_{总}}\times 100\% \tag{6.36}$$

式中：M_0 为预报合格次数；$M_{总}$ 为预报总次数。

样本偏度反映了总体分布概率密度曲线的对称性信息，偏度越接近于 0，说明分布越对称，否则分布越偏斜。若偏度小于 0，说明样本呈左偏分布（概率密度的左尾较长），若偏度大于 0，说明样本呈右偏分布（概率密度的右尾较长）。样本偏度计算公式为

$$S=\frac{B_3}{B_2^{3/2}} \tag{6.37}$$

式中：B_2 为样本 2 阶中心矩；B_3 为样本 3 阶中心矩。

样本峰度反映了总体分布概率密度曲线在其峰值附近的陡峭程度。正态分布的峰度为 0，若样本峰度大于 0，说明总体分布概率密度曲线在其峰值附近比正态分布要集中，若样本峰度小于 0，说明总体分布概率密度曲线在其峰值附近比正态分布分散。其计算公式为

$$\gamma=\frac{B_4}{B_2^2}-3 \tag{6.38}$$

式中：B_2 为样本 2 阶中心矩；B_4 为样本 4 阶中心矩。

由表 6.1 可知，不同预见时刻的径流预报合格率均在 90%以上，预报精度达到甲级水平。入库径流预报误差的偏度均小于 0，峰度均大于正态分布的峰度，说明入库径流预

报误差样本都呈左偏态，且尖峰厚尾特征明显。

表 6.1 入库径流预报误差统计指标

预见时刻	QR	S	γ
$t(6)$	95.1	−0.609	3.494
$t(12)$	95.4	−1.239	4.533
$t(18)$	95.1	−0.732	2.233
$t(24)$	93.2	−0.684	1.733

为进一步分析入库径流预报误差样本的分布特征，图 6.2 中给出了正态分布假设下不同预见时刻入库径流预报误差的 Q—Q 图。由图 6.2 中可以看出，预见时刻为 $t(6)$ 和 $t(12)$ 时，误差样本点位于直线上的数目较少，预见时刻为 $t(18)$ 和 $t(24)$ 时，在一定误差范围内，样本点与直线基本吻合，这部分误差也近似服从正态分布。但从整体来看，所有图中较小分位数和较大分位数的误差样本点均不同程度地偏离了直线，经过检验，总体误差不服从正态分布。

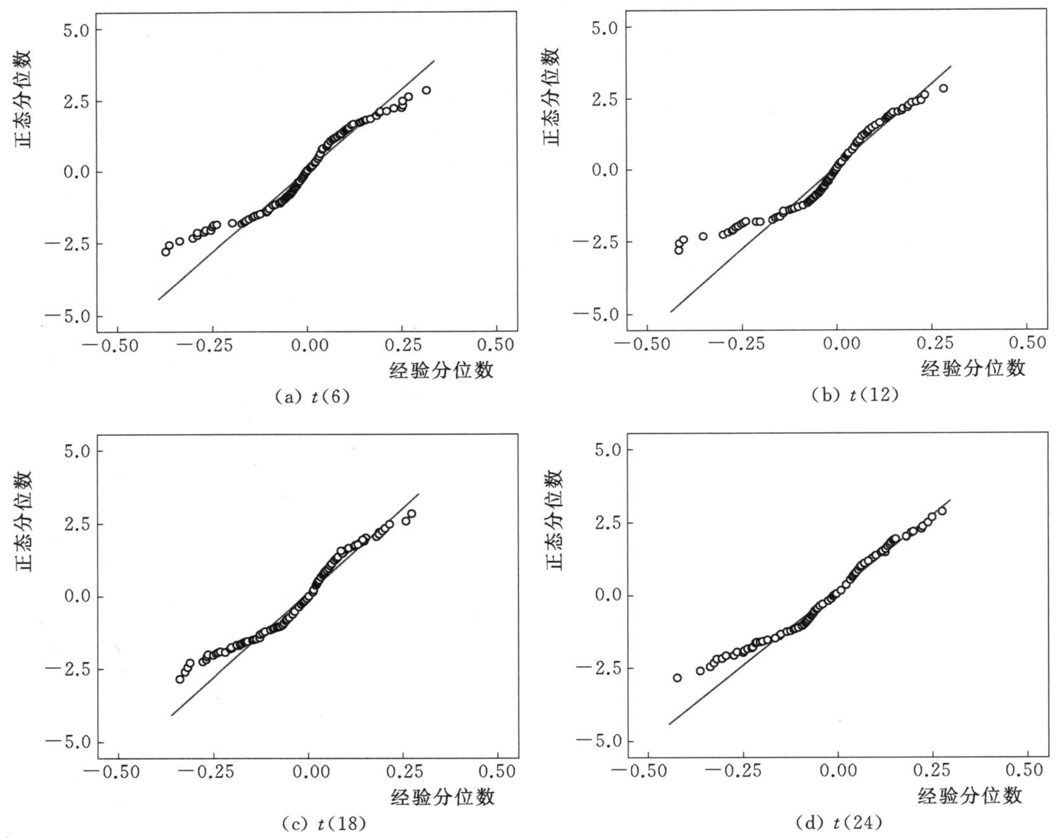

图 6.2 不同预见时刻入库径流预报误差正态分布 Q—Q 图

6.3.3.3 单一预见时刻入库径流预报误差分布拟合

1. 单一预见时刻入库径流预报误差高斯混合分布的参数估计

拟采用二权重高斯混合分布对锦屏一级水库过渡期内的入库径流预报误差进行拟合，并将单高斯分布（Single Gaussian Model，SGM）和最大熵分布（Maximum Entropy Model，MEM）作为比较模型，二者的概率密度函数形式如下：

SGM：
$$f(x)=\frac{1}{\sqrt{2\pi}\sigma}\exp\left[-\frac{(x-\mu)^2}{2\sigma^2}\right] \tag{6.39}$$

MEM：
$$f(x)=\exp\left(\lambda_0+\sum_{l=1}^{m}\lambda_l x^l\right) \tag{6.40}$$

式中：μ、σ^2 分别为均值和方差；λ_0、λ_l 为拉格朗日乘子；m 为样本原点矩的阶数。表6.2中列出了不同预见时刻入库径流预报误差在三种分布形式下的参数估计值。

表 6.2 入库径流预报误差分布参数估计值

预见时刻	SGM	GMM			MEM	
$t(6)$	$\mu=-0.0027$ $\sigma^2=0.0077$	$\alpha_1=0.3239$ $\alpha_2=0.6761$	$\mu_1=-0.0161$ $\mu_2=0.0037$	$\sigma_1^2=0.0200$ $\sigma_2^2=0.0017$	$\lambda_0=1.7495$ $\lambda_1=-0.1725$	$\lambda_2=-122.0996$ $\lambda_3=20.0537$
$t(12)$	$\mu=-0.0070$ $\sigma^2=0.0077$	$\alpha_1=0.2204$ $\alpha_2=0.7796$	$\mu_1=-0.0539$ $\mu_2=0.0062$	$\sigma_1^2=0.0235$ $\sigma_2^2=0.0024$	$\lambda_0=1.7188$ $\lambda_1=0.4313$	$\lambda_2=-109.0062$ $\lambda_3=-32.8701$
$t(18)$	$\mu=-0.0103$ $\sigma^2=0.0074$	$\alpha_1=0.3741$ $\alpha_2=0.6259$	$\mu_1=-0.0406$ $\mu_2=0.0078$	$\sigma_1^2=0.0151$ $\sigma_2^2=0.0019$	$\lambda_0=1.7311$ $\lambda_1=-0.6737$	$\lambda_2=-118.796$ $\lambda_3=-5.75118$
$t(24)$	$\mu=-0.0141$ $\sigma^2=0.0095$	$\alpha_1=0.3296$ $\alpha_2=0.6704$	$\mu_1=-0.0510$ $\mu_2=0.0040$	$\sigma_1^2=0.0195$ $\sigma_2^2=0.0036$	$\lambda_0=1.5316$ $\lambda_1=-0.4699$	$\lambda_2=-75.8992$ $\lambda_3=-26.7128$

2. 单一预见时刻入库径流预报误差高斯混合分布的拟合优度检验

从曲线拟合的图形效果和指标值大小两方面对高斯混合分布的适用性进行检验。各分布曲线与样本频率直方图的拟合效果如图6.3所示。

由图6.3可知，单高斯分布和最大熵分布对于误差峰部和尾部的拟合效果均不太理想。高斯混合分布能很好地照顾到误差样本分布的峰部特征和尾部特征，与样本频率直方图的拟合效果较好。

检验指标之一采用决定系数 R^2，另一检验指标采用均方根误差 $RMSE$，两指标计算结果见表6.3。

表 6.3 入库径流预报误差拟合检验指标值

预见时刻	R^2			$RMSE$		
	SGM	MEM	GMM	SGM	MEM	GMM
$t(6)$	0.9882	0.9982	0.9999	0.0634	0.0505	0.0069
$t(12)$	0.9885	0.9988	0.9999	0.0622	0.0425	0.0063
$t(18)$	0.9912	0.9980	0.9998	0.0542	0.0540	0.0095
$t(24)$	0.9954	0.9993	0.9998	0.0393	0.0411	0.0072

由表6.3可知，对于所有预见时刻来说，三种分布模型的 R^2 值均达到了0.9以上，但高斯混合分布的 R^2 值几乎接近于1；同时，对于任一预见时刻，高斯混合分布的

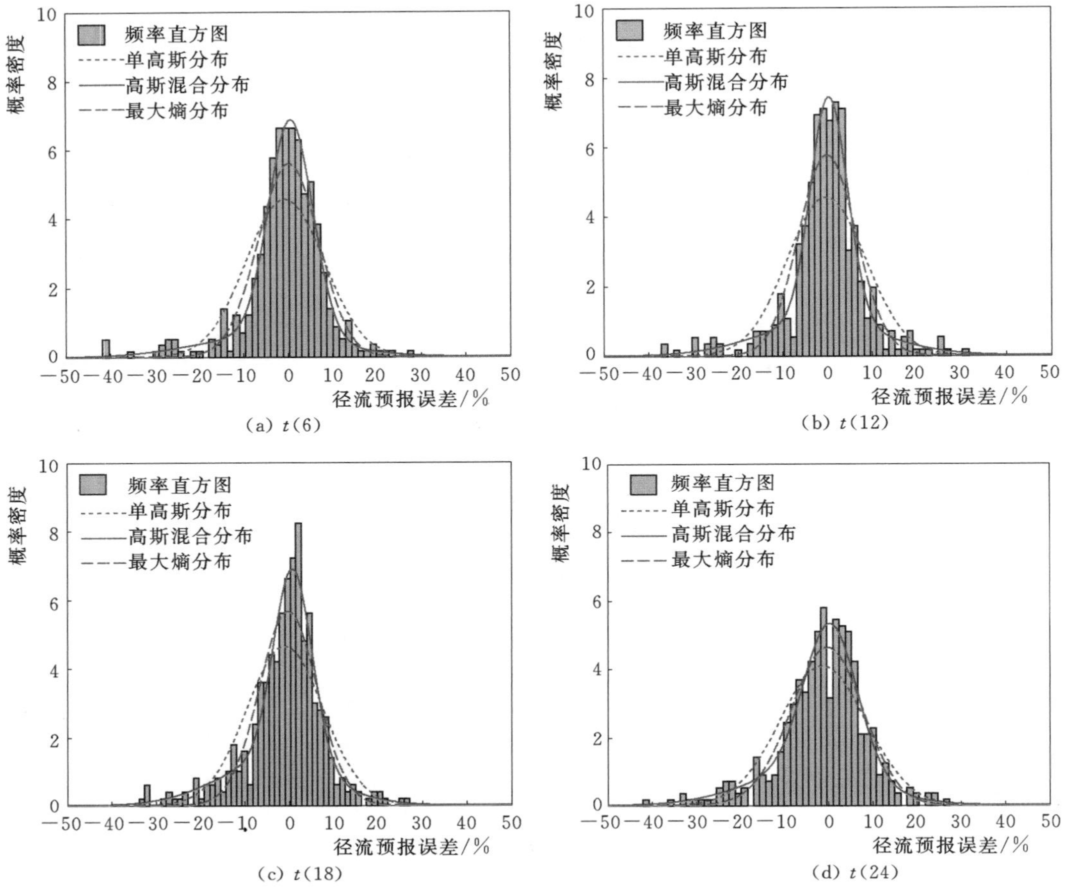

(a) $t(6)$

(b) $t(12)$

(c) $t(18)$

(d) $t(24)$

图 6.3　各分布曲线与样本频率直方图的拟合效果图

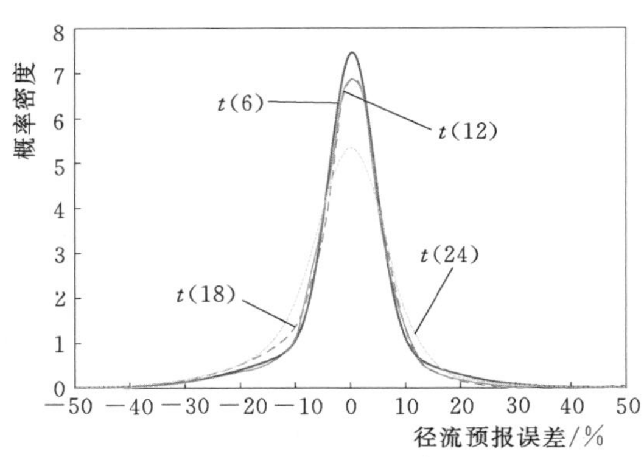

图 6.4　各预见时刻径流预报误差高斯混合分布曲线图

RMSE 值都显著低于单高斯分布和最大熵分布对应的 *RMSE* 值，表明用高斯混合分布来模拟入库径流预报误差时的整体精度要高于单高斯分布和最大熵分布。

各预见时刻径流预报误差高斯混合分布曲线的对比情况见图 6.4。

从图 6.4 中可以看出，随着预见时刻的向前推移，高斯混合分布曲线的形状由“高瘦型”逐渐变为“矮胖型”，曲线的最大概率密度值依次为 7.4359、6.8655、6.8792 和 5.3230，虽然预见时刻 $t(12)$ 时曲线最大概率密度值与预见时刻 $t(18)$ 时曲线最大概率密度值很相近，但 $t(18)$ 时的曲线形状比 $t(12)$ 时的曲线形状更偏“矮胖”，预见时刻超过 $t(18)$ 时，零值附近的误差分布集中度明显降低，表明入库径流的不确定性明显增大。

6.3.3.4 多个预见时刻入库径流过程预报误差随机模拟

变量间的相关性度量有相关系数法、Chi 图、K 图等。设 $\{(x_1,y_1),(x_2,y_2),\cdots,(x_n,y_n)\}$ 为随机向量（X,Y）的观测样本，Kendall 相关系数 τ 可定义为所有不同数据对 $\{(x_i,y_i),(x_j,y_j)\}$ 一致概率与非一致概率之差，计算公式如下：

$$\tau=\frac{2}{n(n-1)}\sum_{i=1}^{n-1}\sum_{j=i+1}^{n}\mathrm{sgn}[(x_i-x_j)(y_i-y_j)] \tag{6.41}$$

式中：n 为样本长度；sgn(·) 为符号函数。

由前述将预见时刻 $t(6)$、$t(12)$、$t(18)$、$t(24)$ 的入库径流预报误差随机变量表示为 $X_{t(6)}$、$X_{t(12)}$、$X_{t(18)}$、$X_{t(24)}$，变量间 Kendall 相关系数 τ 的计算及检验结果如表 6.4 所示。

表 6.4 入库径流预报误差相关系数

随机变量		$X_{t(6)}$	$X_{t(12)}$	$X_{t(18)}$	$X_{t(24)}$
$X_{t(6)}$	相关系数 τ	1.000	0.449	0.268	0.255
	双侧显著性检验	—	0.000	0.000	0.000
$X_{t(12)}$	相关系数 τ	0.449	1.000	0.418	0.310
	双侧显著性检验	0.000	—	0.000	0.000
$X_{t(18)}$	相关系数 τ	0.268	0.418	1.000	0.522
	双侧显著性检验	0.000	0.000	—	0.000
$X_{t(24)}$	相关系数 τ	0.255	0.310	0.522	1.000
	双侧显著性检验	0.000	0.000	0.000	—

由表 6.4 可知，相关系数都在 0.255 以上，说明各变量间均呈现较强的正相关关系，且双侧显著性检验结果都等于 0，证明了当双侧显著性水平为 0.01 时，变量间的相关性是显著的。随着预见时刻的向前推移，变量间的相关性逐渐降低。

分别由式（6.26）和式（6.32）计算联合分布理论频率和联合分布经验频率，并将二者组成的二维点据绘于图 6.5 中。

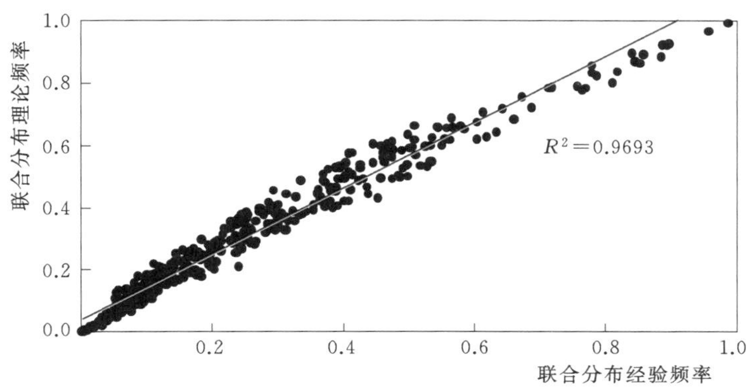

图 6.5 入库径流预报误差联合分布 P—P 图

由图 6.5 可知，理论频率与经验频率的二维点基本散落在 45°线两侧附近，决定系数在 0.95 以上，并且计算得均方根误差值为 0.0666，说明用所建立的联合分布来表征高维数据的实际联合情况是合理可行的。

由入库径流过程预报误差随机模型模拟 2000 组入库径流过程预报误差，同时计算模拟误差与实际误差的特征值，见表 6.5。

表 6.5　模拟误差与实际误差特征值

预见时刻	均值 $\overline{X}$		变差系数 C_v		偏态系数 C_s	
	模拟误差	实际误差	模拟误差	实际误差	模拟误差	实际误差
$t(6)$	−0.0023	−0.0027	−38.1208	−32.5469	−0.3775	−0.6090
$t(12)$	−0.0060	−0.0070	−14.5705	−12.4746	−0.8830	−1.2395
$t(18)$	−0.0097	−0.0103	−8.8521	−8.3326	−0.7319	−0.7323
$t(24)$	−0.0130	−0.0141	−7.5377	−6.9175	−0.6125	−0.6837

由表 6.5 可知，随着预见时刻的向前推移，模拟误差与实际误差的变化规律一致，且相差不大，说明基于入库径流过程预报误差 GMM-Copula 随机模型的模拟效果较好。因此，可按式（6.35）将入库径流过程预报误差的多组模拟结果与径流预报值相叠加，得到更为接近实际来水的径流过程，为水库短期调度决策提供可靠依据。

第7章

风险主客观估计量化方法

风险估计是对风险发生的概率（风险率）及其后果的定量描述，也是对风险的定量量测。风险识别所要回答的问题就是有哪些风险应当考虑，而风险估计要回答的问题是这些风险有多大，并给出这些风险的量化值，以便为风险对策评价提供必要的信息。

一般而言，概率的计算方法分为两种，即统计法与分析法。所谓统计法就是根据大量实验通过统计的方法进行计算；而分析法是根据概率的古典意义，将事件集分解成基本事件，然后用分析的方法进行计算。这两种方法都需要足够多的信息，这些信息都是客观存在的，不依计算者或人的意志为转移，故计算得出的概率称为客观概率。

事实上，在实际工作中不可能获得足够多的信息，特别是进行风险分析时，常常不可能做大量的试验，比如某项大型水利工程中溃坝的风险，在实地做试验是做不到的，又如，水资源工程项目的投资风险，实际测算也存在许多困难。而且由于事件本身是未来发生的，所以无法对其做出准确的预测和分析，在这种情况下，将很难计算出客观概率。

正因为如此，则需要从已获得的极其有限的资料中做出估计，而这种估计只能靠决策者的主观判断和经验知识来确定，这就是主观概率。它是在较少信息量的条件下由决策者凭经验给出的概率。例如，某项工程的投资常常受到政策、市场供需关系、原材料供应、价格变化等因素的影响，而这些主要风险要素又无法确知，故许多情况下，只能由决策者本人对其做出主观性的估计，以便确定该项工程是否值得投资、投多大，等等。

一旦主观概率确定后，即使其科学依据不足，但仍可近似的将其作为客观概率使用，它毕竟凝集着决策者的经验、智慧与综合知识，比完全没有概率的信息要好得多。目前，主观概率的应用已受到各个领域科学工作者的普遍关注，并引起了广泛的重视。

7.1 客观估计和主观估计

采用客观概率对风险进行估计就是客观估计；用主观概率对风险进行估计就是主观估计。主观估计和客观估计是事件发生概率的两种极端情况。事实上，大量事件的概率估计是介于这两者之间的中间情况。所有处于中间状态的概率，称为“合成概率”。这些中间情况的概率既不是直接由大量试验或分析得来的，也不是完全凭个人主观确定的，而是两者的“合成”。例如水资源系统风险分析中，洪水的随机性是由历史实测各类洪水发生的概率来描述的。这种由历史资料统计分析得到的概率即为客观概率，由于其缺乏理论上的依据，服从于何种分布尚无法确定，故人们常常假定其服从于一定的理论概率分布，譬如

P-Ⅲ型分布、正态分布或对数分布等，上述假设结合了人的主观估计。这就是两者合成的一个典型例子，其目的是预测未来可能发生洪水的概率，使得出的结果尽可能与客观概率接近。

风险估计应该包括事件发生的概率估计和该事件所引起的后果估计两个方面。关于事件后果的估计同样有主观与客观之分。当其后果价值可直接观测并进行显式（Explicit）描述时称为客观后果估计，例如赌博时对某一赌局所需要付出的钱、根据市场预测经营某项产品的获利等。而主观后果估计则是由某一特定风险承担者的个人价值观所决定的，对同一后果，比较保守的人和比较激进的人的估计会大不一样，例如某一场洪水导致的下游防护区财产损失，对其损失值，保守的人往往估计得非常严重，而冒险的人反之，正如前面介绍的这与当事者本人所处的位置及心理状态等有关。

行为后果估计介于后果主观估计与客观估计之间。行为后果估计既要考察客观估计或主观估计结果，又要对当事者本人的行为进行研究和观测，并对主观估计或客观估计做出修正。可以这样理解，客观概率与客观后果估计合成为客观风险；同理包含有合成概率或行为估计的风险称为合成风险；而主观概率与主观估计合成为主观风险。这些可以用简图来表示，见图7.1。

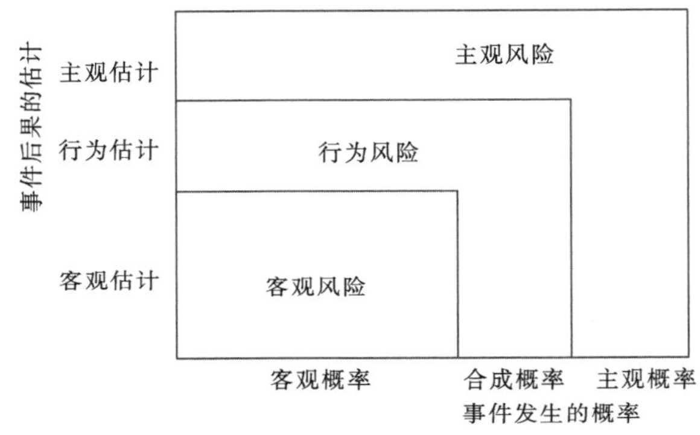

图7.1 主观、客观概率与后果估计及其风险

迄今为止，多数的风险分析研究工作都集中在客观风险上，因为这种风险最容易确定和测量。传统的风险分析估计都是用科学实验和测量的方法来计算客观概率。近年来，随着决策理论的发展，以及管理水平的提高，越来越多的学者开始重视决策者心理对于风险估计结果的影响，因此关于合成概率的研究得到了迅速的发展，而且对于行为后果估计的研究也在行为科学中占据着重要的位置。

但在实际的决策中，却常常依赖于主观概率估计，当事人的主观判断的优先级常常高于客观估计，此类情形在国内外都屡见不鲜。在水资源系统规划与管理中，为了寻求最大的综合利用效益，决策者可以根据历史资料和既有主观经验做出某一风险决策，然而这一决策的正确性，尚需结合决策者所处的位置、当时的心理状态、外界的影响等作出进一步分析，以防止由于决策失误导致更大的冒险行为。总之，任何一个决策者既要更重视和依赖客观估计，又要积累充分的风险分析知识，以防止只凭“想当然”办事，使得决策合理，实际可行。

7.1.1 主观估计的量化

为了便于计算与分析，应尽可能地对不同主观估计方法作量化处理，给决策者数值概念，才能在方案比较等分析中更具有说服力。因此，主观估计的量化是风险分析中一个重要的内容。正如前所述，主观估计的量化可以采用许多不同的方法，如实验的方法、机理分析方法、统计大量调查和实测资料统计、相关分析方法等。这些方法共同的特点是比较科学可靠、理论依据充分，但实际应用需耗费大量的人力、物力和时间。因此，人们常常采用专家调查法实现对主观估计进行量化处理。

由于被调查人的经历、专业知识、认识程度，对调查项目的了解都不一样。因此在做综合统计处理时，要赋予每个被调查者不同的权重。合理确定权重主要依据下述3方面情况：①被调查者根据自身的情况（专业知识、把握性等）综合评定；②调查组织者根据对被调查人的了解程度（专业经历、成就、成果、著作等）确定；③由了解被调查者的人给出（同事、同行等）。

权重系数的确定通常按照意见的重要程度以数值形式表示，通常有下列几种方式：①几何级数；②十分制：意见非常重要给10分，完全不重要给0分；③模糊集合的隶属度：从0～1中对被调查人的意见重要性赋值，比例非常重要赋值为1，完全不重要赋值为0，其他酌情处理。

被调查人的意见为调查组织者提供了具体参考价值，即风险分析依据。但是如何考虑被调查人意见的重要性常常带有组织者的主观意志，这也体现了“民主集中”的原则，也是“群决策”与“个人决策”（或权威决策）相结合的一种方法，为进一步进行统计分析打下了基础。

7.1.2 客观估计的量化

水资源工程常常涉及大量的不确定因素。这些因素中有些可以用客观概率加以描述，如径流的随机特性、电力负荷的随机变化等；而有些则无法用客观估计方法研究，如工期的不确定性、工程费用的波动、通货膨胀率的变化等。因此，常需对主观估计中的概率分布进行描述。常用的概率描述形式有两种：一种是离散形式，另一种是连续性分布形式。

当已知概率分布后，则可以进行风险分析。但是，对不同的方案进行比较时，常常需要不同的评价指标，风险度就是其中之一。当使用平均值作为某变量的估计值时，风险度则定义为标准方差 $\sigma=\sqrt{D_x}$ 与平均值 M_x 之比值，在统计学中常常称之为变差系数（Coefficient of Variation）或偏差系数。事实上对于连续型概率分布函数而言，它就是标准方差与期望值之比：

$$FD=\frac{\sigma}{M_X} \tag{7.1}$$

有时，由于某种原因，不采用平均值（或期望值）作为该变量的估计值。当设某估计值为 x_0 时，则风险度 FD 也可定义为

$$FD=\frac{\sigma-(M_X-x_0)}{M_X} \tag{7.2}$$

由其定义可知，风险度越大，表明其风险越大，破坏值偏离期望值或估计值越大，工程遭受破坏的后果就越严重。因此风险度是决策时应当考虑的一个重要指标。

以上述理论为基础，开发出了如概率树、蒙特卡罗数值模拟等客观估计新方法，下面作简要介绍。

概率树是一种进行因素分析和风险估计的方法，它可以直观地把问题之间的相互联系及各种概率显示出来。这种结构有助于更清楚和直观地考虑各种可能性，在水资源系统工

程中，一个系统的可靠性与各工程措施和非工程措施密切有关，将各个工程、设备等的可靠性标注在一张图上也就形成了一个概率树；同样地，若均以故障的形式标出，也就与故障树完全相同了。这种以概率树或故障树表达的形式，统称为逻辑树。

蒙特卡罗方法是一种采用统计抽样理论近似地求解数学或物理问题的方法。首先建立与所描述问题有相似性的概率模型，利用这种相似性把上述概率模型的某些统计特征与要解决的问题联系起来，然后对模型进行随机模拟。蒙特卡罗方法实际上是对可能发生情况的模拟，是一种随机试验的方法。在情况未知，仅输入变量概率分布确定的情况下，就可以借用一个随机数发生器来产生具有相同概率分布的数值，赋值给各输入变量，计算出各输出变量，每种可能发生的试验即为一个幕景。如此反复实验多次，便可求出输出量的概率分布。所得出的概率分布仍为样本的分布，当 $k\to\infty$时，这个样本分布才趋向于总体分布。因此，k 越大，其概率分布越接近于总体分布。

7.2 基于改进蒙特卡罗方法的风险估计

7.2.1 蒙特卡罗方法

蒙特卡罗方法是一种以概率统计理论为指导的一类非常重要的数值计算方法，也称随机模拟方法、统计实验或统计模拟方法，起源于 20 世纪 40 年代中期，其核心在于使用随机数（伪随机数）解决数学问题。当所求解问题是某个随机变量的期望值，或是某种随机事件出现的概率时，通过大量重复“实验”的方法，就可以用这种事件出现的频率来估计这一随机事件发生的概率，或者得到这个随机变量的一些数字特征，并将其视作待求问题的解。对于那些由于计算过于复杂而难以得到解析解或者根本没有解析解的问题，蒙特卡罗方法是一种有效的求出数值解的方法。其大致包括 3 个主要步骤：①随机数或序列的生成；②系统模拟操作；③输出特征值的统计分析。

蒙特卡罗方法的优点在于避开了研究对象的复杂内部特性描述及这些特性对系统行为或效益的解析分析上的困难，而直接以系统的运用过程模拟代替系统分析。其每一个步骤都是决定随机模拟是否能够正确进行并取得成功的关键：第一步代表系统输入的特点，要关注其所产生的随机数或序列的正确性；第二步是系统的本身功能的反应，要关注其对系统操作的仿真性；第三步代表系统输出的特点，要关注其输出特征值统计分析的准确性。

大型综合利用水库调度系统的风险计算如果用蒙特卡罗方法来求解一般会面临如下一些问题：①水库调度系统的输入本身存在较大不确定性，比如入库径流的模拟；②系统模拟操作要依靠水位库容曲线、库水位下泄流量曲线、调度规则或调度方案等，而这些本身受水力参数或人为决策等因素的影响具有一定的不确定性；③由于水库调度风险涉及防洪、兴利和生态等多个方面，多数水库的防洪标准或下游防洪保护区的防洪标准一般按万年一遇或千年一遇等极端事件来设计的，所以一般情况下风险估计对象包含一些小概率事件，对其进行准确的统计分析需要大量的模拟计算；④系统一般受多个风险因子影响且涉及多个风险评价指标值的求解，其间联系密切、关系复杂。

传统蒙特卡罗方法风险估计的思路可以描述为图 7.2 所示的一个系统。

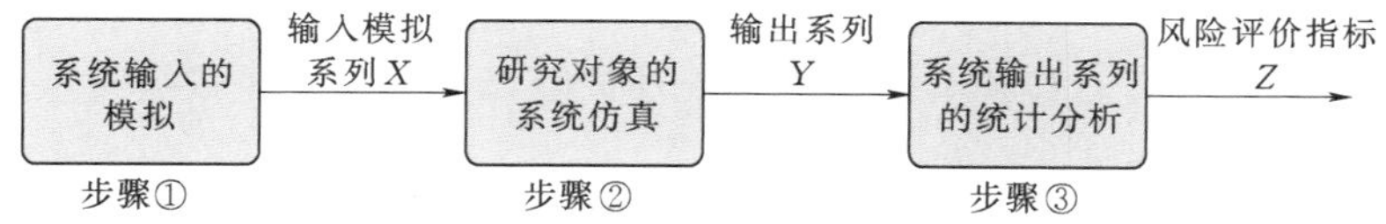

图 7.2 传统 MCM 系统风险估计概化图

用方程式表达为

$$\begin{cases} X=f_1(U) \\ Y=f_2(X) \\ Z=f_3(Y) \end{cases} \tag{7.3}$$

式中：U 为与输入有关的不确定性因素；$f_1(\cdot)$、$f_2(\cdot)$、$f_3(\cdot)$ 分别为系统输入的模拟函数、系统仿真模拟函数、风险评价指标统计计算函数关系式。

7.2.2 改进的蒙特卡罗方法

为解决蒙特卡罗方法应用到大型综合利用水库调度系统时面临的一系列问题，比如系统输入、系统本身不确定性因素的处理以及风险评价指标的计算需要大量的模拟等困难。在此提出一种改进蒙特卡罗方法（Advanced Monte Carlo Method，AMCM）来探索复杂工程体系下风险评价指标值的快速计算方法。改进的思路主要集中于两个方面：一方面是将传统蒙特卡罗方法系统仿真的确定性处理方式修改为不确定性处理方式，即引入对系统本身不确定性因素的处理分析，将确定性仿真系统转变为不确定性仿真模拟系统，更能体现系统的真实性；另一方面是在系统输出系列的统计分析过程中引入分布函数对求解进行简化，以加快风险评价指标求解及模型收敛速度。AMCM 系统风险估计概化图如图 7.3 所示。

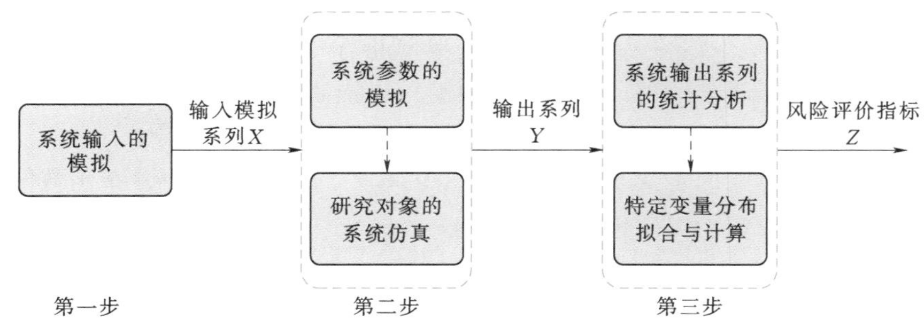

图 7.3 AMCM 系统风险估计概化图

用方程式表达为

$$\begin{cases} X=f_1(U) \\ Y=f_2(X,D) \\ L=f_3(Y) \\ Z=f_4(L) \end{cases} \tag{7.4}$$

式中：U 为与输入有关的不确定性因素；D 为与系统本身有关的不确定性因素；$f_1(\cdot)$、$f_2(\cdot)$、$f_3(\cdot)$、$f_4(\cdot)$ 分别为系统输入的模拟函数、系统仿真模拟函数、特定变量（与风险评价指标计算直接相关的变量）统计计算函数关系式、依据特定变量进行风险评价指标计算的函数关系式。

7.2.2.1 基于 AMCM 的风险估计流程

对于大型综合利用水库调度系统的风险估计，从 AMCM 系统风险估计概化图中可以看出，风险估计过程中需要解决的重要问题是主要不确定性因素（风险因子）选取、特定（连续型）变量的分布确定及样本系列的随机模拟。

生成概率密度函数一般有3种途径：①用数据分析得到一个无参的或数学定义的分布；②是拟合某一标准的解析分布；③依靠人们的主观判断确定分布。这些方法不仅需要决策者进行一些假设，而且还需要足够数量的数据才能比较精确，这使得在信息或样本较少情况下难以作为推导概率分布函数的客观准则。而且，在综合利用水库调度过程中，多数情况下，由于受时间和空间的限制或影响，对于同一个类型的风险因子，在不同水库之间或同一水库的不同时期也会存在不同的分布形式，因此，可利用的时空条件相同的信息相对较少，风险因子的分布形式更难得到。

一般利用少量的已知信息进行风险估计，在这里选用最大熵法。应用最大熵准则构造风险因子或特定变量的概率分布有如下优点：①根据熵集中原理，绝大部分可能状态都集中在最大熵状态附近。②最大熵法的基础是最大熵原理（Jaynes 原理），即最小有偏概率分布在满足给定信息所提供的约束条件下，使熵取其极大值。③最大熵的解是超然的，即在数据不充分的情况下求解，解必须和已知的数据相吻合，而又必须对未知的部分作最少的假定；④应用最大熵法有利于加快风险估计的速度。因此，最大熵法所做的预测在相同信息条件下是比较准确的，而且最大熵法求得的解能够满足一致性要求，不确定性的测度与试验步骤无关。因此，该方法对于快速确定未知变量的分布形式具有很大帮助。基于改进蒙特卡罗方法的风险估计流程如下。

步骤一：设 $\mathbf{A}=\{X_1,X_2,\cdots,X_K\}$ 是系统风险指标集 $\mathbf{Z}$，其中 K 是集合 $\mathbf{A}$ 中风险因子的个数。根据系统工程学原理，风险估计模型可以描述为

$$z=g(X_1,X_2,\cdots,X_K) \tag{7.5}$$

步骤二：基于各风险因子变量 $X_i(i=1,2,\cdots,K)$ 的分布，利用分布函数随机数的生成方法就可以产生对应的一组随机样本 $\{x_1,x_2,\cdots,x_K\}$，将其代入到式（7.5）中就可以得到 $\mathbf{Z}$ 的样本：

$$z_j=g(x_1,x_2,\cdots,x_K) \quad (j=1,2,\cdots,\infty) \tag{7.6}$$

步骤三：重复步骤二 $2N$ 次，就可以得到样本集 $\{z_1,z_2,\cdots,z_{2N}\}$。

步骤四：将样本集分为两份 $\{z_1,z_2,\cdots,z_N\}$ 和 $\{z_1,z_2,\cdots,z_{2N}\}$，分别代入式（7.7）的最大熵模型关系式中：

$$f(z)=\exp\left(\lambda_0+\sum_{i=1}^{m}\lambda_i z^i\right) \tag{7.7}$$

式中：m 为 $\mathbf{Z}$ 的阶数；$\{\lambda_0,\lambda_1,\lambda_2,\cdots,\lambda_m\}$ 为拉格朗日乘子。

设 $\{\lambda_0^1,\lambda_1^1,\lambda_2^1,\cdots,\lambda_m^1\}$ 和 $\{\lambda_0^2,\lambda_1^2,\lambda_2^2,\cdots,\lambda_m^2\}$ 分别是样本 $\{z_1,z_2,\cdots,z_N\}$ 和 $\{z_1,$

$z_2, \cdots, z_{2N}\}$ 的拉格朗日乘子，那么它们的概率分布分别可以表示为

$$\begin{cases} f_1(z) = \exp\left(\lambda_0^1 + \sum_{i=1}^{m} \lambda_i^1 z^i\right) \\ f_2(z) = \exp\left(\lambda_0^2 + \sum_{i=1}^{m} \lambda_i^2 z^i\right) \end{cases} \tag{7.8}$$

步骤五：M_i 和 M_i' 分别是样本 $\{z_1, z_2, \cdots, z_N\}$ 和 $\{z_1, z_2, \cdots, z_{2N}\}$ 的 i 阶矩，则可以得到 M_i 和 M_i' 之间的最大距离为

$$D_1 = \max_{i=1,2,\cdots,m} |M_i - M_i'| \tag{7.9}$$

步骤六：在 **Z** 的可行范围内等间距离散 n 个点 $z_1, z_2, \cdots, z_n$，则可以得到 $f_1(z)$ 和 $f_2(z)$ 之间的最大距离为

$$D_2 = \max_{i=1,2,\cdots,n} |f_1(z_i) - f_2(z_i)| \tag{7.10}$$

步骤七：设 ε_1 和 ε_2 为求解精度，如果 $D_1 < \varepsilon_1$ 和 $D_2 < \varepsilon_2$ 同时满足，则计算停止，$f(z) = f_1(z)$ 或 $f(z) = f_2(z)$；否则令 $N = 2N$，然后转向步骤三。

步骤八：计算风险指标值 $F(z_0) = P(z < z_0) = \int_{-\infty}^{z_0} f(z)\mathrm{d}z$，其中 F 是 **Z** 的概率分布函数，z_0 是 z 的安全上限。

7.2.2.2 AMCM 的收敛性

设已知风险指标 **Z** 的概率分布 $F(z)$，概率密度为 $f(z)$，如果采用蒙特卡罗方法对其进行 $N(N \to \infty)$ 次模拟，就可以得到一个样本集 $\{z_1, z_2, \cdots, z_N\}$，根据大数定律，则有：

$$F(z_0) = \lim_{N \to +\infty} \frac{\mathrm{Num}(z_i < z_0)}{N} \tag{7.11}$$

式中：$\mathrm{Num}(z_i < z_0)$ 为 z_i 小于 z_0 的次数。

即对 $\forall \varepsilon > 0$，$\exists N_0 > 0$，当正整数 N_1、N_2 大于 N_0 时，有

$$\left| \frac{\mathrm{Num}(z_i < z_0)}{N_1} - \frac{\mathrm{Num}(z_i < z_0)}{N_2} \right| < \varepsilon \tag{7.12}$$

所以蒙特卡罗方法在计算 $F(z_0)$ 收敛性是显然的。

但依据 AMCM 计算 $F(z_0)$ 时，对于上面定义的 ε、N_1、N_2、N_0，有

$$\begin{cases} F_{N_1}(z_0) = \int_{-\infty}^{z_0} \exp\left(\lambda_0 + \sum_{i=1}^{m} \lambda_i z^i\right) \mathrm{d}z \\ F_{N_2}(z_0) = \int_{-\infty}^{z_0} \exp\left(\lambda'_0 + \sum_{i=1}^{m} \lambda'_i z^i\right) \mathrm{d}z \end{cases} \tag{7.13}$$

式中：$\{\lambda_0, \lambda_1, \lambda_2, \cdots, \lambda_m\}$ 和 $\{\lambda_0', \lambda_1', \lambda_2', \cdots, \lambda_m'\}$ 分别为样本 $\{z_1, z_2, \cdots, z_{N_1}\}$ 和 $\{z_1, z_2, \cdots, z_{N_2}\}$ 的拉格朗日乘子。下面证明 AMCM 方法在计算 $F(z_0)$ 时是收敛的，即证明 $\lim_{N_0 \to +\infty} |F_{N_1}(z_0) - F_{N_2}(z_0)| = 0$。(反证法)

假设 $\lim_{N_0 \to +\infty} |F_{N_1}(z_0) - F_{N_2}(z_0)| = k \neq 0$，那么 $\lim_{N_0 \to +\infty} |F_{N_1}(z_0)| \neq \lim_{N_0 \to +\infty} |F_{N_2}(z_0)|$。因此，$\exists z_k \in (-\infty, z_0]$ 使得

$$\exp\left(\lambda_0+\sum_{i=1}^{m}\lambda_i z_k^i\right)\neq\exp\left(\lambda'_0+\sum_{i=1}^{m}\lambda'_i z_k^i\right) \tag{7.14}$$

这时可以推导得出 $(\lambda_0,\lambda_1,\lambda_2,\cdots,\lambda_m)\neq(\lambda'_0,\lambda'_1,\lambda'_2,\cdots,\lambda'_m)$，这就是说，当利用最大熵法求解 $\lambda_i(i=1,2,\cdots,m)$ 时，下面的两个方程组有不同的解：

$$\begin{cases} M_i=\dfrac{\displaystyle\int_R z^i\exp\left(\sum_{i=1}^{m}\lambda_i z^i\right)\mathrm{d}z}{\displaystyle\int_R\exp\left(\sum_{i=1}^{m}\lambda_i z^i\right)\mathrm{d}z} \\ M'_i=\dfrac{\displaystyle\int_R z^i\exp\left(\sum_{i=1}^{m}\lambda'_i z^i\right)\mathrm{d}z}{\displaystyle\int_R\exp\left(\sum_{i=1}^{m}\lambda'_i z^i\right)\mathrm{d}z} \end{cases} \tag{7.15}$$

式中：R 为 z 的可行域。

所以，$M_i\neq M'_i(i=1,2,\cdots,m)$，这与大数定律相违背。因此：

$$\lim_{N_0\to\infty}|F_{N_1}(z_0)-F_{N_2}(z_0)|=0 \tag{7.16}$$

7.2.2.3 AMCM 加快问题收敛速度的原因

在分别利用 MCM 和 AMCM 在计算 $F(z_0)=P(z<z_0)=\int_{-\infty}^{z_0}f(z)\mathrm{d}z$ 时，当模拟次数较少时，AMCM 比 MCM 有独特优势，原因在于 MCM 在计算 $F(z_0)$ 时是基于频率逼近于概率的原理，而 AMCM 却能充分利用现有变量模拟数据的信息，同时又对未知的部分作最少的假定。这一优点使得在模拟数据逐渐增加时，AMCM 能更快地收敛于未知函数。在图 7.4 中，阴影部分代表利用 MCM 计算得到的 $F(z_0)$，$f^*(z)$ 和 $f(z)$ 分别是利用 AMCM 计算得到的中间结果和最终结果。

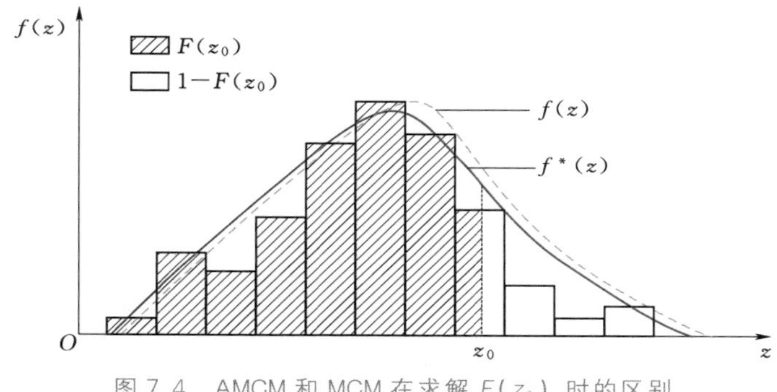

图 7.4 AMCM 和 MCM 在求解 $F(z_0)$ 时的区别

7.3 梯级水库群短期发电优化调度风险估计

梯级水库短期优化调度是梯级水电站短期经济运行的重要组成部分，其基本任务是根据梯级水库短期入库径流预报等信息资料，运用系统工程理论、优化理论、现代数学方法及计算机技术等制定和实施短时间内（通常为 1 日）梯级水库最优运行方式，以获取尽可能大的运行效益。对于水电站经济运行来说，短期优化调度比中长期优化调度的指导作用更强。

梯级水库各级水库之间存在水力联系，上级水库的出库流量经过一段时间的河道演进成了下级水库的入库流量，所以梯级水库短期优化调度的不确定性体现在入库径流的随机性、坦化、滞时等多个方面。梯级水库入库径流过程包括一级水库入库径流过程、相邻两水库之间的区间入库径流过程。通常情况下，水调部门直接采用入库径流预报值制订次日水库调度方案，将其作为梯级水库日电能生产的重要依据。这种处理方式没有考虑入库径流过程预报中产生的误差，很有可能使得前日制订的水库调度方案与实际运行情况产生一定偏差，大的偏差还可能使得在次日实施调度方案时水电站被迫降低出力运行或水库弃水，给梯级水库的联合调度及电网的安全稳定运行带来不利影响（纪昌明等，2017a）。因此，开展梯级水库入库径流不确定性分析对设置并选择合适的调度方案上报电调部门具有重要的实际意义。

梯级水库入库径流不确定性研究是一个关系到对多维入库径流过程预报误差进行定量化的问题。目前已取得一些相关研究成果，但还存在一些不足之处，张培等（2017）在对锦东和官地两座水库的联合调度进行风险分析时，仅对较大误差进行了量化而忽略了较小误差，而且在允许范围内直接模拟误差的处理方式不能很好地反映误差的实际分布特征。何洋等（2016）基于马尔可夫链蒙特卡罗的贝叶斯最大熵法对“锦官电源组”梯级水库入库径流过程预报中多个误差变量的分布特征进行了描述和抽样，但没有考虑它们之间的相关性。

第 6 章针对单一水库提出了短期入库径流过程预报误差随机模型，然而对入库径流不确定性的描述是否可以用于梯级水库短期优化调度，主要还得取决于将其用于梯级水库短期优化调度时，是否能够达到减少风险、提升发电效益的目的。因此，在已有研究内容的基础上，这里将进一步探讨梯级水库入库径流不确定性及其给梯级水库短期优化调度带来的风险问题。

7.3.1 基于误差分类的来流方案设置

以同时考虑入库径流过程预报误差与入库径流过程预报值得到的来流过程制订调度方案更为合理，但在入库径流过程预报误差非常多的情况下，相应的来流过程也很多，如果对这些来流都进行调度分析，则计算工作量巨大且在实际调度中没有可操作性。如果采取这样一种处理方式，先将历史入库径流过程预报误差向量进行分类，然后再进行调度方案的编制，则方案精度和工作效率均可以有显著提高。

为便于叙述，以如图 7.5 所示的上下游串联的两座水库为研究对象进行分析。

假设有 N 个预见时刻，每个预见时刻的入库径流预报误差为一个变量，一级水库入库径流过程预报误差变量的集合表示为 $\mathbf{X}=\{X_j \mid j=1,2,\cdots,N\}$，二级水库区间入库径流过程预报误差变量的集合表示为 $\mathbf{Y}=\{Y_j \mid j=1,2,\cdots,N\}$，$X_j$ 和 Y_j 为预见时刻为 j 时的预报误差变量。

假定由历史入库径流资料得到 M 个误差向量 $(x_{q'1},x_{q'2},\cdots,x_{q'N})$、$(y_{q'1},y_{q'2},\cdots,$

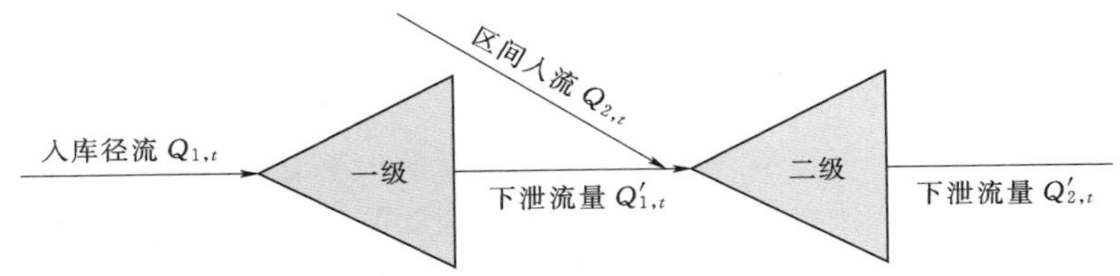

图 7.5 梯级水库群示意图

$y_{q'N}$)，其中 $q'=1,2,\cdots,M$。可构成一级水库入库径流过程预报误差矩阵 $(x_{q'j})_{M\times N}$ 和二级水库区间入库径流过程预报误差矩阵 $(y_{q'j})_{M\times N}$。其中，$q'=1,2,\cdots,M$；$j=1,\ 2,\ \cdots,\ N$。

利用 K-means 聚类法对 $(x_{q'j})_{M\times N}$ 和 $(y_{q'j})_{M\times N}$ 中的误差向量进行分类。假设 M 个向量 $(x_{q'1},x_{q'2},\cdots,x_{q'N})$ 被分为 f' 类，误差类记为 F_m，类中心为 F_{mc}，$m=1,2,\cdots,f'$；M 个向量 $(y_{q'1},y_{q'2},\cdots,y_{q'N})$ 被分为 g' 类，误差类记为 G_n，类中心为 G_{nc}，$n=1,2,\cdots,g'$，则由一级水库入库径流过程预报误差分类和二级水库区间入库径流过程预报误差分类，共可得到 $f'\times g'$ 种组合方式，对应有 $f'\times g'$ 种入库径流组合方案。

根据《水文情报预报规范》（SL 250—2000）规定，水文预报相对误差不得超过 ±20%。因此，入库径流方案的上限为入库径流的预报值比实际值偏大 20%（即 +20%），入库径流方案的下限为入库径流的预报值比实际值偏小 20%（即 −20%）。若一级水库入库径流预报值和二级水库区间入库径流预报值比相应水库入库径流的实际值同时偏大或同时偏小，则对于梯级水库而言，发电计划的执行难度最大，这两种入库径流组合为最不利组合。图 7.6 给出了一级水库入库径流和二级水库区间入库径流最不利组合情况及预报值组合情况，图中横坐标为预报时刻，纵坐标为梯级水库入库径流方案。

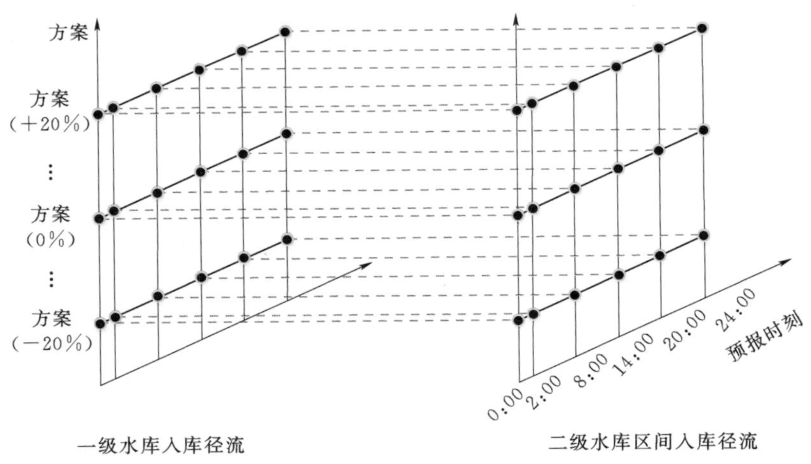

图 7.6 梯级水库群入库径流最不利组合

依据概率论与数理统计中基于多个事件定义的条件概率及乘法定理，由历史误差的分类得到式（7.17）所示的误差类组合概率矩阵：

$$
(P_{F_mG_n})_{f'\times g'} = \begin{matrix} \\ F_1 \\ F_2 \\ \vdots \\ F_{f'} \end{matrix}
\begin{matrix} G_1 & G_2 & \cdots & G_{g'} \\
\left[\begin{matrix} P_{G_1|F_1}P_{F_1} & P_{G_2|F_1}P_{F_1} & \cdots & P_{G_g|F_1}P_{F_1} \\ P_{G_1|F_2}P_{F_2} & P_{G_2|F_2}P_{F_2} & \cdots & P_{G_g|F_2}P_{F_2} \\ \vdots & \vdots & \ddots & \vdots \\ P_{G_1|F_f}P_{F_f} & P_{G_2|F_f}P_{F_f} & \cdots & P_{G_g|F_f}P_{F_f} \end{matrix}\right] \end{matrix} \tag{7.17}
$$

式中：$P_{G_n|F_m}$ 为在类 F_m 发生的情况下类 G_n 发生的概率；$P_{F_mG_n}$ 为类 F_m 和类 G_n 同时发生的概率。其中，$m=1,2,\cdots,f'$；$n=1,2,\cdots,g'$。

误差类概率矩阵中的 $P_{F_mG_n}$ 体现了一级水库入库径流过程预报误差与二级水库区间入库径流过程预报误差两者同时出现的可能性大小。$P_{F_mG_n}$ 越大，相应制订的调度方案越精确。将 $P_{F_mG_n}$ 定义为不确定性概率，矩阵 $[P_{F_mG_n}]_{f'\times g'}$ 为不确定性概率矩阵。不确定性概率可以为调度决策提供参考依据。

7.3.2 梯级水库群短期发电优化调度模型

水库短期优化调度分为“以水定电”和“以电定水”两种模式。“以水定电”模式的基本工作任务：对于调度期，在已知总用水量和入库径流预报等条件下，寻求使所采用的优化准则达到极值的水库蓄泄状态变化过程和水电站运行状态（各时段运行机组台数、组合、负荷分配）过程等。优化准则一般包括：调度期内水电站总发电量最大或总发电效益最大。“以电定水”模式的基本工作任务：对于调度期，在已知水电站总负荷过程和入库径流预报等条件下，寻求使所采用的优化准则达到极值的水库蓄泄状态变化过程和水电站运行状态（各时段运行机组台数、组合、负荷分配）过程等。优化准则一般包括：调度期内水电站输入能最小、效率最大、能量损失最小和水电站引用水量最小等。

7.3.2.1 模型的建立

采取“以水定电”模式建立梯级水库短期发电优化调度模型。梯级水库短期发电优化调度的基本工作任务为：对于调度期（通常为 1 日），在已知梯级水库一级水库的入库径流过程预报、下级水库的区间入流过程预报、调度期初每个水库蓄水状态等条件下，寻求满足梯级水库发电量最大优化准则的梯级水库运行策略。

如图 7.5 所示，将调度期以 Δt 划分为 T 个相等的时段，一级水库各时段的入库径流记为 $\{Q_{1,1},Q_{1,2},\cdots,Q_{1,T}\}$，下泄流量记为 $\{Q'_{1,1},Q'_{1,2},\cdots,Q'_{1,T}\}$，二级水库区间入库径流记为 $\{Q_{2,1},Q_{2,2},\cdots,Q_{2,T}\}$，下泄流量记为 $\{Q'_{2,1},Q'_{2,2},\cdots,Q'_{2,T}\}$，调度期初、末两水库的蓄水量分别为 $V_{1,0}$、$V_{1,T}$ 和 $V_{2,0}$、$V_{2,T}$，其中 Q、Q' 和 V 的第一个下标代表水库序号，第二个下标代表时段序号，建立如下梯级水库短期发电优化调度数学模型：

目标函数

$$
E_{日} = \max\sum_{i=1}^{M_0}\sum_{t=1}^{T}N_{i,t}\Delta t = \max\sum_{i=1}^{M_0}\sum_{t=1}^{T}N_{i,t}(q_{i,t},H_{i,t})\Delta t \tag{7.18}
$$

式中：$E_{日}$ 为梯级水库最优日发电量；M_0 为水电站总数；T 为一日调度期包含的时段数；Δt 为一个时段的长度；$N_{i,t}$ 为 i 级的水电站在 t 时段的出力值；$N_{i,t}(q_{i,t},H_{i,t})$ 为 i 级水电站的机组动力特性曲线；$q_{i,t}$ 为 i 级水电站在 t 时段的发电流量；$H_{i,t}$ 为 i 级水电站在 t 时段的发电平均水头。

短期优化调度模型的约束条件主要包括水库特性约束、水电站特性约束、综合利用约束、初始条件约束及非负约束等。

(1) 水库蓄水量约束：

$$V_{i,t}^{\min} \leqslant V_{i,t} \leqslant V_{i,t}^{\max} \quad (i=1,2,\cdots,M_0;t=1,2,\cdots,T) \tag{7.19}$$

式中：$V_{i,t}^{\min}$、$V_{i,t}^{\max}$分别为i级水库在t时段所允许的最小、最大蓄水量，一般$V_{i,t}^{\min}$为死水位对应的蓄水量，$V_{i,t}^{\max}$为汛期防洪限制水位对应的蓄水量或非汛期正常蓄水位对应的蓄水量；$V_{i,t}$为i级水库在t时段的蓄水量。

(2) 水库下泄流量约束与非负条件约束：

$$Q_{i,t}'^{\min} \leqslant Q_{i,t}' \leqslant Q_{i,t}'^{\max} \quad (i=1,2,\cdots,M_0;t=1,2,\cdots,T) \tag{7.20}$$

$$Q_{i,t}' > 0 \tag{7.21}$$

式中：$Q_{i,t}'^{\min}$、$Q_{i,t}'^{\max}$分别为i级水库在t时段所允许的最小、最大下泄流量，$Q_{i,t}'^{\min}$可取生态用水、下游灌溉用水等，$Q_{i,t}'^{\max}$可取水轮机最大过水能力或汛期下游最大安全流量；$Q_{i,t}'$为i级水库在t时段的下泄流量。

(3) 水库水量平衡约束：

i级水库

$$V_{i,t} = V_{i,t-1} + (Q_{i,t} - Q_{i,t}')\Delta t \quad (i=1,2,\cdots,M_0;t=1,2,\cdots,T) \tag{7.22}$$

$i+1$级水库

$$V_{i+1,t} = V_{i+1,t-1} + (Q_{i+1,t} + Q_{i,t}' - Q_{i+1,t}')\Delta t \quad (i=1,2,\cdots,M_0;t=1,2,\cdots,T) \tag{7.23}$$

实际中，上游水库在某一时刻的出库流量需要经过一定的时间才能到达下游水库，这一时间称之为水流滞时，在梯级水库短期优化调度中，水流滞时不可忽略。上下级水库之间的流量关系，可用下面的公式来体现：

$$Q_{i+1,t}^{*} = Q_{i+1,t} + Q_{i,t-\tau}' \quad (i=1,2,\cdots,M_0-1;t=1,2,\cdots,T) \tag{7.24}$$

式中：$Q_{i+1,t}^{*}$为$i+1$级水库t时段的入库流量；τ为水流滞时。

(4) 水电站出力约束：

$$N_{i,t}^{\min} \leqslant N_{i,t} \leqslant N_{i,t}^{\max} \quad (i=1,2,\cdots,M_0;t=1,2,\cdots,T) \tag{7.25}$$

式中：$N_{i,t}^{\min}$、$N_{i,t}^{\max}$分别为i级水电站在t时段所允许的最小、最大出力，$N_{i,t}^{\min}$可取保证出力，$N_{i,t}^{\max}$可取预想出力；$N_{i,t}$为i级水电站在t时段的出力。

除上述约束以外，还包括水库在各时段末需满足的上游水位与库容关系曲线约束、下游水位与下泄流量关系曲线约束及为避免水轮发电机组在某些出力下产生气蚀与振动的振动区约束等。

7.3.2.2 模型求解

逐次逼近（Dynamic Programming Successive Approximation，DPSA）算法是将多维动态规划问题分解为多个一维问题来求解，计算工作量随维数呈线性增长，而不是呈指数增长，能有效缩短计算时间。在解决实际问题时，DPSA算法通常和其他优化算法结合使用，如动态规划（Dynamic Programming，DP）算法、逐步优化算法（Progressive Optimality Algorithm，POA）等。

梯级水库优化调度中采用DPSA算法的总体思路是将多维水库的优化调度问题转化

为多个单一水库的优化调度问题。以两库梯级优化调度为例进行说明优化原理和具体操作步骤。

步骤一：通过经验分析或简单方法（DP 法、POA 法等）得到二级水库满足约束条件的初始调度线 $\{V_{2,0}(0),V_{2,1}(0),\cdots,V_{2,T}(0)\}$，括号内数值代表迭代次数。

步骤二：在固定二级水库初始调度线的情况下，对一级水库进行优化调度，得到一级水库第一次优化调度线 $\{V_{1,0}(1),V_{1,1}(1),\cdots,V_{1,T}(1)\}$。

步骤三：将得到的一级水库第一次优化调度线 $\{V_{1,0}(1),V_{1,1}(1),\cdots,V_{1,T}(1)\}$ 固定，对二级水库进行优化调度，得到二级水库第一次优化调度线 $\{V_{2,0}(1),V_{2,1}(1),\cdots,V_{2,T}(1)\}$。

步骤四：再将得到的二级水库第一次优化调度线 $\{V_{2,0}(1),V_{2,1}(1),\cdots,V_{2,T}(1)\}$ 固定，对一级水库进行优化调度，得到一级水库第二次优化调度线 $\{V_{1,0}(2),V_{1,1}(2),\cdots,V_{1,T}(2)\}$。

步骤五：重复步骤二～步骤四，直到目标函数的变化满足所需精度即停止计算，得到两水库最终的优化调度线。

由上述步骤可知，单库优化调度计算是进行梯级水库优化调度计算的重要环节，现对单库发电优化调度动态规划算法进行相关说明。对于单库发电优化调度一般可建立如下模型：

目标函数

$$E_{日}=\max\sum_{t=1}^{T}E_t \Leftrightarrow N_{日}=\max\sum_{t=1}^{T}N_t \tag{7.26}$$

式中：$E_{日}$、$N_{日}$分别为水库最优日发电量、出力；T 为一日调度期包含的时段数。

单库发电优化调度的约束条件与梁小青（2020）类似，在此不再赘述。水库调度运用动态规划求解时，需满足动态规划的三个条件：多阶段决策、无后效性及最优化原理。因此，如图 7.7，将调度期以 Δt 划分为相等的 $T(t=1,2,\cdots,T)$ 个时段，选取时段号 t 为阶段变量，t 为当前阶段，$(t+1)\sim T$ 为余留期；选取各时段水库蓄水量为状态变量，V_{t-1}、V_t 分别为第 t 时段初、末状态变量，按照各时段水库蓄水量上下限约束，以 ΔV 将状态变量离散为 D_0 个值，第 t 时段初、末状态变量的离散值可分别表示为 V_{t-1}^r、$V_t^s(r,s=1,2,\cdots,D_0)$，按数值大小依次排列；选取各时段末蓄水量为决策变量；状态转移方程

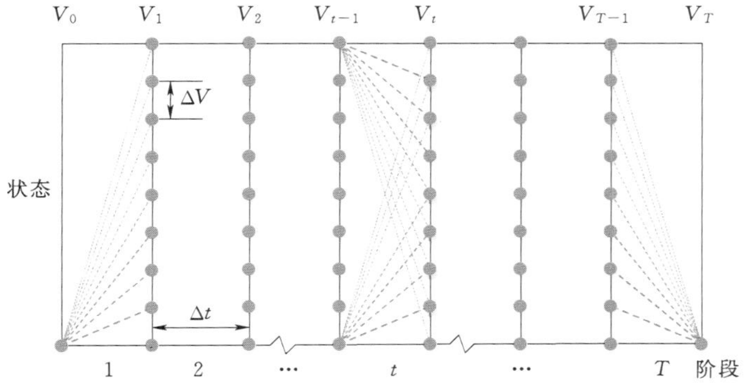

图 7.7 单库动态规划示意图

为水量平衡方程 $V_t=V_{t-1}+(Q_t-Q_t')\Delta t$。逆时序递推的动态规划模型为

$$\begin{cases}N_t^*(V_{t-1}^r)=\max\limits_{\Omega}[N_t(V_{t-1}^r,V_t^s)+N_{t+1}^*(V_t^s)] & (r,s=1,2,\cdots,D_0;t=1,2,\cdots,T)\\ N_{T+1}^*(V_T^1)=0 & (t=T+1)\end{cases}\tag{7.27}$$

式中：$N_t^*(V_{t-1}^r)$ 为从第 t 个时段初库容 V_{t-1}^r 出发到第 T 个时段结束的最优出力之和，即最优值函数；$N_t(V_{t-1}^r,V_t^s)$ 为第 t 个时段在时段初、末状态分别为 V_{t-1}^r、V_t^s 时，水电站的出力，即指标函数；$N_{t+1}^*(V_t^s)$ 为余留期［$(t+1)\sim T$ 时段］最优出力之和；Ω 为各时段决策变量变化范围组成的允许决策集合。

根据式（7.27）逆时序逐时段推算，直到调度期初，得到调度期出力的最优值 $N_1^*(V_0^1)$ 及与各时段初蓄水量 $V_{t-1}^r(r=1,2,\cdots,D_0;t=1,2,\cdots,T)$ 对应的时段末最优蓄水量 $V_t^*(V_{t-1}^r)(r=1,2,\cdots,D_0;t=1,2,\cdots,T)$，然后进行回代，得到最优策略 $\{V_0^1,V_1^*,V_2^*,\cdots,V_{T-1}^*,V_T^1\}$ 和其他各种指标。主要步骤如下：

步骤一：令 $t=T$，由时段初蓄水量 $V_{T-1}^r(r=1,2,\cdots,D_0)$、时段末蓄水量 $V_T^s=V_T^1$ 计算时段平均蓄水量，查库容水位关系曲线得到时段平均库水位，通过水量平衡方程得到时段下泄流量（以非汛期为例，发电流量等于下泄流量，汛期如果有弃水发生，发电流量取水轮机最大过水流量），查下游水位流量关系曲线可得下游水位，从而计算得到时段发电平均水头，根据出力计算公式计算得到对应时段初蓄水量 $V_{T-1}^r(r=1,2,\cdots,D_0)$ 的时段出力 $N_T(V_{T-1}^r)$，由式（7.27），T 时段的最优函数值为 $N_T^*(V_{T-1}^r)=N_T(V_{T-1}^{D_0})$，时段末最优决策为 $V_T^*(V_{T-1}^r)=V_T^1(V_{T-1}^r)$。

步骤二：再次令 $t=T-1$，式（7.27）递推式变为

$$N_{T-1}^*(V_{T-2}^r)=\max\limits_{\Omega}[N_{T-1}(V_{T-2}^r,V_{T-1}^s)+N_T^*(V_{T-1}^r)](r=1,2,\cdots,D_0)\tag{7.28}$$

此时，时段末状态不唯一，对任意时段初离散点 $V_{T-2}^r(r=1,2,\cdots,D_0)$，运用式（7.28）在时段末离散点 $V_{T-1}^s(s=1,2,\cdots,D_0)$ 中进行寻优，求得对应于时段初离散点 V_{T-2}^r 的最优函数值 $N_{T-1}^*(V_{T-2}^r)(r=1,2,\cdots,D_0)$ 和最优决策值 $V_{T-1}^*(V_{T-2}^r)=V_{T-1}^k(V_{T-2}^r)(r=1,2,\cdots,D_0)$，其中 $k\in[1,D_0]$。然后以 $[V_{T-2}^r,N_{T-1}^*(V_{T-2}^r)](r=1,2,\cdots,D_0)$ 绘制 $T-1$ 时段最优值函数，以 $[V_{T-2}^r,V_{T-1}^*(V_{T-2}^r)](r=1,2,\cdots,D_0)$ 绘制 $T-1$ 时段最优决策。对 $(T-2)\sim2$ 时段的推算过程与 $T-1$ 时段相同。

步骤三：对于 $t=1$，时段初状态点只有一个即 V_0^1，式（7.27）递推式变为

$$N_1^*(V_0^1)=\max\limits_{\Omega}[N_1(V_0^1,V_1^s)+N_2^*(V_1^r)]\quad(r=1,2,\cdots,D_0)\tag{7.29}$$

对时段初点 V_0^1，运用式（7.29）在时段末离散点 V_1^s 中进行寻优，求得对应于时段初点 V_0^1 的最优函数值 $N_1^*(V_0^1)$ 和最优决策值 $V_1^*(V_0^1)=V_1^k(V_0^1)$，其中 $k\in[1,D_0]$。

步骤四：对于 $t=1$ 时段，由于时段初状态点 V_0^1 和时段末最优决策值 $V_1^*(V_0^1)$ 已知，根据水量平衡方程，求出时段下泄流量，查库容水位关系曲线、下游水位流量关系曲线后计算时段发电平均水头，由下泄流量和水头查水电站最优动力特性曲线 $Q^*(P,H)$，得到时段最优平均出力 P_1。

步骤五：对于 $t=2\sim T$ 时段，逐时段根据时段初最优蓄水量 V_{t-1}^* 查该时段最优决策图，得到时段末最优蓄水量 V_t^*，接下来的操作同步骤四。最终得到各时段最优平均出

力、时段末蓄水量和库水位等。

将分类误差遍历组合后与预报值叠加得到的 $f'\times g'$ 种入库径流组合输入发电优化调度模型得到最优调度过程。

7.3.3 考虑入库径流预报误差的风险估计

7.3.3.1 风险指标的选取

为选择合适的调度方案上报电调部门，需要在对各调度方案的风险进行量化后，对方案进行评价与决策。从风险的双重性特征来看，由风险引发的结果可能是损失也可能是收益。将结果是损失的风险指标定义为成本型指标，将结果是收益的风险指标定义为效益型指标，参考关于梯级水电站负荷调整方案所建立的评价指标体系并依据实用有效的原则，可选取如下风险指标用于梯级水库调度方案评价。

（1）成本型指标。出力不足风险率：水力发电机组因某些原因不能发出预定出力这一风险事件发生的概率；水位越限风险率：水库最高（或最低）水位超出运行水位控制范围这一风险事件发生的概率；下泄流量不足风险率：水库下泄流量不满足下游生态、供水等需求或者超出最大泄流控制范围这一风险事件发生的概率；弃水量：一个调度周期内的弃水量，单位为 m^3。

（2）效益型指标。汛末蓄水量：蓄水期末蓄水位与死水位之间的蓄水量，单位为 m^3；发电量：一个调度周期内的发电量，单位为 kW·h；不确定性概率：如文献（梁小青，2020）的 4.2 节所述。

7.3.3.2 基于随机模拟的未来可能入库径流过程

设一级水库入库径流过程预报误差变量集合为 $\mathbf{X}=\{X_j \mid j=1,2,\cdots,N\}$，二级水库区间入库径流过程预报误差变量集合为 $\mathbf{Y}=\{Y_j \mid j=1,2,\cdots,N\}$，$X_j$ 和 Y_j 为预见时刻为 j 时的预报误差变量。

选择合适的概率分布函数对入库径流过程预报误差进行拟合，得到如下概率密度函数集合：

$$f(x)=\{f(x_j) \mid j=1,2,\cdots,N\} \tag{7.30}$$

$$f(y)=\{f(y_j) \mid j=1,2,\cdots,N\} \tag{7.31}$$

基于 $f(x)$ 和 $f(y)$，利用 meta-student t-Copula，分别建立 $\mathbf{X}$ 和 $\mathbf{Y}$ 的随机模型，并对 $\mathbf{X}$ 和 $\mathbf{Y}$ 均模拟 R_0 个，得到模拟误差矩阵 $(x'_{k'j})_{R_0\times N}$ 和 $(y'_{k'j})_{R_0\times N}$，其中 $k'=1,2,\cdots,R_0$，$j=1,2,\cdots,N$。

将 R_0 个向量 $(x'_{k'1},x'_{k'2},\cdots,x'_{k'N})$ 遍历 R_0 个向量 $(y'_{k'1},y'_{k'2},\cdots,y'_{k'N})$ 得到 R_0^2 种误差组合，分别与一级水库入库径流过程预报向量 $(Q_{11},Q_{12},\cdots,Q_{1N})$、二级水库区间入库径流过程预报向量 $(Q_{21},Q_{22},\cdots,Q_{2N})$ 按式（7.32）相叠加，可得到 R_0^2 种可能的入库径流过程。

$$Q=\frac{Q_{预报}}{1+x} \tag{7.32}$$

式中：Q 为可能入库径流量；$Q_{预报}$ 为预报入库径流量；x 为入库径流预报相对误差。

由模拟得到的 R_0^2 种未来可能入库径流过程按照最优调度过程进行仿真调度，由提取到的信息与约束条件，统计得到各方案的每个风险指标值。

研究流程图如图7.8所示。

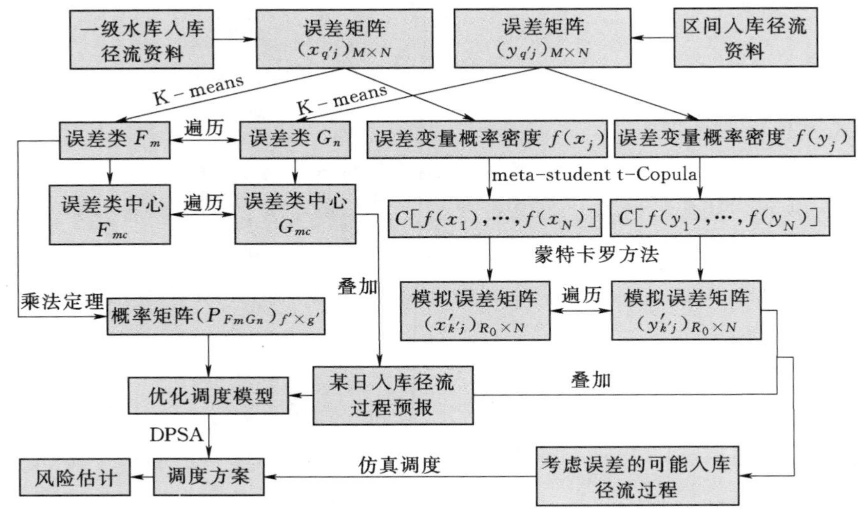

图7.8 研究流程图

第 8 章

风险评价与多目标决策方法

根据处理风险的态度，可以将风险评价与决策的方法归纳为两类。

一类是完全回避风险方法，也就是厌恶风险的方法。该方法是对于风险采取回避的态度，一般称之为保守的方法，该方法尽可能将风险的影响降低到最低的限度。它也无须与其他风险或获利情况做比较讨论，一般而言，采用此法的决策者常对风险产生畏惧，不愿意承担任何风险，当然对于一些危害严重，甚至危及生命的风险，人们也不得不采取回避的态度。对风险本身的回避也是一种回避风险的方式，这与风险的具体内容没有直接的关系。对风险本身的回避就是宁肯获取较少的利益或付出更大的代价以换取减少风险的愿望。在实际生活中，这类的范例很多，比如财产保险、医疗保险、人身保险等。

另一类是权衡风险方法，就是要将风险的后果以某种一般的形式表达出来并加以比较。然而由于各类风险后果的表达方式可能是有形的，也可能是无形的，难以用统一的度量单位来描述，这就给定量地比较带来了困难。目前常用的方法有多目标评价技术、排序方法（以重要性程度）、评价指标体系，等等。

最简单的一种方法是对各种事件或灾难的发生概率进行比较，在评价指标体系中，这是一个单一指标的评价方法。单一指标评价往往有很大的差异，对于不同的社会、一段时间甚至一天之内其风险率均不相同。此方法虽然简单，但效果并不十分理想，只适应于风险率受时间、地点的影响不大的简单情况。

在风险权衡方法中，最令人感兴趣的且难以准确确定的是一些可接受的、不可避免的风险，即风险在什么程度上可以接受，而达到什么程度又不能接受，这个临界点事实上是一个模糊的概念，通常根据主观估计或试验的办法给定某一区间。目前科学研究工作者正在探讨对于一个社会而言，这些可容许的风险的上、下限值是多少，当然，这与社会的发展、人们的认识水平等情况有关。

8.1 风险评价准则

风险主要包括两个方面：一是风险事件发生的概率；二是风险事件所引起的后果。在风险估计中，着重谈风险概率和风险后果的一些估计方法，这里所讨论的主要是对风险的后果作出评价和决策。有些文献中称为不确定性决策，在此简单介绍几种常用的准则。

1. 等概率准则

等概率准则也称为拉普拉斯（Laplace）原则，它的基本思想是同一方案中，各种情况出现的概率都是相同的。

2. 极大极大准则

该准则也称为大中取大准则，即以追求最大的益损值为目标，常称乐观决策，或称冒险型决策，其数学表达式为

$$W_1=\max_{A_i}(\max_{Q_j}(C_{ij})) \tag{8.1}$$

式中：A_i 为方案；Q_j 为标准；C_{ij} 为每个方案不同标准下的益损值；W_1 为对应于最优决策方案的益损值。

3. 极大极小准则

极大极小准则是对某一方案的益损值求极小，对不同方案求极大，或称为小中求大。其数学模型为

$$W_2=\max_{A_i}(\min_{Q_j}(C_{ij})) \tag{8.2}$$

式中：W_2 为对应于最优决策方案的益损值。

4. 加权系数准则

加权系数准则也称为郝威斯（Hurwicz）决策准则和方法。它是一种折衷的方法，该法利用了目标加权的方法，即设加权系数为 α，或称乐观系数，$\alpha\in[0,1]$，数学表达式为

$$\begin{cases}WA_i=\alpha\max_{Q_j}\{C_{ij}\}+(1-\alpha)\min_{Q_i}\{C_{ij}\}\\W_3=\max_{A_i}\{WA_i\}\end{cases} \tag{8.3}$$

式中：WA_i 为方案 A_i 所对应的折衷益损值；W_3 为对应于最优决策方案的益损值。

5. 机会损失值最小准则

该准则也称为 Savage 准则，有人将机会损失值称为“后悔值”，故机会损失值最小准则也相应地称为“后悔值”最小准则，该法的基本思想是：首先求出各方案对应的各种机会损失的最大值，然后再在这些最大值中选择最小值对应的方案即为最优方案，有时称为大中取小准则，其表达式为

$$W_4=\min_{A_i}(\max_{Q_j}(R_{ij})) \tag{8.4}$$

式中：R_{ij} 为机会损失值；W_4 为对应于最优决策方案的益损值。

8.2 多目标决策方法

1. 加权求和的决策方法

在多个目标或指标中，对每个不同的目标或指标赋予不同的权重，将一个多目标或多指标决策问题转化成一个单一目标或指标的决策问题，加权的方法已在 7.1.1 节主观估计的量化中进行了讨论，这里不再叙述。

2. 求非劣解的决策方法

多目标问题的解是一个非劣解集，而并非一个最优值对应的最优解。所谓非劣解就是再也找不出一个解，它能在某一个指标上比非劣解好而在其他指标上与非劣解一样，也即照顾到所有的指标时没有比非劣解更好的了。非劣解也称为 Pareto 最优解，其数学定义

为：设 $f_1(x,\alpha),f_2(x,\alpha),\cdots,f_n(x,\alpha)$ 为各子目标函数，则目标函数为

$$\min_{x}\{f_1(x,\alpha),f_2(x,\alpha),\cdots,f_n(x,\alpha)\} \tag{8.5}$$

约束条件为 $g_k(x,\alpha)\leqslant 0 \quad (k=1,2,\cdots)$

代用价值权衡法（Surrogate Worth Trade-off，SWT），是求非劣解的一种常用方法，其主要步骤如下。

步骤一：选择某一目标 $f_j(x,\alpha)$ 为基本目标，用 ε-约束法将其余目标转化为约束条件，即将多目标问题转化成单一目标问题，形式为

$$\begin{cases}\min\limits_{x} f_j(x,\alpha)\\ f_i(x,\alpha)\leqslant\varepsilon_i \quad (i=1,2,\cdots,j-1,j,j+1,\cdots,n)\end{cases} \tag{8.6}$$

步骤二：对于每一个非劣解，求出 f_j 与其他每一个指标的折衷信息。这一折衷信息就是相应与约束条件的 Kuhn-Tucker 系数。在一定条件下，这些系数就代表了 f_i 与每一个 f_j 之间的局部折衷。

步骤三：构造代用价值函数，根据改善某些指标的种种考虑来挑选不同的非劣解。

8.3 风险等级评价方法

8.3.1 灰色聚类分析法

灰色聚类分析法（苏哲斌，2014）是一种解决等级归属问题的经典方法，这种方法通过生成灰数的白化函数，将聚类对象对于不同聚类指标所拥有的白化数，按几个灰类进行归纳，来判定该聚类对象归属于哪一个灰类。在制定了风险指标等级评价标准后，就可以确定对应灰色聚类分析法的灰类集。

假设某观测样本中包含 m 个评价指标，第 j 个指标的观测值为 x_j，其中 $j=1,2,3,\cdots,m$。若按照评价要求，每个指标选取的值划分为 s 个不同的灰类，每个灰类对应一个区间灰数，如将指标 j 的选取范围划分为如下 s 个区间灰数：

$$[0,\rho_1^j],(\rho_1^j,\rho_2^j],(\rho_2^j,\rho_3^j],\cdots,(\rho_{s-1}^j,+\infty) \tag{8.7}$$

此处灰类对应工程实际中评价指标的划分评价等级标准。下面介绍灰色聚类分析法的主要计算步骤。

步骤一：计算指标白化权重。

建立化权函数 $f_k^j(x)$ 来计算指标 j 的观测值 x_j 属于第 k 个灰类的白化权重，其中 $k=1,2,3,\cdots,s$。白化权重的实际意义表示，评价指标对于不同风险等级的隶属程度。将指标 j 的取值分别向左右延拓至 ρ_0^j、ρ_{s+1}^j（对应于最小可能取值和最大限值取值），令 $\hat{\rho}_k^j=(\rho_{k-1}^j+\rho_k^j)/2$［当 $k=0$ 时，$\hat{\rho}_0^j=(\rho_1^j+0)/2$］，则对于指标 j 而言，相应的 k 灰类的三角白化权函数可表示为式（8.8），其中 $k=1,2,3,\cdots,s$。

$$f_k^j(x)=\begin{cases}0 & x\notin[\hat{\rho}_{k-1}^j,\hat{\rho}_{k+1}^j] \\ \dfrac{x-\hat{\rho}_{k-1}^j}{\hat{\rho}_k^j-\hat{\rho}_{k-1}^j} & x\in[\hat{\rho}_{k-1}^j,\hat{\rho}_k^j) \\ \dfrac{\hat{\rho}_{k+1}^j-x}{\hat{\rho}_{k+1}^j-\hat{\rho}_k^j} & x\in[\hat{\rho}_k^j,\hat{\rho}_{k+1}^j]\end{cases} \tag{8.8}$$

特别地，对于 $f_1^j(x)$、$f_s^j(x)$ 有

$$f_1^j(x)=\begin{cases}0 & x>\hat{\rho}_2^j \\ \dfrac{\hat{\rho}_2^j-x}{\hat{\rho}_2^j-\hat{\rho}_1^j} & x\in[\hat{\rho}_1^j,\hat{\rho}_2^j] \\ 1 & x<\hat{\rho}_1^j\end{cases} \tag{8.9}$$

$$f_s^j(x)=\begin{cases}0 & x<\hat{\rho}_{s-1}^j \\ \dfrac{x-\hat{\rho}_{s-1}^j}{\hat{\rho}_s^j-\hat{\rho}_{s-1}^j} & x\in[\hat{\rho}_{s-1}^j,\hat{\rho}_s^j] \\ 1 & x>\hat{\rho}_s^j\end{cases} \tag{8.10}$$

白化权函数示意如图 8.1 所示。

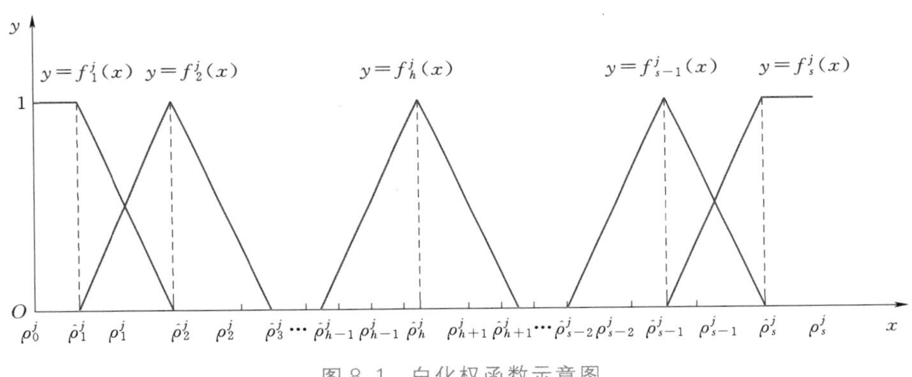

图 8.1 白化权函数示意图

步骤二：计算聚类权重 w_k^j。

聚类权重反应的是各指标对同一灰类重要程度，它的实际意义为，不同指标对于同一风险等级的重要程度。首先对指标等级区间中值矩阵进行归一化：

$$\lambda_k^j=\frac{\hat{\rho}_k^j}{\dfrac{1}{s}\sum_{k=1}^{s}\hat{\rho}_k^j} \tag{8.11}$$

然后根据式（8.12）计算聚类权重：

$$w_k^j=\frac{\lambda_k^j}{\sum_{j=1}^{m}\lambda_k^j} \tag{8.12}$$

步骤三：计算观测样本综合聚类指数向量。

观测样本综合聚类指数向量如下：

$$\boldsymbol{\eta}=(\eta_1 \quad \eta_2 \quad \cdots \quad \eta_k \quad \cdots \quad \eta_s) \tag{8.13}$$

其中 η_k 计算公式为

$$\eta_k=\sum_{j=1}^{m}(f_k^j(x_j)w_k^j) \tag{8.14}$$

步骤四：确定观测样本所属类别。

在得到观测样本的综合聚类指数向量（属于各个灰类的综合聚类指数）后，按照隶属度最大原则对观测样本所属类别进行决策：

$$L=f(\eta_{\max}) \tag{8.15}$$

$$\eta_{\max}=\max_{1\leqslant k\leqslant s}(\eta_k) \tag{8.16}$$

式中：L 为观测样本；$f(\eta_{\max})$ 为 $\eta_{\max}$对应的风险等级。

灰色聚类分析法思路清晰，并且能综合所有指标对最终结果的影响，指标信息利用率高，评价结果具有较高的可行性、客观性和科学性。对于多指标的复杂系统风险评价来说，灰色聚类分析法计算效率高，评价结果相对稳定可靠，是一种重要的参考方法。但该方法也存在一定的缺陷，当评价指标值等于风险等级区间中值时，评价结果将依赖于指标权重的大小，评价结果可能出现偏差。

8.3.2 改进模糊综合评价法

传统的模糊综合评价法是以模糊数学为基础，应用模糊关系的原理，将一些边界不清、不易定量的因素定量化，并进行综合评价的一种方法。它包括单层模糊综合评价和多层次模糊综合评价，多层次模糊综合评价可以按照单层模糊综合评价方法逐层实现。评价的技术流程包括七个部分：原始指标集、评语等级集、隶属函数、隶属关系矩阵、权重向量、加权合成、结果向量处理。工程实践中每个指标对应的风险等级往往是一个取值区间，而不是一个固定值，这就使评价存在一定的模糊性，模糊综合评价法是解决这种问题的有效方法。近年来，随着模糊综合评价法的广泛应用，对其改进的方法也层出不穷。这里介绍一种基于相对隶属度的改进模糊综合评价法（陈守煜等，2003），计算步骤如下。

步骤一：确定评价指标。

$$\mathbf{U}=\{u_1,u_2,\cdots,u_i,\cdots,u_m\} \quad (i=1,2,\cdots,m) \tag{8.17}$$

式中：u_i 为评价指标；m 为评价指标的个数，这一集合构成了评价的框架。

步骤二：确定评价等级。

$$\mathbf{V}=\{v_1,v_2,\cdots,v_h,\cdots,v_c\} \quad (j=1,2,\cdots,c) \tag{8.18}$$

式中：v_h 为评价结果；c 为等级数或者评语档次数。这一集合规定了某一个评价因素的评价结果的选择范围。结果集合的元素既可以是定性的，也可以是量化的分值。

步骤三：确定相对隶属度函数。

指标特征值矩阵表示为

$$\boldsymbol{X}=(x_{ij})_{m\times c} \tag{8.19}$$

式中：x_{ij} 为样本 j 指标 i 的特征值；其中 $i=1,2,\cdots,m$；$j=1,2,\cdots,n$。

指标各等级标准特征值矩阵表示为

$$\boldsymbol{Y}=(y_{ih})_{m\times c} \tag{8.20}$$

式中：y_{ih} 为级别 h 指标 i 的标准特征值；$i=1,2,\cdots,m$；$h=1,2,\cdots,c$。

根据相对隶属度定义，其特征值介于 1 级与 c 级标准特征值之间者，相对隶属度的值按线性变化确定，则得到指标 i 相对隶属度函数为

$$r_{ij}=\begin{cases}0 & x_{ij}\leqslant y_{ic}\text{ 或 }x_{ij}\geqslant y_{ic}\\ \dfrac{x_{ij}-y_{ic}}{y_{i1}-y_{ic}} & y_{i1}>x_{ij}>y_{ic}\text{ 或 }y_{i1}<x_{ij}<y_{ic}\\ 1 & x_{ij}\leqslant y_{i1}\text{ 或 }x_{ij}\geqslant y_{i1}\end{cases} \tag{8.21}$$

式中：r_{ij} 为样本 j 指标 i 的特征值相对隶属度；y_{i1} 和 y_{ic} 分别为指标 i 评价等级的第 1 级和第 c 级标准特征值。

同样，指标 i 评价等级中第 h 级标准特征值 y_{ih} 的相对隶属度函数为

$$s_{ih}=\begin{cases}0 & y_{ih}=y_{ic}\\ \dfrac{y_{ih}-y_{ic}}{y_{i1}-y_{ic}} & y_{i1}>y_{ih}>y_{ic}\text{ 或 }y_{i1}<y_{ih}<y_{ic}\\ 1 & y_{ih}=y_{i1}\end{cases} \tag{8.22}$$

式中：s_{ih} 为指标评价等级第 h 级标准值的相对隶属度。

步骤四：确定指标权重。

采用相对隶属度理论确定指标 i 的权重，即寻求指标 i 对模糊概念"重要性"B 的相对隶属度 w_i。

已知目标对优越性 A 的相对隶属度矩阵，即

$$\boldsymbol{W}=\boldsymbol{R}=\begin{bmatrix} r_{11} & r_{12} & \cdots & r_{1n}\\ r_{21} & r_{22} & \cdots & r_{2n}\\ \vdots & \vdots & \ddots & \vdots\\ r_{m1} & r_{m2} & \cdots & r_{mn}\end{bmatrix}=(w_{ij}) \tag{8.23}$$

确定权重时会出现两种情况：①目标对优越性 A 的相对隶属度越大，赋予的权重越大，即目标的重要性 B 与优越性 A 成正比；②目标对优越性 A 的相对隶属度越大，赋予的权重越小，即目标的重要性 B 与优越性 A 成反比。

情况①可直接将矩阵 $\boldsymbol{R}$ 作为目标对模糊概念"重要性"B 的相对隶属度矩阵；情况②可将元素全为 1 的矩阵减去矩阵 $\boldsymbol{R}$，作为目标对模糊概念"重要性"B 的相对隶属度矩阵，即

$$\boldsymbol{W}=\boldsymbol{R}=\begin{bmatrix} 1-r_{11} & 1-r_{12} & \cdots & 1-r_{1n}\\ 1-r_{21} & 1-r_{22} & \cdots & 1-r_{2n}\\ \vdots & \vdots & \ddots & \vdots\\ 1-r_{m1} & 1-r_{m2} & \cdots & 1-r_{mn}\end{bmatrix}=(w_{ij}) \tag{8.24}$$

因各个样本之间公平竞争，因此具有等权重。设目标 i 对"重要"的相对隶属度为 $w^1(i)$，对"不重要"的相对隶属度为 $w^2(i)$，一定有 $w^1(i)=1-w^2(i)$，则以相对隶属

度 $w^1(i)$、$w^2(i)$ 为权值的广义距离为

$$\begin{cases} D_{1i} = w^1(i)d_{1i} = w^1(i)\left[\sum_{j=1}^{n}(1-w_{ij})^p\right]^{\frac{1}{p}} \\ D_{Oi} = w^2(i)d_{Oi} = (1-w^1(i))\left[\sum_{j=1}^{n}(w_{ij})^p\right]^{\frac{1}{p}} \end{cases} \tag{8.25}$$

建立目标函数：

$$\min\left(F(w^1(i)) = [w^1(i)]^2\left\{\left[\sum_{j=1}^{n}(1-w_{ij})^p\right]^{\frac{1}{p}}\right\}^{\delta} + [1-w^1(i)]^2\left\{\left[\sum_{j=1}^{n}(w_{ij})^p\right]^{\frac{1}{p}}\right\}^{\delta}\right) \tag{8.26}$$

由 $\frac{\mathrm{d}F(w^1(i))}{\mathrm{d}w^1(i)}=0$ 解得目标 i 对重要性的相对隶属度为

$$w^1(i) = \left\{1 + \left[\frac{\sum_{j=1}^{n}(1-w_{ij})^p}{\sum_{j=1}^{n}(w_{ij})^p}\right]^{\delta/p}\right\}^{-1} \tag{8.27}$$

得到归一化权重向量为

$$\boldsymbol{w} = \left[\frac{w^1(1)}{\sum_{i=1}^{m}w^1(i)}, \frac{w^1(2)}{\sum_{i=1}^{m}w^1(i)}, \cdots, \frac{w^1(m)}{\sum_{i=1}^{m}w^1(i)}\right] \tag{8.28}$$

式中：δ、p 分别为优化准则参数与距离参数，均可取 1 或 2，但不能同时取 1。

步骤五：计算样本综合隶属度。

基于步骤四中权重计算方法，样本 j 与级别 h 之间的差异用广义权距离表示，即

$$d_{hj} = \left\{\sum_{i=1}^{m}[w^1(i) \mid r_{ij} - s_{ih} \mid^p]\right\}^{1/p} \tag{8.29}$$

式中：$h=1,2,\cdots,c$；d_{hj} 为样本 j 与级别 h 之间的广义权距离，当 $p=1$ 时为海明距离，当 $p=2$ 时为欧式距离。

为求解样本 j 与级别 h 对 A 的最优相对隶属度，建立目标函数：

$$\min\left\{F(z_{hj}) = \sum_{h=a_j}^{b_j}(z_{hj}d_{hj})\right\} \tag{8.30}$$

式中：z_{hj} 为样本 j 级别 h 对 A 的相对隶属度。

根据目标函数及约束条件构造拉格朗日函数，令 λ_j 为拉格朗日乘子，则

$$L(z_{hj},\lambda_j) = \sum_{h=a_j}^{b_j}(z_{hj}d_{hj}) - \lambda_j\left(\sum_{h=a_j}^{b_j}z_{hj} - 1\right) \tag{8.31}$$

约束条件为

$$\sum_{h=a_j}^{b_j}z_{hj} = 1 \tag{8.32}$$

当式（8.33）成立时，拉格朗日函数取到最优值：

$$\begin{cases}\dfrac{\partial L(z_{hj},\lambda_j)}{\partial z_{hj}}=0\\ \dfrac{\partial L(z_{hj},\lambda_j)}{\partial \lambda_j}=0\end{cases} \tag{8.33}$$

得样本 j 级别 h 的最优相对隶属函数为

$$z_{hj}=\frac{d_{hj}^{-1}}{\sum_{k=a_j}^{b_j} d_{hj}^{-1}} \tag{8.34}$$

式中：$d_{hj}\neq 0$，$a_j\leqslant h\leqslant b_j$。

综合前述得到样本 j 级别 h 对 A 的相对隶属度函数的完整形式为

$$z_{hj}=\begin{cases}0 & h<a_j \text{ 或 } h>b_j\\ \dfrac{d_{hj}^{-1}}{\sum_{k=a_j}^{b_j} d_{hj}^{-1}} & d_{hj}\neq 0, a_j\leqslant h\leqslant b_j\\ 1 & d_{hj}=0 \text{ 或 } r_{ij}=s_{ih}\end{cases} \tag{8.35}$$

步骤六：计算综合评价等级。

基于步骤六求得评价样本综合相对隶属度，运用线性组合方式求综合评价等级：

$$L(j)=\mathrm{Round}\left(\sum_{h=1}^{c} z_{hj}h\right) \tag{8.36}$$

式中：Round(·)为四舍五入运算符。

改进的模糊综合评价法利用“相对隶属函数”的概念来对评价指标模糊性进行定量描述，使得在无法对研究事物予以精确的数量描述的情况下，处理事物的模糊性非常方便。梯级水库群联合调度过程中存在大量的无法用一个数字来描述其风险大小的模糊指标，利用改进的模糊综合评价法来进行风险评价，能够很好地解决这一问题，评价结果科学合理，符合实际情况。

改进的模糊综合评价法同样存在一定的缺陷。由于模糊综合评价法认为，当评价指标值等于某评价等级区间中值时，该指标对于该等级的隶属度最大（隶属度为1），因此，当出现某指标测量值等于某评价等级区间中值时，评价结果将会向该等级靠拢，此时需要慎重考虑指标权重的影响。若指标赋权科学合理，评价结果则真实可靠；否则，评价结果将出现偏差，有可能引导决策者至错误的决策方向。

8.3.3 物元理论

物元理论（吴鸿亮等，2007）的基本思想是根据日常管理中积累的数据资料，把评价对象划分为若干等级，综合专家意见给出各等级的数值范围，再将评价对象的指标值代入各等级集合中进行多指标评定。评定结果取决于它与各等级的综合关联度大小，综合关联度越大，表示评价对象处于该等级的可能性越大。

在物元理论中，物元表示为以事物、指标及事物关于该指标的量值三者所组成的有序三元组，记为 $\boldsymbol{R}=(N,C,V)$，其中 N 表示事物，C 表示指标的名称，V 表示 N 关于 C 所取的量值值域，这三者称为物元的三要素，有了物元的基本概念就可以把客观世界看成是一个复杂、相互联系的物元网络。

事物 N 的 n 个指标 $c_1, c_2, \cdots, c_n$ 及其相应的量值 $v_1, v_2, \cdots, v_n$ 所构成的阵列 $\boldsymbol{R}$ 称为 n 维物元。记为

$$\boldsymbol{R} = \begin{bmatrix} N & c_1 & v_1 \\ & c_2 & v_2 \\ & \vdots & \vdots \\ & c_n & v_n \end{bmatrix} = \begin{Bmatrix} \boldsymbol{R}_1 \\ \boldsymbol{R}_2 \\ \vdots \\ \boldsymbol{R}_n \end{Bmatrix} \tag{8.37}$$

物元理论用于风险集成的步骤如下：

步骤一：待评价指标体系的建立。

运用专家调查法、德尔菲法等方法建立评价对象的评价指标体系 $\boldsymbol{C}$：

$$\boldsymbol{C} = (c_1, c_2, \cdots, c_n) \tag{8.38}$$

步骤二：确定各指标权重。

运用层次分析法、专家调查法等确定各指标的权重分配如下：

$$\boldsymbol{W} = (w_1, w_2, \cdots, w_n) \tag{8.39}$$

式中：w_i 为指标 c_i 的权重，并满足

$$\sum_{i=1}^{n} w_i = 1 \tag{8.40}$$

步骤三：建立风险评价指标的经典域物元体与节域物元体。

（1）经典域物元可表示为

$$\boldsymbol{R}_j = (N_j, C, X_j) = \begin{bmatrix} N_j & c_1 & X_{j1} \\ & c_2 & X_{j2} \\ & \vdots & \vdots \\ & c_n & X_{jn} \end{bmatrix} = \begin{bmatrix} N_j & c_1 & \langle a_{j1}, b_{j1} \rangle \\ & c_2 & \langle a_{j2}, b_{j2} \rangle \\ & \vdots & \vdots \\ & c_n & \langle a_{jn}, b_{jn} \rangle \end{bmatrix} \tag{8.41}$$

式中：$N_j (j=1,2,\cdots,m)$ 为所划分的 j 个评价等级，$c_i (i=1,2,\cdots,n)$ 为相应的评价等级的特征，区间为 $X_{ji} = \langle a_{ji}, b_{ji} \rangle$ 为 N_j 关于 c_i 所规定的量值范围，即各评价等级关于对应评价指标所取数值范围。

（2）节域物元可表示为

$$\boldsymbol{R}_p = (N_p, C, X_p) = \begin{bmatrix} N_p & c_1 & X_{p1} \\ & c_2 & X_{p2} \\ & \vdots & \vdots \\ & c_n & X_{pn} \end{bmatrix} = \begin{bmatrix} N_p & c_1 & \langle a_{p1}, b_{p1} \rangle \\ & c_2 & \langle a_{p2}, b_{p2} \rangle \\ & \vdots & \vdots \\ & c_n & \langle a_{pn}, b_{pn} \rangle \end{bmatrix} \tag{8.42}$$

式中：N_p 为所有指标评价等级，一般等于经典域维数；$c_i (i=1,2,\cdots,n)$ 为相应的评价等级的特征，与经典域相同；区间为 $X_{pi} = \langle a_{pi}, b_{pi} \rangle$ 为 N_p 关于 c_i 所有取值范围。根据经典域物元与节域物元的定义可知，$X_j \in X_p$。

步骤四：量化待评价物元各指标的数值。

待评价对象 N_y 的物元表示为 $\boldsymbol{R}_y$：

$$\boldsymbol{R}_y=(N_y,C,V_y)=\begin{bmatrix} N_v & c_1 & v_{y1} \\ & c_2 & v_{y2} \\ & \vdots & \vdots \\ & c_n & v_{yn} \end{bmatrix} \tag{8.43}$$

式中：v_{xi} 为第 i 个指标的实测值。

步骤五：根据节域物元体和经典域物元体的定义，将待评价对象各指标划分等级。一般操作方式为：将某一指标的节域物元体中的取值区间分为若干个经典域物元的取值区间，表示为

$$\langle a_{pj},b_{pj}\rangle=\langle a_{j1},b_{j1}\rangle+\langle a_{j2},b_{j2}\rangle+\cdots+\langle a_{jk},b_{jk}\rangle \tag{8.44}$$

式中：k 为第 j 个指标取值区间被分为 k 段，即对指标 j 的评价等级为 k 级，同样对待评价对象评价等级也分为 k 级。

步骤六：计算各特征的关联函数。

物元理论的关联函数是基于点到区间的距与点到区间套的位置建立的。首先给出物元理论中点到区间的距与点到区间套的位置的定义：

(1) 点到区间的距。设 x 为实数域上任意一点，$X_0=\langle a,b\rangle$ 为实数域上的任意有限空间，则称

$$\rho(x,X_0)=\left|x-\frac{a+b}{2}\right|-\frac{1}{2}(b-a) \tag{8.45}$$

为点 x 与 X_0 区间之间的距。由式（8.45）看出，物元理论中的“距”与经典数学中的“距离”完全不同。

(2) 点到区间套的位置。设有实数域上的有限空间 $X_0=\langle a,b\rangle$ 和 $X=\langle c,d\rangle$，并且有 $X_0\in X$，则称

$$D(x,X_0,X)=\begin{cases}\rho(x,X)-\rho(x,X_0) & x\notin X_0 \\ -|X_0| & x\in X_0\end{cases} \tag{8.46}$$

为点 x 关于区间 X_0 和 X 位置值，简称位值，用来描述点 x 与这两个区间的关系；$|X_0|=b-a$，为区间 X_0 的长度。

(3) 关联函数。当实数域上的区间 X_0 和 X 满足 $X_0\in X$，并且无公共端点的条件时，称

$$K(x)=\frac{\rho(x,X_0)}{D(x,X_0,X)} \tag{8.47}$$

为点 x 关于区间 X_0 和 X 的关联函数。

步骤七：计算综合关联度及风险等级评价。

待评价对象 N_x 关于等级 p 的综合关联度为

$$K_p(N_y)=\sum_{j=1}^{n}(w_j k_p(x_j)) \tag{8.48}$$

式中：$p=1,2,\cdots,k$；k 为等级划分个数；$K_p(N_y)$ 为待评价对象关于等级 p 的综合关

联度；$k_p(x_j)$ 为待评价对象第 j 个指标关于等级 p 的关联度；w_j 为第 j 个指标的权重。那么，评价对象的等级为 $K_p(N_y)$ 值取最大值时对应的等级 p。

物元理论概念清晰、理论性强，是一种科学有效的风险集成方法。①物元理论对定量指标的计算大量采用原始数据，克服了其他评价方法在指标量化时存在的缺点，较好地解决了定性指标与定量指标中存在的质与量的转化；②利用物元理论，不但能建立多指标、多等级的性能参数的评价模型，还能用定量的数值表示评价结果与各等级集合的关联度大小，并用此关联度大小确定待评物元所处的等级，从而得出较为准确、完整的综合评价结果；③该方法具有较强的普适性与可操作性，能很好地结合评价人员的专业知识，从而降低传统风险等级划分中的人为主观影响，使得风险等级的划分更为科学合理。

物元理论具有很强的适应性，在很多领域都可以被用来进行综合评价，也是分析多目标、多准则的复杂大系统的有力工具。该方法思路清晰、适用面广，而且还能很好地避免主观性对评价结果造成的影响，使得评价结果更具有实用性、有效性和可靠性。

8.3.4 雷达图法

雷达图法（李国栋等，2010）是基于一种形似导航雷达显示屏上的图形而构建的一种多变量对比分析技术。它是一种典型的图形分析方法，将其用于综合评估，主要是通过先绘制各评估对象的雷达图，再由决策者对照各类典型的雷达图，通过计算雷达图的相关变量给出定性评估结果。用于多指标综合评估的雷达图示意如图 8.2 所示。

在用雷达图法进行综合评估时，其面积越大，表明评估对象的总体优势越大；面积越小，其结论相反。雷达图法用于风险评价的具体步骤如下。

步骤一：建立雷达图单位圆（图 8.3）。

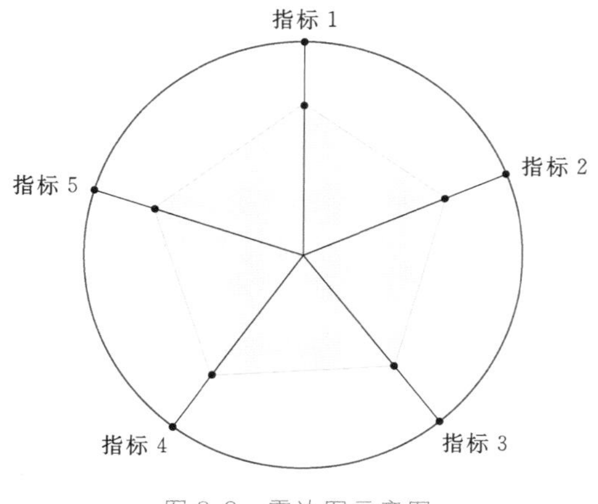

图 8.2 雷达图示意图

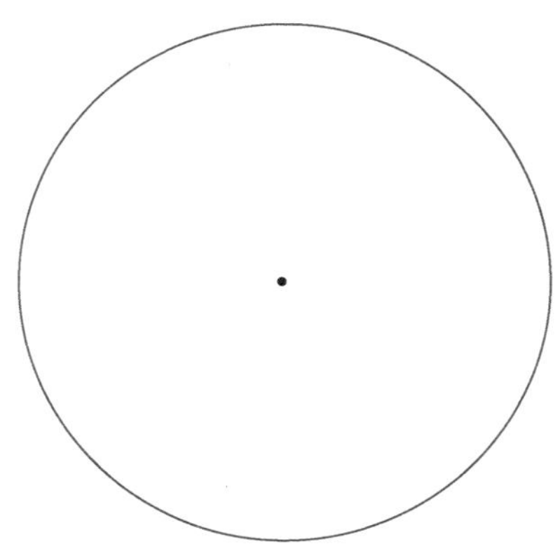
图 8.3 雷达图单位圆

步骤二：确定指标权重。

各指标权重采用组合权重法进行确定。为方便说明，现假设共 5 个评价指标｛指标 1，指标 2，指标 3，指标 4，指标 5｝，经过组合权重法计算得到 5 个指标权重分配为 $\{w_1, w_2, w_3, w_4, w_5\}$。

步骤三：按指标重新划分指标扇形。

根据步骤二中确定的各指标权重，按照式（8.49）计算各指标所属扇形的角度：

$$\angle\theta_i = 2\pi w_i \tag{8.49}$$

式中：$\angle\theta_i$ 为指标 i 所属扇形角的弧度。按照该角度在单位圆上绘制各指标所属扇形（图 8.4）。

步骤四：绘制各指标扇形的角平分线。

在绘制好的指标扇形上画角平分线，角平分线长度用于表示各指标评价值的取值上限，假设现在给定等级标准如表 8.1 所示。

表 8.1　等级标准

风险等级	Ⅰ		Ⅱ		Ⅲ		Ⅳ	
风险量值	0	5	5	10	10	15	15	25

风险等级最大对应的风险量值取值为 25，故角平分线长度代表 25，但其几何长度为单位圆半径。指标扇形角平分线示意图如图 8.5 所示。

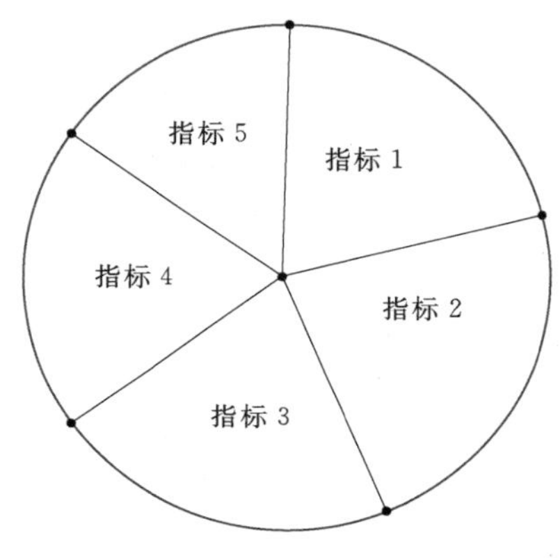

图 8.4　指标扇形示意图

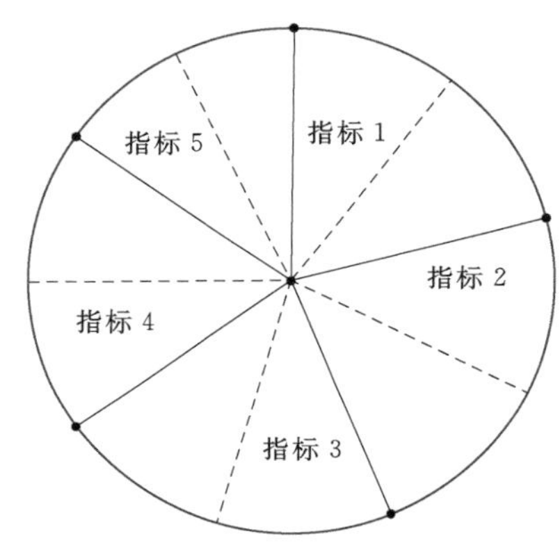

图 8.5　指标扇形角平分线示意图

步骤五：计算指标半径长度。

根据各指标值与给定的等级标准，根据式（8.50）计算各指标值相应的几何长度：

$$L_i = \frac{x_i}{X_i} \tag{8.50}$$

式中：x_i 为指标 i 的指标值；X_i 为指标 i 的取值上限，根据等级标准，该值为 25；L_i 为指标半径长度。

将计算得到的各指标的指标半径绘制在角平分线上，并连接成一个多边形，即可得到综合评价对象的多边形，并计算其面积 S。评价对象多边形示意图如图 8.6 所示。

步骤六：计算各等级标准多边形面积。

将等级标准各分界值当作指标半径，绘制在单位圆中，如图 8.7 所示。并计算各多边形面积，以等级Ⅳ为例绘制多边形，其他等级多边形绘制方法同等级Ⅳ，并计其面积为 A_i。

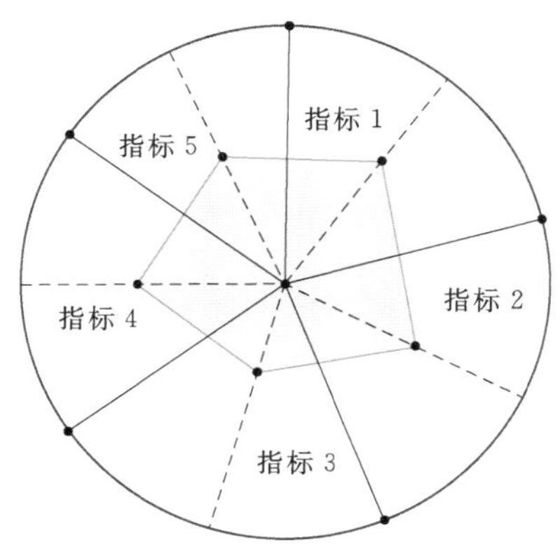

图 8.6 评价对象多边形示意图

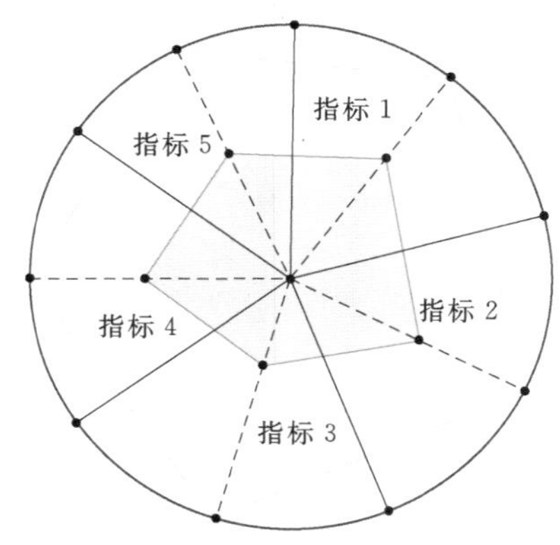

图 8.7 等级多边形示意图

步骤七：综合风险等级评价。

根据表 8.2 判定最终的综合风险等级。

表 8.2 综合风险等级判定公式

风险等级	Ⅰ	Ⅱ	Ⅲ	Ⅳ
判定公式	$S \leqslant A_1$	$A_1 < S \leqslant A_2$	$A_2 < S \leqslant A_3$	$A_3 < S \leqslant A_4$

雷达图法原理简单，易于使用，评价结果简明、清晰、直观，是一种很好的图形数值相结合的评价方法。采用雷达图法既能直观、形象地表示出各个评估单元的不同风险指标之间的区别，也可以采用特定综合评价函数得到评估单元的综合风险等级。

同样，雷达图存在一定的缺陷。主要表现在，当评价指标小于等于 2 个时，指标扇形的角平分线将会形成一条直线，此时无法绘制评价对象的多边形，方法应用受到限制。

8.3.5 贝叶斯公式法

概率论中这样定义贝叶斯公式（赵晓慎等，2011）：如果一组事件 B_1，B_2，B_3，…，B_n 满足 $B_i \cap B_j \neq \varnothing (i \neq j)$，且 $P(\bigcup_{i=1}^{n} B_i)=1, P(B_i)>0, (i=1,2,\cdots,n)$，则对于任意事件 $A(P(A)>0)$ 有

$$P(B_i \mid A)=\frac{P(B_i)P(A \mid B_i)}{\sum_{i=1}^{n} P(B_i)P(A \mid B_i)} \tag{8.51}$$

式中：$P(B_i|A)$ 为在已知 A 信息条件下，事件 B_i 发生的概率，称为后验概率；$P(B_i)$ 为事件 B_i 发生的事前估计，称为先验概率；$P(A|B_i)$ 为事件 B_i 发生条件下，事件 A 发生可能性的度量，可视为似然概率。

通过深入理解贝叶斯公式法，发现其在梯级水库群联合调度风险分析过程中同样适用。假设将风险指标等级分为 4 级，设评价对象为等级 i 事件为 B_i(i=Ⅰ、Ⅱ、Ⅲ、Ⅳ)，各指标实测风险量值已知事件为 A，则对应贝叶斯公式可得：后验概率 $P(B_i|A)$ 表示在已知实测指标风险量值 A 条件下，评价对象为等级 i 的概率；$P(A|B_i)$ 表示评价对象为

不同等级时，各指标评价等级为 i 级的概率；$P(B_i)$ 表示评价对象属于等级 i 的预估概率，为先验概率，通常这一概率值是未知的，这也是决策者希望得到的信息。事实上，在未知信息情况下，评价对象属于不同等级的概率可以认为是相等的，那么贝叶斯公式可以转化为如下形式：

$$P(B_i \mid A) = \frac{P(A \mid B_i)}{\sum_{i=1}^{n} P(A \mid B_i)} \tag{8.52}$$

$P(A|B_i)$ 可以根据各指标实测风险量值到各等级区间中值距离的倒数进行估计，公式如下：

$$P(B_i \mid A) = \frac{d_{ji}}{\sum_{i=1}^{4} d_{ji}} \tag{8.53}$$

$$d_{ji} = \frac{1}{|x_j - y_i|} \tag{8.54}$$

式中：x_j 为指标 j 实测风险量值；y_i 为等级 i 区间中值。

根据计算得到各指标属于等级 i 的后验概率，结合各指标权重即可进行风险集成计算。

基于贝叶斯公式的风险集成计算步骤如下：

步骤一：建立评价指标体系。

运用专家调查法、德尔菲法等方法建立评价对象的评价指标体系 $\boldsymbol{C}$：

$$\boldsymbol{C} = (c_1, c_2, \cdots, c_n) \tag{8.55}$$

步骤二：确定各指标权重。

运用层次分析法、专家调查法等确定各指标的权重分配如下：

$$\boldsymbol{W} = (w_1, w_2, \cdots, w_n) \tag{8.56}$$

式中：w_i 为指标 c_i 的权重，并满足：

$$\sum_{i=1}^{n} w_i = 1 \tag{8.57}$$

步骤三：计算后验概率 $P(B_i|A)$。

根据式（8.53）、式（8.54）计算后验概率 $P(B_i|A)$。

步骤四：计算评价对象隶属度向量。

根据式（8.58）计算评价对象隶属度向量：

$$\boldsymbol{P}_i = WP(B_i \mid A) = \sum_{j=1}^{m} (w_j P(B_i \mid c_j)) \tag{8.58}$$

式中：$P(B_i|c_j)$ 为指标 c_j 属于等级 i 的概率。

最终按照隶属度最大原则进行综合等级评价：

$$L = \max_{1 \leqslant i \leqslant 4} (P_i) \tag{8.59}$$

式中：L 为 P_i 最大值对应的等级 i。

基于贝叶斯公式的风险集成方法思路清晰、易于理解、计算简单方便，且集成效果与模糊综合评价等方法相当，是一种适用性很强的风险集成方法。该方法已经成功运用于水质评价、水库综合利用评价等方面，应用经验丰富。然而，目前后验概率根据实测资料进行估计，与理论结果相比可能存在一定的偏差，这也是该方法需要重点改进的地方。

第9章

梯级水库群单目标优化调度模型及应用

在梯级水库群联合调度中，仅考虑防洪、发电、供水等某一目标的优化调度模型虽然与实际梯级水库群的综合利用需求不符，但是，在将其他目标作为约束的条件下，寻求某一目标的最优化是最为常用和实用的建模方法。梯级水库群多目标优化调度可以通过转化为单目标优化调度的方式来求解，所以单目标优化调度也可以认为是特定目标约束条件下的多目标优化调度。在模型的输入、输出及模型参数等确定性条件下，一般随着梯级水库群中水库个数的增多，单目标优化调度模型的求解受“维数灾”等问题的影响也越发困难。不确定性条件下，梯级水库群单目标优化调度的求解除原有的困难外又会面临新的困难，比如，梯级水库间水流滞时、入库径流预报误差、梯级水库出力误差等不确定性因素的影响会进一步增加优化求解的难度。

一方面，梯级水库间往往不是首尾衔接的，上游水库的出库流量需经过一段时间的河道演进之后成为下游水库的入库流量，因此，要准确制定梯级水库短期运行策略，水流滞时和水流坦化作用都是需要考虑在内的。已有研究中多将上游水库出库流量经过一定时移后直接作为下游水库入库流量进行计算，这种处理方式仅考虑水流在演进过程中的平移作用而忽略了水流的坦化作用，使得所编制的调度计划与实际运行情况存在偏差，往往造成下游水库出现弃水或出力不足的现象。另一方面，梯级水库群短期发电优化调度过程中一般是以确定性径流过程作为输入的，这显然不符合实际，虽然目前径流预报水平在逐步提高，但是预报误差是难以避免的，这也会造成梯级水库群发电计划的出力过程存在误差，从而影响梯级水库群短期发电调度效益的发挥。

为此，本章以上述两个问题为典型，针对梯级水库群短期发电优化调度问题，首先，建立了以短期梯级水电站总发电量最大为目标的优化调度模型，采用考虑水流演进的梯级水库群多维动态规划模型进行了求解；其次，以出力误差为出发点，引入风险价值概念，利用风险价值来描述水电站发电计划可能潜在的最大出力损失，建立了考虑出力误差的水库群短期优化调度模型，并提出了基于极值理论的USOM-GA；最后，以雅砻江流域的梯级水库群为工程背景进行实例分析，验证了模型与算法的合理性。为梯级水库群单目标优化调度模型的建立、求解及应用提供了理论支撑。

9.1 考虑水流演进的梯级水库群多维动态规划模型

梯级水库短期优化调度是根据短期径流预报数据，电力系统的要求及各水库中长期调度任务，在保证电力系统稳定和水库安全运行的前提下，运用现代计算机技术和最优化方法有计划地调节入库径流，寻求满足各种约束条件的梯级水电站群最优运行策略，制订并实现较短时间内（通常为1d）逐时段梯级水库群的最优运行方案，以获得尽可能大的效益。梯级水库群短期优化调度关系到水库中长期调度计划能否顺利实现，是水电站实际运行中的重要一环。

上游水库的出库流量需经过一段时间的河道演进之后成为下游水库的入库流量，因此，要准确制定梯级水库短期运行策略，水流滞时和水流坦化作用都是必须考虑的问题。对于考虑水流演进的梯级水库短期优化调度模型，虽然考虑了水流在天然河道中的演进作用，并将马斯京根法与DPSA耦合，提出了一种解决考虑水流演进的梯级水库短期优化调度模型的有效方法，但是与一般的动态规划改进算法相同，耦合算法不能遍历所有可行解，这导致耦合算法的计算结果可能陷入局部最优解，因此，需要寻求能够遍历所有可行解的算法来解决考虑水流演进的梯级水库短期优化调度模型。

动态规划是解决水库调度问题最有效的方法之一，其适用条件为调度期内各阶段满足无后效性的要求，即前一阶段的水库放水不对后一阶段的水库运行产生影响。因此，若在梯级水库短期优化调度中考虑水流的河道演进作用，传统动态规划算法将不再适用。马斯京根法为一种经典的河道水流演进方法，由于对水流在河道中的演算精度较高，我国在河段演算中广泛应用马斯京根法，本章将马斯京根法引入梯级水库优化调度模型中，根据上游水库的出流流量，通过马斯京根法对下游水库的入库流量过程进行仿真模拟。结合水流演进的马斯京根法，并消除其后效性影响，构建考虑水流演进的梯级水库多维动态规划模型，为准确制定水电站运行策略提供一条新途径（付湘，1998）。

9.1.1 仅考虑水流滞时的动态规划模型

梯级水库发电量最大的短期优化调度的基本研究内容是，在短期调度期 T 内（往往为1日），在已知梯级水电站一级水库预报来水过程、各梯级水库间的区间入流预报过程及各水库调度期初的水库状态的条件下，制定梯级水库优化运行策略，使得梯级水电站的总发电量达到最大。梯级水库短期发电调度模型的目标函数如下：

$$E=\max\sum_{i=1}^{M}\sum_{t=1}^{T}N_{i,t}\Delta t=\max\sum_{i=1}^{M}\sum_{t=1}^{T}N_i(q_{i,t},H_{i,t})\Delta t \tag{9.1}$$

式中：$N_{i,t}$ 为 t 时段水电站 i 的出力值；M 为水电站总数；T 为调度期的总时段数；Δt 为时段长度；$q_{i,t}$ 为 t 时段水电站 i 的发电流量；$H_{i,t}$ 为 t 时段水电站 i 的平均发电水头。

梯级水库短期优化调度问题是一个多维的多约束、非线性、多阶段决策问题。若根据一般处理方式，将梯级水库间的流量关系简化为滞时考虑，也就是忽略水流在河道中的坦化作用而仅考虑水流的平移作用，梯级水库短期优化调度问题在作简单处理后可认为满足无后效性的要求，此时便可以通过传统动态规划进行模型的优化求解。

短期优化调度模型可以采用顺序或逆序递推算法，下面简要介绍动态规划模型逆序递推原理和方法。

如图9.1所示，在不考虑水流在上下游水库中的坦化作用时，将上游水库的出库流量后移 τ 个时段，即上游水库 t 时段的出库流量 $S_{1,t}$ 等于下游水库在 $t+\tau$ 时段的入库流量 $Q_{2,t+\tau}$，此时相当于上游水库的调度决策仅对下游水库对应时段的调度决策产生影响，而对其他时段无影响，此外水库短期优化调度问题具有局部最优决策服从于全局最优决策的特点。多维动态规划算法的递推方程如下：

$$\begin{cases} f_{t-1}^{*}(V_{1,t-1}^{a},V_{2,t-1}^{b})=\max\limits_{\Omega_t}[N_t(V_{1,t-1}^{a},Q_t,V_{2,t-1}^{b})+f_t^{*}(V_{1,t}^{a1},V_{2,t}^{b1})] \\ f_{T+1}^{*}(V_{1,T},V_{2,T})=0 \end{cases} \tag{9.2}$$

式中：$V_{1,t-1}^{a}$为上游水库在 $t-1$ 时段初离散点为 a 时的水库蓄水量；$V_{2,t-1}^{b}$为下游水库 $t-1$ 时段初离散点为 b 时对应的水库蓄水量；$V_{1,t}^{a1}$为上游水库在 t 时段初离散点为 $a1$ 时水库蓄水量；$V_{2,t}^{b1}$为下游水库在 t 时段初离散点为 $b1$ 时水库蓄水量；a、b、$a1$、$b1$ 的取值范围为 $1,2,3,\cdots,M$；Q_t 为梯级水库在 t 时段的平均入库流量；$N_t(V_{1,t-1}^{a},Q_t,V_{2,t-1}^{b})$ 为上游水库的时段初蓄水量为 $V_{1,t-1}^{a}$时，下游水库时段初蓄水量为 $V_{2,t-1}^{b}$，梯级水库的入库流量为 Q_t 时，梯级水电站在该时段的出力值；$f_{t-1}^{*}(V_{1,t-1}^{a},V_{2,t-1}^{b})$ 为 $t-1$ 时段初上游水库库容离散点为 a、下游水库库容离散点为 b 时，$t-1$ 时段至调度期末 T 时段的最大出力和；$f_t^{*}(V_{1,t}^{a1},V_{2,t}^{b1})$ 为 t 时段初上游水库库容离散点为 $a1$，下游水库库容离散点为 $b1$ 时，对应的梯级水电站余留期发电量。值得注意的是，梯级水库末阶段的余留期效益为零。

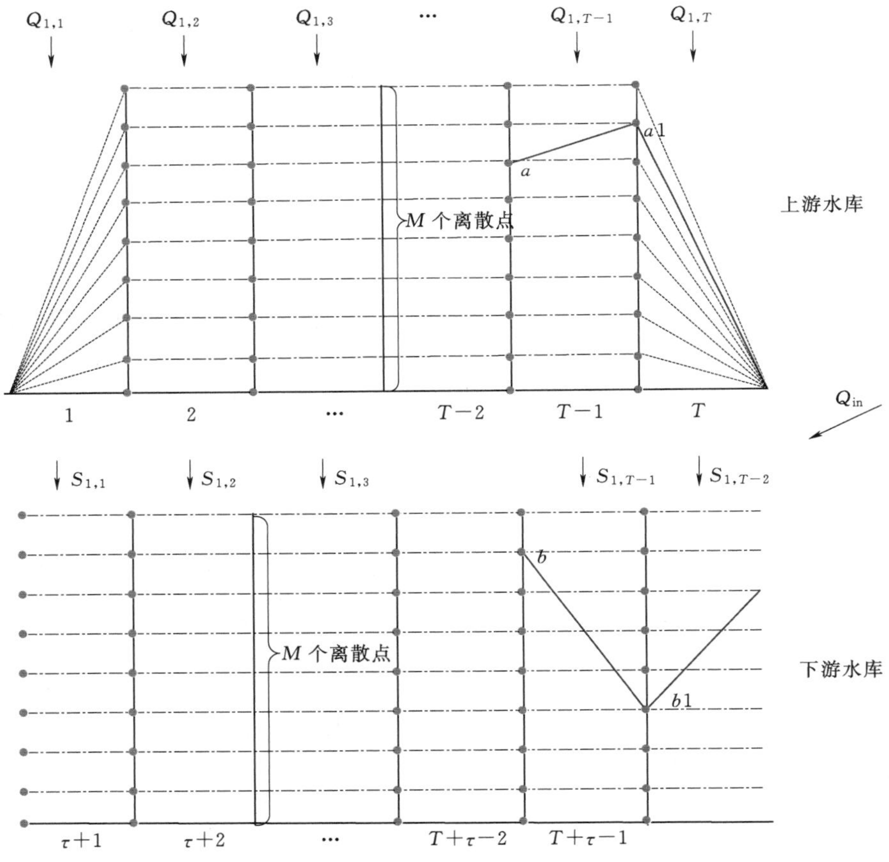

图 9.1 仅考虑滞时的动态规划模型计算网格图

一般动态规划模型的主要求解步骤可分为以下几步：

步骤一：将上下游水库各时段水库库容在最大库容与最小库容之间离散为 M 个点，对于调节性能为日调节的水库而言，最小库容一般为水库的死库容，最大库容在汛期为水库的汛限水位对应的库容，非汛期为水库的正常蓄水位所对应的兴利库容。

步骤二：从最后一个时段开始，逆时序进行各阶段梯级水库库容离散组合状态下对应的水库余留期效益，对一个时段而言，上下游水库共具有 M^4 种库容变化组合，因此需要进行 M^4 次出力计算。

步骤三：逐时段计算梯级水库余留期效益，直到得出梯级水库调度期初状态所对应整个调度期的最大发电量，即该来水情况下梯级水库的最大发电量。

步骤四：顺时序计算各时段水电站出力、发电流量、水头、水库水位、库容等相关调度信息。

9.1.2 考虑水流演进的梯级水库群多维动态规划模型

9.1.2.1 基本原理

若做简化处理，不考虑水流在梯级水库间的坦化作用，传统动态规划模型是解决梯级水库短期优化调度模型的有效模型，在动态规划求解中，上游水库的 t 时段的出库流量 $S_{1,t}$ 可以直接作为下游水库 $t+\tau$ 时段的入库流量 $Q_{2,t+\tau}$。而下游水库在 t 时刻的入库流量 $Q_{2,t}$ 是由上游水库在 $t-\tau$ 阶段的出库流量 $S_{1,t-\tau}$ 经过河道演进作用得来，然而 $Q_{2,t}$ 不仅只由 $S_{1,t-\tau}$ 决定，而是由从调度期初到 t 时段上游水库的出库过程决定，并且上库距离 $t-\tau$ 时段越近的时段的出库流量对下库 t 时段的入库流量影响越大，因此上库 t 时段的出库流量不仅影响 $t+\tau$ 时段下库的入库流量，而且对下库 $t+\tau$ 时段附近时段的影响较大。综上所述，若考虑到水流在河道中的坦化作用，则梯级水库短期优化调度问题则不再满足无后效性的原则，传统的动态规划算法将不再适用。

在短期优化调度中，下游水库 t 时段的入库流量由上库 $1\sim t$ 时段的下泄流量组合决定，在已知梯级水库入库流量过程的前提下，也就是由上游水库 $1\sim t$ 时段的库容过程（$V_{1,1},V_{1,2},\cdots,V_{1,t}$）决定。所以如果在梯级水电站短期优化调度中同时考虑上游水库 $1\sim t$ 时段的库容变化过程（$V_{1,1},V_{1,2},\cdots,V_{1,t}$），则可以通过马斯京根法对下游水库 t 时段的入库流量进行较为精确的仿真模拟计算。因此，基于传统的动态规划算法，如图 9.2 所示，在处理短期优化调度中水流在梯级水库间的流量传播的基本原理是：在传统动态规划算法每个时段的计算中，同时考虑上游水库多个阶段的库容变化组合，并通过马斯京根法对该时段下游水库的入库流量进行精确模拟。

考虑到“维数灾”问题对计算时间及计算复杂度的影响，在模拟下游水库 t 时段的入库流量时，仅考虑对该时段下游水库入库流量影响较大时段的上游水库出库流量过程，也就是 t 时段之前的附近几个时段。假设有 N 个时段对 $Q_{2,t}$ 影响较大，则通过马斯京根法的水流演进，$Q_{2,t}$ 能够通过上游水库 N 个时段的出库流量过程（$S_{1,t-N+1},\cdots,S_{1,t}$）演算得出，在已知上游水库入库流量序列的前提下，也就是可通过上游水库 N 个时段的库容变化过程（$V_{1,t-N+1},\cdots,V_{1,t}$）计算得到，则梯级水库短期优化调度求解过程中，梯级水库每个时段的库容变化组合为（$V_{1,t-N+1},\cdots,V_{1,t},V_{2,t}$）。考虑水流演进的下游水电站 t 阶段出力计算原理如图 9.3 所示。

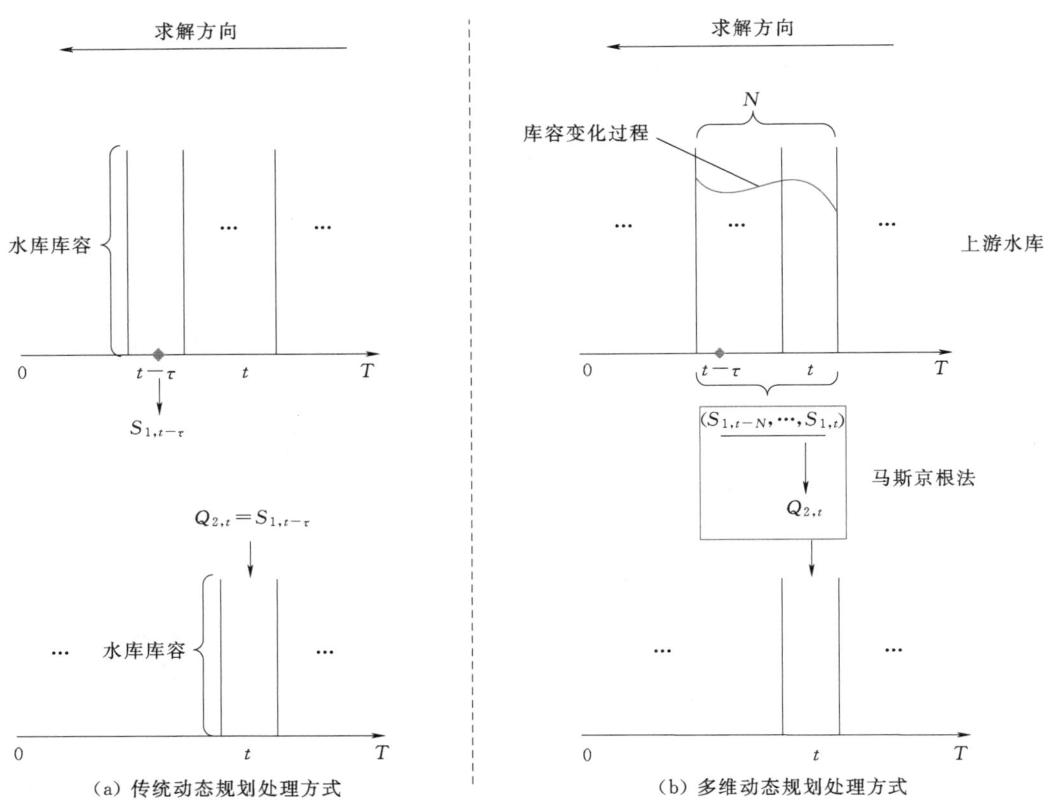

图 9.2 多维动态规划流量关系处理方式与 DP 处理方式的对比图

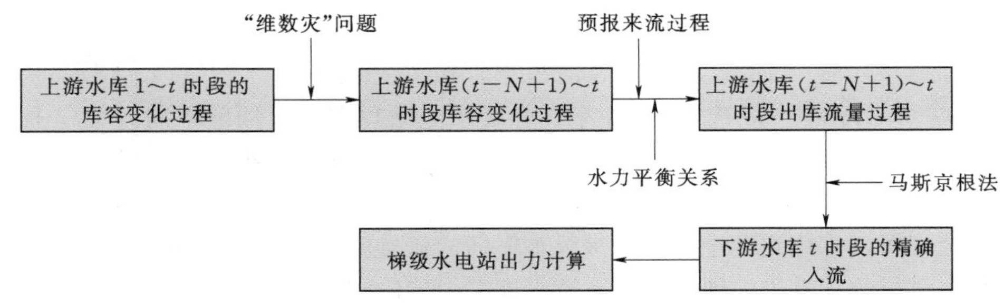

图 9.3 下游水电站 t 时段出力计算原理图

设上下库库容离散点数都为 M，则 t 时段上库有 M^{N+1} 种库容组合，通过马斯京根法的水流演进，每一种库容组合对应下游水库在 t 阶段的一个入库流量，因此梯级水库在一个时段的状态变量组合数为 M^{N+3} 个，而未考虑水流坦化作用时的库容组合数仅为 M^4，丢失信息 $\dfrac{M^{N+3}-M^4}{M^{N+3}}\times 100\%$，当 $N=3$，$M=10$ 时，则丢失信息量为 99%。

根据以上所述的基本原理，为消除考虑水流演进的后效性影响，构建考虑水流演进的梯级水库多维动态规划（MDP）模型。MDP 在一个时段 t 的计算中，同时考虑上游水库多个时段的库容变化，消除水流演进的后效性影响，经过马斯京根法的河道水流演进，从而更为精确地模拟计算出下游水库的入库流量，使所计算得到的梯级水库短期优化调度策略更容易在实际运行中实现。

9.1.2.2　计算步骤

多维动态规划模型求解步骤总结如下：

步骤一：将上下游水库库容在最大库容 $V_i^{\max}$ 和最小库容 $V_i^{\min}$ 之间离散，离散点数为 M，分别记为（$V_1^1,V_1^2,\cdots,V_1^M$）和（$V_2^1,V_2^2,\cdots,V_2^M$）。

步骤二：最后时段的计算［图 9.4（a）］：历遍上游水库 $T-N+1$ 时段到 T 时段所有库容组合（共 M^N 种）并编号为 i，其中 $0<i<M^N+1$。

步骤三：对于每一种库容组合，根据上游水库入库流量（$Q_{1,T-N+1}^{\text{in}},Q_{1,T-N+2}^{\text{in}},\cdots,Q_{1,T}^{\text{in}}$），通过水量平衡方程，得到上游水库 $T-N+1$ 时段到 T 时段下泄流量组合，记为（$S_{1,T-N+1},\cdots,S_{1,T}$）。

步骤四：通过马斯京根法，根据上库出库流量序列（$S_{1,T-N+1},\cdots,S_{1,T}$）计算每种上库下泄流量组合下的下游水库 T 时段入库流量 $Q_{2,T}$。

步骤五：计算下游 T 时段初每个离散点对应上游每种库容变化组合下（下游水库离散点用 a 表示），梯级水电站的发电量大小，并记为 $E_{i,a}^T$。$E_{i,a}^T$ 即为 T 阶段梯级水电站的余留期发电量。其中单个水库的发电量计算公式为

$$E=N\Delta t=N(q,H)\Delta t \tag{9.3}$$

式中：E 为水电站发电量；$N(q,H)$ 为水电站出力计算函数；q 为水电站发电流量；H 为发电水头；Δt 为时段长度。

步骤六：中间时段的计算［图 9.4（b）］：计算上游水库从 $t-N+1$ 到 t 时段的所有库容变化组合下的出库流量过程序列，通过马斯京根法计算下游水库 t 时段的入库流量过程（共 M^{N+1}种）。

步骤七：在多维规划模型的 t 时段的计算中，梯级水电站共有 M^{N+3} 中库容变化组合（其中上游水库 N 个时段共 M^{N+1} 中库容组合，下游水库一个时段共 M^2 中库容组合），对于每一种库容组合，计算梯级电站的发电量大小，由于上游水库 $t-N+2$ 到 t 时段发电量在 $t-1$ 时段的计算中已计算，因此仅需计算上库 $t-N+1$ 时段每个库容变化组合下的发电量与下库 t 阶段库容变化组合下的发电量。

步骤八：t 时段余留期发电量的计算。对于上游水库 $t-N+1$ 到 $t-1$ 时段的每种库容变化组合，计算 a、c 所对应的最大余留期发电量［即从图 9.4（b）中虚线路径所对应余留期发电量中选择最大值］，其中 a 为下库 t 时段初的离散点，c 为上库 t 时段初的离散点。

步骤九：$a++$，若 $a<M+1$，则重复步骤八；否则 $c++$，$a=1$，重复步骤八，直到 $a=c=M$。在 t 时段的计算中共储存 M^{N+1} 个余留期发电量。

步骤十：$t=t-1$，重复步骤五～步骤九，直到整个调度期的余留期效益计算完毕，计算得到 MDP 整个调度期最优调度结果。

9.1.2.3　误差修正

如上文中所提到的，下库 t 阶段的入库流量与上库 $0\sim t$ 阶段的出库流量有关，考虑

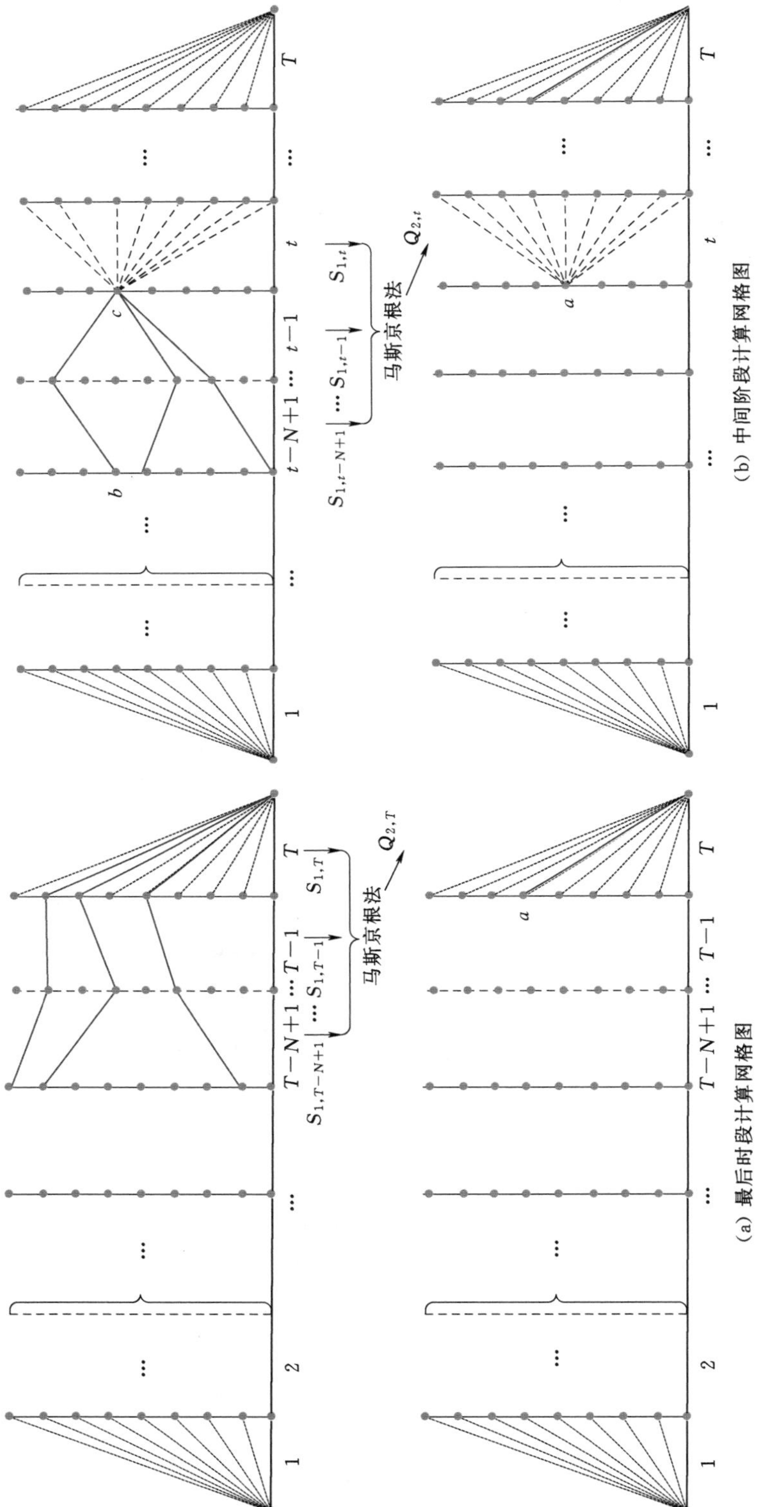

图 9.4 MDP 计算网格图

到维数灾对计算时间的影响，在研究多维动态规划模型中，仅考虑了对下库入库流量影响较大的 N 个阶段。因此，下游水库 t 阶段的入库流量与实际流量还是存在一定误差的。基于此，通过多维动态规划模型得到梯级水库短期调度方案后，需要进一步进行误差修正，主要步骤为：根据梯级水库入库流量过程和计算所得上库的库容变化过程，计算得到 $0\sim T$ 阶段上库下泄流量序列（$S_{1,0},S_{1,2},\cdots,S_{1,T}$），将其带入马斯京根模型，计算得到下游水库入库流量序列，并重新计算下游水电站出力、下泄流量等过程。

误差修正主要是对多维动态规划模型为避免维数灾问题（MDP 假设下游水库入库流量与上库 N 个阶段有关）而造成的误差进行修正，计算所得的下库入库流量资料更为准确，调度结果更为可信。

9.1.3 实例分析

9.1.3.1 数据资料

同样采用雅砻江流域锦东、官地水库组成的梯级水库系统进行实例分析，选取梯级水库 2014 年 6 月 1 日 24 时的径流过程，流量过程见表 9.1。以日发电量最大为目标建立传统的仅考虑水流滞时的优化调度模型与考虑水流演进的梯级水电站短期优化调度多维动态规划模型，传统模型采用 DP 算法求解，并将两者所得发电调度计划在实际生产中所获得的实际效益进行对比分析。

表 9.1　代表日流量过程　单位：m^3/s

时段	锦东入库流量	区间入流流量	时段	锦东入库流量	区间入流流量
1	1040	70	13	1057	70
2	1190	70	14	1013.33	70
3	1340	70	15	970	70
4	1432	70	16	1107	70
5	1486	70	17	1243.33	70
6	1526	70	18	1380	70
7	1460	70	19	1421	70
8	1394	70	20	1401	70
9	1340	70	21	1370	70
10	1260	70	22	1333	70
11	1180	70	23	1296.67	70
12	1100	70	24	1260	70

9.1.3.2 结果分析

采用最小二乘法对马斯京根模型进行参数率定，得到马斯京根法基本参数的取值为：$K=\Delta t=2\text{h}$，$x=0.3$。

1. 下游水库入库流量过程模拟结果对比

传统的梯级水库短期优化调度模型未考虑水流在天然河道中的坦化作用，下游水库的模拟计算结果与实际计算结果形状差别较大（图 9.5）；相对比下，MDP 通过马斯京根法，根据上游水库 N 个阶段的出库流量过程进行水流演进后模拟出的下游水库的入库流量过程与实际流量过程更为相近。

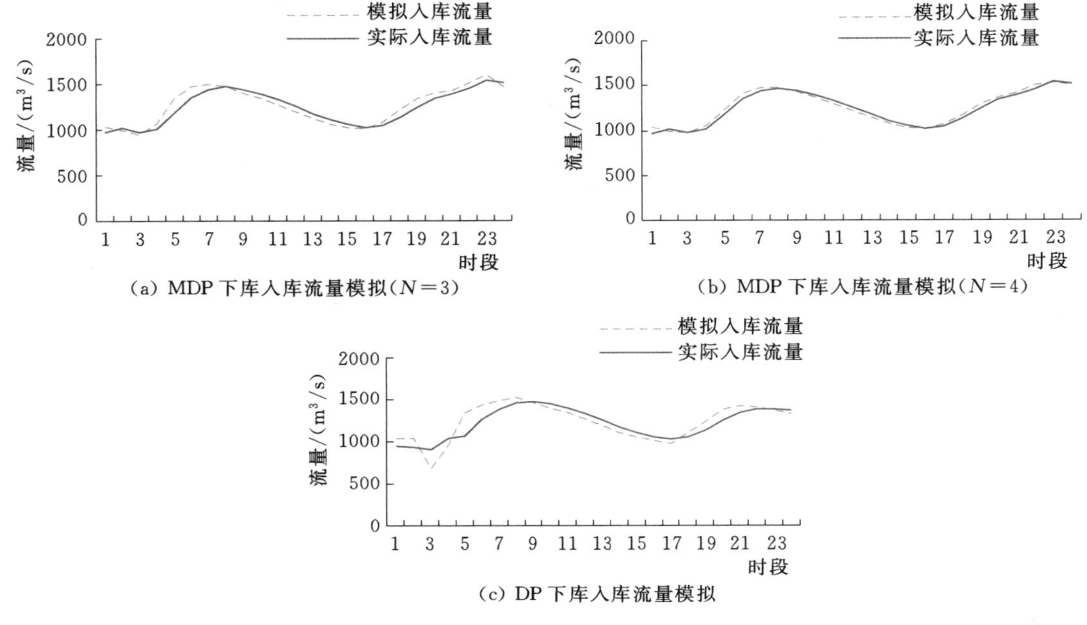

图 9.5 MDP 与 DP 下库入库流量模拟对比图

采用平均绝对误差（Mean Absolute Error，MAE）参数来衡量 DP 和 MDP 对下库入库流量过程的模拟精度，平均绝对误差值越小，表明水流模拟的计算精度越高，平均绝对误差的计算公式如下：

$$MAE=\frac{\sum_{t=1}^{T}|Q_t-\hat{Q}_t|}{T} \tag{9.4}$$

式中：Q_t 为 t 时段下游水库实际入库流量序列；$\hat{Q}_t$ 为 t 时段下游水库模拟流量序列。

平均绝对误差的统计结果见表 9.2。

表 9.2 平均绝对误差统计结果表

项目	DP	MDP(N=3)	MDP(N=4)
MAE	85.64	44.93	28.58

在 MDP 中，N 的值越大，也就是同时考虑上游水库库容变化组合的时段数越多，对下游水库入库流量的模拟更接近实际流量过程。如表 9.2 所示，MDP 对下游水库入库流量的模拟精度明显大于传统动态规划的模拟精度。除此之外，对于不同天然河道，随着 x 的减小，河道演化的坦化作用更加明显，动态规划对下游入库流量的模拟精度更低，在这两种情况下，MDP 带来的效益提升也更明显。

2. 不同 N 值下的实际发电量对比

MDP 中 N 的值代表在一个时段计算中同时考虑的上游水库库容组合的时段数。如表

9.3 所示，N 的值越大，计算所得的优化调度策略在实际运行中所获得的发电量越大。当 $N=4$ 时，梯级水电站的日发电量仅略大于 $N=3$ 时的发电量（0.46 万 kW·h），但是 $N=4$ 时的计算时间却远大于 $N=3$ 时的计算时间。由此可见，N 的增大对计算量的影响较大，但对计算结果影响却相对较小。这也反映了选择上库的 N 个时段进行同时计算，而未选择从调度期初开始考虑，对于本章所选流域实例，$N=3$ 是较为合理的取值。

表 9.3　　不同 N 下的结果对比

MDP	发电总量/(万 kW·h)	计算耗时/min
$N=3$	11296.94	9.42
$N=4$	11297.40	>120

3. 实际运行中发电量对比

MDP 的主要参数取值为：同时参与计算的阶段数 $N=3$，库容离散点数 $M=15$，通过误差修正，MDP 求解梯级水库短期优化调度的调度结果见表 9.4，DP 和 MDP 所得的调度方案分别在水电站实际运行中产生的发电量如表 9.5 所示。

表 9.4　　MDP 计算结果

时段	锦东			官地			
	水位/m	出库流量/(m^3/s)	出力/MW	入库流量/(m^3/s)	水位/m	出库流量/(m^3/s)	出力/MW
1	1643.00	1040.00	2796.41	1046.35	1327.00	976.35	1005.41
2	1643.00	799.23	2167.04	1089.69	1327.00	361.54	382.00
3	1644.68	1144.62	3091.21	1047.56	1327.17	319.41	338.91
4	1645.50	1432.00	3848.98	1086.62	1327.33	358.47	379.84
5	1645.50	1486.00	3989.75	1255.82	1327.50	527.67	555.31
6	1645.50	1526.00	4093.85	1419.60	1327.66	691.45	723.65
7	1645.50	1460.00	3922.01	1512.98	1327.83	784.83	819.56
8	1645.50	1394.00	3749.76	1541.33	1328.00	813.18	849.45
9	1645.50	1340.00	3608.54	1512.56	1328.16	784.41	821.38
10	1645.50	1260.00	3398.82	1459.64	1328.33	731.50	768.54
11	1645.50	1180.00	3188.49	1395.50	1328.50	1325.50	1368.87
12	1645.50	1100.00	2977.54	1321.42	1328.50	1251.42	1294.72
13	1645.50	1057.00	2863.88	1246.70	1328.50	1176.70	1219.77
14	1645.50	1013.33	2748.27	1181.23	1328.50	1111.23	1153.94
15	1645.50	970.00	2633.34	1128.02	1328.50	1058.02	1100.34
16	1645.50	1107.00	2996.02	1095.83	1328.50	1683.98	1724.28
17	1645.50	1243.33	3355.05	1118.93	1328.33	1707.08	1744.67
18	1645.50	1380.00	3713.17	1206.81	1328.16	1794.96	1828.77
19	1645.50	1421.00	3820.27	1317.99	1328.00	1906.14	1935.28

续表

时段	锦　东			官　地			
	水位 /m	出库流量 /(m^3/s)	出力 /MW	入库流量 /(m^3/s)	水位 /m	出库流量 /(m^3/s)	出力 /MW
20	1645.50	1401.00	3768.05	1409.01	1327.83	1997.16	2021.53
21	1645.50	1487.23	3989.80	1461.73	1327.66	2049.88	2070.07
22	1645.01	1801.92	4784.91	1525.97	1327.50	2114.12	2129.59
23	1643.00	1296.67	3466.98	1610.26	1327.33	2198.41	2208.23
24	1643.00	1260.00	3371.57	1585.81	1327.17	2173.96	2181.50

表 9.5　　MDP、耦合算法及 DP 效益对比　　单位：万 kW·h

算　法	锦　东	官　地	总发电量
DP	8242.02	2990.25	11232.28
MDP	8234.37	3062.56	11296.94
耦合算法实际效益	8207.61	3063.18	11270.79

考虑水流演进的多维动态规划模型，在计算过程中通过马斯京根模型，根据上游水库 N 个阶段的出库流量对下游水库的入库流量进行模拟。相比于一般的梯级水库短期优化调度模型直接将上游水库的出库流量延后一段时间直接作为下库入库流量而造成系统失真情况而言，充分考虑到了水流在河道演变中的演进作用。因此，多维动态规划模型对下游水库入流过程的模拟仿真精度更高，计算所得的调度方案在实际生产中更加容易实现，所发挥的发电效益更大。如表 9.5 所示，多维动态规划模型所得调度方案在实际生产中发电为 11296.94 万 kW·h，比一般的优化调度模型所计算的调度方案实际产生的发电量多 64.66 万 kW·h。

另外，结合图 9.6，在代表日流量与日水位初末状态相同的条件下，多维动态规划模型与马斯京根法-DPSA 的耦合算法的计算结果对比，也能获得更多的发电量，耦合算法计算结果在实际生产中的总发电量为 11270.79 万 kW·h，这是因为多维动态规划模型遍历了所有库容组合变化，从而保证了所求结果的全局最优性，而耦合算法采用的 DPSA 算法，初始解对计算结果影响较大，往往仅能获得局部最优解。

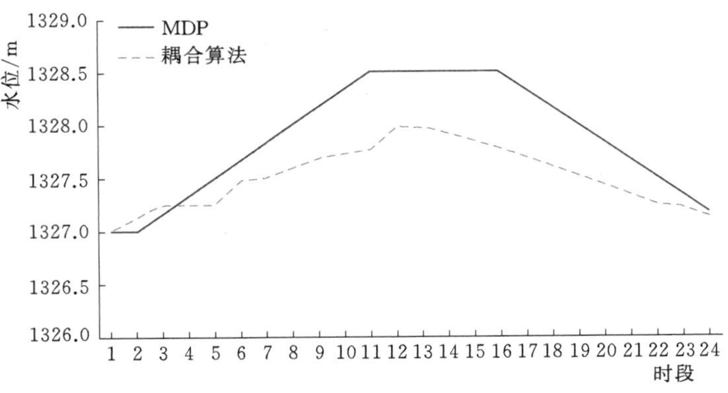

图 9.6　官地水库 MDP 与耦合算法水位对比

9.2 考虑水电站出力误差的梯级水库群短期优化调度模型

在当今大力发展可再生能源与清洁能源的时代，水电作为可再生能源中一种主要支撑能源也在逐渐蓬勃发展起来。水库运行需兼顾发电、防洪、灌溉、航运等多项任务，随着梯级水库群规模的逐渐扩大，水库管理与运行难度不断增加，如何合理地调度成了众多学者研究的重点。

众所周知，在水电站实际运行管理的过程中，水电站发电计划往往是依据预报径流系列来制定的，而非实际径流系列。然而，由于河川具有随机性、地区性及复杂性等特点，实际径流过程与预报径流过程之间会存在一定偏差，即径流预报误差。由于该误差的存在，原本制订的发电计划在实际运行过程中可能不能够顺利地执行。另外，基于电网稳定安全的要求，规定各水电站发电计划一旦下达，一般情况下不允许修改。因此，各大水电站在制订发电计划时需充分考虑径流预报误差的影响，制订出更为合理的发电计划。总体而言，目前有两种途径来消除径流预报误差的影响：①从提高径流预报精度入手，通过修正预报模型参数及改进预报方法，进一步减少预报误差，从而降低水电站运行风险；②从研究预报误差分布入手，采用相关理论方法量化预报误差，研究其分布规律，使调度方案的风险控制在可接受范围内。

对于水电站而言，由于预报误差的存在，水电站实际运行时会与原计划出现一定差距，这部分差距即为水电站出力误差。因此，出力误差是在制订发电计划中需要考虑的最为主要的风险因素，而对于出力误差的量化与研究目前还较为鲜见。基于此，以出力误差为出发点，引入风险价值概念，利用风险价值来描述水电站发电计划可能潜在的最大出力损失，建立考虑出力误差的水库群短期优化调度模型。另外，由于 USOM-GA 是一种解决确定性优化问题的智能算法，尚不能处理不确定性问题，为此，提出基于极值理论的 USOM-GA 算法进一步提高算法的实用性，通过对模型进行求解，制订出发电保证率较高的调度方案。最后以雅砻江流域的梯级水库群为工程背景进行实例分析，验证该模型与算法的合理性。

9.2.1 传统水库调度模型

如前所述，对于水库（群）发电优化调度而言，传统的“以水定电”模型是在已知天然来水的情况下以水库群发电量最大为目标建立模型，形式如下：

$$E=\max\sum_{i=1}^{n}\sum_{t=1}^{T}K_i q_{et}^{i} H_t^{i}\Delta t \tag{9.5}$$

式中：E 为在调度期内的总发电量，kW・h；i 为水电站水库编号；n 为梯级水库群总数；T 为调度期内的时段总数；K_i 为水电站水库 i 的出力系数；q_{et}^{i} 为水电站水库 i 在 t 时段的发电流量，m^3/s；H_t^i 为水电站水库 i 在 t 时段水头，m；Δt 为时段的小时（秒）数，h(s)。

在水电站实际运行中，制定次日（后几日）发电计划时输入的径流系列实际上为预报值系列，而径流预报值与实测值之间会存在一定差距，这可能会导致在实际运行时无法按照原发电计划进行调度，出现修改发电计划的情况，可以看出，由于预报误差的存在，采用式（9.5）进行发电计划的制订是不够安全与合理的。基于此，引入风险价值（Value at Risk，VaR）概念，将径流预报误差导致的水电站出力误差因素加入到模型构建中，建立考虑出力误差的水库群短期优化调度模型，并针对模型和 USOM-GA 特点，进一步提出基于极值理论的 USOM-GA 来求解模型。

9.2.2 考虑出力误差的梯级水库群短期优化调度模型

9.2.2.1 目标函数

风险价值概念是一种风险量化指标。其主要应用于金融资产收益率分布及波动性市场条件下，表示在置信水平 α 及相应的持有期 τ 内，某一投资组合可能产生的最大损失。由于其具有所需数据少、易检验计算的特点，现被广泛应用于风险事件的评估。风险价值的数学表达式如下：

$$\begin{cases} VaR=\omega_0\times VaR_p \\ Pr(\Delta r(\tau)<VaR_p)=1-\alpha \end{cases} \tag{9.6}$$

式中：ω_0 为总资产，即某一投资组合；VaR_p 为在置信水平 α 已知的情况下的最坏收益率；$Pr(\Delta r(\tau)<VaR_p)$ 为发生事件“$\Delta r(\tau)<VaR_p$”的概率；α 为置信水平。

如前所述，在水电站实际运行过程中，当按照已制订的发电计划实施时，由于出力误差的存在，可能会出现实际发电量与原计划发电量不符的情况。将实际发电量和计划发电量的差值作为计划发电量的出力损失。需确定的是不同调度方案下的最大出力损失值，以便能够了解由于径流预报误差产生的出力误差对该方案的影响。基于 VaR 的含义及水库调度的特点，用 VaR_p 表示发电计划可能产生的最大出力损失；水库群的调度期即为持有期 τ；而制订的发电计划即为最初的总资产值 ω_0。考虑到不同发电计划制订者对于风险的态度不同，有冒险型、中间型与保守型的区分，需引入主观风险态度使调度更为灵活。基于此，所建模型目标函数如下：

$$E=\max\left[(1-\gamma VaR_p)\sum_{i=1}^{T}K_i q_{et}^i H_t^i\Delta t\right] \tag{9.7}$$

式中：E 为整个调度期内的水电站总发电量，kW·h；VaR_p 为在调度期内可能产生的最大出力损失；γ 为决策者风险态度，$0\leqslant\gamma\leqslant1$，当 γ 越接近 0 则说明决策者越冒险，越接近于 1 则说明决策者越保守；K_i 为水电站水库 i 的出力系数，q_{et}^i 为水电站水库 i 在 t 时段的发电流量，m^3/s；H_t^i 为水电站水库 i 在 t 时段的水头，m；Δt 为时段的小时（秒）数，h(s)。

9.2.2.2 约束条件

该模型涉及的约束条件主要如下所述。

（1）水量平衡限制：

$$Q_t^i=(V_{t-1}^i-V_t^i)/\Delta t+I_t^i+Q_t^{i-1}-Q_{e,t}^i \tag{9.8}$$

式中：Q_t^i 为梯级水库系统中水电站水库 i 在调度期 t 时段的下泄流量，m^3/s；V_{t-1}^i 与 V_t^i 分别为水电站水库 i 在 t 时段初与末时的蓄水量，m^3；Δt 为一个时段长度，s；I_t^i 为水电站水库 i 在 t 时段的平均区间入流，m^3/s；Q_t^{i-1} 为水电站水库 i 的上库在 t 时段的出流，m^3/s；$Q_{e,t}^i$ 为水电站水库 i 在 t 时段的蒸发流量，m^3/s。

（2）水库库容限制：

$$V_{t,\min}^{i} \leqslant V_{t}^{i} \leqslant V_{t,\max}^{i} \tag{9.9}$$

式中：V_t^i 为水电站水库 i 在 t 时段末时的蓄水量，m^3；$V_{t,\min}^{i}$ 与 $V_{t,\max}^{i}$ 为水电站水库 i 在 t 时段对应的最小与最大库容，m^3。

（3）下泄流量限制：

$$Q_{t,\min}^{i} \leqslant Q_{t}^{i} \leqslant Q_{t,\max}^{i} \tag{9.10}$$

式中：Q_t^i 为梯级水库系统中水电站水库 i 在调度期的 t 时段的下泄流量，m^3/s；$Q_{t,\min}^{i}$ 与 $Q_{t,\max}^{i}$ 为水电站水库 i 在 t 时段容许的最小与最大下泄流量，m^3/s。

（4）出力限制：

$$N_{t,\min}^{i} \leqslant N_{t}^{i} \leqslant N_{t,\max}^{i} \tag{9.11}$$

式中：N_t^i 为水电站水库 i 在 t 时段的出力，MW；$N_{t,\min}^{i}$ 与 $N_{t,\max}^{i}$ 为水电站水库 i 在 t 时段容许的最小与最大出力，MW。

（5）边界条件限制：

$$V_0^i = V_{\text{begin}}^i, V_T^i = V_{\text{end}}^i \tag{9.12}$$

式中：V_{begin}^i 与 V_{end}^i 为整个调度期初与末时的水电站水库 i 库容，m^3。

（6）非负限制：

$$Z_t \geqslant 0 \tag{9.13}$$

此非负限制表示式（9.6）～式（9.12）中的变量均为非负。

9.2.3 模型求解

为能够准确获得该模型的最优解，模型求解分为两个阶段：①针对不同时期不同预报径流大小的特点，对其进行径流预报级别划分，并提取出不同径流预报级别下的预报误差分布规律，同时给出水电站出力误差的定义及量化步骤；②针对所提出的 USOM-GA 无法解决不确定性问题的缺陷，提出基于极值理论的 USOM-GA，进一步完善该算法的实用性，给出该算法的求解步骤。下面将分别介绍这两个阶段的研究内容。

9.2.3.1 预报径流级别分类及预报误差求解

径流预报系列在水库调度中扮演着举足轻重的角色，是制订发电计划的重要输入条件。准确地掌握径流预报系列可以有效提高水资源利用率，制订更为合理的水库的调度方案，为水电站创造更多的效益。然而由于预报误差的存在，使得在实际执行发电计划过程中会承担一定风险，因此有必要对径流预报误差系列进行量化并求解出相应的分布函数以掌握其分布规律。此外，由于径流具有地区性、复杂性及随机性的特点，对于不同时期而言，径流预报误差分布规律不尽相同。即使在同一时期，不同大小的径流预报误差分布也存在差别。基于此，为了能够准确掌握径流预报误差的分布规律，更好地指导调度工作，首先采用聚类分析法结合人工经验对不同时期的预报径流进行级别划分，之后对于不同级别下的径流预报误差系列进行拟合，得到不同时期、不同预报级别所对应的径流预报误差分布形态，为后续模型求解提供数据基础。

聚类分析是指将物理或抽象对象的集合分成几个由类似对象组成的多个类的分析过程。聚类分析法是对样本进行分类的一种经典统计方法。聚类分析不仅能对复杂样本进行合理分类，而且能够进行判别分析及预测，目前该方法已被广泛应用于各个领域（Fouedjio，2016；王骏等，2012）。采用聚类分析和人工经验法从主客观两个方面对径流预报系列进行分类，主要步骤如下：

步骤一：通过人为经验分析研究流域特性，确定径流预报系列（$Q_0, Q_1, \cdots, Q_n$）的凝聚点（$D_0, D_1, \cdots, D_m$）。

步骤二：计算每个径流预报系列与凝聚点的距离，并寻找出与之最近的凝聚点，将其归为该级别中，公式如下：

$$d = \min_j |D_j - Q_i| \tag{9.14}$$

式中：Q_i 为第 i 个径流系列值，m^3/s；D_j 为第 j 个凝聚点，m^3/s。

步骤三：计算每个径流级别下的径流平均值，并将该系列平均值作为新的凝聚点（$D_0^k, D_2^k, \cdots, D_n^k$），$k$ 表示迭代 k 次形成的凝聚点系列。

步骤四：计算新的凝聚点与原始凝聚点的距离，判断是否达到终止条件，若否则返回步骤二；若是，则计算结束，输出分类结果。

在确定不同时期不同径流级别之后，便可对径流预报误差的分布进行拟合，误差分为相对误差和绝对误差，选用径流预报相对误差来表示径流预报误差的大小，其表达式如下：

$$\varepsilon = \frac{Q_{\text{forecast}} - Q_{\text{actual}}}{Q_{\text{actual}}} \times 100\% \tag{9.15}$$

式中：ε 为径流预报误差值，分为正误差、负误差与 0，其中正误差表示径流预报值大于实测值，负误差表示径流预报值小于实测值，而 0 则表示径流预报值与实测值恰好相等；Q_{forecast} 为径流预报值，m^3/s；Q_{actual} 为径流实测值，m^3/s。

目前，对于径流预报误差分布的研究较为有限，主要有概率论方法及模糊分析等方法，选取正态分布来对径流预报误差进行拟合求解，拟合形式如下：

$$f(x) = \frac{1}{\sqrt{2\pi}\sigma} \exp\left[-\frac{(x-\mu)^2}{2\sigma^2}\right] \tag{9.16}$$

式中：σ^2 为样本系列方差；μ 为均值。

由此便可得到不同径流预报级别下的预报误差分布形态，以此为依据进行模型求解。

9.2.3.2 水电站出力误差量化

在求解出不同径流预报级别下的径流预报误差分布规律后，以此为依据进行水电站出力误差的求解。在此假设，在水电站制订发电计划时的背景条件与实际运行时的相同（如无突发事件产生、发电机组效率相同等）。

水电站出力误差是由径流预报误差导致的，因此出力误差一定意义上兼具预报误差的特性。需要对水电站出力误差进行量化，为掌握其分布范围及后续的模型求解提供数据支撑。水电站出力误差量化步骤如下：

步骤一：生成满足约束条件下的水库调度方案（$P_0, P_1, \cdots, P_n$），并求解出每个方案相应的计划发电量（E^1_{planned}，E^2_{planned}，…，E^n_{planned}）。

步骤二：根据不同径流预报级别下的预报误差分布函数进行抽样，并得到可能的实际来流系列值。

步骤三：针对某一方案 P_j，依照可能的实际来流系列值进行实际运行求解，得到相应的实际发电量系列（$E^1_{actual,j}$，$E^2_{actual,j}$，…，$E^m_{actual,j}$），计算其出力误差，公式如下：

$$e^i_j=\frac{E^j_{planned}-E^i_{actual,j}}{E^j_{planned}}\times 100\% \tag{9.17}$$

式中：e^i_j 为第 j 个调度方案对应第 i 个可能来流所产生的出力误差值；$E^j_{planned}$ 为第 j 个调度方案相应的计划发电量，kW・h；$E^i_{actual,j}$ 为第 i 个可能实际来流下按照第 j 个调度方案执行所产生的发电量，kW・h。

步骤四：判断是否遍历所有的方案。若是，则结束计算，输出出力误差系列；若否则返回步骤三继续计算。

9.2.3.3 极值理论

极值的概念最早是由统计学家 Bortkiewicz 提出的，从概率上来说，极值表示的是随机变量的极端异常性，从统计意义上来说，是指集合中的最大值与最小值。因此，对于每个集合来说，极值均存在。极值理论便是由此发展起来的一种理论方法，它主要用来分析次序统计量的极端值分布特性，以量化事件的极端风险。在近年来，极值理论得到了快速发展，并引起了各个部门的重视，在工程、环境、水文、金融等多个领域均得到广泛应用（Farah et al.，2016；Kellner et al.，2013）。

总体而言，极值理论模型可以简要分如下两类：

（1）区间最值模型。该模型是通过对统计量进行平均分组，然后取出每组中的最大值，当组数足够多时，便可得到相应的最大值系列，通过广义极值分布来对最大值系列进行拟合，表达式如下：

$$G(x;\mu,\sigma;\xi)=\exp\left\{-\left[1+\xi\left(\frac{x-\mu}{\sigma}\right)\right]^{-1/\xi}\right\}\quad 1+\xi\left(\frac{x-\mu}{\sigma}\right)>0 \tag{9.18}$$

式中：μ、ξ、σ 为相应参数，$\mu\in\mathbf{R}$，$\xi\in\mathbf{R}$，$\sigma>0$；x 为相应的统计量值。

当 ξ 分别取 $\xi=0$、$\xi>0$ 及 $\xi<0$ 时则得到相应的广义极值分布类型Ⅰ、Ⅱ与Ⅲ。特别地，当 $\mu=0$ 且 $\sigma=1$ 时，即得到标准广义极值分布，形式如下所示：

$$G(x;\xi)=\exp[-(1+\xi x)^{-1/\xi}]\quad 1+\xi x>0 \tag{9.19}$$

（2）阈值模型。该模型通过对统计量阈值进行求解，得到相应阈值，之后通过广义 Pareto 分布来对超出阈值部分的统计量进行拟合，求出超阈值部分的分布特性。广义 Pareto 表达式如下：

$$G(y;\xi;\beta)=\begin{cases}1-\left(1+\dfrac{\xi y}{\beta}\right)^{-1/\xi} & \xi\neq 0\\ 1-\exp\left(-\dfrac{y}{\beta}\right) & \xi=0\end{cases} \tag{9.20}$$

式中：$y=X-u$；u 为统计量阈值；X 为超出阈值部分的统计量；ξ、β 分别为相应的参数。

9.2.3.4 基于极值理论的 USOM-GA 算法的模型求解步骤

如前所述，对于模型的求解主要分为两部分，一部分为发电计划最大出力损失，即 VaR_p 值的求解，而第二部分为指定置信水平下最优调度方案的求解。对于模型中的

VaR_p 值，恰好可以将其视为由于出力误差所导致的极端风险事件，为此可利用极值理论对于风险事件良好的评估性能来量化发电计划中的 VaR_p。由于区间最值模型计算效率较低，故采取极值理论中的超阈值模型来对发电计划 VaR_p 进行求解。此外，为能够有效得到在特定置信水平下的最优调度方案，需要在可行域内生成尽可能多的方案，通过 USOM-GA 较强的寻优性能来得出最终结果。基于此，针对模型结构特性，提出基于极值理论的 USOM-GA（李传刚，2018）进行模型求解，具体计算步骤如下所示，模型求解的计算流程图如图 9.7 所示。

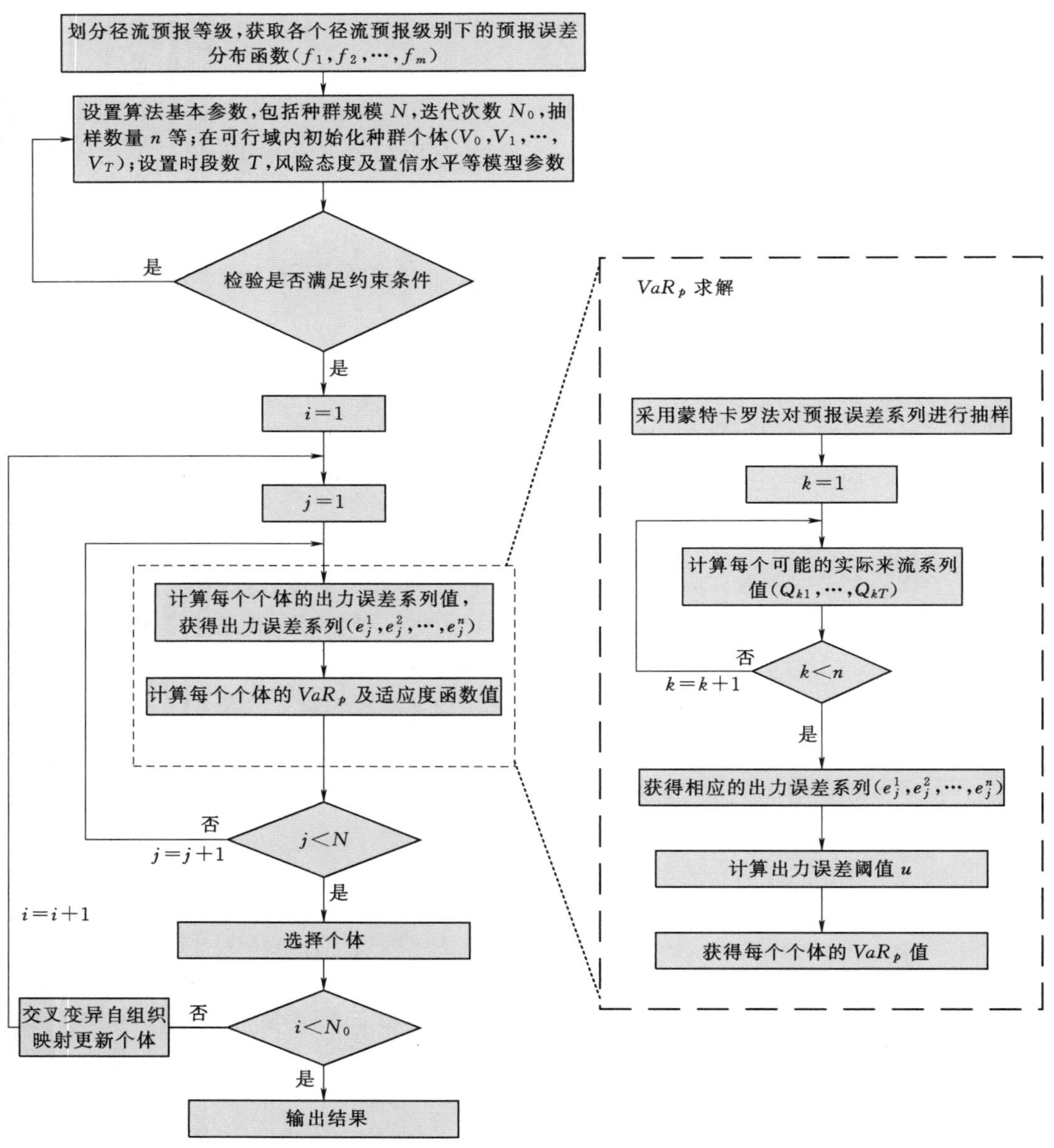

图 9.7　模型计算流程图

步骤一：统计研究流域历史数据资料，求解出不同径流预报级别下的预报误差分布函数（$f_1, f_2, \cdots, f_m$）。

步骤二：划分调度期时段（对于短期调度取时段总数 $T=96$）、设置算法参数。

步骤三：按照种群规模初始化个体。

步骤四：获得径流预报值系列，针对不同段的径流预报值，根据步骤一求出的径流级别对其进行归类，找到相应的径流级别及预报误差分布函数。

步骤五：采用蒙特卡罗方法进行抽样，求解出相应的可能实际来流系列。

步骤六：计算得到每个个体相应的出力误差系列值（$e_j^1, e_j^2, \cdots e_j^n$），其中 e_j^i 表示第 j 个个体对应第 i 个可能来流所产生的出力误差值。

步骤七：确定出力误差系列阈值。目前对于阈值的确定还尚未有统一方法，此处采用较为典型的剩余平均函数图法来对出力误差系列阈值求解。将所得出力误差从小到大排序，并采用式（9.21）进行计算：

$$e(u) = E(X-u \mid X>u) = \frac{\sum_{i=1}^{N_u}(X_{(i)}-u)}{N_u} \tag{9.21}$$

式中：u 为误差系列中的某一值；$X_{(i)}$ 为超过 u 值的统计量；N_u 为 $X_{(i)}$ 的个数；$e(u)$ 为（$X_{(i)}-u$）的期望值。

作散点图（u，$e(u)$），观察趋势，当其趋势在 $X>u$ 后近似线性，并且具有较稳定的正的斜率时，此时的 u 值即为出力误差的阈值。

步骤八：统计超出阈值部分的出力误差系列，构造超阈值统计量 $y_i = x_i - u$，式中 x_i 为超过阈值 u 的出力误差值，采用广义 Pareto 分布进行拟合，表达式如下：

$$G(y;\xi;\beta) = \begin{cases} 1-\left(1+\dfrac{\xi y}{\beta}\right)^{-1/\xi} & \xi \neq 0 \\ 1-\exp\left(-\dfrac{y}{\beta}\right) & \xi = 0 \end{cases} \tag{9.22}$$

式中：β 为尺度参数；ξ 为形状参数。

步骤九：求解出置信水平 α 下的 VaR_p 的值：

$$VaR_p = u + \frac{\beta}{\xi}\left\{\left[\frac{n}{N_u}(1-\alpha)\right]^{-\xi} - 1\right\} \tag{9.23}$$

式中：u 为出力误差系列阈值；N_u 为超出阈值的样本数量；n 为总的样本数量；β 为尺度参数；ξ 为形状参数；α 为置信水平。

步骤十：根据目标函数求解出每个个体的适应度值，并对其进行选择、交叉、变异及自组织映射更新个体。

步骤十一：判断是否达到终止条件，若否，则返回步骤七继续计算，若是则输出最终结果。

9.2.4 实例研究

9.2.4.1 工程概况

以雅砻江流域锦屏一级、锦屏二级及官地水电站（以下简称“锦官水电站”）为背景进行研究。雅砻江流域位于青藏高原东部，呈南北向条带状，流域长度约为950km、宽度约为137km。该流域汛期时间为每年的6—9月，枯期为12月到次年3月，4月、5月、11月及12月为过渡期。锦官水电站主要承担发电任务，位于雅砻江中下游流域，隶属于中国四川省，所在流域地广人稀，除县城人口较集中外，乡镇分布不多，规模不大。官地水库的入库流量由两部分组成：锦屏二级发电流量及九龙河区间入流。锦官水电站基本参数见表9.6，其地理位置如图9.8所示。

表9.6 锦官水电站基本参数

项　　目	锦屏一级	锦屏二级	官　　地
正常蓄水位/m	1880	1646	1330
死水位/m	1800	1640	1321
调节库容/亿 m^3	49.1	0.0496	1.232
保证出力/MW	1086	1443	709.8
装机容量/MW	3600	4800	2400
设计年发电量/(亿 kW·h)	166.2	237.6	110.16
年径流量/亿 m^3	385	387.9	454
年平均流量/(m^3/s)	1220	1230	1440
调节性能	年	日	日

9.2.4.2 基本参数及数据资料

设置初始化种群规模为500，迭代次数为500。锦屏一级水库初始水位为1801.29m、终止时刻水位设定为1801.53m；官地水库调度期初末水位值均为1321m；锦屏二级水库水位为1643.5m并保持不变。原始数据中的预报径流资料为每日四个时刻点的径流值，将其进行插补延长为96时段径流值系列。某日原始预报入库与区间径流资料见表9.7。

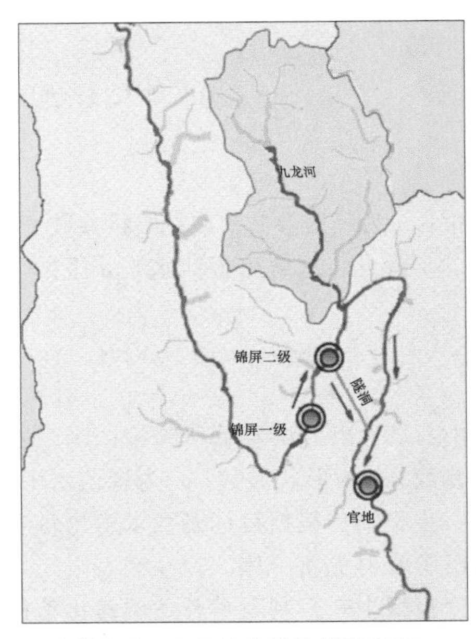

图9.8 水电站地理位置示意图

9.2.4.3 预报径流级别划分及预报误差分布

如前所述，径流预报误差的分布特性会随着径流预报级别的差异而不同，为了使径流预报误差样本系列尽可能精确以保证求解出的最优调度方案的准确性，需要通过预报径流级别的划分来探究不同预报级别下的径流预报误差分布特性。由于区间预报入流变化范围较小，故仅对雅砻江干流进行径流预报级别划分，选用10年径流预报数据进行统计分析，得到径流预报级别划分结果见表9.8。

表9.7　　某日原始预报入库径流与区间入库径流资料

项　目	时　间			
	2：00	8：00	14：00	20：00
预报入库径流/(m^3/s)	1120	1180	1060	1070
区间预报入流/(m^3/s)	150	160	180	170

表9.8　　径流预报级别划分结果　　单位：m^3/s

时期	预报径流级别				
	1级	2级	3级	4级	5级
枯期	<200	[200，400)	[400，600)	[600，800)	≥800
汛期	<2000	[2000，3000)	[3000，4000)	[4000，5000)	≥5000
过渡期	<500	[500，1000)	[1000，1500)	[1500，2500)	≥2500

在预报径流级别划分之后，分别统计不同级别下的预报误差系列并进行拟合求解，求得拟合参数见表9.9，不同时期不同预报级别下的径流预报误差概率密度分布图如图9.9～图9.11所示。

表9.9　　不同预报级别下预报误差分布拟合参数

时期	拟合参数									
	1级		2级		3级		4级		5级	
	μ	σ	μ	σ	μ	σ	μ	σ	μ	Σ
枯期	0.19	5.76	−1.06	3.32	0.95	6.07	1.27	5.85	−1.26	3.86
汛期	−0.34	6.66	−0.59	7.14	0.75	3.66	1.51	3.81	1.12	3.53
过渡期	−0.24	6.16	−1.03	6.79	−0.37	4.93	−0.01	5.93	0.27	3.54

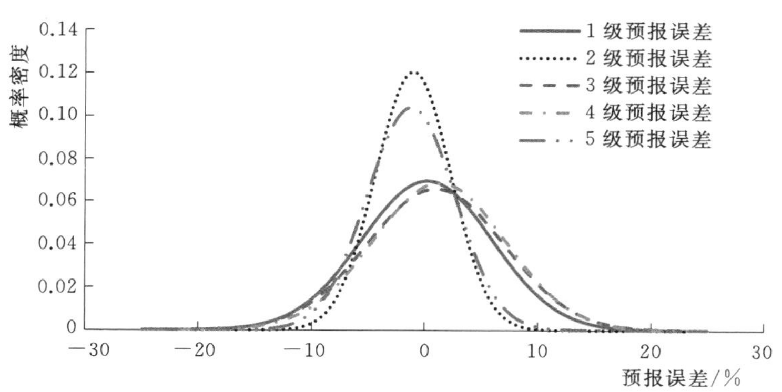

图9.9　枯期径流预报误差概率密度分布图

由表9.9和图9.9～图9.11可以看出，不同时期不同径流级别下其预报误差概率密度分布拟合参数和分布形态不尽相同。以图9.9为例，在枯期，2级和5级预报误差分布

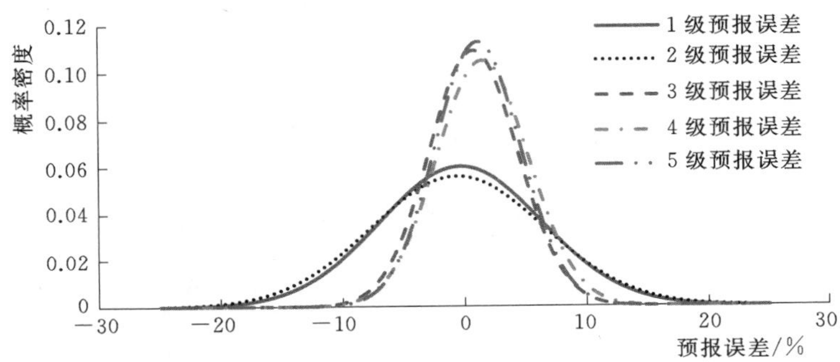

图 9.10 汛期径流预报误差概率密度分布图

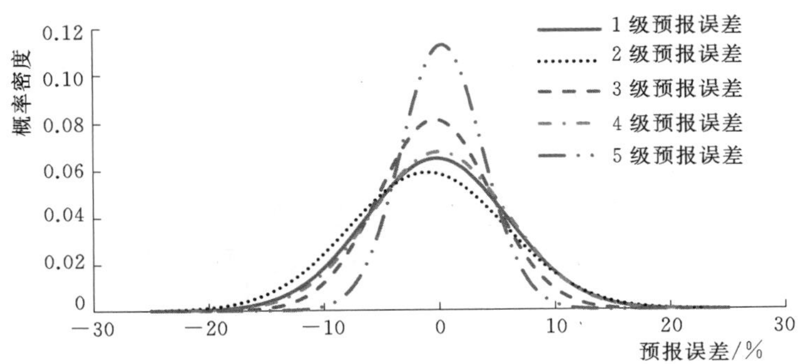

图 9.11 过渡期径流预报误差概率密度分布图

形态为“高瘦”，而 1 级、3 级与 4 级预报误差分布形态为“矮胖”，即意味着在枯期 2 级和 5 级下的预报精度较其他级别的精度较高，并且由图 9.9～图 9.11 可以看出，由于 2 级预报误差变化范围最小，因此 2 级预报精度最高。

此外，选取不同时期相同预报级别下的预报误差进行进一步说明，以 2 级预报误差为例，从表 9.9 和图 9.9～图 9.11 中可以看出，在该级别下，不同时期的预报误差概率密度分布拟合参数各不相同，三个时期最大概率密度依次为 0.12、0.055 和 0.06，其分布形态在枯期呈现出“高瘦”，而在汛期及过渡期则呈现出“矮胖”形态，这意味着在枯期 2 级径流级别下预报精度较其他两个时期的高。综上可以看出，对于不同时期进行径流级别划分是有必要的，能够为后续的模型求解提供了基础数据支持，以获得更为精确的解。

9.2.4.4 不同方案下的出力误差阈值求解

在获得不同时期不同径流级别下的预报误差分布之后，便可获得指定日径流预报系列的预报误差系列值，从而获得该日不同时段的可能实际来流系列，并对水电站出力误差进行量化，得到不同方案下出力误差系列值，并确定不同方案下的出力误差阈值。为说明不同方案下阈值的特点与选取过程，随机选取 4 个调度方案来进行对比说明，求解得到的 4 种方案对应的剩余平均函数图如图 9.12～图 9.15 所示。

由图 9.12～图 9.15 可知，不同调度方案下其出力误差剩余平均函数图及阈值也不尽相同。以图 9.12 为例进行说明，图中曲线首先呈现出较为稳定的下降趋势，当 u 值大于 1.32 之后，其趋势开始出现明显的上升，按照剩余平均函数图法选取原则同时为了保证

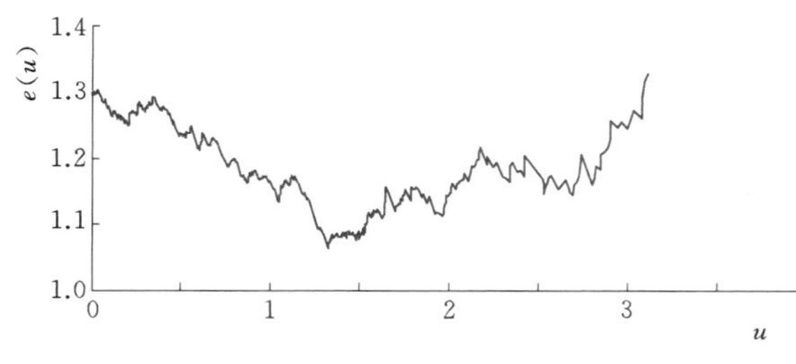

图 9.12　调度方案 1 的出力误差剩余平均函数图

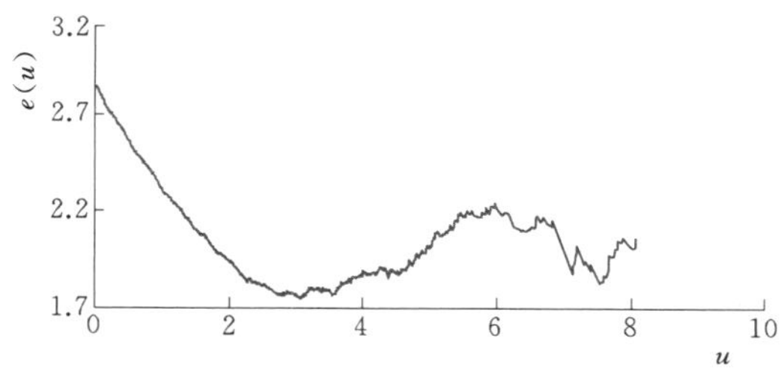

图 9.13　调度方案 2 的出力误差剩余平均函数图

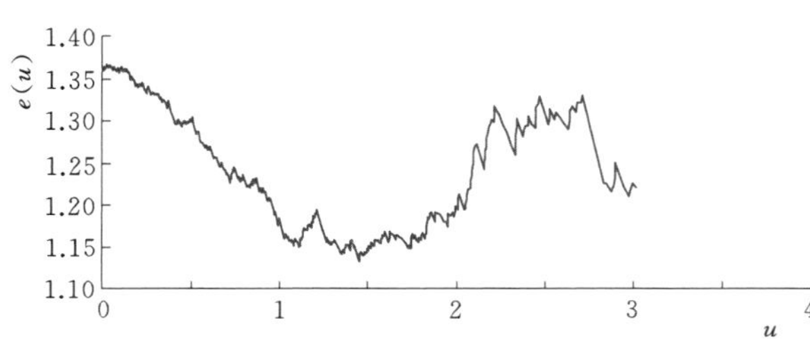

图 9.14　调度方案 3 的出力误差剩余平均函数图

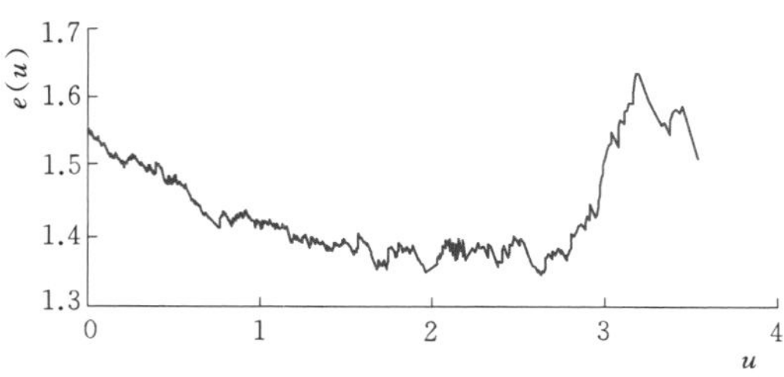

图 9.15　调度方案 4 的出力误差剩余平均函数图

超阈值样本数量足够，故选取 1.32 作为调度方案 1 的出力误差阈值。同理，方案 2、方案 3 和方案 4 的出力误差阈值分别为 3.01、1.45 和 2.63。对于其他调度方案的阈值可按照上述方式进行选取。

9.2.4.5　不同置信水平与风险态度下的最优调度方案

在获得不同方案出力误差阈值之后，便可获得不同置信水平不同风险态度下的最优调度方案。分别选取置信水平 α 为 0.90 和 0.95，风险态度 γ 分别设为 1、0.6、0.2 和 0 四个值，由此得到各自最优调度方案如表 9.10 所示。

表 9.10　不同置信水平与风险态度下的最优调度方案

方案	发电量/(万 kW·h)							
	$\alpha=0.95$				$\alpha=0.90$			
	$\gamma=1$	$\gamma=0.6$	$\gamma=0.2$	$\gamma=0$	$\gamma=1$	$\gamma=0.6$	$\gamma=0.2$	$\gamma=0$
方案 1	11982.81	12127.17	12127.17	12343.70	11997.77	12136.15	12274.52	12343.70
方案 2	11939.24	12128.28	12317.32	12411.83	11948.17	12133.63	12319.10	12411.83
方案 3	11905.36	12125.51	12345.66	12455.74	11914.34	12130.91	12347.46	12455.74
方案 4	11733.37	12038.04	12342.71	12495.04	11764.11	12056.49	12348.86	12495.04
方案 5	11979.06	12107.06	12235.06	12299.06	12000.32	12119.82	12239.31	12299.06
方案 6	11917.41	12127.41	12337.41	12442.41	11988.44	12170.03	12351.61	12442.41

从表 9.10 中可以看出，不同置信水平与风险态度下分别对应着最优调度方案。当置信水平 α 为 0.95 时，风险态度 γ 为 1、0.6、0.2 和 0 时的最优调度方案分别为方案 1(11982.81 万 kW·h)、方案 2(12128.28 万 kW·h)、方案 3(12345.66 万 kW·h) 及方案 4(12495.04 万 kW·h)。由结果可以看出，即使相同置信水平下，决策者对于风险态

度的不同其调度方案也会存在很大的差别，当风险态度为0（即不考虑风险）时，最优方案为方案4，此方案即为不考虑径流预报误差导致的出力误差的影响下的结果（即通过传统方法求得，以下称为“传统方案”），而当风险态度为1时，即意味着决策者需要完全考虑出力误差的影响以保证水电站运行安全，此时的“传统方案”对应的发电量为11733.37万kW·h，远小于调度方案1的发电量11982.81万kW·h。

针对上述结果可以做如下解释：尽管“传统方案”依据径流预报系列求得的发电量最大，但同时该方案在调度期内所产生的可能最大损失较其他几个方案也大，因此当综合考虑出力误差影响及风险态度时，其最优调度方案会出现不同的情况。

同样地，当置信水平为0.90时，风险态度γ为1、0.6、0.2和0时的最优调度方案分别为时方案5(12000.32万kW·h)、方案6(12170.03万kW·h)、方案6(12351.61万kW·h）及方案4(12495.04万kW·h)。可以看出这些方案的发电量相比于置信水平为0.95时的发电量较大，这是因为置信水平越小代表风险越高，风险越高则获得的效益越大。

此外，为了进一步说明该模型求解出来的方案较“传统方案”的优势，将模型计算出来的方案与“传统方案”在不同置信水平α与风险态度γ下进行对比，其增加发电量如图9.16所示。

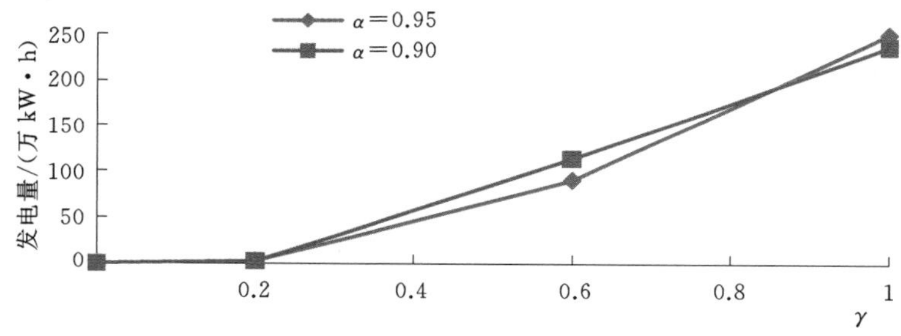

图9.16 不同置信水平与风险态度下的增发电量

由图9.16可以看出，当置信水平α分别为0.95和0.90时，其最大增发电量分别为249.44万kW·h和236.21万kW·h，且在各个风险态度下，其增发电量均为非负，即说明该模型求解出的结果较“传统方案”在同等风险下能够有效增加发电量，创造更多的效益，同时也可为决策者提供更为灵活的调度方案。

其不同方案相应的水位过程如图9.17和图9.18所示。

可以进一步通过水位过程来说明不同调度方案的差别，如图9.17所示，以方案1和方案6的锦屏一级水库水位过程为例进行说明。两种方案在调度期末水位相同的情况下，其运行策略却截然不同，在调度期内，方案6的水位在各个时段均高于较方案1的水位（初末时刻除外），其发电流量及水头也因此会有所差别，不同水位过程决定着不同的调度方案，而不同的调度方案伴随着不同的风险。在不同的风险态度与置信水平下，各个方案分别具有各自的优势。

9.2.4.6 模型验证

前几部分内容分析探讨了模型求解出的结果较“传统方案”的优势，众所周知，发电

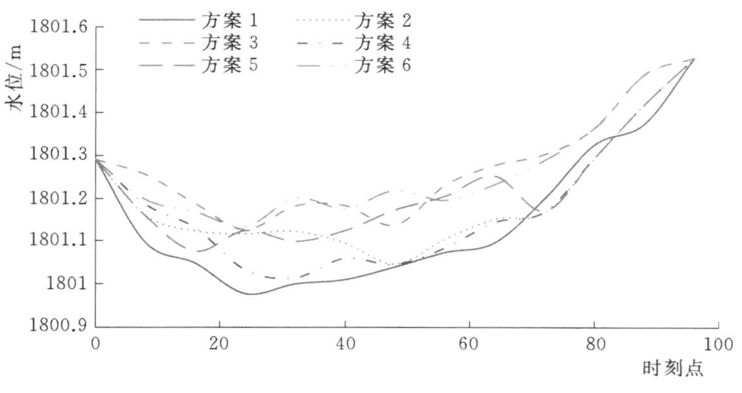

图 9.17 锦屏一级水库水位过程

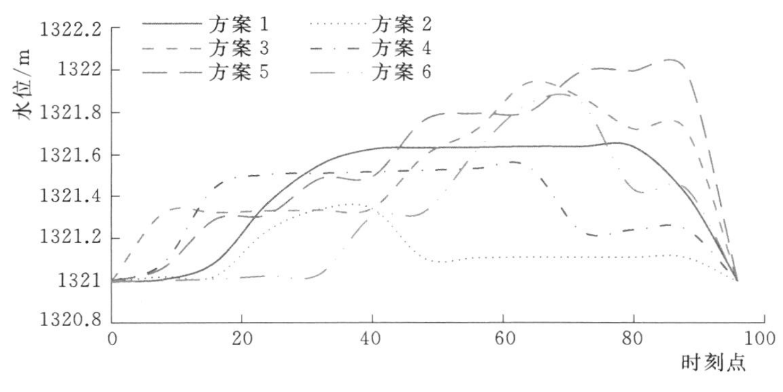

图 9.18 官地水库水位过程

计划制订的准确与否不仅影响着水电站自身的效益、水资源利用率，还影响着电网的安全稳定。基于此，进一步对模型进行验证，以检验模型求解结果的准确性与合理性。下面将选用“锦官水电站”一年的日径流数据资料，采用模型进行求解，制订发电计划，并依据实际径流过程去执行该计划，统计其发电保证率，得到不同置信水平与不同风险态度下的不同调度方案的发电计划保证率，如表 9.11 所示。

表 9.11 不同调度方案的发电计划保证率

γ	发电计划保证率/%	
	$\alpha=0.95$	$\alpha=0.90$
1	99	93
0.6	82	78
0.2	67	59
0	48	48

由表 9.11 可以看出，当置信水平一定时，随着风险态度 γ 值的减小，其发电计划保证率逐渐降低。当置信水平为 0.95，风险态度 γ 为 1 时，即充分考虑出力误差的影响，模型所得调度方案的发电保证率高达 99%，在众多方案中最高；相反，当风险态度 γ 为 0 时，即完全不考虑出力误差的影响，其发电保证率则仅为 48%，在所有方案中最低。也就是说，若完全考虑出力误差的影响，其制订出来的发电计划几乎能够顺利地执行而无须修改发电计划；相反，若完全不考虑出力误差的影响而采用“传统方案”来执行发电计划，虽然发电量最大，但也有很大可能不能够顺利实施，需要

修改计划。

此外，即使在相同的风险态度 γ 下，其发电计划保证率也随着置信水平的不同而变化，总体来说，置信水平越高，发电计划保证率则越大，这与之前所叙述一致。由此可以看出，该模型能够制订出不同置信水平与风险态度下的最优方案，且能够在较高发电计划保证率的情况下获得最大的发电量，为水电站创造更多的效益。

9.3 小结

本章分别建立了考虑水流演进的梯级水库群多维动态规划模型和考虑水电站出力误差的梯级水库群短期优化调度模型，对梯级水库群单目标优化调度求解模型及应用进行了探索和研究，取得了如下主要成果：

（1）由于下游某时段的入库流量与上游水库该时段之前的出库流量有关，若考虑水流的演进作用，传统的动态规划算法便不再适用于梯级短期优化调度问题。为消除后效性影响，构建了考虑水流演进的梯级水库多维动态规划模型，充分考虑了水流在天然河道中的演进作用，可以更加精确地模拟下游水库入库流量，所制定的短期运行策略也更易于在实际运行中实现，而且所得调度方案为全局最优方案，提高了水库水电站运行效益，并在雅砻江流域锦东、官地水库组成的梯级水库系统进行了实例验证。

（2）由于径流的随机性、地区性及复杂性的特点，导致在制订发电计划时往往会存在一定的风险，提出了一种考虑水电站出力误差的水库群短期优化调度模型，获得不同置信水平与风险态度下最优调度方案，并以雅砻江流域锦屏一级、锦屏二级及官地水电站为对象进行了实例分析，结果表明，在相同置信水平与风险态度下，该模型求解出的结果相比于传统方案可有效提高发电量，且也可获得不同置信水平与不同风险态度下的最优调度方案，为决策者提供更为灵活丰富的决策信息。

第 10 章

梯级水库群多目标优化调度算法及应用

梯级水库群多目标优化调度涉及防洪、发电、供水、航运、生态等多个方面，多个目标之间既非完全协同亦非完全对立，各目标间往往存在一定程度的互馈作用。现有成果中多目标优化调度模型的求解方法主要有两类：①通过对多目标进行赋权或转化为约束条件等方式将多目标优化调度问题降维，从而转变为单目标优化问题；②采用 NSGA-Ⅱ、改进 Pareto 强度进化算法（SPEA2）、多目标粒子群算法（MOPSO）等经典的第二代多目标进化算法或其改进方法。方法①可有效降低问题的求解难度，但目标权重等参数设置只能依据主观经验，且每次计算仅能得到一个方案；方法②的计算效率较方法①有明显提升，每次计算可得到一个方案集，但其缺点在于经典多目标进化算法的性能往往随决策变量维数的增长而降低，随着梯级水库群的规模不断增大，其计算的复杂性也随之增加。

在多目标优化求解过程中，存档更新是关键操作，其时间复杂度通常与所处理问题的目标维数及迭代过程中 Pareto 存档的规模成正比，为保证计算速度一般采用有界存档，即当存档个体数超出预设规模上限时将一部分个体舍弃，这种方法虽能提高存档更新速度，但存在诸多弊端。例如，当存档规模越限时，部分潜在有效解的舍弃势必会造成存档质量的下降，导致 Pareto 近似前沿出现衰退与震荡；有界存档需额外引入一系列策略以保证输出结果的质量，这将增加算法复杂度且相关参数较难确定与调整；近年来提出的多目标决策方法如理想均变率法（纪昌明，2017b）往往要求具有良好分布特性的高密度 Pareto 前沿，有界存档难以满足，最简单的处理方式是取消存档的规模限制，但当所处理的问题的目标维数较大时，如何实现存档的高效维护与管理成为主要难题。

针对上述问题，本章提出了两种多目标优化问题求解方法：①基于树形结构无界存档（Tree-structured Unbounded Archive，TUA）的多目标粒子群算法（MOPSO/TUA），使用规模不受限的存档收集非支配个体，并利用树形结构作为存档的数据存储结构以减少存档更新中存在的冗余支配关系比较，进而提升存档的更新效率，接着将基于树形结构的最优个体选择与更新策略引入多目标粒子群算法中；②以多目标遗传算法 NSGA-Ⅱ为基础，采用基于正交设计的种群初始化策略对其进行改进，以保证初始种群的质量，采用问题变换策略以保证高维空间内算法的搜索力度，为梯级水库群多目标优化调度模型的求解提供了可行的途径。

10.1 多目标优化基本概念

MOP 问题可表述为

$$\begin{cases} \min \mathbf{y} = \mathbf{f}(\boldsymbol{x}) = \{f_1(\boldsymbol{x}), f_2(\boldsymbol{x}), \cdots, f_m(\boldsymbol{x})\} \\ s.t.\ \mathbf{g}(\boldsymbol{x}) = \{g_1(\boldsymbol{x}), g_2(\boldsymbol{x}), \cdots, g_p(\boldsymbol{x})\} \geqslant 0 \end{cases} \tag{10.1}$$

式中：$\boldsymbol{x}=(x_1,x_2,\cdots,x_n)\in \boldsymbol{X}\subset \boldsymbol{R}^n$ 为 n 维决策向量；$\mathbf{y}=(y_1,y_2,\cdots,y_m)\in \mathbf{Y}\subset \boldsymbol{R}^m$ 为 m 维目标向量；$\mathbf{f}(\boldsymbol{x})$ 为将 n 维决策空间映射至 m 维目标空间的目标函数集合；$\mathbf{g}(\boldsymbol{x})\geqslant 0$ 为 p 个不等式约束，在式（10.1）的基础上给出与多目标优化相关的如下重要概念：

定义 1 Pareto 支配：$\boldsymbol{x}_A$，$\boldsymbol{x}_B\in \mathbf{X}_\mathrm{f}$ 为问题的两个可行解，$\mathbf{X}_\mathrm{f}$ 为可行域，$\boldsymbol{x}_A$ 支配 $\boldsymbol{x}_B(\boldsymbol{x}_A\succ \boldsymbol{x}_B)$ 当且仅当：

$$\begin{cases} \forall k\in\{1,\cdots,m\}, f_k(\boldsymbol{x}_A)\leqslant f_k(\boldsymbol{x}_B) \\ \wedge\ \exists k\in\{1,\cdots,m\}, f_k(\boldsymbol{x}_A)< f_k(\boldsymbol{x}_B) \end{cases} \tag{10.2}$$

定义 2 Pareto 弱支配：$\boldsymbol{x}_A$，$\boldsymbol{x}_B\in \mathbf{X}_\mathrm{f}$ 为两个可行解，$\boldsymbol{x}_A$ 弱支配 $\boldsymbol{x}_B(\boldsymbol{x}_A\succeq \boldsymbol{x}_B)$ 当且仅当：

$$\boldsymbol{x}_A\succ \boldsymbol{x}_B \vee \boldsymbol{x}_A=\boldsymbol{x}_B \tag{10.3}$$

定义 3 Pareto 最优解：$\boldsymbol{x}^*\in \mathbf{X}_\mathrm{f}$ 为 Pareto 最优解当且仅当：

$$\neg\exists \boldsymbol{x}\in \mathbf{X}_\mathrm{f}: \boldsymbol{x}\succ \boldsymbol{x}^* \tag{10.4}$$

定义 4 Pareto 最优解集：Pareto 最优解集是所有 Pareto 最优解的集合，定义如下：

$$\mathbf{PS}\triangleq\{\boldsymbol{x}^* \mid \neg\exists \boldsymbol{x}\in \mathbf{X}_\mathrm{f}, \boldsymbol{x}\succ \boldsymbol{x}^*\} \tag{10.5}$$

定义 5 Pareto 前沿：Pareto 最优解集中所有解对应的目标向量所组成的曲线或曲面称为 Pareto 前沿：

$$\mathbf{PF}\triangleq\{\mathbf{f}(\boldsymbol{x}^*) \mid \boldsymbol{x}^*\in \mathbf{PS}\} \tag{10.6}$$

定义 6 Pareto 存档：Pareto 存档是至今为止搜索到的非支配解的集合，集合中的任意两个个体间满足相互非支配关系：

$$\mathbf{F}_t=\{\boldsymbol{x}_t^* \mid \neg\exists \boldsymbol{x}\in \mathbf{F}_t, \boldsymbol{x}\succ \boldsymbol{x}_t^*\} \tag{10.7}$$

多目标进化算法旨在获得逼近真实 Pareto 前沿的非支配解集，同时要求集合对应的近似前沿的分布具有均匀性和广泛性。

10.2 基于树形结构无界存档的多目标粒子群算法

10.2.1 传统有界存档策略

目前使用的 Pareto 存档通常以线性链表作为其数据存储结构，按是否设置容量上限分为有界存档与无界存档。图 10.1 为线性结构的存档更新流程：假设第 t 代新生成个体 $\boldsymbol{x}$，将 $\boldsymbol{x}$ 与存档 $\mathbf{F}_t$ 存储的集合 $\mathbf{W}=\{\boldsymbol{w}_1,\boldsymbol{w}_2,\cdots,\boldsymbol{w}_{Nf}\}$ 中的所有成员依次进行比较，直至发现存在个体弱支配 $\boldsymbol{x}$ 或所有个体均完成比较，若发现被 $\boldsymbol{x}$ 支配的存档个体则将其从所存储的链表位置删除。若比较完成后发现 $\boldsymbol{x}$ 不被集合中的任意个体弱支配则认为其为非支配个体，将 $\boldsymbol{x}$ 插至链表末尾。上述操作的时间复杂度为 $O(mN_f)$，N_f 为当前存档规模。

若存档的规模设限，则需在 $\boldsymbol{x}$ 加入集合后判断集合的基数是否超出预设上限 $N_f\_\max$，若超过则执行删除操作。由于集合中的个体无法通过 Pareto 支配关系区分优劣，故需额外引入性能指标，通过移除就该指标而言的低质量个体使存档满足容量约束。决定存档个体去留的删除策略对输出结果的影响很大，若设计不当将产生一系列问题，以经典算法为例（公茂果等，2011）：NSGA-Ⅱ采取一次性移除（N_f-N_f_max）个拥挤距离最小个体的删除策略，因最近邻密度值只需计算一次，故计算效率较高，但可能导致存档出现断层现象；SPEA2 采取按 *k-th* 近邻规则迭代移除（N_f-N_f_max）个个体的删除策略，所得解的分布均匀性是很多算法无法超越的，但每次仅移除单个个体且需对剩余个体的密度值重新计算，导致其计算复杂度高达 $O((N+N_f)^3)$；PESA-Ⅱ采取迭代删除（N_f-N_f_max）个位于最拥挤超格内的随机选择个体的删除策略，网格机制的引入提高了计算效率，但网格构建所需设置的参数对结果影响很大，在缺乏所处理问题的目标空间先验信息的情况下较难确定。

上述问题可归结为有界存档很难在保证存档质量的条件下降低计算复杂度，此外删除策略可能导致存档对应的近似前沿在迭代过程中出现衰退与震荡的现象。无界存档虽可避免上述问题，但其更新耗时与内存占用是实际应用中的一大障碍，故构建了适用于大规模存档数据存储的树形结构以提高存档的数据存储与更新效率。

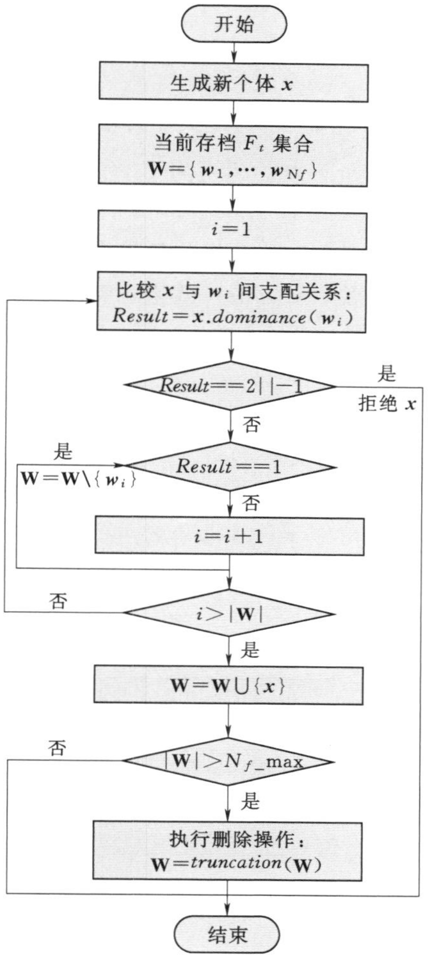

开始
生成新个体 $\boldsymbol{x}$
当前存档 F_t 集合 $\mathbf{W}=\{\boldsymbol{w}_1,\cdots,\boldsymbol{w}_{Nf}\}$
$i=1$
比较 $\boldsymbol{x}$ 与 $\boldsymbol{w}_i$ 间支配关系：$Result=\boldsymbol{x}.dominance(\boldsymbol{w}_i)$
$Result==2||-1$ 是 拒绝 $\boldsymbol{x}$ 否
$Result==1$ 是 $\mathbf{W}=\mathbf{W}\backslash\{\boldsymbol{w}_i\}$ 否
$i=i+1$
$i>|\mathbf{W}|$ 否 是
$\mathbf{W}=\mathbf{W}\cup\{\boldsymbol{x}\}$
$|\mathbf{W}|>N_f$_max 否 是
执行删除操作：$\mathbf{W}=truncation(\mathbf{W})$
结束

图 10.1 线性结构的存档更新流程

10.2.2 基于树形结构的无界存档

10.2.2.1 定义与原理介绍

为便于说明，首先定义决策空间中的点与点、点与整个集合间的支配关系。

定义 7 点与点的支配关系：$\boldsymbol{x}_1$，$\boldsymbol{x}_2\in\boldsymbol{X}$ 为 MOP 的两个解，两者间的所有可能支配关系如下：

$$\boldsymbol{x}_1.dominance(\boldsymbol{x}_2)=\begin{cases}1: \boldsymbol{x}_1\succ\boldsymbol{x}_2\\2: \boldsymbol{x}_1\prec\boldsymbol{x}_2\\0: \boldsymbol{x}_1\sim\boldsymbol{x}_2\\-1: \boldsymbol{f}(\boldsymbol{x}_1)=\boldsymbol{f}(\boldsymbol{x}_2)\end{cases}\tag{10.8}$$

定义 8 点与集合的支配关系：$\boldsymbol{x}\in\boldsymbol{X}$ 为 MOP 的解，$\mathbf{W}=\{\boldsymbol{w}_i\mid\boldsymbol{w}_i\in\boldsymbol{X},i\in\{1,\cdots,k\}\}$ 为 MOP 的解集，两者间的所有可能支配关系如下：

$$\boldsymbol{x}.\,dominance(\mathbf{W})=\begin{cases}1:\ \forall i\in\{1,\cdots,k\},\boldsymbol{x}\succ\boldsymbol{w}_i\\2:\ \forall i\in\{1,\cdots,k\},\boldsymbol{x}\prec\boldsymbol{w}_i\\0:\ \forall i\in\{1,\cdots,k\},\boldsymbol{x}\sim\boldsymbol{w}_i\end{cases}\tag{10.9}$$

存档 $\boldsymbol{F}_t$ 存储的集合记为 $\mathbf{W}=\{\boldsymbol{w}_1,\cdots,\boldsymbol{w}_{Nf}\}$，对应的目标向量集记为 $\mathbf{Z}=\{\boldsymbol{z}_1,\cdots,\boldsymbol{z}_{Nf}\}$，包含 $\mathbf{Z}$ 中所有点的超格为 $\mathbf{C}_m=\{(\boldsymbol{y}_1,\cdots,\boldsymbol{y}_m)\mid\forall i\in\{1,\cdots,m\},\boldsymbol{l}_i\leqslant\boldsymbol{y}_i\leqslant\boldsymbol{u}_i\}$，超格顶点为 $\boldsymbol{P}=\{(y_1,\cdots,y_m)\mid\forall i\in\{1,\cdots,m\},\boldsymbol{y}_i\in\{\boldsymbol{l}_i,\boldsymbol{u}_i\}\}$ 共 2^m 个，将各维分量最小值组成的顶点称为最小顶点 $\boldsymbol{P}_{\min}$，各维分量最大值组成的顶点称为最大顶点 $\boldsymbol{P}_{\max}$。$\boldsymbol{P}_{\min}$ 的各维度值均小于 $\mathbf{Z}$ 中任意点的对应值，故 $\boldsymbol{P}_{\min}$ 支配集合 $\mathbf{Z}$；$\boldsymbol{P}_{\max}$ 的各维度值均大于 $\mathbf{Z}$ 中任意点的对应值，故 $\boldsymbol{P}_{\max}$ 被集合 $\mathbf{Z}$ 支配。

将点 $\boldsymbol{x}$ 的目标向量 $\boldsymbol{y}$ 与 $\boldsymbol{P}_{\min}$、$\boldsymbol{P}_{\max}$ 进行比较，当结果满足某些条件时可直接推导出 $\boldsymbol{x}$ 与集合 $\mathbf{W}$ 的支配关系，即点与集合间关系的快速判别：首先比较目标向量 $\boldsymbol{y}$ 与 $\boldsymbol{P}_{\max}$，若 $\boldsymbol{y}$ 被 $\boldsymbol{P}_{\max}$ 弱支配则由 Pareto 支配的传递性可得 $\boldsymbol{x}$ 被 $\mathbf{W}$ 支配；否则比较 $\boldsymbol{y}$ 与 $\boldsymbol{P}_{\min}$，若 $\boldsymbol{y}$ 弱支配 $\boldsymbol{P}_{\min}$ 则同样由支配的传递性可得 $\boldsymbol{x}$ 支配 $\mathbf{W}$；否则检查两次比较的结果，若均为相互非支配则可知 $\boldsymbol{y}$ 中至少存在一个分量其值小于 $\mathbf{Z}$ 中对应维度的最小值，至少存在一个分量其值大于 $\mathbf{Z}$ 中对应维度的最大值，故 $\boldsymbol{x}$ 与 $\mathbf{W}$ 相互非支配；若上述条件均不满足则无法仅通过两次比较的结果得出点与集合间关系。这一过程如图 10.2 所示。

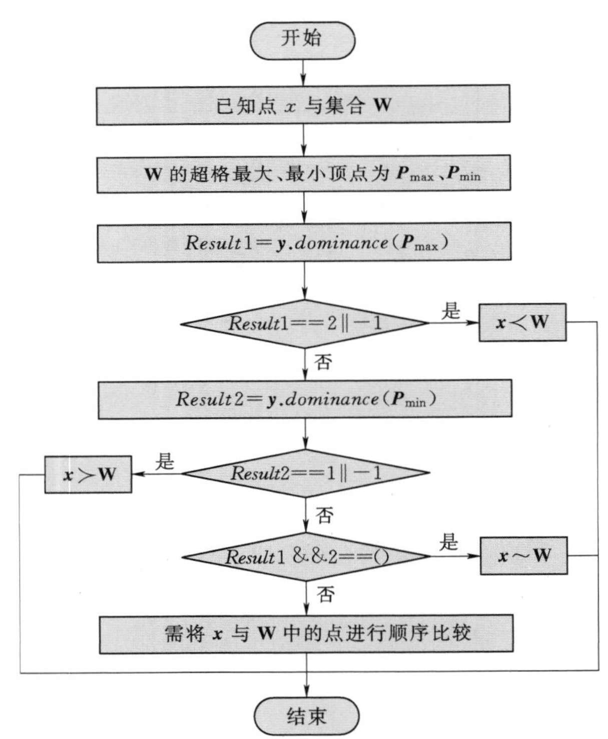

图 10.2 点与集合间支配关系的快速判别

研究中将可实现与集合关系快速判定的点所在的目标空间区域称为该集合的快速判别区域，若 $\boldsymbol{x}$ 位于存档集合的快速判别区域，则可通过其与超格顶点的关系判定得出其与集合间的关系，进而判断出 $\boldsymbol{x}$ 能否进入存档，其本质是通过 Pareto 支配性质减少冗余的比较。然而随着算法迭代搜索的进行，存档集合的规模逐渐增大，覆盖集合目标向量集的超格不断扩大，快速判别区域减少致使实现快速判别的概率降低，如何解决该问题成为关键，主要从以下两点入手：

（1）超格最小化：利用目标向量集 $\mathbf{Z}$ 的各维分量的准确范围确定超格对应维度的范围，即定义为 $\mathbf{C}_m=\{(y_1,\cdots,y_m)\mid\forall i\in\{1,\cdots,m\},\min(Z_i)\leqslant y_i\leqslant\max(Z_i)\}$ 以最小化超格占据的区域。

（2）集合递归划分：当集合达到一定规模时，将其划分为若干个目标空间中相互接近的子集，对各个子集分别建立超格，当子集达到一定规模时再对其进行相同操作。

下面通过一个简单的实例验证以上两点的效果，如图 10.3 所示。

(a)

(b)

(c)

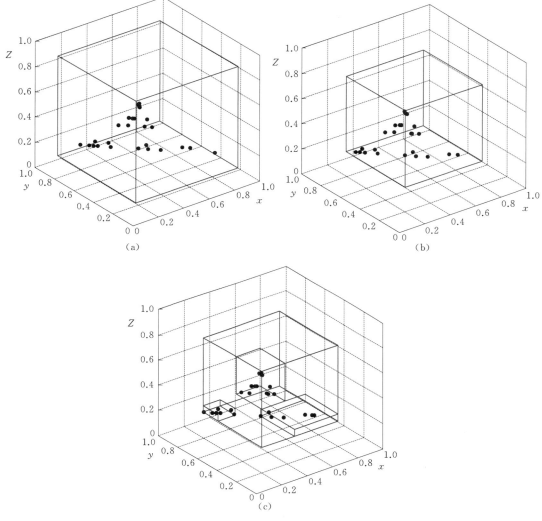

图 10.3　三维目标空间实例

在图 10.3 所示的 $[0, 1]^3$ 三维目标空间中，图 10.3（a）所示的黑点集合是基数 30 的非支配解集所对应的目标向量集 **Z**，**Z** 的各维分量的准确范围均为 0.2～0.8。通过蒙特卡罗法随机生成该目标空间内基数 10000 的点集 **R**，将 **R** 中的点依次与 **Z** 进行支配关系的比较以判断其能否加入集合，通过平均比较次数评价方法的效率。首先采取传统的顺序比较方式，测得平均比较次数为 21.15；接着构建图 10.3（a）所示的超格 $\mathbf{C}_m=\{(y_1, y_2, y_3) | 0.1 \leqslant y_1, y_2, y_3 \leqslant 0.9\}$，采取快速判别方式进行比较，测得平均比较次数为 21.53，较 21.15 反而有所增加。为提高快速判别的效率，首先利用改进方法 1 实现图 10.3（b）所示的超格最小化：$\mathbf{C}_m=\{(y_1, y_2, y_3) | 0.2 \leqslant y_1, y_2, y_3 \leqslant 0.8\}$，可将平均比较次数由 21.53 降至 17.15。接着通过改进方法 2 将 **Z** 划分为图 10.3（c）所示的目标空间中相互

接近的子集 $\{Child\_\mathbf{Z}(1), Child\_\mathbf{Z}(2), Child\_\mathbf{Z}(3)\}$，对子集构建超格，比较时首先判断 **R** 中的点是否位于 **Z** 的快速判别区域，若否则依次检查其是否位于 $Child\_\mathbf{Z}(i)$ 的快速判别区域，若位于则直接得出其与 $Child\_\mathbf{Z}(i)$ 的关系，否则需要和 $Child\_\mathbf{Z}(i)$ 中的点依次进行比较。若该点不被 $Child\_\mathbf{Z}(i)$ 中的任意点弱支配，则继续与 $Child\_\mathbf{Z}(i+1)$ 进行比较。此时的平均比较次数为 10.19，较 21.15 减少幅度明显，由此证明改进方法的有效性。

树形结构作为经典的非线性层次嵌套结构，适用于递归形式数据的存储与查找，将该结构作为存档的数据存储结构，定义如下：树中每个结点包含 **W**、$\boldsymbol{P}_{\max}$、$\boldsymbol{P}_{\min}$、*Parent*、**Child** 这 5 个域，其中 **W** 表示父结点处划分所得的存档子集，$\boldsymbol{P}_{\max}$和 $\boldsymbol{P}_{\min}$表示覆盖 **W** 目标向量集的超格的最大最小顶点，*Parent* 表示该结点的父结点，**Child** 表示该结点的子结点集合。树形结构的使用将加重计算机的内存负担，为此提供两种解决方案，方案 1 通过消除集合信息的重复存储降低内存占用，方案 2 将集合数据转至外存存储以减轻内存负担。因方案 2 将增加计算时间，故推荐使用方案 1 缩减程序的内存占用量，方案的具体措施如下。

（1）树中叶结点存储所分配点集的完整信息，内部结点的点集是其子树下所有叶结点点集的并集，故无须重复存储点集信息。

（2）将树中各结点的集合信息存于数据库中，当相关操作需使用或修改数据时从数据库中进行实时存取。

10.2.2.2 基于树形结构的无界存档更新

将树形结构作为无界存档的数据存储结构以提高计算效率，相应的存档更新操作流程与图 10.1 所示的流程有较大差异。TUA 的更新操作记为 $\mathbf{F}_t.ArchiveUpdate(\boldsymbol{x})$，如图 10.4 所示通过新点 $\boldsymbol{x}$ 更新存档 $\mathbf{F}_t$，具体步骤为：先判断 $\boldsymbol{x}$ 能否加入存档，将 $\boldsymbol{x}$ 与树的根结点 *root* 处的点集（根结点对应完整的存档集合）进行关系比较，若 $\boldsymbol{x}$ 不被集合中的任意个体弱支配则将 $\boldsymbol{x}$ 插至树中，否则拒绝 $\boldsymbol{x}$ 加入。

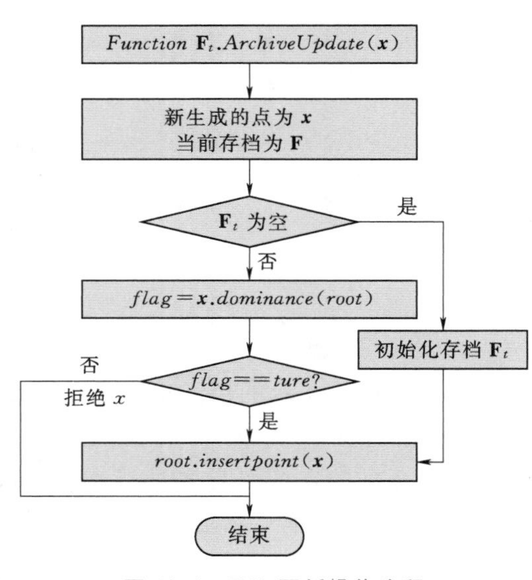

图 10.4 TUA 更新操作流程

上述存档更新有两个主要操作：支配关系比较与插入操作。前者可记作 $flag = \boldsymbol{x}.dominance(node)$，如图 10.5 所示将点 $\boldsymbol{x}$ 与结点 *node* 对应的点集进行支配比较并返回 *bool* 值表明 $\boldsymbol{x}$ 是否被集合 $node.\mathbf{W}$ 中的个体弱支配，该操作的具体步骤为：先检测点 $\boldsymbol{x}$ 是否位于 $node.\mathbf{W}$ 的快速判别区域，即将 $\boldsymbol{x}$ 与结点的超格顶点 $node.\boldsymbol{P}_{\max}$、$node.\boldsymbol{P}_{\min}$进行比较，若 $\boldsymbol{x}$ 被 $\boldsymbol{P}_{\max}$弱支配则 $\boldsymbol{x}$ 被 $node.\mathbf{W}$ 支配，立即返回 $flag = false$；若 $\boldsymbol{x}$ 弱支配 $\boldsymbol{P}_{\min}$则 $\boldsymbol{x}$ 支配 $node.\mathbf{W}$ 及其子集，删除该结点及其子树以保证存档集合的非支配性，返回 $flag = true$；若两次比较的结果均为不相关，

则 $\boldsymbol{x}$ 与 $node.\mathbf{W}$ 中的任意个体相互非支配，返回 $flag=true$；若上述条件均不满足则检查该结点是否位于底层，若是则无法实现快速判别，将 $\boldsymbol{x}$ 与 $node.\mathbf{W}$ 中的个体依次进行比较，若否则将 $\boldsymbol{x}$ 与子结点集合 $node.\mathbf{Child}$ 中的各结点依次进行比较，比较方式同上。上述操作中若发现被 $\boldsymbol{x}$ 支配的存档个体则需将其从树中剔除。

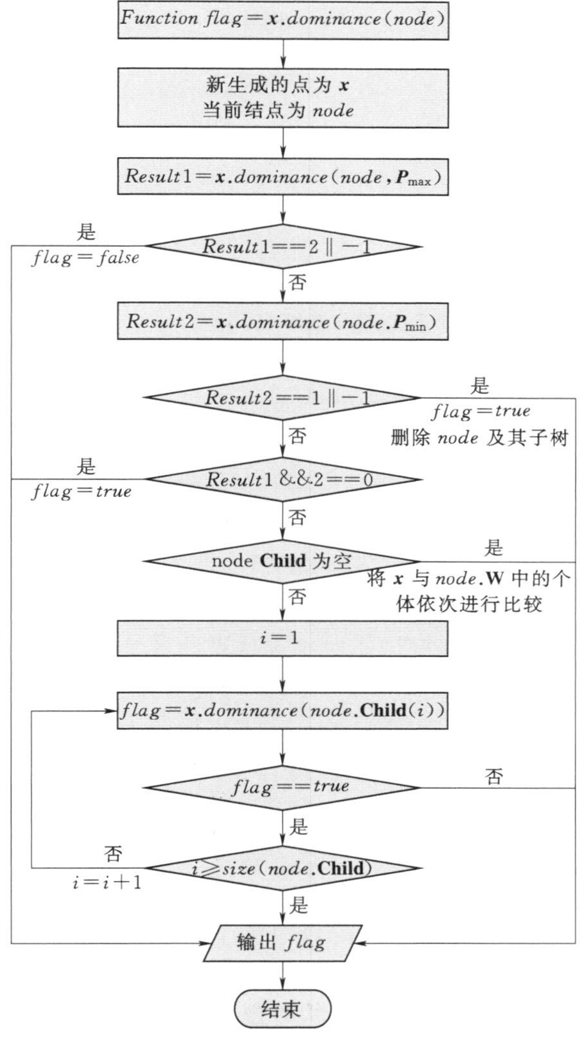

图 10.5　TUA 支配关系比较流程

插入操作记为 $node.insertpoint(\boldsymbol{x})$，如图 10.6 所示将点 $\boldsymbol{x}$ 插入树中结点 $node$，操作具体步骤为：先判断 $node$ 在树中位置，若位于树的底层，则将 $\boldsymbol{x}$ 直接加入 $node.\mathbf{W}$ 即可；否则需要将 $\boldsymbol{x}$ 插入距其最近的该结点的子结点并重复上述操作。操作中需注意以下三点。

（1）当 $\boldsymbol{x}$ 并入叶结点的集合后，若集合规模超出预设值 $leafsize$，则需通过目标空间中的聚类对集合进行划分，产生预设数量 $childsize$ 个子集，并建立相同数量的子结点以存储子集数据。

（2）当 $\boldsymbol{x}$ 并入叶结点的集合后，若相应的超格发生改变需及时更新超格的最大、最小顶点。

（3）当问题各维目标的量纲不同或存在明显的尺度差异时，为防止其对操作中涉及的目标空间中的距离计算产生影响，可利用各维目标的范围或树中根结点的超格范围进行距离的标准化计算。

10.2.3　基于树形结构无界存档的多目标粒子群算法

粒子群算法是基于种群的单目标元启发式优化算法，其具有形式简洁、收敛速度快及参数调整灵活等优点而被认为是求解多目标优化问题的最具潜力的方法之一。Coello 等（2004）基于自适应网格与变异策略而提出的 MOPSO 是最为经典的多目标优化算法之一，本章以此算法为基础提出 MOPSO/TUA，采用 TUA 作为算法的精英策略，针对种群初始化、存档维护与最优个体选择这些步骤进行改进以提升算法性能。MOPSO/TUA 的算法流程如图 10.7 所示，下面对算法中的重要操作进行

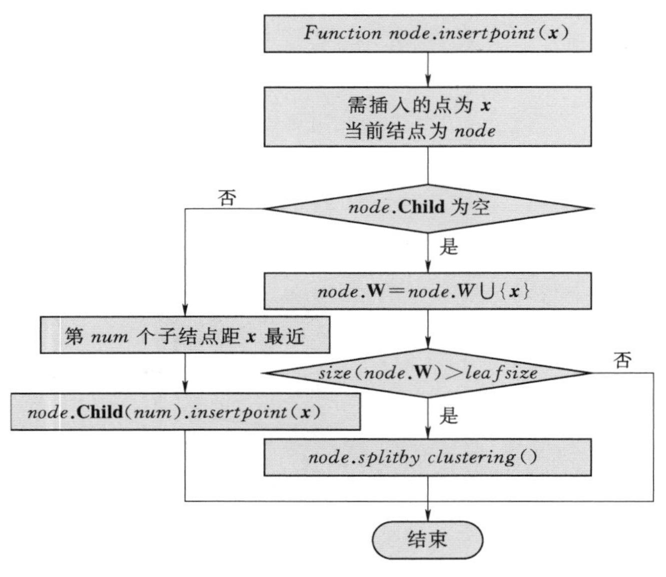

图 10.6 TUA 插入操作流程

介绍。

10.2.3.1 基于正交设计的种群初始化

初始种群的质量对启发式算法的输出结果有较大影响，实际中处理的多目标优化问题其最优解在决策空间中的分布往往是未知的，故要求算法的初始种群尽可能均匀散布在整个决策空间以充分发掘最优解信息，而常用的随机均匀初始化方法无法保证初始解在搜索空间内的均匀分布，为此基于正交试验设计进行种群的初始化。

将目标向量的各维分量视为试验指标，将决策变量的可行域视为试验区域，对决策变量的各维分量 x_i 进行离散，离散水平为 Q，则 x_i 及其离散水平序号 $a_{j,i}\in\{1,\cdots,Q\}$ 可视为试验因素及相应的试验水平，由此将多目标优化问题看作等水平正交试验。接下来构建 $\boldsymbol{L}_M(Q^n)=[a_{j,i}]_{M\times n}$ 的正交矩阵并基于此生成初始种群，M 为选取的试验组合数，满足 $M=Q^J$，J 为正整数，满足 $(Q^J-1)/(Q-1)\geqslant n$，种群初始化的具体步骤如下。

步骤一：令 $J=2$，$N=(Q^2-1)/(Q-1)=Q+1$，选择适当的离散水平 Q 使得 $Q+1\geqslant n$，构造正交矩阵 $\boldsymbol{L}_M(Q^N)$。

步骤二：选择 $\boldsymbol{L}_M(Q^N)$ 矩阵的前 n 列组成正交矩阵 $\boldsymbol{L}_M(Q^n)$。

步骤三：基于 $\boldsymbol{L}_M(Q^n)$ 矩阵每行的试验组合数生成初代种群个体。

10.2.3.2 基于树形结构的最优个体选择

算法通过 TUA 存储迭代过程中搜索到的非支配个体，具体的操作流程见 4.2.2 节，此处介绍种群速度更新中的最优个体选择策略。在多目标粒子群算法中速度更新是种群粒子开展搜索的关键，要求为各粒子选择合适的个体最优粒子 *pbest* 与全局最优粒子 *gbest*。*pbest* 用于引导局部搜索，其选取方式较为简单：开始时将各粒子对应的 *pbest* 初始化为当前位置，位置更新后若当前粒子支配 *pbest* 则将 *pbest* 更新为当前位置，若相互非支配则以 0.5 的概率进行更新。而 *gbest* 用于引导全局搜索，其选取方式较为复杂：为提高输出结果的质量，应优先勘探存档对应的近似前沿中的稀疏区域与边界区域，即优先选择存档中位于目标空间的稀疏区域与边界区域的个体作为 *gbest*，以吸引种群粒子向该区域搜索。个体是否位于边界可通过目标向量各维分量的大小比较进行标识，而个体是否位于稀疏区域则需借由密度指标进行标识，指标的计算复杂度通常与目标向量维数及存档规模成正比，当采用无界存档处理较高维度的问题时，密度指标的计算成本将十分昂贵。而 TUA 采用树形结构进行数据存储，树中各结点超格的建立实质上是一种动态的网格划分，已暗含密度信息故无须额外引入指标进行计算。

图 10.8 为全局最优个体选取流程，将引导种群粒子飞行的 *gbest* 的候选集记为**W_leader**，存档中边际个体的集合标记为 **W_boundary**，每次迭代进行 *gbest* 选取前先更新**W_leader**集合，将原集合清空并将当前存档中的 **W_boundary** 直接加入。接着选择存档中的稀疏区域个体加入集合，该操作记为 $\mathbf{F}_t$. *LeaderUpdate*（**W_leader**）。具体的步骤为：从树的根结点层开始，查看该层各结点的点集大小，若小于等于 2 则将对应的点集直接并入

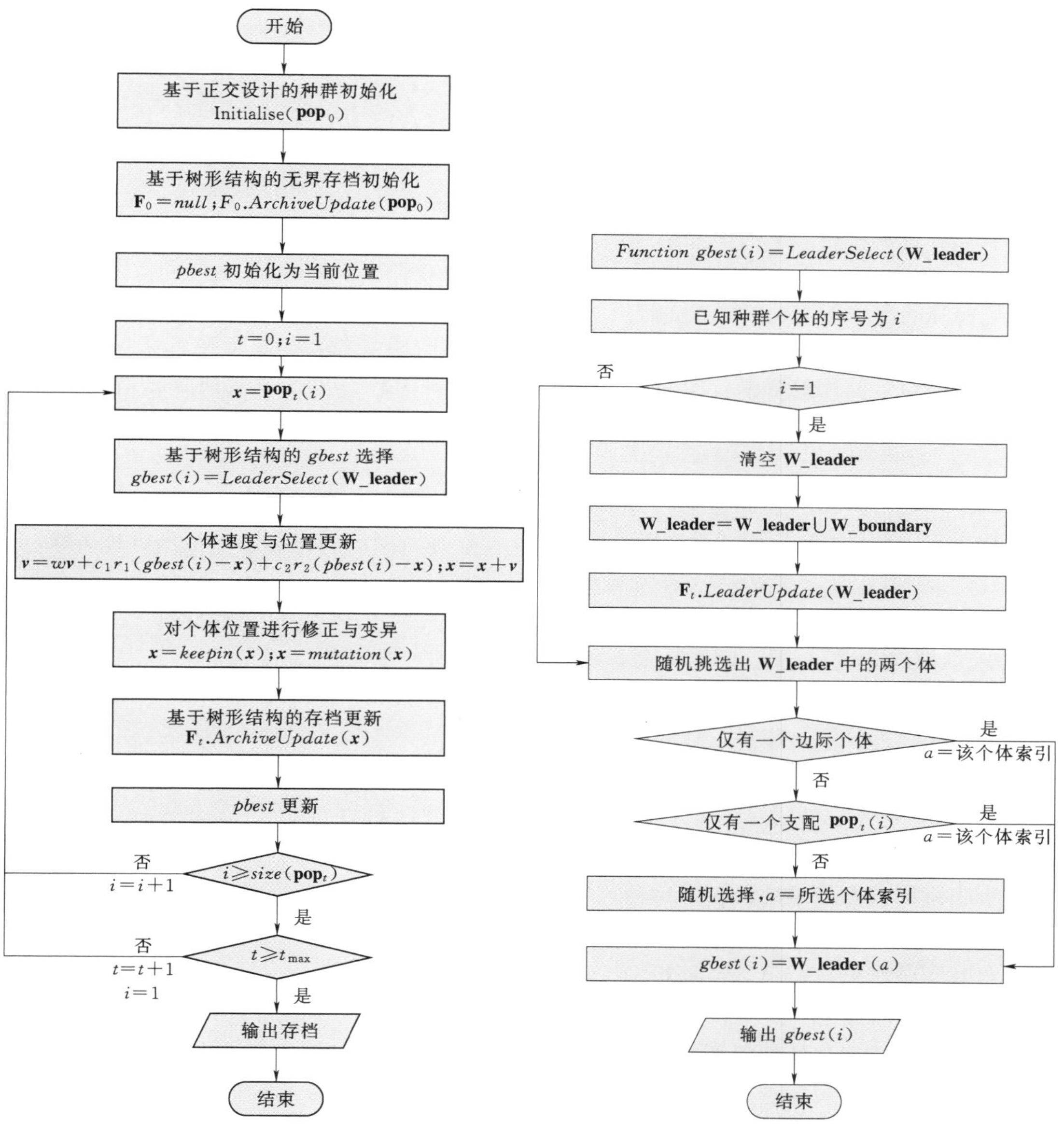

图 10.7　MOPSO/TUA 算法流程图　　　　图 10.8　全局最优个体选取流程图

W_leader，否则将超格大小（超格最大最小顶点间的距离）与点集规模的比值作为该结点的拥挤系数。每次有点加入后需检查 **W_leader** 的规模是否超过预设上限，若超过则结束更新。对该层的操作完成后若集合大小仍未超出限制，则将未执行并入操作的结点按拥挤系数降序排列并依次进行判断，若当前结点为叶结点则将其点集直接并入 **W_leader**，否则浏览其下层子结点并重复上述操作。**W_leader** 的更新完成后，通过二进制锦标赛从中选择个体作为种群粒子的 *gbest*，锦标赛的规则如下：首先以个体是否位于近似前沿的边界为获胜条件，目的是加强对边界区域的搜索以拓宽前沿的分布范围；若无法判定，则以个体是否支配当前种群粒子为获胜条件，目的是加快粒子向前沿方向的移动；若无法判定则随机选择。

10.2.4 实例研究

10.2.4.1 实验设计

为检验所提策略的效果与算法性能，选择目前应用广泛且目标空间能拓展至任意维度的 DTLZ1～DTLZ4 与 WFG1～WFG4 为测试函数，目标空间的维数 m 取 3～5，共有 24 个测试函数。对于 DTLZ1 令 $|\boldsymbol{x}_m|=5$，对于 DTLZ2～DTLZ4 令 $|\boldsymbol{x}_m|=10$，对于 WFG 系列函数令 $|\boldsymbol{x}_m|=m-1$，$l=10$。按侧重点的不同进行分组实验，实验 1 和实验 2 检验改进策略及策略组合使用的效果，实验 3 检验所提算法 MOPSO/TUA 较经典算法 NSGA-Ⅱ、MOPSO 及近年提出的高性能算法 NSLS、pccsAMOPSO 的性能优劣，实验的具体设计如下：

(1) 以算法 MOPSO 为基础，先取消存档的规模限制，标记为 MOPSO1，接着用树形结构取代线性结构，标记为 MOPSO2，将 3 者在不同测试函数的计算结果进行比较。

(2) 以 MOPSO2 为基础，采用基于树形结构的最优个体选择取代原个体选择策略，标记为 MOPSO3，接着利用基于正交设计的种群初始化取代原初始化策略，此即为 MOPSO/TUA，将 3 者在不同测试函数的计算结果进行比较。

(3) 将 MOPSO/TUA 与 NSGA-Ⅱ、MOPSO、NSLS、pccsAMOPSO 这 4 种算法在不同测试函数的计算结果进行比较。

实验的参数设置如下：种群规模设为 $N=400$，有界存档的容量设为 $N_f=200$，速度更新的参数设为 $w=0.4$，$r_1=r_2=2$；MOPSO/TUA 的参数设置为 $leafsize=50$，$childsize=m+2$，$|\mathbf{W\_leader}|=50$；NSGA-Ⅱ 等 4 种对比算法的参数设置参照原文献。为减少随机因素对结果的影响，每种算法在每个测试函数上均需独立运行 50 次，最大迭代次数 $T_{\max}=5000$。利用 SPSS 中的 Wilcoxon 符号秩检验（双边检验，显著性水平为 0.05）对实验结果进行显著性分析。

10.2.4.2 评价指标

多目标进化算法的性能评价一般分为两方面：①是对算法时空复杂度进行评价；②是对算法求解结果的质量进行评价。对于前者利用计算时间 t 度量算法的时间复杂度，算法的空间复杂度并非本节重点，故未对算法运行过程中的内存占用量进行监测；对于后者选择二元超体积指标 $\nu(\mathbf{A},\mathbf{B})$ 与间距指标 SP 对不同算法的求解性能进行对比分析，$\nu(\mathbf{A},\mathbf{B})$ 可评价存档集合对应的近似前沿的收敛性与分布广泛性，SP 可评价集合对应的近似前沿的分布均匀性，两者的定义如下：

$$\nu(\mathbf{A},\mathbf{B})=\lambda(D_{\mathbf{A}\cup\mathbf{B}}(\mathbf{A})\backslash D_{\mathbf{A}\cup\mathbf{B}}(\mathbf{B})) \tag{10.10}$$

式中：**A** 和 **B** 为进行比较的两个解集；$D_{\mathbf{A}\cup\mathbf{B}}(\mathbf{A})$ 为包含两集合目标向量集的最小超格中被 **A** 中个体支配的区域；$D_{\mathbf{A}\cup\mathbf{B}}(\mathbf{B})$ 为包含两集合目标向量集的最小超格中被 **B** 中个体支配的区域；λ 为勒贝格测度；$\nu(\mathbf{A},\mathbf{B})$ 为超格中被 **A** 而非 **B** 中个体所支配的区域大小。

$$\begin{cases} SP \triangleq \sqrt{\dfrac{1}{|\mathbf{A}|-1}\sum_{i=1}^{|\mathbf{A}|}(\overline{d}-d_i)^2} \\ d_i=\min_j\left(\sum_{k=1}^{m}|f_k(x_i)-f_k(x_j)|\right) \end{cases} \tag{10.11}$$

式中：**A** 为待评价的非支配解集；d_i 为目标空间中距 i 最近的集合 **A** 中的个体与 i 的距离；$\overline{d}$ 为 d_i 的平均值，若 $SP=0$，则表示 **A** 中个体在目标空间内等间距分布。

10.2.4.3　实验结果分析

1. 第一组实验

表 10.1 给出了 MOPSO1 与 MOPSO 的各指标统计结果。表中第 3、第 4 列为 50 次运行的 MOPSO1 与 MOPSO 最终输出结果间的二元超体积指标平均值，记为 $\nu(\text{M1},\text{M})$ 和 $\nu(\text{M},\text{M1})$，可以看出其中 19 个测试函数上 MOPSO1 的输出结果在前沿收敛性与分布延展性上均显著优于 MOPSO。表中第 5、第 6 列为 50 次运行两种算法最终输出结果的间距指标平均值，记为 $SP(\text{M1})$ 与 $SP(\text{M})$，可以看出在 6 个测试函数上 MOPSO1 的输出结果在前沿分布均匀性上显著优于 MOPSO，在 4 个测试函数上劣于 MOPSO，而在其余测试函数上两者无显著差异。由此可知无界存档替代有界存档能显著提升结果质量，尤其是在收敛性与延展性这两个方面。

表 10.1　MOPSO1 与 MOPSO 的指标对比

函数	m	$\nu(\text{M1},\text{M})$	$\nu(\text{M},\text{M1})$	$SP(\text{M1})$	$SP(\text{M})$
DTLZ1	3	**3.931%**	2.016%	2.351e−1	2.159e−1
	4	**5.305%**	1.336%	**1.327e−1**	1.783e−1
	5	**8.146%**	0.407%	1.279e−1	1.318e−1
DTLZ2	3	**4.820%**	0.745%	1.906e−2	2.389e−2
	4	**6.349%**	0.249%	3.458e−2	3.879e−2
	5	**9.305%**	0.001%	5.401e−2	5.262e−2
DTLZ3	3	**4.485%**	1.834%	2.028e−2	2.502e−2
	4	**5.401%**	2.107%	6.764e−2	6.988e−2
	5	**7.574%**	0.846%	**8.140e−2**	1.571e−1
DTLZ4	3	2.114%	1.720%	3.314e−2	3.658e−2
	4	**3.517%**	2.049%	5.968e−2	**3.531e−2**
	5	**6.703%**	2.546%	6.839e−1	6.441e−1

续表

函数	m	ν(M1,M)	ν(M,M1)	SP(M1)	SP(M)
WFG1	3	2.777%	2.832%	4.891e−2	4.115e−2
	4	**6.475%**	0.279%	1.303e−1	1.574e−1
	5	**4.060%**	2.592%	7.015e−1	**5.917e−1**
WFG2	3	1.488%	1.580%	5.674e−2	5.931e−2
	4	1.831%	1.617%	6.143e−1	**4.812e−1**
	5	**5.394%**	2.469%	**2.152e0**	4.169e0
WFG3	3	**0.836%**	0.447%	3.833e−1	4.371e−1
	4	**1.162%**	0.687%	2.127e0	**8.214e−1**
	5	**3.234%**	0.733%	3.307e0	3.196e0
WFG4	3	0.700%	0.689%	**5.783e−2**	1.914e−1
	4	**2.655%**	0.183%	**9.503e−1**	2.516e0
	5	**3.094%**	1.723%	**2.254e0**	4.845e0

表 10.2 中第 3、第 4 列为 50 次运行的 MOPSO2 与 MOPSO1 在存档更新上的耗时平均值，记为 t(M2) 与 t(M1)。两种算法的区别在于存档的数据存储结构与更新方式不同，每代搜索得到的非支配解是相同的，因此每代所处理的存档更新问题是严格相同的，比较更新耗时即是比较不同结构的存档更新效率。可以看出在三维 DTLZ1 和三维 WFG2 上两者耗时无显著差异，而且在三维 DTLZ4 上 MOPSO2 的耗时高于 MOPSO1，原因在于算法计算中存档规模较小，树形结构较线性结构在存档更新上的时间削减被其数据结构的维护耗时所补偿，而其余测试函数上 MOPSO2 的更新耗时均显著低于 MOPSO1，且时间差值随目标维数的增大而增大，说明树形结构较线性结构是更为高效的存档数据结构，尤其在处理高维多目标问题上。

表 10.2　　MOPSO2 与 MOPSO1 的指标对比

函　数	m	t(M2)	t(M1)
DTLZ1	3	17.58	16.38
	4	98.77	130.43
	5	173.23	271.64
DTLZ2	3	18.46	23.78
	4	178.03	283.51
	5	224.55	392.11
DTLZ3	3	16.75	18.83
	4	132.80	185.67
	5	164.32	262.17
DTLZ4	3	34.86	30.22
	4	255.49	368.14
	5	356.62	611.70

续表

函　　数	m	t(M2)	t(M1)
WFG1	3	20.81	24.93
	4	76.11	92.37
	5	368.84	525.41
WFG2	3	15.14	14.92
	4	236.51	346.28
	5	262.41	401.53
WFG3	3	33.51	38.18
	4	153.07	185.76
	5	382.11	746.31
WFG4	3	42.21	56.04
	4	289.95	459.51
	5	344.76	513.04

2. 第二组实验

表 10.3 给出了 MOPSO3 与 MOPSO2 各指标统计结果。表中第 3、第 4 列为 50 次运行的两种算法最终输出结果间的二元超体积指标平均值，标记为 ν(M3,M2) 与 ν(M2,M3)。可以看出 MOPSO3 在 8 个测试函数上显著优于 MOPSO2，在五维 DTLZ2 和三维 WFG4 上劣于 MOPSO2，在其余测试函数上两者无显著差异，说明基于树形结构的个体选择能提升算法的收敛性与分布广泛性，原因在于该策略引导种群粒子向前沿方向与边界区域探索。表中第 5、第 6 列为 50 次运行两种算法最终输出结果的间距指标平均值，记为 SP(M3) 与 SP(M2)，可以看出 MOPSO3 在 5 个测试函数上显著优于 MOPSO2，在另外 8 个函数上劣于 MOPSO2，在其余测试函数上两者无显著差异，说明改进策略未能改善前沿的分布均匀性。表中第 7、第 8 列为 50 次运行两种算法在存档更新与个体选择上的耗时平均值，记为 t(M3) 与 t(M2)，可以看出所有函数上 MOPSO3 的耗时均显著低于 MOPSO2，原因在于改进策略使算法无须计算复杂的密度指标以引导个体选择，因此降低了计算复杂度。

表 10.3　　MOPSO3 与 MOPSO2 的指标对比

函数	m	ν(M3,M2)	ν(M2,M3)	SP(M3)	SP(M2)	t(M3)	t(M2)
DTLZ1	3	0.934%	0.721%	2.008e−1	2.351e−1	23.05	42.01
	4	2.330%	2.784%	1.655e−1	1.327e−1	138.81	257.61
	5	3.810%	0.580%	2.070e−1	1.279e−1	255.19	393.95
DTLZ2	3	1.130%	0.007%	2.597e−3	1.906e−2	39.76	54.05
	4	2.457%	0.234%	2.566e−2	3.458e−2	284.60	450.47
	5	0.688%	0.981%	7.026e−2	5.401e−2	348.54	557.65

续表

函数	m	ν(M3,M2)	ν(M2,M3)	SP(M3)	SP(M2)	t(M3)	t(M2)
DTLZ3	3	2.607%	1.937%	2.669e−2	2.028e−2	30.94	42.49
	4	3.529%	2.119%	6.065e−2	6.764e−2	207.59	305.14
	5	1.193%	1.354%	1.052e−1	8.140e−2	260.85	487.5
DTLZ4	3	2.998%	2.262%	3.135e−2	3.314e−2	41.82	63.73
	4	0.715%	0.686%	5.667e−2	5.968e−2	329.71	545.90
	5	5.912%	3.821%	7.203e−1	6.839e−1	438.52	744.51
WFG1	3	1.220%	0.723%	6.021e−2	4.891e−2	34.63	48.57
	4	4.767%	2.365%	1.443e−1	1.303e−1	111.76	196.68
	5	0.063%	0.069%	5.269e−1	7.015e−1	531.08	943.32
WFG2	3	0.158%	0.193%	6.735e−2	5.674e−2	22.53	30.77
	4	2.318%	0.904%	6.507e−1	6.143e−1	338.92	594.25
	5	1.385%	1.416%	3.459e0	2.152e0	430.16	715.01
WFG3	3	3.983%	4.047%	4.618e−1	3.833e−1	40.48	57.49
	4	0.985%	1.282%	7.401e−1	2.127e0	220.38	323.62
	5	3.021%	2.811%	3.165e0	3.307e0	543.88	856.75
WFG4	3	0.057%	1.796%	7.690e−2	5.783e−2	56.34	85.79
	4	3.218%	3.584%	8.236e−1	9.503e−1	413.25	643.46
	5	0.578%	0.461%	4.814e0	2.254e0	620.01	941.63

表 10.4 给出了 MOPSO/TUA 与 MOPSO3 的各指标统计结果。表中第 3、第 4 列为 50 次运行的两种算法最终输出结果间的二元超体积指标平均值，记为 ν(M/T,M3) 与 ν(M3,M/T)，MOPSO/TUA 在 7 个测试函数上显著优于 MOPSO3，在 4 维 DTLZ4 和 5 维 WFG1 上劣于 MOPSO3，在其余测试函数上两者无显著差异。表中第 5、第 6 列为 50 次运行的两种算法最终输出结果的间距指标平均值，记为 SP(M/T) 与 SP(M3)。

表 10.4　MOPSO/TUA 与 MOPSO3 的指标对比

函数	m	ν(M/T,M3)	ν(M3,M/T)	SP(M/T)	SP(M3)
DTLZ1	3	4.259%	2.609%	2.172e−1	2.008e−1
	4	1.354%	1.165%	1.355e−1	1.655e−1
	5	2.915%	0.475%	2.028e−1	2.070e−1
DTLZ2	3	0.676%	0.588%	2.404e−3	2.597e−3
	4	3.708%	3.978%	1.740e−2	2.566e−2
	5	3.098%	1.715%	6.592e−2	7.026e−2
DTLZ3	3	2.180%	1.435%	2.061e−2	2.669e−2
	4	4.669%	3.945%	5.802e−2	6.065e−2
	5	2.235%	2.950%	7.350e−2	1.052e−1

续表

函数	m	ν(M/T,M3)	ν(M3,M/T)	SP(M/T)	SP(M3)
DTLZ4	3	0.038%	0.041%	3.194e−2	3.135e−2
	4	1.745%	2.869%	8.169e−2	4.667e−2
	5	5.147%	5.362%	6.793e−1	7.203e−1
WFG1	3	3.182%	1.710%	3.881e−2	6.021e−2
	4	6.360%	5.959%	9.728e−2	1.443e−1
	5	0.614%	1.251%	4.012e−1	4.269e−1
WFG2	3	1.186%	0.994%	6.821e−2	6.735e−2
	4	1.227%	1.695%	8.048e−3	7.507e−2
	5	2.576%	0.784%	3.694e−1	3.459e−1
WFG3	3	6.425%	6.146%	4.343e−1	4.618e−1
	4	3.762%	3.550%	7.416e−1	7.401e−1
	5	2.895%	2.836%	2.870e0	3.165e0
WFG4	3	6.020%	1.917%	8.893e−2	7.690e−2
	4	5.818%	5.025%	7.852e−2	8.236e−2
	5	0.729%	0.813%	2.695e−1	1.814e−1

可以看出 MOPSO/TUA 在 7 个测试函数上显著优于 MOPSO3，在 3 个测试函数上劣于 MOPSO3，在其余测试函数上无显著差异。两种算法的区别在于种群的初始化方式不同，由此可知基于正交设计的种群初始化可通过改善初始点集在决策空间中的分布以提高算法的寻优能力。

3. 第三组实验

表 10.5 给出了 MOPSO/TUA 与 MOPSO 的各指标统计结果。其中 MOPSO/TUA 的 ν 指标值在 20 个测试函数上显著优于 MOPSO，在 4 维 DTLZ4 上劣于 MOPSO，在其余 3 个函数上两者无显著差异，SP 指标值在 12 个测试函数上显著优于 MOPSO，在 4 个测试函数上劣于 MOPSO，由此得出 MOPSO/TUA 较 MOPSO 显著提升了多目标粒子群算法的寻优能力。

表 10.5　　MOPSO/TUA 与 MOPSO 的指标对比

函数	m	ν(M/T,M)	ν(M,M/T)	SP(M/T)	SP(M)
DTLZ1	3	4.630%	0.945%	2.172e−1	2.159e−1
	4	3.048%	0.251%	1.355e−1	1.783e−1
	5	9.373%	0.004%	2.028e−1	1.318e−1
DTLZ2	3	4.211%	0.033%	2.404e−3	2.389e−2
	4	5.978%	0.145%	1.740e−2	3.879e−2
	5	8.113%	0.000%	6.592e−2	5.262e−2

续表

函数	*m*	ν(M/T,M)	ν(M,M/T)	*SP*(M/T)	*SP*(M)
DTLZ3	3	4.669%	1.473%	2.061e−2	2.502e−2
	4	5.808%	0.283%	5.802e−2	6.988e−2
	5	5.387%	0.020%	7.350e−2	1.571e−1
DTLZ4	3	2.731%	2.589%	3.194e−2	3.658e−2
	4	1.973%	2.370%	8.169e−2	3.531e−2
	5	4.539%	2.378%	6.793e−1	6.441e−1
WFG1	3	1.163%	0.308%	3.881e−2	4.115e−2
	4	7.143%	1.392%	9.728e−2	1.574e−1
	5	0.735%	0.628%	4.012e−1	5.917e−1
WFG2	3	0.011%	0.015%	6.821e−2	4.931e−2
	4	2.464%	1.437%	8.048e−3	9.810e−2
	5	9.863%	0.667%	3.694e−1	4.169e−1
WFG3	3	3.476%	3.092%	4.343e−1	4.371e−1
	4	1.756%	0.236%	7.416e−1	8.214e−1
	5	4.176%	3.275%	2.870e0	3.196e0
WFG4	3	2.820%	0.032%	8.893e−2	1.914e−1
	4	5.051%	2.080%	7.852e−2	8.016e−2
	5	1.313%	0.109%	2.695e−1	2.845e−1

表 10.6 给出了 MOPSO/TUA 与 NSGA-Ⅱ的各指标统计结果。其中 MOPSO/TUA 的 ν 指标值在 16 个测试函数上显著优于 NSGA-Ⅱ，在 3 个测试函数上劣于 NSGA-Ⅱ，*SP* 指标值在 15 个测试函数上显著优于 NSGA-Ⅱ，在 3 个测试函数上劣于 NSGA-Ⅱ，由此得出 MOPSO/TUA 较 NSGA-Ⅱ更能得出高质量的 Pareto 近似前沿。

表 10.6　　MOPSO/TUA 与 NSGA-Ⅱ的指标对比

函数	*m*	ν(M/T,N)	ν(N,M/T)	*SP*(M/T)	*SP*(N)
DTLZ1	3	1.495%	2.632%	2.172e−1	1.121e−2
	4	5.743%	1.427%	1.355e−1	1.690e−2
	5	7.525%	0.000%	2.028e−1	1.727e0
DTLZ2	3	4.200%	0.024%	2.404e−3	2.703e−2
	4	8.389%	0.059%	1.740e−2	6.365e−2
	5	10.751%	0.367%	6.592e−2	1.180e−1
DTLZ3	3	2.449%	2.177%	2.061e−2	1.741e−2
	4	6.235%	3.067%	5.802e−2	5.911e−2
	5	11.172%	0.293%	7.350e−2	2.134e0

续表

函数	m	ν(M/T,N)	ν(N,M/T)	SP(M/T)	SP(N)
DTLZ4	3	0.044%	0.137%	3.194e−2	3.187e−2
	4	3.130%	2.934%	8.169e−2	1.557e−1
	5	6.770%	1.012%	6.793e−1	3.301e0
WFG1	3	2.475%	0.891%	3.881e−2	3.752e−2
	4	1.459%	0.142%	9.728e−2	1.059e−1
	5	2.386%	0.009%	4.012e−1	7.750e−1
WFG2	3	1.217%	1.226%	6.821e−2	6.937e−2
	4	2.598%	1.372%	8.048e−3	7.816e−1
	5	0.129%	0.003%	3.694e−1	1.034e0
WFG3	3	0.046%	0.218%	4.343e−1	4.683e−1
	4	1.386%	1.095%	7.416e−1	2.173e0
	5	3.850%	4.232%	2.870e0	8.383e0
WFG4	3	7.293%	5.710%	8.893e−2	3.642e−1
	4	3.281%	1.066%	7.852e−2	8.143e−1
	5	9.631%	0.563%	2.695e−1	5.999e0

表 10.7 给出了 MOPSO/TUA 与 NSLS 的各指标统计结果，其中 MOPSO/TUA 的 ν 指标值在 14 个测试函数上显著优于 NSLS，在 6 个测试函数上劣于 NSLS，SP 指标值在 13 个测试函数上显著优于 NSLS，在 9 个测试函数上劣于 NSLS，由此得出 MOPSO/TUA 较 NSLS 更能得出高质量的 Pareto 近似前沿。

表 10.7　　MOPSO/TUA 与 NSLS 的指标对比

函数	m	ν(M/T,NS)	ν(NS,M/T)	SP(M/T)	SP(NS)
DTLZ1	3	3.120%	2.769%	2.172e−1	5.811e−2
	4	0.078%	1.269%	1.355e−1	4.265e−1
	5	13.625%	3.096%	2.028e−1	1.296e0
DTLZ2	3	0.487%	0.413%	2.404e−3	7.992e−3
	4	4.325%	3.387%	1.740e−2	1.869e−2
	5	0.605%	0.012%	6.592e−2	4.061e−2
DTLZ3	3	2.450%	3.136%	2.061e−2	4.172e−1
	4	0.568%	1.647%	5.802e−2	8.145e−1
	5	2.141%	2.682%	7.350e−2	3.024e0
DTLZ4	3	2.671%	1.324%	3.194e−2	2.125e−2
	4	0.417%	0.289%	8.169e−2	4.266e−2
	5	4.336%	0.992%	6.793e−1	1.073e0

续表

函数	m	ν(M/T,NS)	ν(NS,M/T)	SP(M/T)	SP(NS)
WFG1	3	5.168%	3.473%	3.881e−2	1.989e−2
	4	1.385%	0.846%	9.728e−2	6.125e−2
	5	8.267%	0.098%	4.012e−1	4.261e−1
WFG2	3	2.258%	3.904%	6.821e−2	9.281e−2
	4	5.731%	1.597%	8.048e−3	2.714e−1
	5	2.126%	0.059%	3.694e−1	2.018e0
WFG3	3	1.836%	0.541%	4.343e−1	3.704e−1
	4	2.956%	2.542%	7.416e−1	6.962e−1
	5	2.093%	1.327%	2.870e0	5.763e0
WFG4	3	3.479%	2.871%	8.893e−2	4.709e−2
	4	0.285%	0.674%	7.852e−2	9.336e−2
	5	5.083%	4.731%	2.695e−1	1.901e0

表 10.8 给出了 MOPSO/TUA 与 pccsAMOPSO 的各指标统计结果，其中 12 个测试函数的 ν 指标值 MOPSO/TUA 显著优于 pccsAMOPSO，9 个测试函数上劣于 pccsAMOPSO，SP 值在 15 个测试函数上显著优于 pccsAMOPSO，在 9 个测试函数上劣于 pccsAMOPSO，由此得出 MOPSO/TUA 较 pccsAMOPSO 更能得出高质量的 Pareto 近似前沿。

表 10.8　MOPSO/TUA 与 pccsAMOPSO 的指标对比

函数	m	ν(M/T,pA)	ν(pA,M/T)	SP(M/T)	SP(pA)
DTLZ1	3	1.031%	0.976%	2.172e−1	3.464e−1
	4	5.744%	4.892%	1.355e−1	2.035e0
	5	7.413%	2.333%	2.028e−1	7.129e0
DTLZ2	3	2.433%	4.738%	2.404e−3	1.382e−2
	4	0.097%	0.381%	1.740e−2	5.384e−2
	5	1.969%	2.481%	6.592e−2	3.590e−1
DTLZ3	3	3.706%	2.018%	2.061e−2	9.182e−3
	4	3.012%	2.873%	5.802e−2	4.319e−2
	5	4.740%	0.449%	7.350e−2	6.941e−2
DTLZ4	3	2.689%	3.823%	3.194e−2	5.339e−2
	4	0.064%	2.953%	8.169e−2	1.306e−1
	5	1.034%	1.028%	6.793e−1	6.234e−1
WFG1	3	0.048%	2.363%	3.881e−2	4.438e−2
	4	0.846%	1.132%	9.728e−2	6.810e−1
	5	1.983%	4.267%	4.012e−1	7.120e0

续表

函数	m	ν(M/T,pA)	ν(pA,M/T)	SP(M/T)	SP(pA)
WFG2	3	1.258%	2.589%	6.821e−2	5.721e−2
	4	5.747%	2.352%	8.048e−3	5.019e−2
	5	3.577%	0.100%	3.694e−1	1.016e0
WFG3	3	1.837%	3.171%	4.343e−1	1.706e−1
	4	2.956%	0.175%	7.416e−1	6.748e−1
	5	1.093%	0.109%	2.870e0	2.006e0
WFG4	3	4.347%	0.057%	8.893e−2	6.225e−2
	4	8.545%	0.708%	7.852e−2	1.075e−1
	5	2.621%	0.254%	2.695e−1	3.792e0

总之，TUA 等策略的相继引入切实提高了多目标粒子群算法的结果质量与计算效率，新算法 MOPSO/TUA 在多目标测试问题上的表现更优。

10.3 基于正交设计及问题变换策略的改进 NSGA-Ⅱ算法

10.3.1 改进 NSGA-Ⅱ算法

10.3.1.1 基于正交设计的种群初始化策略

种群的初始化是进化算法求解的第一步，亦是后续迭代优化的重要基础，初始种群质量的优劣往往影响着算法的最终输出与收敛速度，高质量的种群集合将有助于提升算法对全局最优解的搜寻速度并避免陷入局部最优解中。实际工程中以水资源优化调度为代表的多目标问题，其 Pareto 前沿在决策空间内的分布通常是未知的，故在利用进化算法求解时，往往需要令开始阶段的决策向量点尽可能均匀地散布在整个数据空间，以增强前期的全局搜索能力，充分发掘整个决策空间内的优化信息。常用的初始种群生成方法如随机均匀初始化、Tent 混沌序列初始化等无法保证解集在空间内的均匀分布，尤其是对于大规模优化问题，其生成的点集通常遗漏了决策空间内的许多部分。为此本章通过正交试验设计生成初始种群对应的决策向量集，使初始点在决策空间均匀分布，以便算法在开始阶段尽可能完整地扫描解空间，并确定后续迭代中值得探索的位置。

首先介绍正交设计法的基本概念。指标是试验的考核依据；在试验中影响指标值的、需要考察的可控条件变量称为因素；因素在试验中取不同状态的值称为水平。为寻求使试验指标达到最优的各试验因素的最佳水平组合，可针对可能发生的每个组合开展试验，假设有 N 个因素，各因素均包含 Q 个水平，此时共有 Q^N 个组合需要进行试验考察，而当 N 和 Q 两者的值较大时，对所有的组合开展试验将消耗大量的资源，为此期望抽取小规模但具有代表性的组合进行试验。正交设计则正可实现这一目的，其可针对不同的 N 值及 Q 值提供相应的正交表 $\boldsymbol{L}_M(Q^N)=[a_{i,j}]_{M\times N}$，其中 $\boldsymbol{L}$ 表示拉丁方阵，M 表示所选择水平组合的规模，$a_{i,j}$ 表示第 i 个组合中第 j 个因素的水平值，$a_{i,j}\in\{1,2,\cdots,Q\}$。$\boldsymbol{L}_M(Q^N)$

具有以下特征：各试验因素中的每个试验水平均出现 M/Q 次；矩阵中的 M 行包含了任意两个因素的所有可能的水平组合，且每个水平组合均出现 M/Q^2 次；交换正交表中的任意两列，所得结果仍然为正交表；将正交表中的某些列移除，所得结果为因素规模相应缩减的正交表。依据正交表开展试验，可使试验点在试验范围内均匀散布。

将多目标优化问题中的各个目标看作试验指标，各维决策变量看作试验因素，同时对决策变量进行离散数为 Q 的划分，由此可借助正交设计实现决策空间内的点集挑选。算法常需根据所处理问题的不同使用不同的正交表，尽管学者们已经设计好了一系列的表格可供直接使用，但也难以涵盖所有的情况，故本章引入一种正交表的快速构建方法，其构造的正交表 $\boldsymbol{L}_M(Q^N)$ 满足 $M=Q^J$，J 为满足 $(Q^J-1)/(Q-1)=N$ 的正整数，其具体的步骤如下。

步骤一：构造正交表中的基本列。将表中列号 $j=(Q^{k-1}-1)/(Q-1)+1(k=1,2,\cdots,J)$ 的列称作基本列，其每行水平值 $a_{i,j}$ 的计算公式为

$$a_{i,j}=\left[\frac{i-1}{Q^{J-k}}\right]\bmod Q \tag{10.12}$$

步骤二：构造正交表中的非基本列。该操作借助 3 层嵌套循环完成，将表中第 j 列向量记为 $\boldsymbol{a}_j$，三层循环由外到内的控制变量依次为 $k=2\sim J$，$s=1\sim(j-1)$ 和 $t=1\sim(Q-1)$，最底层的列向量计算公式为

$$\begin{aligned}&\boldsymbol{a}_{j+(s-1)(Q-1)+t}=(\boldsymbol{a}_s t+\boldsymbol{a}_j)\bmod Q\\&j=(Q^{k-1}-1)/(Q-1)+1\end{aligned} \tag{10.13}$$

步骤三：增加表中所有元素的值：$a_{i,j}=a_{i,j}+1$。

当问题决策向量的维数为 n 时，令 $J=2$ 以最小化样本的选取规模 M，挑选合适的离散数 Q，构建因素数 $N=(Q+1)$ 且行数 $M=Q^2$ 的正交表 $\boldsymbol{L}_M(Q^N)$，接着删除表中最后的 $(N-n)$ 列向量以得到因素数为 n 的正交表 $\boldsymbol{L}_M(Q^n)$，最后基于该表每行的试验水平组合得到初始种群的决策向量集。其具体步骤如下所示：

步骤一：令 $J=2$，$M=Q^2$，$N=(Q^J-1)/(Q-1)=Q+1$，选择适当离散数 Q 使 $Q+1\geqslant n$。

步骤二：按照前述流程构建正交表 $\boldsymbol{L}_M(Q^N)$，并选择其中的前 n 列向量构成所需的正交表 $\boldsymbol{L}_M(Q^n)$。

步骤三：依据 $\boldsymbol{L}_M(Q^n)$ 的 M 行向量生成对应的决策向量集。假设第 i 维决策变量 $x_i(i=1,\cdots,n)$ 的取值范围是 $[l_i,u_i]$，则其相应的离散值 $\alpha_{i,j}$ 为

$$\alpha_{i,j}=\begin{cases}l_i & j=1\\ l_i+(j-1)(u_i-l_i)/(Q-1) & 1<j<Q\\ u_i & j=Q\end{cases} \tag{10.14}$$

相应的 M 个决策向量即为

$$\begin{cases}(\alpha_{1,a_{1,1}},\alpha_{2,a_{1,2}},\cdots,\alpha_{n,a_{1,n}})\\ \vdots\\ (\alpha_{1,a_{M,1}},\alpha_{2,a_{M,2}},\cdots,\alpha_{n,a_{M,n}})\end{cases} \tag{10.15}$$

基于正交设计的种群初始化流程如图 10.9 所示。

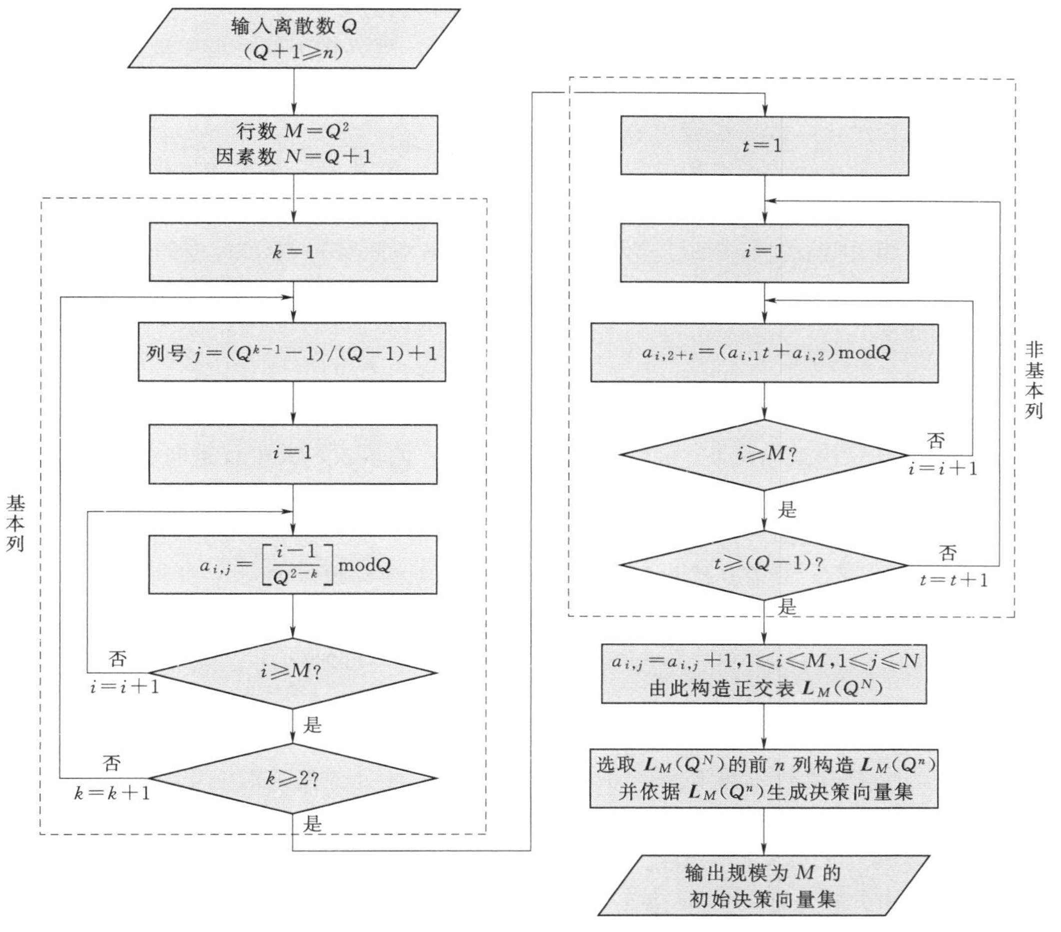

图 10.9 基于正交设计的种群初始化流程图

10.3.1.2 基于问题变换的搜索空间降维策略

大规模多目标优化问题的处理已逐渐成为多目标优化研究中的热点与难点，其面向拥有大量决策变量的多目标优化问题的求解。经典启发式算法的性能通常随决策空间维数的增长而明显下降，当需处理的决策变量个数较多时，算法难以在有限的计算资源下对高维空间实行有效的探索，因此所得结果往往并不理想。以梯级水库多目标优化调度为代表的实际水资源调度问题，在决策空间上通常具备高维特性，成百上千的变量使得一般算法难以解决，而该领域虽已针对单目标的大规模优化问题开展了多年深入的研究并取得了丰硕成果，但对于大规模多目标优化问题则鲜有研究，因此有必要针对多目标优化高维特性的处理开展研究。

目前大多数学者倾向使用一种称为协同进化（Cooperative Coevolution，CC）的机制处理大规模优化问题，其由 Potter 提出并被成功应用于不同算法中。CC 旨在同时优化若干个相互独立的种群集合，每个种群的决策向量是原问题决策向量的一部分，新个体由不同种群中的个体拼接而成，交叉变异等算子作用于每个种群。协同进化的实质是将待求解的大规模优化问题分解为一系列规模较低的子问题，通过多种群协同优化的方式完成计算，然而该思想并不适用于水库调度等实际工程问题，原因在于其决策变量通常取水位或流量，相邻决策变量之间往往关系紧密，需作为一个整体进行优化，无法将其划分给不同的种群集合进行优化，故无法应用协同进化的方式。

为此引入一种名为问题变换的新型空间降维策略，在决策向量整体优化的条件下实现降维，使得该方法能切合所处理问题的特征，同时有效降低待优化问题的求解难度。首先对问题变换的相关概念进行介绍，给定一个 n 维决策空间与 m 维目标空间的多目标优化问题 Z，期望得到问题 Z 的 Pareto 最优解集 $\{x^*\}$ 与相应的 Pareto 前沿 $\{f(x^*)\}$，Z 的表现形式如下：

$$\begin{cases}\min \quad \boldsymbol{f}(x)=(f_1(x),\cdots,f_m(x))^{\mathrm{T}} \\ \text{s. t.} \quad \boldsymbol{x}\in\boldsymbol{\Omega}\subseteq\mathbf{R}^n\end{cases} \tag{10.16}$$

对于 Z 的任意决策向量 $\boldsymbol{x}$，可将其写作 $\psi(\boldsymbol{w}_I,\boldsymbol{x})$ 的形式，其中权重向量 $\boldsymbol{w}_I$ 为值全为 1 的 n 维向量，$\boldsymbol{w}_I=(1,\cdots,1)$，$\psi$ 为变换函数，其积变换形式为 $\psi(\boldsymbol{w}_I,\boldsymbol{x})=(w_{I1}x_1,\cdots,w_{In}x_n)$。改变 $\boldsymbol{w}_I$ 的值即可借由变换函数 ψ 改变 $\boldsymbol{x}$ 的值，通过这种方式无须优化决策向量 $\boldsymbol{x}$，对于任意固定的 $\boldsymbol{x}$ 只需其优化权重向量 $\boldsymbol{w}$ 即可。给定一决策向量 $\boldsymbol{x}'$可将待优化问题 Z 转变为一个新的问题 $Z_{x'}$，其决策向量转变为权重向量 $\boldsymbol{w}$，表现形式如下：

$$\begin{cases}\min \quad f_{x'}(\boldsymbol{w})=(f_{1,x'}(\boldsymbol{w}),\cdots,f_{m,x'}(\boldsymbol{w}))^{\mathrm{T}} \\ \qquad f_{j,x'}(w)=f_j(\psi(\boldsymbol{w},\boldsymbol{x}')) \\ \qquad\quad \text{s. t.} \quad \boldsymbol{w}\in\boldsymbol{\Phi}\subseteq\mathbf{R}^n\end{cases} \tag{10.17}$$

问题 $Z_{x'}$ 的空间维数依然不变，为减少变量维数，此处依然采取变量分组的手段，但与协同进化不同，并未对分组后的变量进行独立优化：将原决策变量划分至 γ 个组 $\{\boldsymbol{g}_1,\cdots,\boldsymbol{g}_\gamma\}$ 中，接着改变 $\boldsymbol{x}$ 与 $\boldsymbol{w}$ 间的分配关系，由 w_i 与 x_i 一一对应变更为 w_j 与 $\boldsymbol{g}_j$ 中的所有变量相对应，由此将上述的 $\psi(\boldsymbol{w},\boldsymbol{x}')$ 改写为

$$\psi(\boldsymbol{w},\boldsymbol{x}')=(w_1x_1',\cdots,w_1x_l',\cdots,w_\gamma x_{n-l+1}',\cdots,w_\gamma x_n') \tag{10.18}$$

通过这种方式将向量 $\boldsymbol{w}$ 的维数降至 γ，新问题 $Z_{x'}$ 的决策空间也由此变为 γ 维，此时再利用多目标进化算法求解其非劣解集，即可在降维后的子空间内实现更快更彻底地搜索。

10.3.1.3 INSGA-Ⅱ算法

NSGA-Ⅱ算法以快速非支配排序、拥挤距离和精英保留策略为特征，是最为经典的多目标进化算法之一，本章以该算法为基础，利用前文所述的正交试验设计取代原有的随机均匀初始化方法，以及问题变换降低空间维数，由此提出针对大规模多目标优化问题的改进算法 INSGA-Ⅱ。下面先介绍上述改进策略具体如何应用至算法中。

（1）基于正交设计生成初始种群。构建正交表 $\boldsymbol{L}_M(Q^n)$ 并据此完成规模为 M 的决策向量集与相应个体集的初始化，而 $M=Q^2$ 这一参数的值通常大于给定的种群规模，为此需依据某种标准，从中筛选出高质量的个体加入初始种群。该过程类似于 NSGA-Ⅱ的环境选择，对所生成的个体集合执行快速非支配排序，接着比较第一非支配层的规模与预设的种群规模的大小：若大于，则计算该层个体的拥挤距离，按降序排列并选择排序在前的个体加入；若等于，则直接将该层个体加入初始种群即可；若小于，则比较下一层的规模

与种群当前的可容纳量，重复前述操作直至个体的填充数满足预设要求。由此完成初始种群的生成。

（2）原问题与变换后问题交替优化。算法在原问题的求解过程中，理论上可探索决策空间内的任意部分，即生成决策空间内的任意点，但在处理大规模优化问题时其收敛速度可能非常慢，在一定的迭代次数或计算时间内无法获得收敛性较好的解集；变换后的问题虽然缩小了搜索空间，相同条件下提升了向 Pareto 前沿的收敛速度，但所探索的空间是原问题决策空间的一部分，实际上限制了算法的可搜索范围，故可能降低结果的多样性，进而削弱算法近似 Pareto 前沿的能力。为利用这两种问题各自的求解优势，采用两种问题交替优化的方式，每次迭代分为原问题优化阶段与变换后问题优化阶段，并在第二个阶段选取不同个体的决策向量作为 $\boldsymbol{x}'$ 实现问题变换，以期搜索不同的区域。

INSGA-Ⅱ 的计算流程如图 10.10 所示，求解步骤如下。

步骤一：基于正交设计创建原问题 Z 的初始种群 **Pop**。构建正交表 $\boldsymbol{L}_M(Q^n)$ 并据此生成规模为 M 的决策向量集及与此对应的个体集合，从中挑选出数量等同于种群规模的优秀个体加入初始种群 **Pop**，择优标准为个体在集合中的非支配层号与同层中的拥挤距离值。

步骤二：以 **Pop** 作为迭代优化的基础，参照 NSGA-Ⅱ 的迭代流程优化问题 Z，终止条件为预设的最大迭代次数 t_1。这里对算法第 i 次迭代的情况进行描述：对于第 i 代的种群 **Pop**，采用交配选择、交叉和变异算子生成其子代种群 **Pop**′，接着将两者混合得集合 **mixed_Pop**。对 **mixed_Pop** 执行非支配排序，并按层号升序依次将各非支配层中的个体填充给下一代种群，直至新集合不能容纳更多层的个体。假设 F_l 为可容纳的最后一层，若 $F_1 \sim F_l$ 的总规模大于种群规模，则为满足规模限制，对 F_l 中的个体按拥挤距离降序排列，选择前面的个体加入。

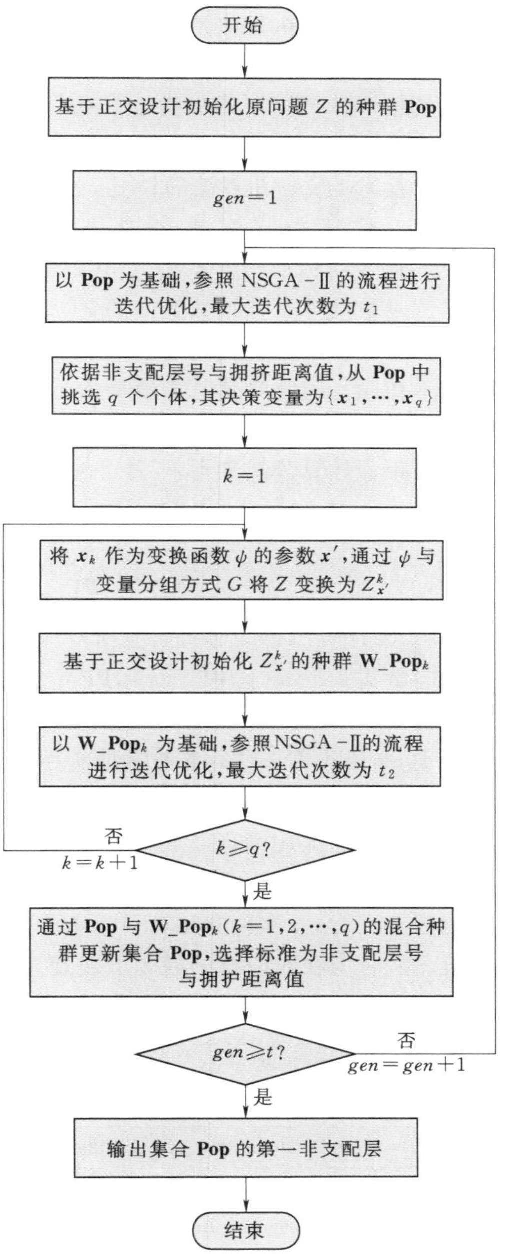

图 10.10 INSGA-Ⅱ计算流程图

步骤三：执行变换后问题 Z_x^k（$k=1,2,\cdots,$

q）的优化。首先由步骤二所得的集合 **Pop** 中挑选出 q 个优秀个体，选择标准依然是非支配层号与拥挤距离值，这些个体的决策向量标记为 $\{\boldsymbol{x}_1,\cdots,\boldsymbol{x}_k,\cdots,\boldsymbol{x}_q\}$。接着选择 $\boldsymbol{x}_k(k=1,2,\cdots,q)$ 作为变换函数 ψ 的参数 $\boldsymbol{x}'$，通过预先给定的变换函数 ψ 与分组方法 G 将原问题 Z 转换为维度 γ 的问题 $Z^k_{x'}$。最后基于正交设计创建 Z^k_x 的初始种群 **W_Pop**$_k$，并以此为基础参照 NSGA-Ⅱ 的流程优化 $Z^k_{x'}$，终止条件为预设的最大迭代次数 t_2。

步骤四：更新原问题 Z 的种群集合 **Pop**。将 **Pop** 与 **W_Pop**$_k$($k=1,2,\cdots,q$) 进行混合，并对混合集合执行如步骤二中所述的环境选择，由此筛选出新的集合 **Pop**。

步骤五：判断此时是否达到终止条件，即最大迭代次数 t。如果已达到 t，则输出集合 **Pop** 的第一非支配层作为优化结果；若未达到则返回步骤二继续循环计算。

10.3.1.4 测试函数计算结果

为检验 INSGA-Ⅱ算法的性能，选择 4 个具有代表性的多目标进化算法与其进行对比，包括：快速非支配排序遗传算法（NSGA-Ⅱ）；改进 Pareto 强度进化算法（SPEA2）；多目标粒子群算法（MOPSO）；混合分散搜索算法（AbYSS）。

测试函数选择目标维数为 2 的 ZDT1～ZDT4 与目标维数为 3 的 DTLZ1～DTLZ5，检验算法在经典多目标优化问题上的表现，在 ZDT 及 DTLZ 两个系列问题中，Pareto 前沿形状各不相同，因此对算法求解构成不小的难题。由于这些问题的 Pareto 前沿是已知的，故可利用反转世代距离 *IGD* 来评价算法性能，度量算法所得的近似前沿与真实 Pareto 前沿间的差距，计算公式如下：

$$\begin{cases} IGD(\mathbf{PF},\mathbf{PF}^*)=\dfrac{\sum_{y\in PF}Dist(\boldsymbol{y},\mathbf{PF}^*)}{|\mathbf{PF}^*|} \\ Dist(\boldsymbol{y},\mathbf{PF}^*)=\min\limits_{y'\in PF^*}\|\boldsymbol{y}-\boldsymbol{y}'\| \end{cases} \tag{10.19}$$

式中：**PF** 为计算所得的非劣解集所对应的目标向量集；**PF*** 为在 Pareto 前沿上均匀分布的目标向量集；$Dist(\boldsymbol{y},\mathbf{PF}^*)$ 为 **PF** 中的点 $\boldsymbol{y}$ 至 **PF*** 中点的最小欧式距离；*IGD* 值越小说明所得 **PF** 的收敛性与多样性越好。

表 10.9 给出 INSGA-Ⅱ与其他 4 种对比算法在求解 ZDT 与 DTLZ 系列的测试函数时的计算结果。比较 5 种算法在 9 类多目标问题上所取得的 *IGD* 值，以此评价不同算法在处理各类多目标优化问题上的表现。表 10.9 给出了各算法在不同测试函数上所取得的 *IGD* 中位数（括号外的数字）与算法得分（括号内的数字），前者为对应列的方法在对应行的问题上进行 50 次独立运算后的 *IGD* 指标值，表中粗体表示不同算法在同一问题上的最优值，后者为在对应行的问题上表现显著优于对应列的方法的算法数。

表 10.9 不同算法在 ZDT 和 DLTZ 上的结果

多目标问题	INSGA-Ⅱ	NSGA-Ⅱ	SPEA2	MOPSO	AbYSS
ZDT1	2.139e−02(0)	5.816e−02(2)	4.139e−02(1)	1.249e−01(4)	6.097e−02(2)
ZDT2	8.540e−02(0)	4.602e−01(2)	1.968e−01(1)	3.352e+01(4)	7.013e−01(3)
ZDT3	4.391e−02(1)	4.254e−02(1)	2.744e−02(0)	6.374e−01(4)	9.132e−02(3)
ZDT4	6.191e−01(0)	1.482e+00(1)	2.925e+00(3)	3.072e+00(3)	2.609e+00(2)
DTLZ1	8.039e−01(1)	2.576e+00(2)	3.508e+00(3)	7.627e−01(0)	5.667e+00(4)

续表

多目标问题	INSGA-Ⅱ	NSGA-Ⅱ	SPEA2	MOPSO	AbYSS
DTLZ2	5.712e−02(0)	8.003e−02(3)	6.798e−02(1)	8.588e−02(4)	7.164e−02(1)
DTLZ3	1.374e−01(0)	3.441e+00(2)	5.710e+00(3)	6.042e−01(1)	5.847e+00(3)
DTLZ4	4.506e−02(1)	4.389e−02(1)	2.610e−02(0)	5.028e−01(4)	7.081e−02(3)
DTLZ5	5.647e−03(0)	1.026e−02(1)	5.375e−02(3)	3.900e−02(2)	5.213e−02(3)

如表 10.9 所示，在全部的 9 个测试函数中，本章所提出的 INSGA-Ⅱ算法取得了 6 个最优 *IGD* 值，在 ZDT3、DTLZ1 和 DTLZ4 三个函数中均取得次优值，由此体现出 INSGA-Ⅱ在解决 ZDT 和 DTLZ 两组测试函数上的性能优势，SPEA2 在 ZDT3 和 DTLZ4 上取得最优值，MOPSO 则在 DTLZ1 上取得最优结果，NSGA-Ⅱ和 AbYSS 在所有问题上均未获得最优。对表 10.9 中各算法括号内的分数进行累加以评价其总体表现，INSGA-Ⅱ获得最佳总分 3，NSGA-Ⅱ与 SPEA2 的总分相同，均为 15，接着是 AbYSS 的 24，MOPSO 则取得最差的总分 26，由此表明所提算法在 9 个测试函数上的总体表现显著优于其他 4 个对比算法。

10.3.2 实例研究

溪洛渡和向家坝为金沙江梯级水库的最末两库，是金沙江水（能）资源开发与利用的重点工程措施，其以发电作为主要开发目标，同时具有防洪、供水、改善下游通航条件等综合利用功能，并可通过梯级补偿提高下游电站兴利效益。由于地理位置及电站规模的特殊性，对于溪洛渡-向家坝梯级电站进行多目标优化调度对于其自身乃至流域整体综合效益的发挥具有重要意义。溪洛渡和向家坝的基本参数如表 10.10 所示。

表 10.10 溪洛渡和向家坝水电站基本参数表

水　库	溪洛渡	向家坝	水　库	溪洛渡	向家坝
死水位/m	540	370	最小下泄流量/(m^3/s)	1400	1200
正常蓄水位/m	600	380	装机容量/MW	12600	6000
调节库容/亿 m^3	64.62	9.03	保证出力/MW	3395	2009

10.3.2.1 目标函数

以溪洛渡-向家坝梯级水电站为实例研究的对象，构建同时考虑发电、河道外供水及河道内生态的多目标优化调度模型。

(1) 发电目标：发电量 f_1、出力不足风险率 f_2 及弃水量 f_3。发电量反映了调度期内发电效益的高低；出力不足风险率体现出调度期内水电站运行的可靠性及稳定性；弃水量则代表水电站对于河流水能资源的整体利用效率。

$$\max f_1 = \sum_{t=1}^{T} \sum_{i=1}^{N} N_{i,t} \Delta t \tag{10.20}$$

$$\min f_2 = \frac{1}{T} \sum_{t=1}^{T} R_{i,t}^{n} \tag{10.21}$$

$$R_{i,t}^{n}=\begin{cases}1 & N_{i,t}<N_{i}^{\text{pro}}\\0 & \text{其他}\end{cases} \tag{10.22}$$

$$\min f_{3}=\sum_{t=1}^{T}\sum_{i=1}^{N}Q_{i,t}^{\text{ab}}\Delta t \tag{10.23}$$

$$\min f_{\text{pg}}=\omega_{1}\frac{f_{1}-f_{1}^{\min}}{f_{1}^{\max}-f_{1}^{\min}}+\sum_{i=2}^{3}\left(\omega_{i}\frac{f_{i}^{\max}-f_{i}}{f_{i}^{\max}-f_{i}^{\min}}\right) \tag{10.24}$$

式中：T 为调度时段数；N 为水库数；$N_{i,t}$ 为水电站水库 i 在 t 时段的出力；Δt 为时段长；$R_{i,t}^{n}$ 为出力不足函数；N_{i}^{pro} 为水电站 i 保证出力；$Q_{i,t}^{\text{ab}}$ 为水电站水库 i 在 t 时段的平均弃水流量；ω_{i} 为权重系数；f_{pg} 为发电目标所对应各指标的综合函数。

（2）供水目标：供水保证率 f_4、最长供水破坏历时 f_5 及供水总缺水量 f_6，三者分别表征水库供水的可靠性、易损性及脆弱性。

$$\max f_{4}=\frac{1}{T}\sum_{t=1}^{T}P_{w,t} \tag{10.25}$$

$$P_{w,t}=\begin{cases}1 & Q_{i,t}^{w}\geqslant Q_{i}^{w}\\0 & \text{else}\end{cases} \tag{10.26}$$

$$\min f_{5}=\max\{T_{w,1},T_{w,2},\cdots,T_{w,m}\} \tag{10.27}$$

$$\min f_{6}=\sum_{t=1}^{T}\sum_{i=1}^{N}R_{i,t}^{w}\Delta t \tag{10.28}$$

$$R_{i,t}^{w}=\begin{cases}|Q_{i,t}^{w}-Q_{i}^{w}| & Q_{i,t}^{w}<Q_{i}^{w}\\0 & \text{else}\end{cases} \tag{10.29}$$

$$\min f_{ws}=\omega_{4}\frac{f_{4}-f_{4}^{\min}}{f_{4}^{\max}-f_{4}^{\min}}+\sum_{i=5}^{6}\left(\omega_{i}\frac{f_{i}^{\max}-f_{i}}{f_{i}^{\max}-f_{i}^{\min}}\right) \tag{10.30}$$

式中：$P_{w,t}$ 为供水保证函数；$Q_{i,t}^{w}$ 为水电站水库 i 在 t 时段的供水流量；Q_{i}^{w} 为其供水最小下泄流量；$T_{w,k}$ 为分析期内各缺水时期的长度，$k\leqslant m$，m 为缺水时期数；$R_{i,t}^{w}$ 为供水不足函数；f_{ws} 为供水目标所对应各指标的综合函数。

（3）生态目标：生态保证率 f_7 及生态总缺水量 f_8。两者从不同的方面反映了水库调度对下游河道生态系统产生的影响。

$$\max f_{7}=\frac{1}{T}\sum_{t=1}^{T}P_{e,t} \tag{10.31}$$

$$P_{e,t}=\begin{cases}1 & Q_{i,t}\geqslant Q_{i}^{e}\\0 & \text{else}\end{cases} \tag{10.32}$$

$$\min f_{8}=\sum_{t=1}^{T}\sum_{i=1}^{N}R_{i,t}^{e}\Delta t \tag{10.33}$$

$$R_{i,t}^{e}=\begin{cases}|Q_{i,t}-Q_{i}^{e}| & Q_{i,t}<Q_{i}^{e}\\0 & \text{else}\end{cases} \tag{10.34}$$

$$\min f_{e}=\omega_{7}\frac{f_{7}-f_{7}^{\min}}{f_{7}^{\max}-f_{7}^{\min}}+\omega_{8}\frac{f_{8}^{\max}-f_{8}}{f_{8}^{\max}-f_{8}^{\min}} \tag{10.35}$$

式中：$P_{e,t}$ 为供水保证函数；$Q_{i,t}$ 为 t 时段水库 i 的下泄流量；Q_{i}^{e} 为水库 i 下游河道最小生态流量；f_e 为生态目标所对应各指标的综合函数。

10.3.2.2 约束条件

（1）水量平衡约束：

$$V_{i,t+1}=V_{i,t}+(W_{i,t}-Q_{i,t})\Delta t \tag{10.36}$$

式中：$V_{i,t}$、$V_{i,t+1}$ 为水电站水库 i 在 t 时段初、末的蓄水量；$W_{i,t}$ 为水电站水库 i 在 t 时段的平均入库流量。

（2）水位上下限约束：

$$Z_i^{\min}\leqslant Z_{i,t}\leqslant Z_i^{\max} \tag{10.37}$$

式中：$Z_{i,t}$ 为水电站水库 i 在 t 时刻的水位；$Z_i^{\max}$、$Z_i^{\min}$ 为水库 i 的水位上下限。

（3）出力上下限约束：

$$N_i^{\min}\leqslant N_{i,t}\leqslant N_i^{\max} \tag{10.38}$$

式中：$N_i^{\max}$、$N_i^{\min}$ 为水电站 i 的出力上下限。

（4）流量上下限约束：

$$q_i^{\min}\leqslant q_{i,t}\leqslant q_i^{\max} \tag{10.39}$$

式中：$q_i^{\max}$、$q_i^{\min}$ 为水电站 i 的发电流量上下限。

（5）非负约束。

10.3.2.3 模型求解

根据构建的溪洛渡-向家坝梯级水库多目标优化调度模型，采用 INSGA-Ⅱ算法进行求解，仍选用 NSGA-Ⅱ、SPEA2、MOPSO、AbYSS 4 种多目标算法进行对比分析。为检测 5 种算法在不同维数决策空间的多目标优化调度问题上的表现，分别选取 2010 年、2007—2009 年和 2001—2006 年为模型的调度期，将调度期内的旬平均流量序列作为模型的输入，得到发电、供水与生态目标的非劣解集，通过专家打分法得到指标 $f_1\sim f_8$ 的权重（0.45，0.25，0.3，0.4，0.3，0.3，0.6，0.4）。由于该类实际问题的 Pareto 前沿是未知的，故选择超体积指标 HV 作为算法性能的评价指标，度量算法所得的近似前沿与参考点所围成的目标空间内区域的大小，定义如下：

$$\begin{aligned}&HV(\mathbf{PF},\boldsymbol{r})=\lambda(H(\mathbf{PF},\boldsymbol{r}))\\&H(\mathbf{PF},\boldsymbol{r})=\{\boldsymbol{z}\in\mathbf{Z}\mid\exists\,\boldsymbol{y}\in\mathbf{PF}:\boldsymbol{y}\leqslant\boldsymbol{z}\leqslant\boldsymbol{r}\}\end{aligned} \tag{10.40}$$

式中：$\boldsymbol{r}$ 为预设的参考点；λ 为勒贝格测度；$H(\mathbf{PF},\boldsymbol{r})$ 为目标空间 $\mathbf{Z}$ 内被 $\mathbf{PF}$ 与 $\boldsymbol{r}$ 所包围的区域。HV 值越大说明所得 $\mathbf{PF}$ 的收敛性与多样性越好。

最后设置参与计算方法的参数。为方便比较，每种算法在各个问题上均独立运行 50 次（每次的随机数种子不同），种群与存档的规模均设为 200，均以最大评估次数 3×10^5 作为算法的终止条件，比较不同算法指标值之间的差异时使用 $\alpha=0.01$ 的 Mann-Whitney U 检验。4 种对比算法的特有参数均参考原文献设置；INSGA-Ⅱ算法的每次迭代中，将原问题的最大评估次数设置为 1000，将变换后问题的 $\boldsymbol{x}'$ 选取规模、种群规模和最大评估次数分别设为 3、100 和 500，问题变换所需的变换函数、分组方式与分组规模分别设置为区间交集变换、线性分组与 12。

表 10.11 给出 5 种算法在求解决策变量维数分别为 72、216 和 432 的梯级水库多目标优化调度问题（标记为 Z_{72}、Z_{216} 和 Z_{432}）上的结果。比较各个算法在 3 个多目标优化调度问题上所取得的 HV 值，以此评价算法在面对不同维度问题上的性能变化。表 10.11

中给出各算法在不同问题上取得的 HV 中位数的相对值（括号外的数字）与算法得分（括号内的数字）。前者为对应列的方法在对应行的问题上独立运行 50 次的 HV 指标统计结果，粗体表示不同算法在同一问题上的最优值；后者为在对应行的问题上表现显著优于对应列的方法的算法数。图 10.11～图 10.13 则通过盒图的形式展示每种算法对于 3 个实际问题独立运行 50 次的 HV 指标统计结果，图 10.11～图 10.13 中盒子的上下两条线分别代表上下四分位数 Q_3 和 Q_1，盒子内的线表示中位数 Q_2，盒子通过虚线连接的上下端分别表示最大值和最小值，图中的“+”表示离群点。

表 10.11 不同算法在多目标调度问题上的结果

变量维数	INSGA-Ⅱ	NSGA-Ⅱ	SPEA2	MOPSO	AbYSS
Z_{72}	0.640 (2)	0.635 (2)	**0.925** (0)	0.376 (4)	0.739 (1)
Z_{216}	**0.791** (0)	0.462 (2)	0.588 (1)	0.212 (4)	0.256 (3)
Z_{432}	**0.829** (0)	0.110 (4)	0.401 (1)	0.249 (2)	0.173 (3)

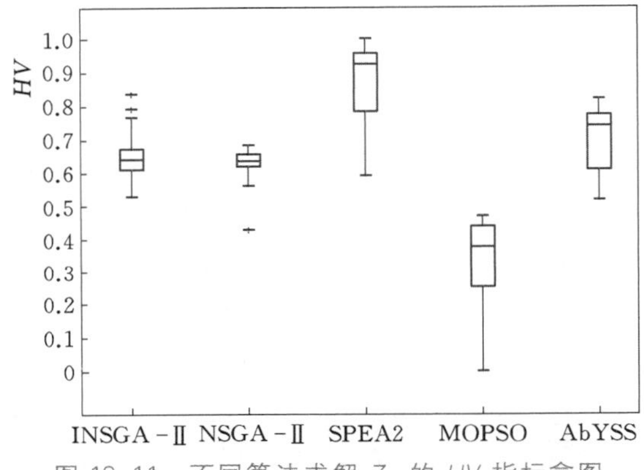

图 10.11 不同算法求解 Z_{72} 的 HV 指标盒图

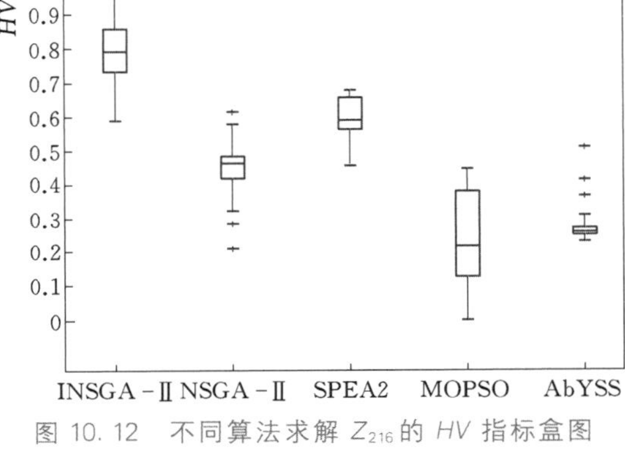

图 10.12 不同算法求解 Z_{216} 的 HV 指标盒图

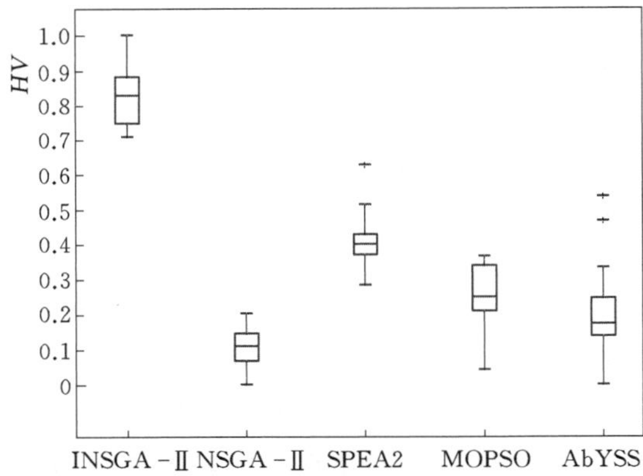

图 10.13 不同算法求解 Z_{432} 的 HV 指标盒图

首先分析各算法在不同维数问题上的表现。当变量维数为 72 时，SPEA2 和 AbYSS 分别获得了最优与次优的非劣解集，由此体现出 SPEA2 在处理低维问题上的优越性能，其基于近邻规则的环境选择策略保证了结果分布的均匀性，而此时 INSGA-Ⅱ 与 NSGA-Ⅱ 的表现无显著差异。当变量维数增至 216 时，INSGA-Ⅱ 与 NSGA-Ⅱ 的性能差距开始显现，此时 INSGA-Ⅱ 取得最优的 HV 指标值，而其他算法的指标值均较低维情况明显下降。当变量维数增至 432 时，可以看出 INSGA-Ⅱ 较其他方法已占据显著优势，且其与原算法之间的差距已十分明显，INSGA-Ⅱ 取得最优值而 NSGA-Ⅱ 取得最差值，原因在于：①INSGA-Ⅱ 通过正交表生成决策向量集，从中择优以初始化种群集合，使得算法在开始阶段便对整个高维决策空间进行一次扫描，并收集其中的优秀个体作为初始种群的成员，提高了种群集合的质量；②INSGA-Ⅱ采取问题变换策略降低了搜索空间的维数，使得迭代优化过程能深入挖掘较小空间内的优化信息，从而提高收敛速度并提升所得解集的收敛性。而其他算法均未针对高维决策空间设计相应的策略，故表现均不理想。

接着评价各算法在多目标优化调度问题上的总体表现。所提的 INSGA-Ⅱ算法在 Z_{216} 和 Z_{432} 上均获得最佳的 HV 值，且取得最佳的总分 2，SPEA2 在 Z_{72} 上取得最佳值，其总分亦为 2，接着是 AbYSS 与 NSGA-Ⅱ，两者的分数分别为 7 和 8，MOPSO 则取得最差值 10。由此说明在通过超体积指标 HV 量化解集质量的条件下，INSGA-Ⅱ在处理具有大规模变量的多目标优化调度上的表现显著优于其他 4 种对比算法，故更适合作为当前形势下梯级水库多目标优化调度的求解算法。

10.4 小结

为解决梯级水库群多目标优化调度中高维变量所带来的计算复杂性问题和存档规模设限所带来的弊端，本章提出了两种多目标优化问题的求解方法，对梯级水库群多目标优化调度求解算法及应用进行了探索和研究，取得了如下主要成果：

（1）构造了适合大规模存档集合存储与更新的树形结构，由此提出了基于树形结构的无界存档，并在此基础上设计出了一种新型的多目标粒子群优化算法 MOPSO/TUA，利用树形结构实现了高效的存档更新与个体选择；通过三组对比实验的结果表明 MOPSO/TUA 能明显改善算法性能，较经典算法的表现有显著提升，是一个整体性能更优、颇具发展前景的多目标优化方法，为梯级水库群多目标优化调度模型的求解提供了有力支撑。

（2）以高维决策空间的处理作为切入点，一方面利用正交试验设计取代了随机均匀初始化的方法，让初始解尽可能均匀地散布在整个决策空间内；另一方面，在算法迭代优化时通过问题变换策略完成搜索空间的降维，实现较小子空间内优秀个体的搜索，有效减少高维问题的求解难度，从而对 NSGA-Ⅱ进行了改进，提出了 INSGA-Ⅱ。应用于溪洛渡-向家坝梯级水库群多目标优化调度模型求解表明，INSGA-Ⅱ在高维问题上的表现尤为突出，为梯级水库群多目标优化调度获取高质量非劣解集提供有力支撑。

第11章

梯级水库群联合调度风险与效益互馈关系分析

水库群是一个规模庞大、内部结构复杂的巨系统，涉及防洪、发电、供水、航运、生态、泥沙等多个目标。然而，各目标并不是相互独立的，它们之间存在冲突或协同的关系。如随着汛期水库运行水位的抬升，防洪风险加剧，而发电效益相应增加，供水、航运、生态效益也随之提升，说明防洪目标与各兴利目标之间存在矛盾冲突，而各兴利目标之间为协同关系。各目标互馈响应关系量化方法的研究对于水库合理调度具有重要的指导意义。

梯级水库群联合调度过程中，各子系统内部或之间均存在复杂的水力联系、电力联系等，上游水库的调度方式对于下游水库的防洪、兴利等目标往往存在直接或间接的影响。一方面，基于蝴蝶效应原理，梯级水库中某个水库失事的后果将远远超过单个水库，不仅危及下游水库的安全，更有可能造成整个流域的灾难；另一方面，上游水库的兴利在一定程度上会影响下游，如上游水库汛末蓄水往往造成下游水库同时期来水量的减小。因此，有必要对梯级水库群各子系统之间多目标效益、风险的互馈响应关系进行深入研究。

本章以梯级水库群为对象，首先，以结构方程模型为有力工具，提出了基于压力-状态-响应模型的风险分析指标体系；其次，建立了基于结构方程的梯级水库群多目标调度风险与效益互馈关系分析模型；再者，以风险和效益的博弈互馈为切入点，构建了基于概率最优化方法的风险与效益协调优化模型，寻求梯级水库群多目标调度过程中风险与效益的对立转化关系；最后，通过应用于三峡梯级水库群多目标优化调度验证了模型和方法的可行性，为梯级水库群多目标优化调度方案的决策提供技术支撑。

11.1 基于压力-状态-响应模型的风险分析指标体系

11.1.1 压力-状态-响应模型

PSR（Pressure-State-Response，PSR）模型是基于可持续发展模式、“驱动力-状态-响应”（Driving-State-Response，DSR）、“经济、社会、环境和机构四大系统”的概念模型，结合《21世纪议程》中涉及的可持续发展重要指标，并被联合国环境规划署和经合组织共同采纳而逐步形成完善，主要应用于环境评价指标体系的构建。环境指标的PSR框架将环境压力、环境状态和环境响应归纳为3种指标。其中，压力指标反映人类活动对环境及自然资源造成的影响，回答了系统为什么会发生如此变化的问题；状态指标描述因此造成的环境的变化，回答了系统发生了怎样的变化这一问题；响应指标是人类面对各种环境问题时所采取的对策，即社会和个人所采取的用于预防、阻止、减轻、恢复及补救人类活动对环境负面影响的措施。该模型从人类与环境系统的相互作用和影响出发，对环境指标进行组织分类，具有较强系统性。

在水库多目标综合利用过程中，不同调度方式对水库群造成的压力通过压力指标来反映，直观表现为其运行状态的变化，如水位、下泄流量的变化等，进而影响水库群各目标的风险变化。各目标风险通过状态指标来反映，面对不同风险产生的不同效益由响应指标来反映。据此可建立基于 PSR 的水库风险、效益互馈响应关系分析的指标体系。水库群多目标综合利用压力-状态-响应概念模型如图 11.1 所示。

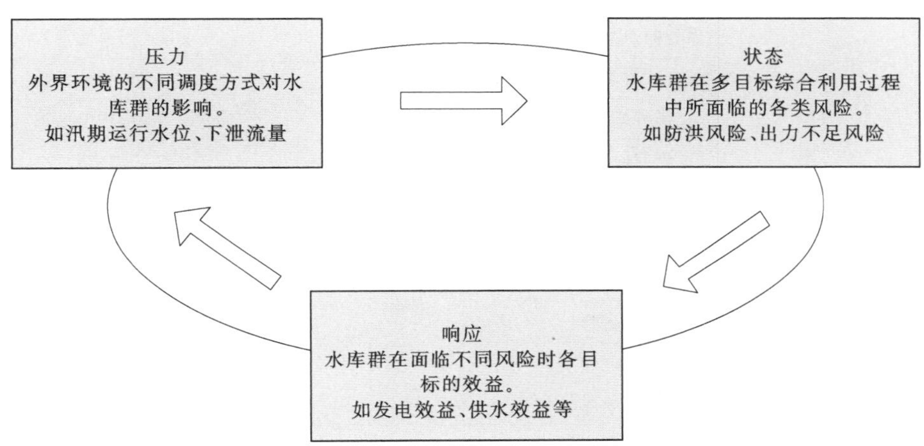

图 11.1　水库群多目标综合利用压力-状态-响应概念模型

11.1.2　风险分析指标体系

水库群多目标综合利用中指标复杂，其反映的信息各有不同，但彼此间可能存在一定程度的相关关系。若评价指标选取不合理，则很有可能导致评价结果的失真，影响调度人员的决策，不利于水库群安全稳定运行及水库群综合效益的发挥。因此，构建科学合理的评价指标体系，对于水库群效益与风险互馈关系的分析具有重要意义。

基于 PSR 的指标体系构建方法从多目标的各个环节进行剖析，全面寻找能够反映多目标风险与效益真实情况的各类指标，并且能够揭示压力指标、状态指标与响应指标间的因果联系，有助于后期对指标间相关关系的分析。根据 PSR 模型的基本框架构建指标体系，对应的评价指标选取应遵循以下原则：

（1）科学性。指标选取是否科学直接关系到评价结果的准确性，因此，要求选取能够真实反映水库群联合调度过程中各目标风险、效益的指标，避免出现计算结果与真实情况偏差较大的情况。

（2）数据可获取性。多目标评价工作主要是数据的处理和分析，可获取的数据是评价工作顺利进行的基础，为此，选取指标时应更多地倾向简单有效、易获取、可信度高的指标。

（3）针对性。指标选取工作量大、过程复杂，且有的指标因不能客观反映研究对象而对评价没有意义，因此选取指标时要有针对性，要根据具体研究目的，选取最具重要意义的指标。在互馈响应关系的研究中，应选取与调度过程、多目标风险及效益息息相关的指标，从而提高计算精度。

在遵循科学性与数据可获取性原则的基础上，进行指标的初选。初步选取防洪、发电、供水、航运、生态等方面的共计 58 个指标，反映水库群多目标综合利用的情况，初选指标体系如表 11.1 所示。

表 11.1　　初选指标体系表

目标层	准则层	指标层	目标层	准则层	指标层
防洪	压力	水库最高调洪水位	供水	状态	可靠性系数（供水保证率）
		防洪控制点最大流量			回弹性系数
		防洪有效库容损失值			脆弱性系数
		削峰幅度			协调性系数
		恢复时间		响应	供水效益
		水位恢复水平	航运	压力	碍航淤积量
	状态	淹没人口			航道水深
		淹没面积		状态	通航保证率
		综合洪灾损失		响应	货运量
		大坝自身风险率			客运量
		下游保护对象风险率			航运效益
		上游易淹没地区风险率	生态	压力	各月平均流量
	响应	洪水资源利用率			年均 n 日极值流量
		防洪效益			年极值流量出现时间
发电	压力	最小出力			年低脉冲谷次数
		平均出力			年低脉冲谷平均持续时间
		发电水头			年高脉冲洪峰次数
		电站引用流量			年高脉冲洪峰平均持续时间
		水量利用率			年内水流上升幅度
	状态	出力受阻风险			年内水流下降幅度
		发电量不足风险			基流指数
		弃水机会损失		状态	生态用水保证率
		电站弃水风险		响应	生态效益
	响应	年平均发电量	泥沙	压力	入库沙量
		发电量均方差			出库沙量
		电力市场下的发电效益			输沙率
供水	压力	重现期			排沙比
		水资源转化量		状态	库区淤积体积
		供水破坏深度		响应	库容减少

表 11.1 中初步构建的指标体系分为目标层、准则层及指标层。目标层包括防洪、发电、供水、航运、生态及泥沙等目标，即水库群在综合利用过程中涉及的各个方面；准则层则根据 PSR 模型，将各目标下的指标分为压力指标、状态指标及响应指标；指标层则包括了能够反映水库群调度特征、各目标风险与效益的各项指标。

防洪指标综合了水库自身及其上下游的风险率及风险损失、防洪效益等方面。主要包括：水库最高调洪水位、防洪控制点最大流量、防洪有效库容损失值、削峰幅度、恢复时间、水位恢复水平、淹没人口、淹没面积、洪水资源利用率、综合洪灾损失、大坝自身风险率、下游保护对象风险率、上游易淹没地区风险率、防洪效益。其中，大坝自身风险率、下游保护对象风险率、上游易淹没地区风险率分别反映了各防洪对象发生风险的可能性，是水库防洪的重要指标。综合洪灾损失反映了风险损失的综合情况，可以通过淹没人口、淹没面积等指标来衡量，也可以通过水库最高调洪水位、防洪控制点最大流量、防洪有效库容损失值来间接衡量。防洪效益可以理解为减免的洪灾损失，与风险损失成反比，水库遭遇洪水后的风险损失越小，相应的防洪效益也就越大。削峰效果及削峰幅度反映水库对于大坝或大堤的防洪能力。水位恢复水平表明了预泄后水库水位恢复至汛限水位的能力，可反映水库对于洪水调蓄作用的大小。

发电指标从发电量、出力、耗水量等方面反映了水库在洪水资源利用过程中的发电风险及效益。主要包括：最小出力、平均出力、发电水头、电站引用流量、弃水机会损失、电站弃水风险、出力受阻风险、发电量不足风险、年平均发电量、电力市场下的年发电效益、发电量均方差、水量利用率。其中，最小出力与平均出力为重要的出力指标，反映了电站的运行状态。年平均发电量与电力市场下的年发电效益是反映水库发电的重要经济指标，后者主要适用于各时段电价不同的情况。发电水头、电站引用流量与发电量息息相关。发电量均方差，即发电量的变化幅度，是反映发电系统稳定性的重要指标，均方差越小，则系统发电越稳定，发电量变动幅度越小。水量利用率、电站弃水风险及弃水机会损失是衡量发电过程中洪水资源利用率的重要指标。水量利用率是指用于发电的水量在总下泄水量中所占比例，直接反映了水库的洪水资源利用效果。电站弃水风险是指由于来水偏大，水库将发生弃水的概率。弃水机会损失则是针对水库弃水这种情况下的损失指标，若来水偏大，水库水位达到允许上限，被迫产生弃水，本可以再多发电而没有生产，导致放弃这部分水能利用的机会，这是一种机会损失，其示意图如图 11.2 所示。

供水指标包括重现期、水资源转化量、供水破坏深度、可靠性系数、回弹性系数、脆弱性系数、协调性系数、供水效益。其中，重现期是指供水系统两次进入失事状态的平均时间间隔，即失事前的工作年数，表示供水系统失稳的周期，并间接反映了该供水系统风险率的大小。水资源转化量指水库预泄对下游河道滩地地下水的补给量，而地下水也是供水的重要渠道之一，因此水资源转化量包含于供水指标中。供水破坏深度为衡量事故严重程度的指标，指供水遭到破坏时的最大缺水量。

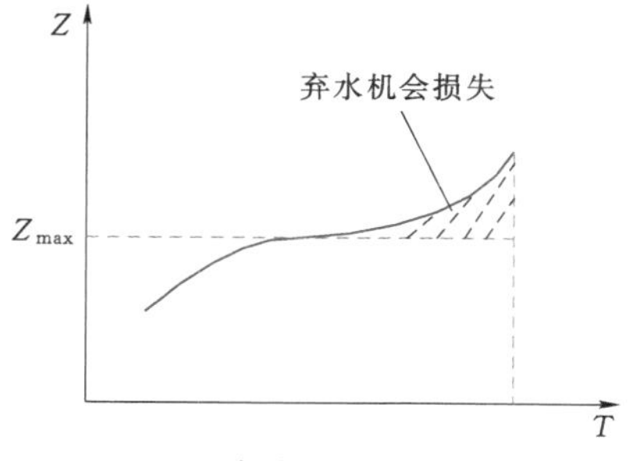

图 11.2　弃水机会损失示意图

可靠性系数即供水保证率，可定义为供水系统运行期间供水状态处于正常情况，即没有遭到破坏的概率，是反映供水效益的重要指标。回弹性系数指供水系统从失事状态转为正常状态的可能性，即从事故状态恢复正常的平均概率，概率值越大，则说明系统越容易恢复。脆弱性系数反映了供水遭到破坏时的破坏强度。协调性系数是区域水资源供需风险协调性的度量，在水资源供需矛盾日趋紧张的背景下，供需协调系数对于衡量洪水资源利用效率起到重要作用。供水效益为总体性指标，从宏观层面反映供水效益的大小。

对于有航运要求的水库，航运也是综合效益的重要体现。航运指标主要包括碍航淤积量、航道水深、货运量、客运量、通航保证率、航运效益。其中，碍航淤积量反映了在不同调度方案下变动回水区影响航运的淤积量，其大小直接影响河道的疏浚费用，从而影响航运效益。航道水深则反映了河道是否适宜航行，水深较小时河道不利于船舶航行。航运效益为总体性指标，可以通过货运量、客运量、通航保证率等来衡量。通航保证率指在调度期内正常通航时段数占总时段数的比例，其反映了在水库调度过程中航运功能的可靠性，通航保证率越高，航运效益越好。

生态指标从流量的等级、频率、发生时间及变化率等方面反映了不同洪水资源利用方式下的生态效益，主要包括各月平均流量、年均 n 日极值流量、年极值流量出现时间、年低脉冲谷次数及平均持续时间、年高脉冲洪峰次数及平均持续时间、年内水流上升及下降幅度、基流指数、生态用水保证率及生态效益。其中，各月平均流量及极值流量常常是影响生态恢复、决定河流及周围生态环境中物种生存的关键因素；河流小流量是维持其生态健康的重要因素；高流量能输送和转移河流中细小沙粒来形成栖息地，中间值作为峰值和谷值的过渡，它为恢复河流正常情况下的水质水位、还原基本地貌特征等提供缓冲，也是生态系统中物种生存的最基本条件。因此选取它们来反映水文指标与生态功能之间的影响关系。极值流量发生时间的分布与生态环境健康密切相关，原因在于部分水生生物的生命周期与流量发生时间紧密联系在一起，流量的时间分布影响着鱼类的洄游、产卵等，直接关系到生态效益的大小。年低脉冲谷次数及持续时间、年高脉冲谷洪峰次数及平均持续时间、年内水流上升及下降幅度均反映了流量的变化率，指水流从一种流量变化到另一种流量的速率，与物种生存有密切关系。生态用水保证率指生态用水得到满足的时段在总时段中所占比例，直观反映了在不同调度方式下水库生态效益的大小。

库区的排沙减淤对水库也具有重要意义，泥沙指标主要包括入库沙量、出库沙量、输沙率、排沙比、库区淤积体积、库容减少。其中，入库沙量指时段内入库泥沙总量，是水库泥沙的主要来源。出库沙量和输沙率反映了在不同洪水资源利用方式下水库输沙量的大小，排沙比反映了入库与出库沙量的对比关系，进而决定了水库的冲刷状况。泥沙对水库效益的影响主要通过减少水库库容来体现。库区泥沙淤积导致库容减小，影响防洪、发电、供水等目标，从而影响水库的综合利用效益。

根据针对性原则，进一步筛选出与调度过程、各目标的风险与效益息息相关、代表性强的指标集。基于此，可建立基于 PSR 的多目标效益、风险互馈响应关系研究指标体系，如表 11.2 所示。

表 11.2　　基于 PSR 的多目标效益、风险互馈响应关系研究指标体系

压力指标	状态指标	响应指标
水库最高调洪水位	淹没人口	洪水资源利用率
防洪控制点最大流量	淹没面积	防洪效益
防洪有效库容损失值	综合洪灾损失	年平均发电量
削峰幅度	大坝自身风险率	发电量均方差
水位恢复水平	下游保护对象风险率	电力市场下的发电效益
最小出力	上游易淹没地区风险率	供水效益
平均出力	出力受阻风险	航运效益
发电水头	发电量不足风险	生态效益
电站引用流量	弃水机会损失	库容减少
水量利用率	电站弃水风险	
供水破坏深度	可靠性系数（供水保证率）	
航道水深	回弹性系数	
各月平均流量	脆弱性系数	
年均 n 日极值流量	协调性系数	
年极值流量出现时间	通航保证率	
年内水流变化幅度	生态用水保证率	
基流指数	库区淤积体积	
入库沙量		
输沙率		
排沙比		

11.2 梯级水库群联合调度风险与效益互馈关系分析

11.2.1 结构方程模型

11.2.1.1 基本形式

结构方程模型通常包括两部分，分别为结构模型与测量模型。前者用于确定潜变量间关系，而后者用来估计观测变量与潜变量间的关系。结构方程研究所涉及的变量，根据可测性分为两种：观测变量是可以直接估计的变量；潜变量，又称作隐变量，是无法直接观测并估计的变量，需要根据与其相关的观测变量进行间接估计。根据变量生成方式，同样可分为两种：外生变量在模型中仅用于解释其他的变量，在路径图中外生变量周围的箭头全部指向其他变量，而没有箭头指向其本身；内生变量受模型中其他变量的影响，反映在路径图上即为箭头所指的变量。

综上所述，结构方程模型的变量共分为四种：内生观测变量 y、外生观测变量 x、内生潜变量 η、外生潜变量 ξ。SEM 构建的前提是潜变量间存在相关关系，而潜变量则是由

观测变量进行表征，根据观测变量的协方差矩阵进行线性回归系数估计，通过统计特征来比较观测变量协方差矩阵及 SEM 引申的协方差矩阵，进而估计其拟合程度。式（11.1）、式（11.2）分别为测量模型、结构模型的数学表达式。

（1）测量模型：

$$\begin{cases}\boldsymbol{X}=\boldsymbol{\lambda}_x\boldsymbol{\xi}+\boldsymbol{\delta}\\ \boldsymbol{Y}=\boldsymbol{\lambda}_y\boldsymbol{\eta}+\boldsymbol{\varepsilon}\end{cases} \tag{11.1}$$

式中：$\boldsymbol{\xi}$ 为外生潜变量；$\boldsymbol{\eta}$ 为内生潜变量；$\boldsymbol{X}$ 为 $\boldsymbol{\xi}$ 的观测变量矩阵；$\boldsymbol{Y}$ 为 $\boldsymbol{\eta}$ 的观测变量矩阵；$\boldsymbol{\lambda}_x$ 为因变量与外生潜变量之间的关系；$\boldsymbol{\lambda}_y$ 为自变量与内生潜变量间的关系；$\boldsymbol{\delta}$ 为 $\boldsymbol{X}$ 的误差项；$\boldsymbol{\varepsilon}$ 为 $\boldsymbol{Y}$ 的误差项。

（2）结构模型：

$$\boldsymbol{\eta}=\boldsymbol{\gamma}\boldsymbol{\xi}+\boldsymbol{\beta}\boldsymbol{\eta}+\boldsymbol{\zeta} \tag{11.2}$$

式中：$\boldsymbol{\gamma}$ 为外、内生潜变量间的关系；$\boldsymbol{\beta}$ 为内生潜变量之间的关系；$\boldsymbol{\zeta}$ 为结构方程的误差项。

结构方程模型除数学表达式外，还可以用路径图来表征，如图 11.3 所示。图 11.3 中矩形表示观测变量，椭圆形表示潜变量；若两变量间存在单向因果关系，则用单向直线箭头表示，若两变量间存在互馈关系，则为双向直线箭头；路径系数由各箭头所对应的字母或数字来表示，反映了变量间相关关系的强弱，路径系数为［−1,1］内实数，若路径系数小于 0，则变量间呈现负相关关系，反之，当路径系数大于 0 时，则呈现正相关关系，且随着其绝对值的增大，相关性也逐渐增强。路径图相对于数学方程而言，其表现形式更为直观，也更易于理解，所以更常用于 SEM 的建模计算之中。

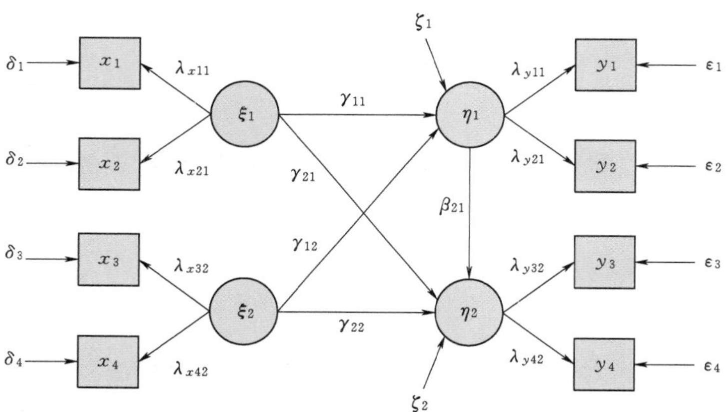

图 11.3 SEM 模型路径图

11.2.1.2 求解步骤

SEM 的建模及求解可分为如下 5 个步骤：

步骤一：机理研究。在 SEM 构建前，首先要剖析研究对象的作用机理，模型应具备清晰的因果关系、严谨的逻辑关系，同时符合实际物理背景。

步骤二：模型构建。在机理研究的基础上搭建结构模型与测量模型，通过单向或双向的箭头表征变量间相互关系，在较复杂的计算条件下需要约束因子负荷。

步骤三：模型拟合。求解步骤二中所构建的结构方程模型，通过广义最小二乘法、极大似然法等进行参数估计，使 SEM 引申的协方差矩阵尽量接近样本协方差矩阵。

步骤四：模型评价。可以从路径系数合理性及计算结果收敛性等方面进行模型评价，此外还有多种拟合指数可用于评价计算结果的准确性。

步骤五：模型修正。当模型的计算结果偏离实际情况时，可将拟合指数作为判定标准，删减或扩展原模型中的路径，确保模型中各参数计算结果均可作出合理解释。

11.2.2 风险与效益互馈关系分析

水库群系统规模巨大，内部结构复杂，相较于单库而言，各个子系统之间水力、电力联系密切，各目标之间的互馈响应关系更为错综复杂。开展水库群综合利用各目标风险与效益的相互作用关系研究，对于提高水库群系统发展的协调性、增加大系统联合调度效益具有深远的意义。

水库群系统效益与风险的互馈关系研究分为两个阶段。首先将各目标所对应的指标体系根据重要度、区分度、重合度进行指标精简；然后利用结构方程模型建立水库群系统效益与风险互馈关系的递阶结构模型，探究在水库群联合调度过程中风险及效益的相关关系。

11.2.2.1 基于重要度、区分度、重合度的指标精简方法

多目标评价中常常会遇到指标数量较大，且指标含有的评价信息重叠的现象。例如，构建的 PSR 指标体系中，反映泥沙目标的指标包括库容减小及库区淤积体积等。而库区泥沙淤积会导致库容减小，因此库区淤积体积与库区库容减小这两个指标反映的信息高度重叠。过多的指标不仅使计算过程过于烦琐，还可能导致计算结果的合理性无法得到保证。因此，必须对原始指标进行精简。

目前精简指标的思路分为两种：①利用指标本身的特性及指标间的相关性，剔除对评价结果影响较弱、重合信息较多的指标；②将多个相似的指标通过某种方法转化成一个能够较好反映评价结果的综合指标。此处采用第二种思路，将构建的 PSR 指标体系中的指标根据不同目标（防洪、发电等）进行划分，计算各目标下指标的权重，并进行加权计算，得到防洪综合指标、发电综合指标等综合指标。某一指标的权重主要取决于指标的重要度、指标对目标的区分度及该指标与其他指标的重合度，故提出基于重要度、区分度、重合度的指标精简方法。

1. 重要度

指标的重要度是一个偏主观的概念，一般来说，不同的决策者对同一个指标的重要度有不同的看法。常用的确定指标重要度的方法有专家调查法、层次分析法等。结构方程模型中指标对目标的路径系数作为两者影响程度的度量，为指标重要性的确定提供了一种新的思路。可将 SEM 中各指标的路径系数作为它对该目标的重要度系数 z。

2. 区分度

指标的区分度主要表示指标包含评价信息量的多少。对于某一指标，若各方案下该指标值的区分度越大，说明该指标提供的信息量越多，在评价中所能起到的作用也越大，其权重也越大。熵权法就是一种根据指标区分度进行赋权的方法，其基本思路就是根据指标

变异程度，利用信息熵计算出各指标的熵权，将熵权作为指标的区分度系数 w。

3. 重合度

指标的重合度反映某一指标与其他指标的关联程度，若某一指标与其他指标的关联程度较强，即它们之间具有较多的重叠信息，那么该指标反映的评价信息中，大部分信息通过其他指标也能反映，所以该指标能够被其他指标所替代，在评价中作用不大。指标的重合度系数 c 主要通过该指标与其余指标构成的子类间的相关度体现。

一个指标的重要度、区分度与其权重成正比，而重合度则与其权重成反比。综合考虑指标的重要度、区分度与重合度，定义权重如下：

$$\alpha_j = \frac{z_j w_j / c_j}{\sum_{i=1}^{q} z_i w_i / c_i} \tag{11.3}$$

式中：α_j 为第 j 个指标的权重；z_j 为第 j 个指标的重要度系数；w_j 为第 j 个指标的区分度系数；c_j 为第 j 个指标的重合度系数。

基于重要度、区分度、重合度的指标精简方法计算步骤如下。

步骤一：建立指标集。设 p 个方案组成方案集 $\mathbf{X}$，$\mathbf{X}=\{x_1, x_2, \cdots, x_p\}$，$q$ 个指标组成指标集 $\mathbf{Y}$，$\mathbf{Y}=\{y_1, y_2, \cdots, y_q\}$，方案 x_i 对指标 y_j 的样本值为 a_{ij}，则 $\mathbf{X}$ 对 $\mathbf{Y}$ 的指标矩阵 $\boldsymbol{A}$ 为

$$\boldsymbol{A} = \begin{bmatrix} a_{11} & a_{12} & \cdots & a_{1q} \\ a_{21} & a_{22} & \cdots & a_{2q} \\ \vdots & \vdots & \vdots & \vdots \\ a_{p1} & a_{q2} & \cdots & a_{pq} \end{bmatrix} \tag{11.4}$$

步骤二：标准化处理。为消除各指标量纲不同对评价结果带来的影响，对指标矩阵进行标准化处理，计算公式如下：

$$\text{效益型指标} \qquad b_{ij} = \frac{a_{ij} - \min\limits_i \{a_{ij}\}}{\max\limits_i \{a_{ij}\} - \min\limits_i \{a_{ij}\}}$$

$$\text{成本型指标} \qquad b_{ij} = \frac{\max\limits_i \{a_{ij}\} - a_{ij}}{\max\limits_i \{a_{ij}\} - \min\limits_i \{a_{ij}\}} \tag{11.5}$$

处理后得到标准化指标矩阵 $\boldsymbol{B}$ 如下：

$$\boldsymbol{B} = \begin{bmatrix} b_{11} & b_{12} & \cdots & b_{1q} \\ b_{21} & b_{22} & \cdots & b_{2q} \\ \vdots & \vdots & \ddots & \vdots \\ b_{p1} & b_{p2} & \cdots & b_{pq} \end{bmatrix} \tag{11.6}$$

步骤三：求重要度系数。根据结构方程模型中的路径系数确定第 j 个指标的重要度系数 $z_j (j=1,2,\cdots,q)$。

步骤四：求区分度系数。根据信息论中熵的定义，一组指标数据的信息熵为

$$e_j = -\frac{1}{\ln p} \sum_{i=1}^{p} p_{ij} \ln p_{ij} \tag{11.7}$$

式中：$p_{ij}=b_{ij}/\sum_{i=1}^{p}b_{ij}$，若 $p_{ij}=0$，则认为 $p_{ij}\ln p_{ij}=0$。

根据信息熵计算各指标的熵权，作为其区分度系数 w_j：

$$w_j=\frac{1-e_j}{q-\sum_{j=1}^{q}e_j} \tag{11.8}$$

步骤五：求重合度系数。计算 q 个指标之间的 Person 相关系数矩阵 $\boldsymbol{R}=(r_{kl})_{q\times q}$，其中 r_{kl} 表示指标 y_k 与 y_l 间的相关系数。指标 y_j 的重合度系数 c_j 为 y_j 与其余 $q-1$ 个指标构成的子类 D_j 间的相关度：

$$c_j=\frac{1}{q-1}\sum_{y_i\in D_j}r_{ij}^2 \tag{11.9}$$

步骤六：求权重与综合指标。根据重要度系数、区分度系数及重合度系数计算权重 α_j：

$$\alpha_j=\frac{z_jw_j/c_j}{\sum_{i=1}^{q}z_iw_i/c_i} \tag{11.10}$$

根据权重对各指标进行加权计算得到综合指标：

$$y_{zh}=\sum_{j=1}^{q}\alpha_jy_j \tag{11.11}$$

11.2.2.2 水库群效益、风险互馈响应空间分布模型建立

在大型流域中，河流纵横，河网密布，水库群各个子系统之间呈现复杂的串、并联关系，上下游水库间的风险、效益同样呈现出矛盾或协同的关系。因此，水库群的风险、效益相互作用关系符合 SEM 的构建要求。

模型中潜变量为各水库的多目标综合风险及综合效益，观测变量为各目标的风险及效益。对于水库群中的各库而言，每个库建立风险、效益两个观测模型。其中，风险观测模型整合了各目标的风险，效益观测模型包括了各目标的效益。在各库的风险和效益之间设置双向的路径，即可得到水库群系统中各子系统之间风险和效益相关性随空间变化所呈现的改变。基于此，可以进一步研究在空间维度上风险与效益的传递关系。

为了避免观测变量的维度过高、结构烦琐带来的模型计算不准确，对于每个目标下的各个指标进行降维处理，降维方法为基于重要度、区分度、重合度的指标精简方法。在精简的过程中，将防洪、发电、泥沙每个目标下的各个指标均通过式（11.11）整合为一维综合指标，供水、航运和生态指标精简为一维综合指标，由此，每个潜变量由防洪、发电、泥沙、其他四个观测变量来表征。

所建立的水库群多目标效益-风险互馈响应集成模型如图 11.4 所示。

该模型以 3 库为例，各库的风险与效益分别命名为风险 1、效益 1、风险 2、效益 2、风险 3、效益 3，共计 6 个潜变量。每个潜变量下包括防洪、发电、泥沙、其他等 4 个观测变量。潜变量由观测变量来进行表征，故其之间为单向箭头。风险 1、效益 1 等各潜变量之间均彼此影响，相互作用，所以潜变量间均为双向箭头，表征其互馈响应关系。模型中 $\lambda_1\sim\lambda_{24}$ 为观测变量与潜变量间的路径系数，即各水库的综合风险和综合效益与其各目

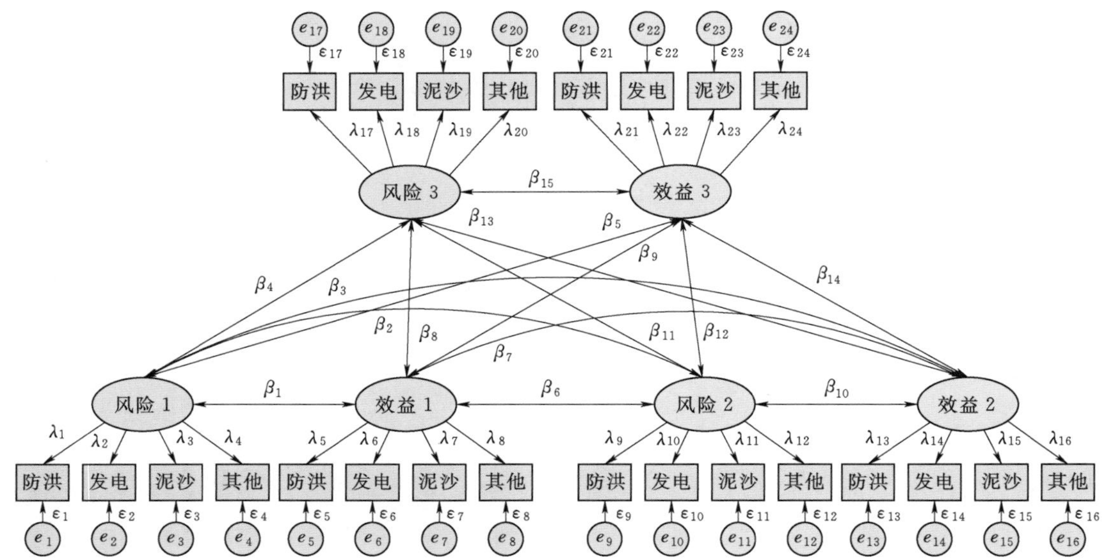

图 11.4 水库群多目标效益-风险互馈响应集成模型

标之间的关系。如 $\lambda_1 \sim \lambda_4$ 的意义为防洪风险、发电风险、泥沙淤积风险及其他风险分别对于水库综合风险的表征能力，值越大表明其表征能力越高。$\beta_1 \sim \beta_{15}$ 为潜变量之间的路径系数，表示水库群大系统中各个子系统之间风险与效益的响应关系。如 β_1 表示水库 1 的风险与效益之间的互馈关系，正值则为协同关系，负值则为冲突关系。$\varepsilon_1 \sim \varepsilon_{24}$ 为模型的残差项，即各目标不能被指标所解释的部分。路径系数的取值位于区间 [−1,1] 内，根据取值不同，所呈现出的冲突或协同的程度也不同。具体的互馈响应关系见表 11.3。

表 11.3 路径系数对应的互馈响应关系表

路径系数	互馈响应关系	路径系数	互馈响应关系
1	完全协同	−1	完全冲突
[0.8,1)	极强协同	[−1,−0.8)	极强冲突
[0.6,0.8)	强协同	[−0.8,−0.6)	强冲突
[0.4,0.6)	一般协同	[−0.6,−0.4)	一般冲突
[0.2,0.4)	弱协同	[−0.4,−0.2)	弱冲突
(0,0.2)	极弱协同	[−0.2,0)	极弱冲突
0	不相关	—	—

水库群多目标效益与风险互馈响应模型可采用 SPASS AMOS 21.0 软件进行求解。SPSS AMOS 21.0 是一款使用结构方程式探索变量间的关系的软件。其能够轻松地进行结构方程建模，快速创建模型以检验变量之间的相互影响及其原因，比普通回归分析和探索性因子分析更进一步。它拥有的直观绘图工具，在构建方程式模型过程中的每一步骤均能提供图形环境，只要在 AMOS 的调色板工具和模型评估中以鼠标点击绘图工具便能指定或更换模型。AMOS 通过快速的模型建立来检验变量是如何互相影响及为何会发生此

影响。而且，AMOS 可快速地以演示级路径图定制模型而无须编程。AMOS 操作方便，而且即使有缺失值也能达到精准。即使资料不完整，也不会遗漏任何一个情况，并且会自动计算正确的标准误及适当的统计量，降低估算值偏差。AMOS 软件建模界面如图 11.5 所示。

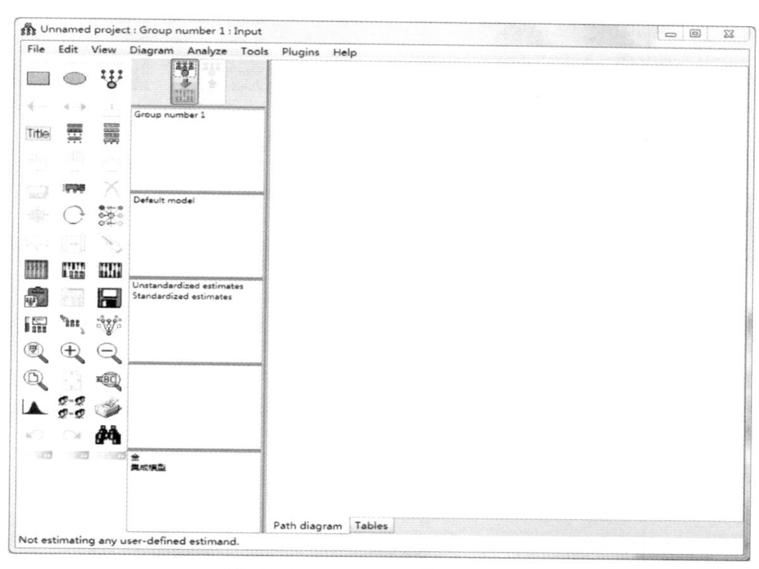

图 11.5　AMOS 软件建模界面

根据路径系数计算结果，对应表 11.3 中的路径系数与互馈响应关系的程度，即可得到水库各目标效益与风险的互馈关系，进而为水库寻求低风险、高效益的各目标协调发展的运行方式提供有力支持。通过计算防洪、发电、泥沙等观测变量序列得到各库的风险与效益的潜变量序列。然后，计算各目标与所对应的综合风险或综合效益之间的路径系数，以反映各目标的风险或效益对综合风险或效益的影响程度。最后，计算各水库风险与效益之间的协方差矩阵，求得相应的路径系数，即反映出水库群系统中各子系统间的互馈响应关系。

11.2.3　兴利目标间互馈关系分析

为获取 SEM 输入数据，以溪洛渡-向家坝梯级水库为研究对象，构建多目标优化调度模型并求解。溪洛渡-向家坝为金沙江中游上的重要梯级水库群，是开发利用长江水资源的骨干工程，以防洪、发电为主，兼有供水、改善上游航运条件等综合效益，并可为下游电站进行梯级补偿，两库基本参数见表 11.4，地理位置如图 11.6 所示。

表 11.4　梯级水电站基本参数表

水　　库	溪洛渡	向家坝	水　　库	溪洛渡	向家坝
死水位/m	540	370	最小下泄流量/(m^3/s)	1400	1200
正常蓄水位/m	600	380	装机容量/MW	12600	6000
防洪库容/亿 m^3	64.62	9.03	保证出力/MW	3395	2009

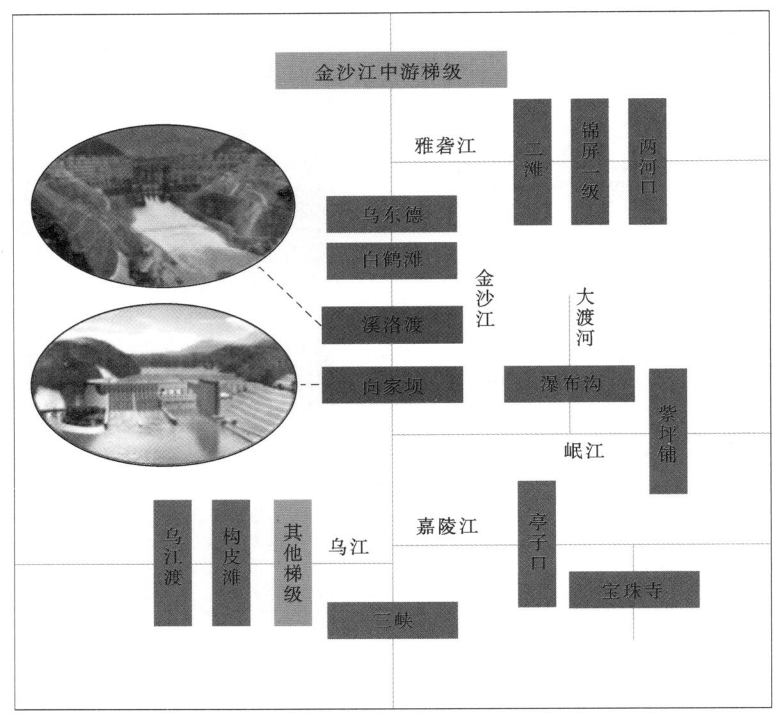

图 11.6 溪洛渡-向家坝地理位置拓扑图

以发电、供水和生态优化调度所需考虑的各指标加权值作为目标，构建梯级水库多目标联合优化调度模型，利用经典多目标进化算法 NSGA-Ⅱ进行求解得到非劣解集，通过定性分析提出 3 个目标间互馈关系的初步假设，进而构建基于 SEM 的溪洛渡-向家坝梯级水库多目标互馈关系模型，以非劣解集中各指标值作为输入数据，通过定量计算进行高维验证性因子分析，探索丰、平、枯不同典型年梯级水库各目标的互馈响应机制，以期缓解各目标间的矛盾对立关系，提高梯级水库运行的合理性。

11.2.3.1 目标函数

(1) 发电目标：发电目标需考虑的指标为年发电量（f_1）、出力不足风险率（f_2）及弃水量（f_3）。年发电量是反映发电效益高低的重要指标；出力不足风险率表征水电站运行的可靠性及稳定性；弃水量则代表水电站对于水资源的利用效率。其中，年发电量为正向指标，其余两个指标为负向指标。

$$\max f_1 = \sum_{t=1}^{T} \sum_{i=1}^{N} N_{i,t} \Delta t \tag{11.12}$$

$$\min f_2 = \frac{1}{T} \sum_{t=1}^{T} R_{i,t}^{n} \tag{11.13}$$

$$R_{i,t}^{n} = \begin{cases} 1 & N_{i,t} < N_i^{\text{pro}} \\ 0 & \text{其他} \end{cases}$$

$$\min f_3=\sum_{t=1}^{T}\sum_{i=1}^{N}Q_{i,t}^{\mathrm{ab}}\Delta t \tag{11.14}$$

$$\min f_{\mathrm{pg}}=\omega_1\frac{f_1-f_1^{\min}}{f_1^{\max}-f_1^{\min}}+\sum_{i=2}^{3}\left(\omega_i\frac{f_i^{\max}-f_i}{f_i^{\max}-f_i^{\min}}\right) \tag{11.15}$$

式中：T 为调度时段数；N 为水电站水库数；$N_{i,t}$ 为水电站水库 i 在 t 时段的出力；Δt 为时段长；$R_{i,t}^{n}$ 为出力不足函数；N_i^{pro} 为水电站水库 i 保证出力；$Q_{i,t}^{\mathrm{ab}}$ 为水电站水库 i 在 t 时段的平均弃水流量；ω_i 为权重系数；f_{pg} 为发电目标所对应各指标的综合函数。

（2）供水目标：供水目标需考虑的指标为供水保证率（f_4）、最长供水破坏历时（f_5）及供水总缺水量（f_6），3 者分别表征水库供水的可靠性、易损性及脆弱性。其中，供水保证率为正向指标，其余两个指标为负向指标。

$$\begin{cases}\max f_4=\dfrac{1}{T}\sum\limits_{t=1}^{T}P_{w,t}\\ P_{w,t}=\begin{cases}1 & Q_{i,t}^{w}\geqslant Q_i^{w}\\ 0 & \text{其他}\end{cases}\end{cases} \tag{11.16}$$

$$\min f_5=\max\{T_{w,1},T_{w,2},\cdots,T_{w,k},\cdots,T_{w,m}\} \tag{11.17}$$

$$\begin{cases}\min f_6=\sum\limits_{t=1}^{T}\sum\limits_{i=1}^{N}R_{i,t}^{w}\Delta t\\ R_{i,t}^{w}=\begin{cases}|Q_{i,t}^{w}-Q_i^{w}| & Q_{i,t}^{w}<Q_i^{w}\\ 0 & \text{其他}\end{cases}\end{cases} \tag{11.18}$$

$$\min f_{\mathrm{ws}}=\omega_4\frac{f_4-f_4^{\min}}{f_4^{\max}-f_4^{\min}}+\sum_{i=5}^{6}\left(\omega_i\frac{f_i^{\max}-f_i}{f_i^{\max}-f_i^{\min}}\right) \tag{11.19}$$

式中：$P_{w,t}$ 为供水保证函数；$Q_{i,t}^{w}$ 为水电站水库 i 在 t 时段的供水流量，Q_i^{w} 为其供水最小下泄流量；$T_{w,k}$ 为分析期内各缺水时期的长度，$k\leqslant m$，m 为缺水时期数；$R_{i,t}^{w}$ 为供水不足函数；f_{ws} 为供水目标所对应各指标的综合函数。

（3）生态目标：生态目标需考虑的指标为生态保证率（f_7）及生态总缺水量（f_8）。两者分别从不同维度反映了水库调度对下游河道生态系统产生的影响，前者为正向指标，后者为负向指标。

$$\begin{cases}\max f_7=\dfrac{1}{T}\sum\limits_{t=1}^{T}P_{e,t}\\ P_{e,t}=\begin{cases}1 & Q_{i,t}\geqslant Q_i^{e}\\ 0 & \text{其他}\end{cases}\end{cases} \tag{11.20}$$

$$\begin{cases}\min f_8=\sum\limits_{t=1}^{T}\sum\limits_{i=1}^{N}R_{i,t}^{e}\Delta t\\ R_{i,t}^{e}=\begin{cases}|Q_{i,t}-Q_i^{e}| & Q_{i,t}<Q_i^{e}\\ 0 & \text{其他}\end{cases}\end{cases} \tag{11.21}$$

$$\min f_e=\omega_7\frac{f_7-f_7^{\min}}{f_7^{\max}-f_7^{\min}}+\omega_8\frac{f_8^{\max}-f_8}{f_8^{\max}-f_8^{\min}} \tag{11.22}$$

式中：$P_{e,t}$为供水保证函数；$Q_{i,t}$为水电站水库i在t时段的下泄流量；Q_i^e为水电站水库i下游河道最小生态流量；f_e为生态目标所对应各指标的综合函数。

11.2.3.2 约束条件

（1）水量平衡约束：

$$V_{i,t+1}=V_{i,t}+(W_{i,t}-Q_{i,t})\Delta t \tag{11.23}$$

式中：$V_{i,t}$、$V_{i,t+1}$为水电站水库i在t时段初、末的蓄水量；$W_{i,t}$为水电站水库i在t时段平均入库流量。

（2）水位上下限约束：

$$Z_i^{\min}\leqslant Z_{i,t}\leqslant Z_i^{\max} \tag{11.24}$$

式中：$Z_{i,t}$为水电站水库i在t时刻的水位；$Z_i^{\max}$、$Z_i^{\min}$为水库i的水位上、下限。

（3）出力上下限约束：

$$N_i^{\min}\leqslant N_{i,t}\leqslant N_i^{\max} \tag{11.25}$$

式中：$N_i^{\max}$、$N_i^{\min}$为水电站水库i的出力上、下限。

（4）流量上下限约束：

$$q_i^{\min}\leqslant q_{i,t}\leqslant q_i^{\max} \tag{11.26}$$

式中：$q_i^{\max}$、$q_i^{\min}$为水电站水库i的发电流量上、下限。

（5）非负约束。

11.2.3.3 求解算法

NSGA-Ⅱ算法于2002年由Deb等提出，其在非支配排序遗传算法（NSGA）的基础上添加了精英保留策略及拥挤度选择法则，从而提升了算法的鲁棒性及收敛性，同时，其在搜索速度和保持种群多样性方面都具有良好效果。因此，选取NSGA-Ⅱ算法对溪洛渡-向家坝梯级水库多目标优化调度模型进行求解。算法各项基本参数设置为：种群规模$N=1000$，最大迭代次数$M=50$，交叉概率$P_c=0.8$，变异概率$P_m=0.1$，交叉分布指数$\eta_c=20$，变异分布指数$\eta_m=20$，通过专家打分法可得指标$f_1\sim f_8$权重向量为$\boldsymbol{W}=(0.45,0.25,0.3,0.4,0.3,0.3,0.6,0.4)$，算法具体步骤可参考文献（张世宝等，2011）。为保证非劣解集的完整性，通过独立运行算法50次（每次的随机数种子均不同），依据HV指标挑选最优非劣解集。

由于天然来水的差异性，梯级水库多目标竞争关系也并非一成不变，因此，考虑丰、平、枯不同频率来流情况下发电-供水-生态互馈关系的差异，通过P-Ⅲ分布拟合1957—2012年溪洛渡坝址年径流量序列，分别选取1962年、1981年及1984年作为丰、平、枯典型年，其所对应频率分别为20%、50%及80%。将各年旬平均流量序列输入多目标调度模型，得到发电、供水、生态目标的非劣解集及年发电量、供水保证率、生态保证率等8个指标值，以其作为多目标互馈关系SEM模型的输入数据。

11.2.3.4 研究假设

鉴于不同频率入库流量存在差异，发电-供水-生态多目标互馈关系也随之变化。为了使研究更具代表性，首先根据P-Ⅲ分布拟合溪洛渡年入库径流序列，序列长度为1957—2012年，共计56年。根据拟合结果，选取频率为20%、50%及80%时的年份作为丰、平、枯典型年，即1962年、1981年及1984年。将各年旬平均流量序列输入多目标调度模型，得到发电、供水、生态目标的非劣解集及年发电量、供水保证率、生态保证率等8个指标值，以其作为多目标互馈关系SEM模型的输入数据。

在获取不同典型年的多目标非劣解集的基础上，绘制发电-供水-生态关系图如图11.7～图11.9所示，图中横坐标为生态综合指标值，用a_1表示；纵坐标为供水综合指标值，用a_2表示；色彩轴表示发电综合指标值，用a_3表示。可根据三个目标综合指标值的相对变化趋势对发电-供水-生态互馈关系提出初步假设。

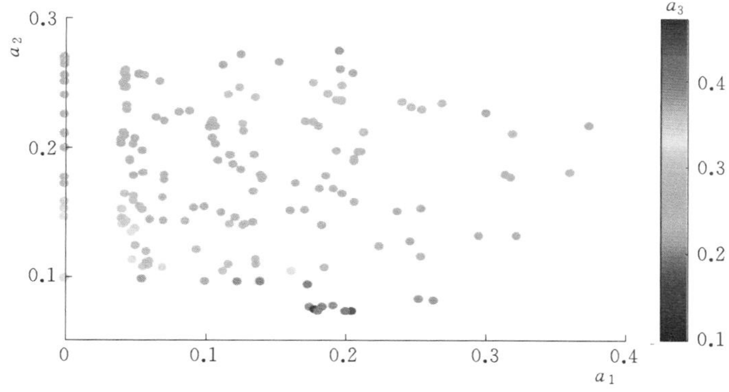

图11.7 丰水年发电-供水-生态关系图

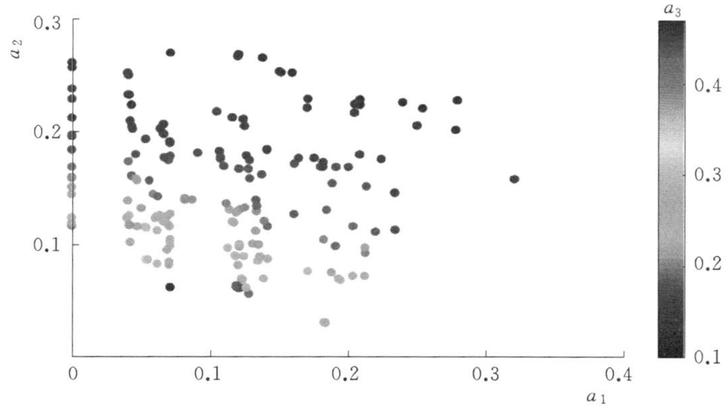

图11.8 平水年发电-供水-生态关系图

1. 发电与供水

由图11.7～图11.9可知，随着a_2的增大，散点颜色逐渐由红色转变为蓝色，说明随着供水效益的提高，发电综合效益逐渐减小，供水与发电存在矛盾关系。另外，通过比较不同典型年色彩变化规律可发现，随着天然来流的减小，供水与发电间的矛盾愈发显

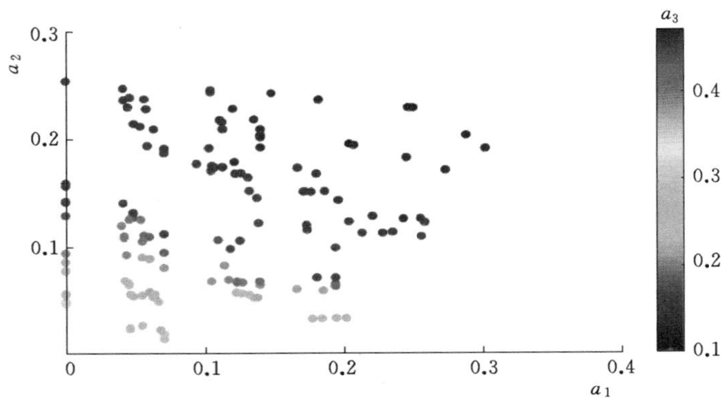

图 11.9 枯水年发电-供水-生态关系图

著，由此可提出假设：

H_1：丰水年发电与供水矛盾显著；

H_2：平水年发电与供水矛盾显著；

H_3：枯水年发电与供水矛盾显著。

2. 发电与生态

在图 11.7～图 11.9 中随着 a_1 逐渐增大，散点颜色逐渐趋于蓝色，说明随着生态效益的提高，发电效益逐渐减小，发电与生态存在矛盾关系。就不同典型年而言，随着天然来流的减小，发电-生态矛盾趋于剧烈，由此可提出假设：

H_4：丰水年发电与生态矛盾显著；

H_5：平水年发电与生态矛盾显著；

H_6：枯水年发电与生态矛盾显著。

3. 供水与生态

图 11.7～图 11.9 中散点颜色分界线斜率可表征供水与生态间冲突关系，整体而言，随着天然来流的减小，两者间矛盾逐渐锐化，由此可提出假设：

H_7：丰水年供水与生态矛盾显著；

H_8：平水年供水与生态矛盾显著；

H_9：枯水年供水与生态矛盾显著。

上述分析仅从定性的角度对发电-供水-生态间的竞争关系给出了初步假设，为了对其进行验证，需引入结构方程模型，由定性分析拓展为定量计算，从而实现目标间互馈作用的量化研究，进而对其相互作用机理进行更深入剖析。

11.2.3.5 结构方程模型构建

梯级水库多目标互馈关系 SEM 模型（阎晓冉，2020）的构建以各目标为基础，但由于目标本身为潜变量，潜变量间互馈关系无法直接测量或计算，因此，针对各目标选取最具代表性的指标，构成观测变量集，通过观测变量数值分析实现潜变量间互馈关系的量化。选取发电、供水及生态三个目标作为潜变量，模型变量设置见表 11.5。由此可构建梯级水库多目标互馈关系的结构方程模型如图 11.10 所示。

表 11.5 潜变量及观测变量表

潜变量	观测变量
发电（*FD*）	年发电量（*NFD*）
	出力不足风险率（*CLB*）
	弃水量（*QSL*）
供水（*GS*）	供水保证率（*GSB*）
	最长供水破坏历时（*ZCG*）
	供水缺水量（*GSQ*）
生态（*ST*）	生态保证率（*STB*）
	生态缺水量（*STQ*）

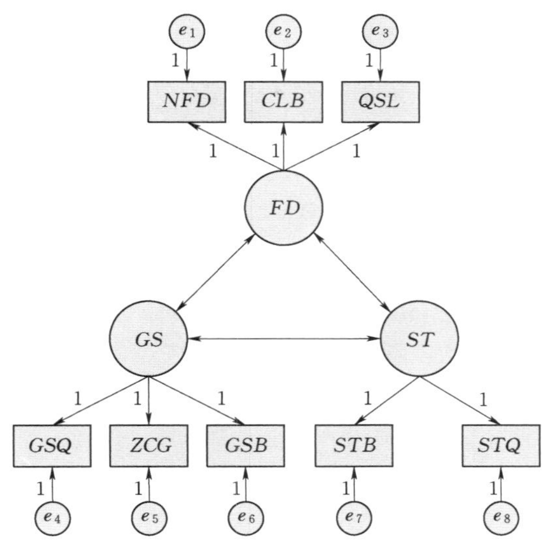

图 11.10 梯级水库多目标互馈关系的结构方程模型

11.2.3.6 数据检验

在观测变量中，*NFD*、*GSB*、*STB* 为正向指标，其余均为负向指标。为消除指标量纲不同带来的影响，在多目标调度模型构建时已进行标准化处理，标准化指标值可作为 SEM 模型的输入变量。

在模型求解前，为确定各典型年指标变量数据的可行性，对其进行了 KMO 和 Bartlett 球形检验，检验结果见表 11.6。根据常用 KMO 度量标准可知，该次指标取值的适切性大于 0.6，可以进行因子分析。Bartlett 球形检验中相伴概率为 0.000，检验矩阵为非单位阵，即观测变量的相关性满足要求，存在聚合的可能。

表 11.6 KMO 和 Bartlett 球形检验结果

典型年	KMO 取样适切性量数	Bartlett 球形检验		
		近似卡方	自由度	显著性
1962（丰水年）	0.665	645.223	28	0.000
1981（平水年）	0.606	309.245	28	0.000
1984（枯水年）	0.694	839.461	28	0.000

采用主成分分析法对不同典型年指标集合进行探索性因子分析，均可提取出 3 个因子，因子结构清晰，且各变量在其对应因子上载荷系数最大，即各观测变量均聚合于其对应的潜变量，数据具有较好的收敛效度和区分效度。设 3 个因子分别为 F_1、F_2、F_3，具体因子载荷矩阵见表 11.7。

11.2.3.7 模型计算及修正

析出的 3 个稳定的公因子即为梯级水库多目标互馈关系模型的 3 个潜变量，采用 AMOS 17.0进行验证性因子分析，通过最大似然法进行参数估计，得到初始模型计算结果。为验证估计结果的准确性，从测量模型及结构模型两方面进行检验。对测量模型的检验包括信度检验及效度检验，具体结果见表 11.8。对结构模型进行模型适配度检验，结果见表 11.9。

表 11.7 因子载荷矩阵

变量	1962 年（丰水年）			1981 年（平水年）			1984 年（枯水年）		
	F_1	F_2	F_3	F_1	F_2	F_3	F_1	F_2	F_3
NFD	0.831			0.726			0.650		
CLB	0.738			0.698			0.788		
QSL	0.854			0.715			0.833		
GSB		0.926			0.717			0.682	
ZCG		0.802			0.572			0.695	
GSQ		0.91			0.754			0.747	
STB			0.895			0.863			0.85
STQ			0.821			0.742			0.758

表 11.8 测量模型检验结果

典型年	潜变量	Cronbach's α	*C.R.*	*AVE*
1962（丰水年）	*FD*	0.832	0.850	0.655
	GS	0.795	0.912	0.776
	ST	0.903	0.883	0.716
1981（平水年）	*FD*	0.809	0.756	0.508
	GS	0.713	0.758	0.512
	ST	0.894	0.827	0.616
1984（枯水年）	*FD*	0.866	0.803	0.579
	GS	0.781	0.751	0.502
	ST	0.940	0.846	0.648

表 11.9 结构模型检验结果

拟合指标	检验统计量	临界值	1962 年（丰水年）			1981 年（平水年）			1984 年（枯水年）		
			修正前	修正后	结果	修正前	修正后	结果	修正前	修正后	结果
绝对适配指数	χ^2/df	<2.00	1.901	1.767	适配	1.483	1.107	适配	2.516*	1.903	适配
	RMR	<0.05	0.005	0.004	适配	0.006	0.004	适配	0.005	0.004	适配
	RMSEA	<0.08	0.095*	0.078	适配	0.070	0.05	适配	0.143*	0.074	适配
	GFI	>0.90	0.965	0.971	适配	0.971	0.988	适配	0.952	0.970	适配
	AGFI	>0.90	0.842*	0.903	适配	0.869*	0.901	适配	0.784*	0.900	适配
相对适配指数	*NFI*	>0.90	0.958	0.972	适配	0.963	0.973	适配	0.964	0.986	适配
	RFI	>0.90	0.854*	0.901	适配	0.870*	0.907	适配	0.875*	0.902	适配
	IFI	>0.90	0.980	0.989	适配	0.988	0.993	适配	0.976	0.989	适配
	TLI	>0.90	0.925	0.94	适配	0.954	0.964	适配	0.913	0.935	适配
	CFI	>0.90	0.979	0.99	适配	0.987	0.992	适配	0.975	0.981	适配

续表

拟合指标	检验统计量	临界值	1962年（丰水年）			1981年（平水年）			1984年（枯水年）		
			修正前	修正后	结果	修正前	修正后	结果	修正前	修正后	结果
简约适配指数	*PGFI*	>0.50	0.561	0.531	适配	0.563	0.534	适配	0.561	0.533	适配
	PNFI	>0.50	0.621	0.595	适配	0.623	0.596	适配	0.622	0.597	适配
	PCFI	>0.50	0.633	0.616	适配	0.635	0.617	适配	0.634	0.615	适配

由此可知，所有潜变量的Cronbach's α 系数的值均大于0.7，说明潜变量内部结构具有一致性；所有因子载荷显著，且载荷值均大于0.5，表明观测变量与潜变量间关系具有统计学上的显著性；模型的*C.R.* 均大于0.7，且*AVE* 均大于0.5，说明模型具有较好的收敛性。根据表11.9所示的检验结果，丰、平、枯不同典型年的结构模型简约适配指数均达到了标准值，但绝对适配指数中的χ^2/df、*RMSEA*、*AGFI* 及相对适配指数中的*RFI* 并未通过检验（未通过检验数据均以"＊"标出），因此，需要对原始模型进行修正。

由于模型中所有观测变量与潜变量间均为显著关系，所以在保留原始模型所有路径的基础上进行模型扩展。从修正指数值最大的路径开始调试，观察每次添加路径后各检验统计量是否得到明显改善，且路径具备理论意义（胡芳肖等，2014）。经过反复拟合最终添加两条路径，分别位于e_1与e_2之间、e_6与e_7之间。前者对应的观测变量分别为年发电量及出力不足风险率，后者对应的观测变量为供水保证率与生态保证率。

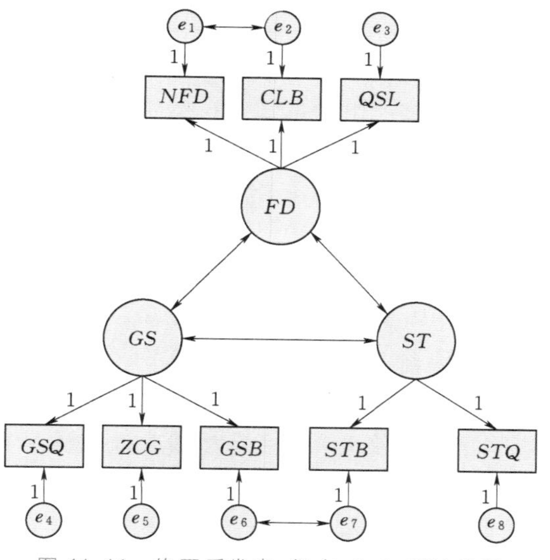

图11.11 修正后发电-供水-生态SEM模型

进一步分析可知，水库的出力不足风险率与其年发电量具有密切的相关关系。一般情况下，当年发电量较大时，各时段平均出力较大，满足保证出力的时段更多，从而降低了出力不足风险；供水与生态效益均与水库下泄流量息息相关，当下泄流量较大时，在满足生态流量的基础上亦可提高供水效益，反之则存在冲突关系。因此，两者残差项的公变关系具备实际物理意义，所添加的两条路径亦具备合理性。修正后发电-供水-生态SEM模型如图11.11所示，所有拟合指数均符合判断标准。

11.2.3.8 结果分析

修正后的发电-供水-生态SEM模型，以丰、平、枯典型年所对应的指标集作为输入数据，采用最大似然估计对结构模型变量间的假设关系进行检验，检验结果见表11.10。其中*S.E.* 为结构模型各潜变量间标准回归系数，*P* 为显著性水平。由此可知，1962年及1981年的*GS-ST* 未通过检验，即拒绝假设H_7及H_8，其余各路径均通过了$P<0.05$的显著性检验，即可以接受其余所有既定假设。图11.12为不同典型年发电-供水-生态互

馈关系计算结果图，在所有测量模型中，各观测变量与潜变量的路径系数均大于 0.50，表明观测变量与潜变量间互信息较多，均为影响相应潜变量的关键变量，即所选指标对于目标的表征效果较好。

表 11.10 样本总体模型假设检验结果

典型年	作用路径	S.E.	P	检验结果
1962（丰水年）	FD—GS	−0.38	0.002	接受
	FD—ST	−0.18	0.039	接受
	GS—ST	−0.05	0.372	拒绝
1981（平水年）	FD—GS	−0.51	0.002	接受
	FD—ST	−0.24	0.009	接受
	GS—ST	−0.13	0.147	拒绝
1984（枯水年）	FD—GS	−0.70	<0.001	接受
	FD—ST	−0.32	0.003	接受
	GS—ST	−0.20	0.048	接受

根据显著性检验结果，只有丰水年及平水年供水与生态间矛盾并不显著，其余路径均存在显著冲突。由此可知，在不同典型年中发电-供水-生态三者间均存在竞争关系，其综合效益此消彼长。总体而言，发电与供水目标间矛盾冲突最剧烈，发电与生态次之，而供水与生态间的矛盾冲突最小。通过多目标 SEM 模型计算实现了不同典型年各目标间的互馈关系的量化。

就发电与供水而言，丰水年、平水年、枯水年三种典型年情况下，两者间标准回归系数分别为−0.38、−0.51、−0.70，均呈现显著的负相关关系，且制约关系逐渐增强。原因在于，溪洛渡-向家坝梯级水库下游供水流量需求较大，而满足供水要求需要不断消落库区水位，从而影响发电水头，造成发电效益下降。丰水年来流偏大且水库平均水位高，发电机组运行效率高，下泄水量大，在满足发电要求的同时大部分水量可以供给下游用水区域，从而缓解了两者间的矛盾；平水年和枯水年水库蓄水率较低，且下泄流量偏小，在扣除河道生态流量的前提下，供水保证率下降，供水破坏历时及破坏深度增加，从而加剧了发电与供水间的竞争性。通过比较 3 个标准化回归系数可发现，由丰水年至平水年的系数变化为−0.13，变化程度小于平水年至枯水年的−0.19。图 11.13 为不同典型年旬平均流量过程，图 11.13 中竖线为 9 月 15 日，即主汛期与后汛期的分界线，由图 11.13 中可以看出 1984 年的后汛期旬平均流量相较于 1962 及 1981 年大幅下降，后汛期是水库蓄水的关键时期，此时天然来流偏枯会导致汛末蓄水量不足，发电量的增长要求水库抬高运行水位，而下游取水要求水库不断消落运行水位，两者间矛盾进一步激化，从而导致其标准回归系数变化显著。

就发电与生态而言，丰水年、平水年、枯水年不同典型年的标准回归系数分别为−0.18、−0.24、−0.32，呈现出较为显著的负相关关系，且随着天然来流的减小，冲突逐渐锐化。原因在于，来流偏枯时水库为抬升运行水位，减小了下泄流量，从而影响了河

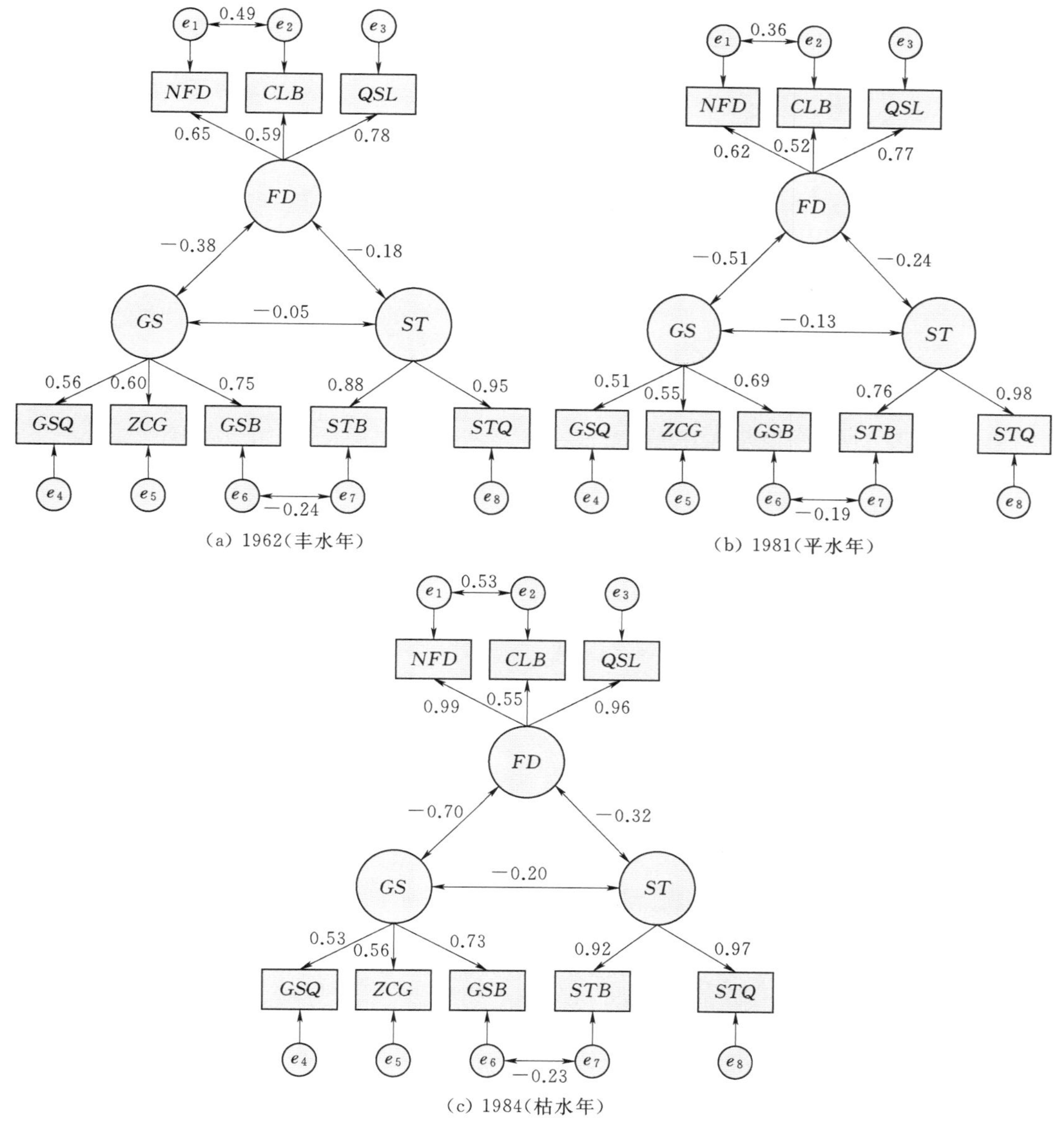

图 11.12 不同典型年发电-供水-生态互馈关系计算结果图

道生态系统的稳定性；而实现更大的生态效益则需要牺牲电站运行水头，从而造成发电效益下降，因此两目标竞争关系明显。但在所有典型年其矛盾冲突均弱于发电-供水。究其原因，该多目标优化调度模型求解过程中依据 Tennant 法，取多年平均天然流量的 10% 作为生态基流量，且为了保证河道内生态系统稳定性，设置水库下泄流量优先满足生态需水，因此，生态保证率相对较高，缺水量也相对较少，使其与发电目标的竞争关系弱于发电-供水。同理，发电与生态间的标准回归系数随来流减少变化较均匀，枯水年也并未呈现显著变化趋势。

相较于发电-供水、发电-生态，供水-生态的标准回归系数绝对值最小，丰水年、平

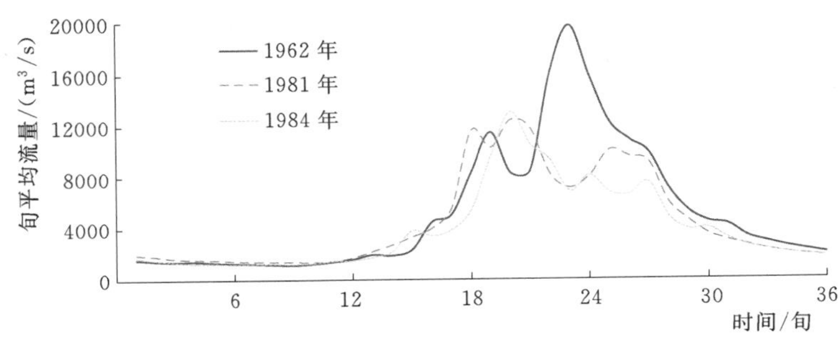

图 11.13 不同典型年旬平均流量过程

水年、枯水年典型年分别为－0.05、－0.13、－0.20，在丰水年及平水年其虽有一定的矛盾关系，但并不显著，枯水年竞争性相对增强。当来流偏大时，河道生态基流量较小，所以生态保证率较高，缺水量少，生态效益相对更容易实现增长，此时水库下泄流量除维持生态流量外亦可满足部分甚至全部的下游需水，供水效益及生态效益均得以提升，仅少数时段可能产生供水破坏，两者间竞争性并不强烈，因此其互馈关系检验结果并不显著。但是，当来流偏枯时，下泄水量在满足生态流量之余，难以完全提供下游的生产生活用水，致使供水的可靠性降低，脆弱性增强，供水效益下降。总体而言，供水-生态互馈关系的回归系数变化梯度较小，并未出现陡升或陡降的趋势，两者的互馈关系在不同的外部条件下变化相对比较平稳。

11.3 梯级水库群联合调度风险与效益协调优化模型

11.3.1 风险模型的整体结构

综合利用水库多目标调度风险分析的最终目的实际上是为了促进水库整体利用效益的最大化发挥，这个过程需要处理调度风险与调度效益的关系，针对防洪、发电、灌溉、航运等调度要求及目标，建立综合利用水库调度多目标调度风险分析模型，这个模型大致分为如下 3 个部分：①综合利用水库多目标决策；②综合利用水库多目标调度风险计算；③综合利用水库调度风险与效益的协调优化。综合利用水库多目标调度风险模型见图 11.14。

11.3.2 多目标调度综合风险计算

11.3.2.1 风险指标权重确定

在综合利用水库调度确定多组方案后，针对每一种方案都可计算得到相应的风险指标值。对于多方案多属性的评价决策问题，必须确定各属性或各指标的权重。权重(Weight)表示“在所考虑的群体或系列中赋予某一项（目）的相对值；表示某一项（目）相对重要性所赋予的一个数”。因此，在具体的多指标决策或评价问题中，权重应是体现某种意义下指标重要性程度的数值。权重的确定实际上是决策者的主观评价和评价指标本身的客观反映相互交叉影响的综合度量过程。到目前为止，已经有多种针对确定权重的研究方法，但大致可以分为两种类型：①主观赋权法，它是以专家的经验判断为基础，如层次分析法、专家调查法等；②客观赋权法，是指根据评价指标通过某些数学方法处理来揭示指标所涵盖的信息来确定权重的方法，如投影寻踪方法、信息熵方法等。这两种方法各有缺点，前者容易受到专家个人主观意识影响，而后者受指标值的质量影响。

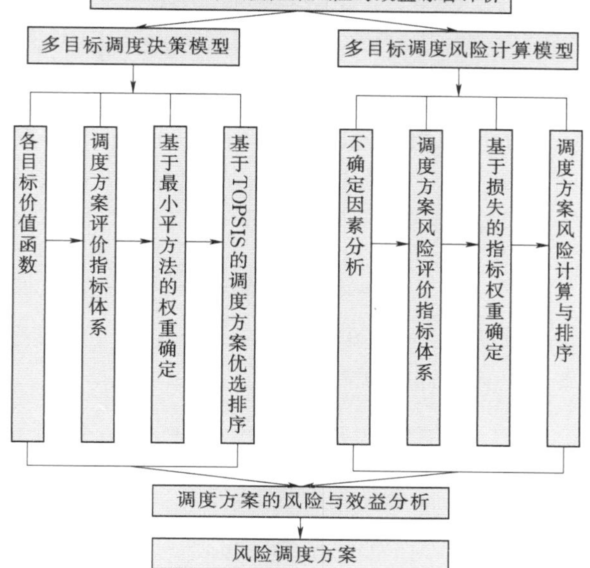

图 11.14 综合利用水库多目标调度风险模型

一种好的确定权重的方法应该同时规避上述两种方法的缺点，而达到确定尽量符合实际权重的目的。为了尽可能消除或避免由于主、客观赋权法的片面性而对评价结果产生的影响，以及充分利用所获取的信息，本章提出一种以某一目标发生破坏后遭受损失所占比重来定权重的方法。这种方法以实际损失或可能产生的损失大小衡量各个风险评价指标的重要性程度，与人们的主观意愿一致，同时又有客观数据的支持，所以可作为确定风险评价指标权重的一种方法。

对风险评价指标的权重进行具体量化，设 n 个指标破坏后对应的损失分别为：L_1，$L_2,\cdots,L_i,\cdots,L_n$。对各指标分别定义权重如下：权重值越接近 1 表示重要性越高，越接近 0 表示重要性越小。假定各指标损失和权重的对应向量为 $\boldsymbol{L}=(L_1,L_2,\cdots,L_i,\cdots,L_n)$ 和 $\boldsymbol{w}=(w_1,w_2,\cdots,w_i,\cdots,w_n)$。具体计算步骤如下：

步骤一：确定各指标遭受破坏后遭受的损失或平均损失（以各目标价值代替，即认为目标破坏后就无法获得相应价值）。

步骤二：计算所有指标对应的总损失 $L_{总}$。

步骤三：计算权重：

$$\boldsymbol{w}=(w_1,w_2,\cdots,w_i,\cdots,w_n)=\frac{1}{L_{总}}(L_1,L_2,\cdots,L_i,\cdots,L_n) \tag{11.27}$$

这里从风险分析的本质意义出发首先采用损失来初步确定权重，再根据专家经验主观确定权重系数的部分信息进行调整的方法，可以实现主观评价和客观反映的综合度量。

11.3.2.2 综合风险计算

对于调度方案计算得到的各类风险评价指标值，采用如下思路进行方案的综合风险计算：设 $\mathbf{X}=\{x_1,x_2,\cdots,x_m\}$ 为调度方案集，$\mathbf{U}=\{u_1,u_2,\cdots,u_n\}$ 为指标集，对于方案 x_i，其指标值分别为 a_{i1}，a_{i2}，…，a_{in}，综合所有方案的指标值可以构成方案的决策矩阵：

$$\mathbf{A}=(a_{ij})_{m\times n}=\begin{bmatrix} a_{11} & a_{12} & \cdots & a_{1n} \\ a_{21} & a_{22} & \cdots & a_{2n} \\ \vdots & \vdots & \cdots & \vdots \\ a_{m1} & a_{m2} & \cdots & a_{mn} \end{bmatrix} \tag{11.28}$$

矩阵 $\mathbf{A}$ 中的行向量（$a_{i1}, a_{i2}, \cdots, a_{in}$）与方案 x_i 相对应，代表此方案对应的各个指标的风险值。假定计算出来的方案 x_i 对应的权重向量为 $\boldsymbol{w}_i=(w_{i1}, w_{i2}, \cdots, w_{in})$，则方案 x_i 的综合风险 $P_{i\text{综合}}$ 表示为风险率和相应损失的函数：

$$P_{i\text{综合}}=f(\text{风险率,损失})=\sum_{j=1}^{n} a_{ij} w_{ij} \quad (i=1,2,\cdots,m) \tag{11.29}$$

根据 $P_{i\text{综合}}$ 大小可对方案 $x_i(i\in M)$ 进行排序，并结合方案风险评价的结果可为最终方案的决策优选提供依据。

11.3.3 基于概率最优化方法的风险与效益协调优化模型

11.3.3.1 概率最优化方法

当前受到广泛认可的风险定义是“一定时空条件下，非期望事件发生的可能性”，它包含两个方面的含义，一方面是事件发生的概率大小，另一方面是事件发生后可能造成的损失，因此，可认为风险是这两者的函数。现有的风险分析方法中所提到的风险分析方程一般都是针对确定性阈值（临界值），而且是定义在一维空间上的，例如 JC 方法。针对某些具有复杂关系且受多种风险要素影响的系统工程问题，风险分析的理论与方法需要进一步改进与完善。在此研究过程中，引入优化的思想已成为一个重要的发展方向，也就是将风险评估与追求的效益视为一个可动态调整的优化问题，其优化的目标就是寻求风险可接受条件下系统工程问题的最佳效益，例如，当估计综合利用水库调度风险时，各部门都有各自的目标和要求（发电要求发电量和出力都不低于相应的设定值；供水、航运要求满足一定的保证率），但在满足此要求的底线条件下，继续发挥水库的整体效益就需要相应的优化调度方案，并且要了解获得这些预期效益的风险情况。在综合利用水库调度过程中，根据风险评价指标进行综合分析，若发现调度风险值 P 太高，则期望通过最小的目标效益牺牲，将风险值降低到可接受程度 P_0。实现这一过程可能有无数个方案，但使目标效益降低最小的方案可能只有有限个。用数学表达式来描述，即

令：$\mathbf{X}=(x_1, x_2, \cdots, x_m)$ 为选取的 m 个目标的实际值；

$\mathbf{Y}_i=(y_1, y_2, \cdots, y_m)(i=1,2,\cdots,n)$ 为根据客观情况主观选取的 m 个目标的目标值；其中，n 为综合利用目标值方案数。

已知，$\begin{cases} P=P(\mathbf{X}<\mathbf{Y}_j) \\ P_0=P(\mathbf{X}<\mathbf{Y}_k) \end{cases}$，求 $\inf(|\mathbf{Y}_j-\mathbf{Y}_k|)$。

注意 $\mathbf{X}<\mathbf{Y}$ 表示 $\mathbf{X}$ 不能满足目标 $\mathbf{Y}$。

针对以上问题，传统风险分析方法有如下不足之处：①多集中于一维实数 $\mathbf{R}$ 空间内取值，风险计算主要是以映射 $h: \mathbf{R}^m \to \mathbf{R}$ 为基础，但从以上分析可看出，实际调度需求的变化需要将其推广到 n 维向量空间 $\mathbf{R}^n$，即 $h: \mathbf{R}^m \to \mathbf{R}^n$；②多把目标空间看成固定值，这只是在某些情况下有意义，并不能满足所有实际工程风险分析的需要，特别是有些事件

目标不太确定时，可能需要基于风险与效益的对应转换关系来制订满意的目标方案。所以，把现有固定目标空间看作可变空间，建立目标空间可变的风险分析方法更具有普遍意义。

鉴于传统风险分析方法的以上特点，以传统风险分析方法为基础，提出一种改进方法——风险计算的概率最优化方法（Probability Optimization Method for Risk Calculating，POMR）。该方法根据风险的定义，扩展了不能满足某些固定目标值的非期望事件，结合优化的思想，定义目标空间为一个由多个变量所组成的向量，计算变动目标空间内的风险变化曲线，同时确定曲线上每一点所对应的风险及其产生的效益与相应方案；另外，此处风险与方案是可随目标值的变化进行优化调整的，可将其理解为一个映射，可认为它是因子空间到风险评价指标空间的函数，且这个函数不一定唯一。该方法不仅可实现风险评价指标的计算、阈值和方案的选择，而且使决策空间由原来传统风险计算方法的一个点（D^*，Z^0），扩大到现在的一条线（图 11.15），进而拓展到一簇曲线（图 11.16）。

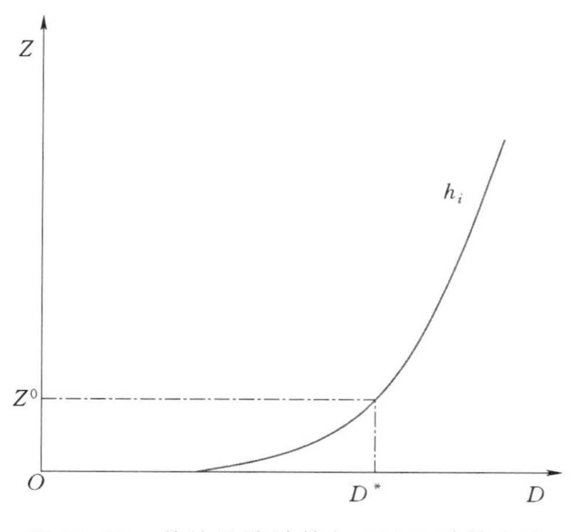

图 11.15 传统风险计算与 POMR 计算方法

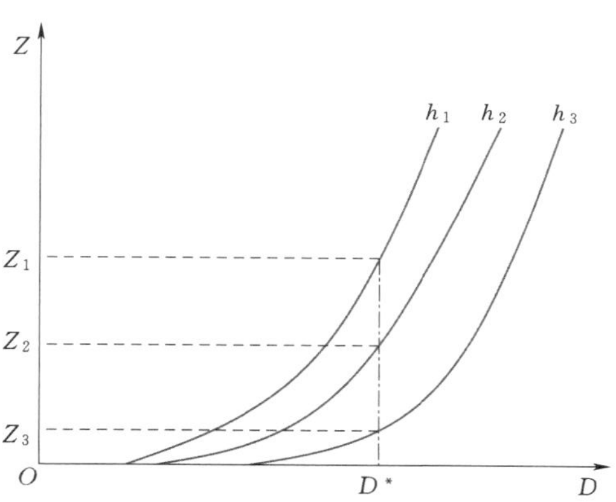

图 11.16 POMR 计算方法

11.3.3.2 风险与效益协调优化模型

设 $\mathbf{X}=\{X_1,X_2,\cdots,X_m\}$ 为待求风险指标变量集 $\mathbf{Z}=\{z_1,z_2,\cdots,z_n\}$ 的因子集，目标空间设为 $\mathbf{D}=\{d_1,d_2,\cdots,d_n\}$，并假设系统在任何条件下产生破坏时的损失是相同的（或根据各风险指标在计算系统总体风险表征值，即综合风险时的集结算子固定，且参数已知），根据系统工程的思想，风险指标的计算模型可表述为

$$\mathbf{Z}=g(\mathbf{X},\mathbf{D})=\Pr\{h(\mathbf{X})<\mathbf{D}\} \tag{11.30}$$

式中：$\mathbf{X}\in\mathbf{R}^m$，$\mathbf{D}\in\mathbf{R}^n$，$\mathbf{Z}\in\mathbf{R}^n$，$g:\mathbf{R}^m\times\mathbf{R}^n\rightarrow\mathbf{R}^n$，$h:\mathbf{R}^m\rightarrow\mathbf{R}^n$，$m$ 为风险因子的个数，n 为风险指标变量的个数。

定义 $\mathbf{x}=\{x_1,x_2,\cdots,x_m\}$ 对应风险指标的集结权重 $\mathbf{w}=\{w_1,w_2,\cdots,w_m\}$ 的范数 $\|\cdot\|$ 为 $\|\mathbf{x}\|=x_1w_1+x_2w_2+\cdots+x_mw_m$，以图 11.16 中方案 h 为横坐标、$\|\mathbf{Z}\|$ 值为纵坐标，可得到图 11.17。则图 11.17 中曲线的极小点即为在方案为 h^* 时，满足调度目

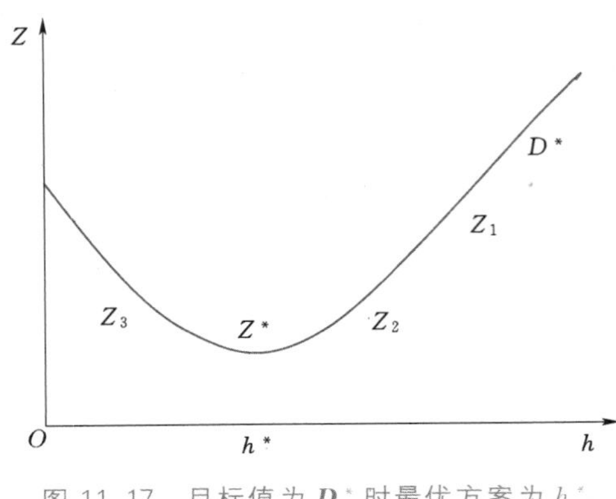

图 11.17 目标值为 $\mathbf{D}^*$ 时最优方案为 h^*

标 D^* 的综合风险最小值 $\|Z^*\|$。在实际工程中，可以将此点对应的目标值作为工程效益的最佳目标。

以上方法思想又可分述为如下两部分：

(1) 给定综合风险（最小）值 P_0 条件下，寻求事件发生（或处理）的最优方案及最大目标效益值，即

$$\begin{cases}\max\limits_{h\in F} B=\|\mathbf{D}\| \\ \text{s. t.}\begin{cases}\mathbf{Z}=\Pr\{h(\mathbf{X})<\mathbf{D}\} \\ \|\mathbf{Z}\|=P_0\end{cases}\end{cases} \tag{11.31}$$

(2) 给定目标效益（最大）值 B_0 条件下，寻求事件发生（或处理）的最优方案及最小综合风险值，即

$$\begin{cases}\min\limits_{h\in F} P=\|\mathbf{Z}\| \\ \text{s. t.}\begin{cases}\mathbf{Z}=\Pr\{h(\mathbf{X})<\mathbf{D}\} \\ \|\mathbf{D}\|=B_0\end{cases}\end{cases} \tag{11.32}$$

11.3.3.3 模型的转化求解

设 $\mathbf{W}=\{w_1,w_2,\cdots,w_n\}$ 为风险指标变量集 $\mathbf{Z}=\{z_1,z_2,\cdots,z_n\}$ 的权重，B_0 为给定的目标效益值，现在需要寻求该事件可获得的最大效益和对应的最佳方案，则基于上述两种情况的分析，可将其归结为一个基于已知权重的多目标归一化后的单目标极值求解问题：

$$\begin{cases}\min P=\|\mathbf{Z}\| \\ \text{s. t.}\begin{cases}\mathbf{Z}=P\{h(\mathbf{X})<\mathbf{D}\} \\ \|\mathbf{D}\|\geqslant B_0 \\ \mathbf{h}\in\overline{\mathbf{H}} \\ \mathbf{D}\in\overline{\mathbf{D}}\end{cases}\end{cases} \tag{11.33}$$

式中：B_0 为临界点；$\overline{\mathbf{H}}$ 为方案集；$\overline{\mathbf{D}}$ 为目标值可行域。

上述优化问题的最优解是需要获得最佳的 $h(\mathbf{X})$，使 P 达到极小值。由于 h、$\mathbf{D}$ 在定义域内都考虑为不确定向量（或关系），而且中间步骤涉及概率分布的计算，可将 h、$\mathbf{D}$ 均看作决策变量采用遗传算法等智能优化方法进行寻优。

11.3.4 实例研究

三峡工程是治理开发长江的关键性工程，规模巨大、举世瞩目，工程承担防洪、发电、航运和枯水期向下游补水等综合利用任务，其综合利用效益显著。其综合利用调度技术研究旨在全面实现并尽量扩大三峡工程的综合效益，通过水库科学、合理协调各部门用水要求。各方面对三峡水库调度的基本要求见文献（曹广晶等，2008）。在实例研究时主要考虑防洪、发电和航运的综合利用要求，当三峡遭遇百年一遇及以下洪水的年径流过程

时，其防洪要求主要是控制枝城泄量不大于 56700m^3/s，亦即控制相应沙市水位不超过 44.5m；发电要求应满足在设计保证率范围内三峡水电站的枯水期平均出力不小于保证出力 499 万 kW，除防洪期外其余时间保持高水头运行，多发电量，并尽量满足电力系统容量的要求；航运要求在枯水期尽量保持高库水位，使万吨船队通过重庆九龙坡港的历时保证率达到 50%以上（采用坝前水位达到 155m 的时间控制）。增加坝下游枯水期下泄流量，使枯水期航深提高（采用下泄流量不小于 8000m^3/s 控制）。

三峡长期水情预报采用枯季分级退水模型、数理统计、小波-人工神经网络组合模型等方法，并参考气象长期预报结果做出的综合预报，在不遭遇异常天气情况下预报精度是比较高的，例如 2004 年预报平均误差 3.8%，2005 年预报平均误差 0.7%（赖锡军等，2006）。因此，采用长期预报平均误差为 5%控制，个别时段误差采用 10%控制的方式来做实例分析。

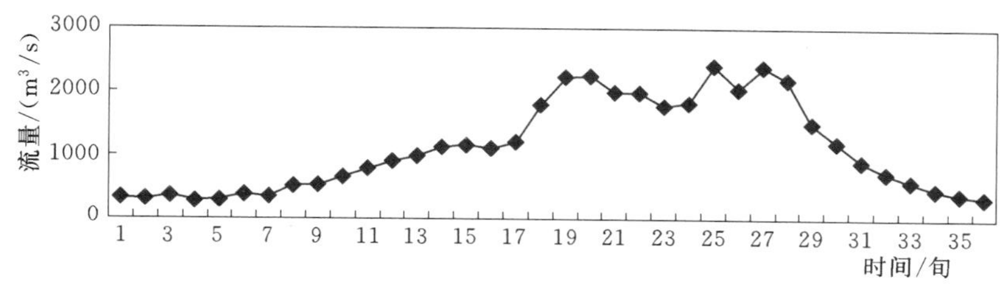

图 11.18 某一年的旬预测径流过程线

以防洪、发电和航运为目标，并将防洪、航运目标转化为约束条件进行多目标决策优化，计算得到有 9 个非劣解组成的非劣解集见表 11.11。

表 11.11 非劣解所组成的调度方案集

方案号	1	2	3	4	5	6	7	8	9
防洪价值	1.000	0.977	0.954	0.931	0.908	0.885	0.857	0.829	0.801
发电价值［发电量/(亿 kW·h)］	0.986 (835)	0.992 (841)	0.999 (846)	1.006 (852)	1.012 (857)	1.018 (862)	1.025 (868)	1.032 (874)	1.039 (880)
航运价值（下游航运保证率/%）	1.000 (76)	1.000 (76)	1.000 (76)	1.000 (76)	1.000 (76)	1.000 (76)	1.000 (67)	1.000 (67)	1.000 (67)

从表 11.11 结果的变化，可以分析得出：由于各方案对应航运价值都能满足枯水期历时保证率达到 50%以上，而防洪主要是在汛期满足库水位与下泄流量的相应要求，所以三峡水库的综合利用矛盾主要集中于汛期防洪与发电、枯水期发电与航运的矛盾。具体分析如下：

（1）防洪与发电的矛盾：由于汛期防洪限制水位的制约，发电水头较低，势必令发电耗水率较高，发电量受到限制。从方案集中可看到，随着发电价值的增加，防洪价值有减少的趋势，水库要想增加发电量就必须争夺利用汛期的防洪库容。

（2）发电与航运的矛盾：发电与航运之间的矛盾主要集中于枯水期，尤其是发电与下游航运的矛盾。通过计算得到万吨船队通过重庆九龙坡港的历时保证率为 100%，该径流条件下，三峡航运主要集中于下游，下游的航运保证率随着方案发电量的增加有减少的趋势。说明水库枯水期要想多发电，可行的方式就是减少下泄量，增加发电水头，降低发电耗水率，但这势必会对航运有一定影响。

考虑径流的不确定因素，考虑长期预报误差后的径流过程，根据各上述决策优化得到的计算结果，计算防洪、发电和航运不能达到各优化决策目标值的风险，各方案对应的风险指标值计算结果见表 11.12。

表 11.12 各方案对应的风险指标计算结果

方案号	三峡水库防洪风险率/%	下游荆江防洪保护区风险率/%	发电量不足风险率/%	出力不足风险率/%	航运不足风险率/%
1	0	0	0	0.0206	0.3650
2	0	0	0	0.0441	0.3251
3	0	0	0	0.1111	0.2336
4	0	0	0.03	0.0251	0.3601
5	0	0	0	0.0833	0.3411
6	0	0	0.04	0.0711	0.3115
7	0	0	0.04	0.0579	0.3420
8	0	0	0.04	0.0576	0.3657
9	0	0	0.04	0.1111	0.3333

表 11.12 中，三峡水库的防洪风险率和下游防洪保护区的风险率为 0，是由于采用的径流过程小于设计标准。下面假定各目标价值，其中发电价值以设计发电量代替，防洪价值以因经过优化调度减少的防洪损失代替，这里视其为发电价值的 6 倍，航运价值为发电价值的 0.25 倍。计算得到各风险指标的权重依次为：0.414，0.414，0.069，0.069，0.034。

权重越大代表遭受目标破坏后带来的损失越大。应用式（11.29）计算得到方案 1～方案 9 的风险分别为：0.0138，0.0141，0.0156，0.0160，0.0173，0.0183，0.0184，0.0192，0.0218。

综合风险是综合利用总体效益面临风险的一种综合评价。从表 11.12 中可以看出，方案风险逐渐递增的原因除了出力不足风险率和航运不足风险率这两个指标变化外，发电量不足风险率的增加也是主要影响因素。方案 1～方案 9 的综合评价结果为：0.9981，0.9799，0.9618，0.9437，0.9255，0.9073，0.8850，0.8628，0.8406。现给出各方案风险与效益的关系曲线如图 11.19 所示。

从图 11.19 中可知，计算结果总体上满足风险与效益的对立关系，随着综合利用价值的提升，风险也随之加大，所以要想获得更多的综合利用效益，承担的风险相应也会增加。这种增加的程度和多少主要取决于未来径流过程的不确定性，也即径流预报误差的存在使得获取预期调度效益面临一定的风险。

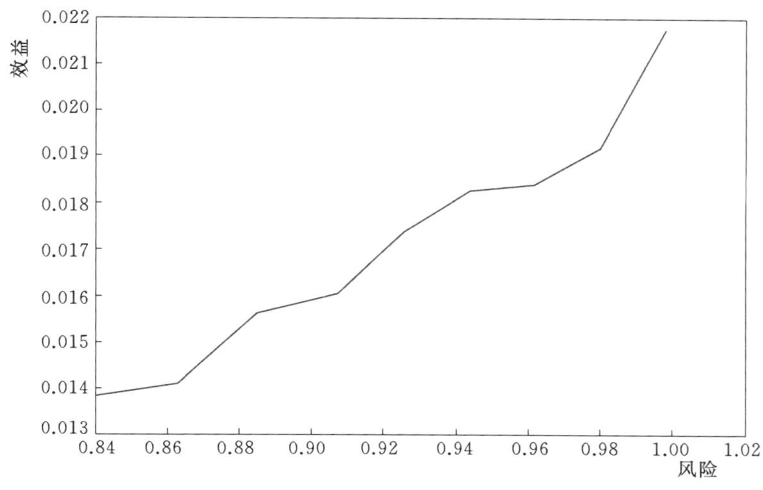

图 11.19 调度方案的风险与效益关系曲线

11.4 小结

为解决梯级水库群多目标间互馈关系难以量化的问题，本章引入结构方程等模型与方法，对溪洛渡-向家坝-三峡梯级水库群多目标调度风险与效益间的互馈关系进行了深入探究，取得了如下主要成果。

(1) 采用多目标优化调度模型的非劣解集作为数据源，通过高位验证性因子分析及路径分析，实现了丰水年、平水年、枯水年不同典型年中发电-供水-生态互馈关系的定量化计算，得出以下两点结论：①提前蓄水调度中防洪与泥沙之间存在一定的协同关系，防洪与发电、泥沙与发电之间存在一定的冲突关系；②在不同典型年中，发电-供水-生态三者间均存在竞争关系，随着天然来流由丰变枯，其矛盾逐渐锐化，其中，发电-供水冲突最剧烈，其次为发电-生态，而供水-生态互馈关系与其他两者相比并不显著。

(2) 基于多目标决策优化理论，针对梯级水库群联合调度的需求，为避免传统风险分析方法的阈值固定而难以实现风险与效益的协调的缺点，提出了基于变动目标空间的概率最优化风险分析方法，并构建了风险与效益的协调优化模型。该模型立足于“风险是一定时空条件下，非期望事件发生的可能性”的定义，综合考虑调度的损失和发生的可能性，给出了梯级水库群联合调度权重确定方法及综合风险的计算关系式，为梯级水库群联合调度多目标互馈关系分析提供了可行途径和理论支撑。

第 12 章

梯级水库群联合防洪调度风险分析模型及应用

受水文、水力、工程、社会、经济、人为管理等诸多不确定性因素影响，梯级水库群综合效益的发挥往往潜藏着一定的风险。对于梯级水库群联合防洪调度而言，入库洪水过程的不确定性一般是最为重要的风险要素，除此之外，梯级水库之间在地理位置、功能结构、调度方式与目标等方面的差异，也会增加调度的复杂性和难度。因此，梯级水库群联合防洪调度效益的发挥取决于众多不确定因素影响下的风险与效益均衡优化的结果。

虽然依据已知信息可以对未来洪水过程进行预报，给决策者提供了重要参考依据，但预报误差仍是一个不可忽视的因素。如果预报洪水偏大，为了防洪安全，则有可能使大量水资源白白浪费，影响兴利效益的发挥；而如果预报洪水偏小，过多侧重兴利效益发挥，则又可能影响防洪安全。因此，预报误差已成为洪水预报不确定性的一项主要指标。例如，Xiang 等（2010）重点考虑洪水预报误差，开展了汛期运行水位的动态控制研究。

本章在构建梯级水库群联合防洪调度风险评价指标体系的基础上，一方面，重点考虑洪水峰形及其频率、洪水预报误差的影响，分别建立了相应的联合防洪调度风险分析模型，并以溪洛渡、向家坝、三峡梯级水库群联合防洪调度为例进行了验证分析；另一方面，以潘口水库为研究对象，重点考虑洪水预见期的动态变化，依据汛期运行水位动态控制的理论与方法建立了模型，在不增加防洪风险的前提下，寻求合理的汛期运行水位动态控制约束域。

12.1 防洪调度价值及风险评价指标

12.1.1 防洪价值

梯级水库群联合防洪调度的主要内容包括梯级水库群共同承担下游防洪任务时的防洪调度方式和方案。需要根据上游大坝的设计标准及下游防护对象的防洪标准，研究如何通过各个水库联合调控，以达到在保证各水库大坝安全前提下最大限度地满足下游的防洪要求，并获得尽可能高的防洪效益。

梯级水库群联合防洪调度的对象主要有：大坝安全、上游易淹没地区和下游防洪保护区安全。梯级水库群联合调度的防洪价值可采用防洪效益来表示。

12.1.2 防洪价值函数

水库坝体安全和上游淹没损失主要与水库最高调洪水位、洪峰流量相关；水库下游淹没损失主要与分洪水量及时间有关；防洪价值是以防洪调度减少的洪灾损失来衡量的，基于这一思想，对于由 m 个水库组成的联合防洪调度系统，在流域遭遇一定频率洪水条件下，防洪价值函数 C_i^* 可以描述为如下形式：

$$B_f=\sum_{i=1}^{m}B_{fi}=\sum_{i=1}^{m}[L_{1i}(Z_{1i},F_{1i},W_{1i})-L_{2i}(Z_{2i},F_{2i},W_{2i})] \tag{12.1}$$

式中：B_{fi} 为水电站水库 i 参加联合调度时的防洪效益；L_{1i}、Z_{1i}、F_{1i}、W_{1i} 分别为水电站水库 i 在未经联合防洪调度时的洪灾损失、水库坝前最高水位、水库坝前最高水位持续时间、分洪量；L_{2i}、Z_{2i}、F_{2i}、W_{2i} 分别为水电站水库 i 在联合防洪调度时的洪灾损失、水库坝前最高调洪水位、水库坝前最高水位持续时间、分洪量。

12.1.3 防洪主要风险因子

梯级水库群联合防洪调度风险主要来源于洪水预报的不确定性与洪流演进的误差。误差又分系统性误差与偶然性误差。在洪流演进模拟中系统误差规律性比较明显，在实际调度中可采取一定措施适当规避；而在洪水预报作业中偶然性误差则占主导地位，比较难以掌握。因此在分析防洪调度风险因子时，需重点考虑洪水预报的偶然性误差。

12.1.4 防洪风险评价指标

对于下游有共同防洪控制点的梯级水库群联合防洪调度问题，防洪调度的安全主要通过 3 个指标反映，分别为水库的最高调洪水位，最大下泄量与调度期末控制水位。水库最高水位最低这一目标体现了水库自身安全和上游防洪（如库区淹没）的效益，而最大泄量最小目标体现了下游的防洪效益，调度期末水位则反映出水库兴利与防洪的协调关系。

从梯级水库群联合防洪调度的整个过程出发，基于水量平衡方程，可以建立水库群防洪调度的不确定系统，这一过程也可以用函数形式来描述，即

$$[q(t),Z(t)]=F[Q(t),Z_0] \tag{12.2}$$

式中：$Z(t)$ 为库水位变化过程；$q(t)$ 为下泄流量过程；F 为水库群调洪规则或调洪方案；$Q(t)$ 为一定频率的入库洪水过程；Z_0 为起调水位。

假设梯级水库群包含 m 个水库，则水电站水库 i 本身的防洪调度风险率为

$$P_{\mathrm{r},i}=\Pr(\max(Z_i(t))>Z_{\mathrm{a},i}) \tag{12.3}$$

式中：$Z_i(t)$ 为水电站水库 i 在 t 时刻的库水位；$Z_{\mathrm{a},i}$ 为水电站水库 i 的安全水位。

而对于梯级水库群联合防洪调度，一旦水库大坝本身发生险情损失将非常巨大，因此，要首先保证库群中防洪调度风险率最大的水库的防洪调度风险率值最小化，库群本身防洪调度风险率为

$$P_{\mathrm{r}}^{\mathrm{cq}}=\max(P_{\mathrm{r},i}) \tag{12.4}$$

库群联合防洪调度重点在于共同防洪保护区（假设只有一个）的防洪风险，而对于各

水库自身防洪保护区的要求则作为约束条件来考虑，研究中针对共同防洪保护区的控制点（简称共同防洪控制点），定义该处流量超过安全泄量的概率为库群共同防洪保护区的防洪风险率，即

$$P_{d}^{cq}=\Pr(\max(q^{cq}(t))>q_{a}^{cq}) \tag{12.5}$$

式中：q^{cq} 为共同防洪控制点处流量，m^3/s；q_a^{cq} 共同防洪控制点处安全泄量，m^3/s。

库群联合防洪调度还需要兼顾兴利效益，比较重要的一点就是保证水库（假设有 m_1 个）汛末蓄水能够蓄至正常蓄水位。设 $P_{xs,i}(i=1,2,\cdots,m_1)$ 分别为该调度方案下的 m_1 个水库各自的蓄水不足风险率，则库群的蓄水不足风险率可以为

$$P_{xs}^{cq}=\max(P_{xs,i}) \tag{12.6}$$

影响水库防洪安全的另一指标即是在联合防洪调度期结束时未到蓄水期末的水库（假设有 m_2 个）水位应控制在规定范围内，以免在遭遇后续洪水时造成损失，设 $Z_{L,i}$ 和 $Z_{M,i}(i=1,2,\cdots,m_2)$ 为水电站水库 i 在联合防洪调度期末的控制水位下限和上限，则库群联合防洪调度控制水位不达标风险率为

$$P_{db}^{cq}=\max(P_{db,i}) \tag{12.7}$$

式中：$P_{db,i}$ 为水电站水库 i 的控制水位不达标风险率。

综上所述，式（12.4）～式（12.7）构成了梯级水库群联合防洪调度风险评价指标体系。

12.2 考虑洪水峰型及其频率的联合防洪调度风险分析模型

12.2.1 模型建立

12.2.1.1 洪水特征变量随机模拟

研究所涉及的洪水特征变量主要包括洪峰、洪量、洪水历时、峰现时间及峰型系数，其中前 3 者较为常见，下面主要对峰现时间及峰型系数进行介绍。峰现时间是指洪峰出现的时间，在计算峰现时间时一般以洪水起涨时刻为初始时刻；峰型系数是指峰前平均流量与洪峰流量的比值，其计算公式如式（12.8）所示。峰现时间反映了洪峰出现的时间，而峰型系数则反映了洪水洪峰前的形状。对于一场洪水，调度人员一般更加关注起涨段而非退水段，因此峰现时间与峰型系数能够很好地反映一场洪水的形态。在洪峰、洪量及洪水历时一定的情况下，若洪水形态不同，则水库面临的防洪情势也不尽相同，因此，在洪水模拟时考虑其形态（峰现时间、峰型系数）十分必要。另外，洪水形态与洪峰、洪量及洪水历时之间具有一定的相关性，如洪峰较小而洪量较大时，洪水一般呈“矮胖型”，因此在模拟峰现时间、峰型系数时需要考虑其他特征变量的影响。

$$c=\frac{\dfrac{1}{t_p}\displaystyle\int_0^{t_p}Q_t\,\mathrm{d}t}{Q_{t_p}} \tag{12.8}$$

式中：c 为峰型系数；t_p 为洪峰对应的时刻；Q_t 为 t 时刻的洪水流量；Q_{t_p} 为洪峰流量。

Copula 函数可将多个变量的边缘分布与联合分布联系起来。设 $X_1,X_2,\cdots,X_n$ 为 n

个连续的随机变量，其边缘分布函数分别为 $F_1(x_1), F_2(x_2), \cdots, F_n(x_n)$，联合分布函数为 $F(x_1, x_2, \cdots, x_n)$，则存在唯一的 n 维 Copula 函数 C，使得

$$F(x_1, x_2, \cdots, x_n) = C[F_1(x_1), F_2(x_2), \cdots, F_n(x_n)] \tag{12.9}$$

Copula 函数一般可分为 3 类：椭圆型、二次型和阿基米德型。阿基米德 Copula 函数包括对称型和非对称型两种。其中，对称型阿基米德 Copula 函数具有结构简单、参数变量少、求解方便等特性，因此被广泛应用于各个领域的研究中，Gumble－Hougaard Copula、Frank Copula 及 Clayton Copula 为其 3 种常见形式，3 者的函数分别如式（12.10）～式（12.12）所示。

$$C(u_1, u_2, \cdots, u_n) = \exp\{-[(-\ln u_1)^\theta + (-\ln u_2)^\theta + \cdots + (-\ln u_n)^\theta]^{\frac{1}{\theta}}\} \quad \theta \geqslant 1 \tag{12.10}$$

$$C(u_1, u_2, \cdots, u_n) = -\frac{1}{\theta}\ln\left\{1 + \frac{[\exp(-\theta u_1 - 1)][\exp(-\theta u_2 - 1)]\cdots[\exp(-\theta u_n - 1)]}{[\exp(-\theta - 1)]^2}\right\} \quad \theta > 0 \tag{12.11}$$

$$C(u_1, u_2, \cdots, u_n) = [u_1^{-\theta} + u_2^{-\theta} + \cdots + u_n^{-\theta} - (n-1)]^{-\frac{1}{\theta}} \quad \theta \geqslant 0 \tag{12.12}$$

式中：u_i 为第 i 个变量的边缘分布；θ 为 Copula 函数的参数。

采用对称型阿基米德 Copula 函数求解洪水特征变量的联合分布：首先根据实测洪水拟合各个特征变量的分布函数；其次将各个特征变量的分布函数代入式（12.10）～式（12.12），并采用最大似然法求解参数 θ；最后通过拟合优度检验选取最优函数类型，并确定 Copula 函数形式。

在已知洪水特征变量 $X_1, X_2, \cdots, X_n$ 的 n 维联合分布后（$1, 2, \cdots, n-1$ 维联合分布同样已知），各个特征变量的随机模拟步骤如下。

步骤一：根据 X_1 的分布随机模拟得到 x_1。产生服从［0,1］分布的随机数 r_1，令 r_1 为 X_1 的不超过概率，即 $F_1(x_1) = r_1$，根据 $x_1 = F_1^{-1}(r_1)$ 得到 x_1。

步骤二：根据 x_1 及 X_1、X_2 的联合分布随机模拟得到 x_2。根据 X_1，X_2 的联合分布 $F(x_1, x_2)$ 求得已知 X_1 时 X_2 的条件分布 $F_{2|1}(x_2 | x_1)$，产生服从［0,1］分布的随机数 r_2，令 r_2 为 X_2 的不超过概率，即 $F_{2|1}(x_2 | x_1) = r_2$，根据 $x_2 = F_{2|1}^{-1}(r_2 | X_1 = x_1)$ 得到 x_2。

步骤三：同步骤二，根据 $x_1, x_2, \cdots, x_{i-1}$ 及 $X_1, X_2, \cdots, X_i$ 的联合分布随机模拟得到 x_i，直至 $i = n$，一次随机模拟完成。

步骤四：重复步骤一～步骤三共 H 次，即可得到 H 组相关联的洪水特征变量。

12.2.1.2 基于 K-means 算法的洪水聚类

在模拟得到洪水特征变量后，需要通过放大典型洪水得到模拟洪水过程线，此时便涉及洪水形态的问题。现有方法选取一场或多场实测洪水作为典型洪水进行放大，选取的洪水不能完全反映所有可能发生的洪水形态，且丢失了洪水过程的随机性。本章中采用 K-means 聚类算法对实测洪水进行聚类，得到若干具有代表性的洪水过程。

K-means 算法是一种根据样本间距离大小对样本进行聚类的算法，对于给定的样本集，K-means 算法计算样本间的距离，并将样本集划分为 K 个簇（聚类），使得簇内的

点尽量接近，而簇间的点尽量远离。该方法原理简单、易于操作，且具有良好的聚类效果。采用 K-means 法进行洪水聚类时，首先根据式（12.13）对洪水过程线进行无量纲化处理，以排除洪水历时等其他特征量对洪水形态的影响；其次对每场洪水取 M 个截口，即把每场洪水分为 $M-1$ 段，根据式（12.14）计算每一段的无量纲洪量；最后将所有时段的无量纲洪量输入 K-means 算法进行聚类，得到 K 种类型的具有代表性的典型无量纲洪水过程线，并计算各类代表性洪水过程线对应的无量纲峰现时间及峰型系数。

$$\begin{cases} \tau = \dfrac{t}{T} \\ \omega_{\tau_1 \sim \tau_2} = \dfrac{W_{\tau_1 T \sim \tau_2 T}}{W_{0 \sim T}} = \dfrac{\int_{t_1}^{t_2} Q_t \,\mathrm{d}t}{\int_0^T Q_t \,\mathrm{d}t} \end{cases} \tag{12.13}$$

$$p\omega_i = \omega_{i/M \sim (i+1)/M} \tag{12.14}$$

式中：τ 为时刻 t 的无量纲时间；T 为洪水历时；$\omega_{\tau_1 \sim \tau_2}$ 为无量纲时间 $\tau_1 \sim \tau_2$ 时段的无量纲洪量；$p\omega_i$ 为 i 时段的无量纲洪量，i 时段初对应的截口为 i，时段末对应的截口为 $i+1$。

12.2.1.3 无量纲洪水过程线随机模拟

无量纲洪水过程线中不同时段的无量纲洪量为相关非正态变量，直接模拟较为困难，因此可首先通过蒙特卡罗法生成独立标准正态多变量，再通过正交变换、正态变换及对数变换将其转化为受约束的相关非正态多变量。其中，正交变换通过 Cholesky 分解实现，对数变换方法如式（12.15）所示：

$$Y_i = \lg(p\omega_i / p\omega_{i^*}) \tag{12.15}$$

式中：Y_i 为不受约束的相关非正态多变量；$p\omega_{i^*}$ 为指定时间段的无量纲洪量，研究中取 $i^*=3$，$i \neq i^*$。

正态变换通过 Johnson 系统函数实现，这里主要运用了 3 种 Johnson 分布函数，分别为对数正态分布（S_L）、无界分布（S_U）及有界分布（S_B），三者的分布函数分别如式（12.16）～式（12.18）所示：

$$Z = \gamma + \delta \ln(X - \xi) \quad X \in [\xi, +\infty) \tag{12.16}$$

$$Z = \gamma + \delta \sinh^{-1}\left(\frac{X-\xi}{\lambda}\right) \quad X \in (-\infty, +\infty) \tag{12.17}$$

$$Z = \gamma + \delta \ln\left(\frac{X-\xi}{\xi+\lambda-X}\right) \quad X \in [\xi, \xi+\lambda] \tag{12.18}$$

式中：Z 为标准正态变量；X 为非正态变量；γ、δ 为形状参数；ξ 为位置参数；λ 为尺度参数。

与直接使用代表性洪水过程线相比，通过多次变换模拟出的无量纲洪水过程在保证峰型的基础上添加了一定的随机扰动，因此模拟出的过程线虽然与代表性过程线形态相似，但具有一定多变性。考虑到天然洪水过程峰型的随机性，扰动后的洪水过程包含的信息更全面，与天然洪水更接近，对于防洪调度计算具有更高的实用价值。

12.2.1.4 考虑洪水类型的洪水过程线放大

洪水形态与洪峰、洪量及洪水历时等特征量具有一定的相关关系，为了保证模拟洪水过程更加符合实际洪水发生规律，在将洪水特征量转化为洪水过程线的过程中需要选取合适的代表性无量纲洪水过程线进行放大。峰现时间与峰型系数能够很好地反映洪水形态，因此根据式（12.19）计算峰现时间、峰型系数模拟值与各代表性洪水过程线对应值之间的贴近度，并选取贴近度最大的代表性洪水过程线进行放大。

$$e=1-|\tau_h-\tau^k|-|c_h-c^k| \tag{12.19}$$

式中：e 为贴近度；τ_h、c_h 分别为第 h 组洪水特征变量中的无量纲峰现时间、峰型系数，其中 $1\leqslant h\leqslant H$；τ^k、c^k 为第 k 类代表性洪水过程线的无量纲峰现时间、峰型系数，其中 $1\leqslant k\leqslant K$。

在确定每组特征量所对应的代表性洪水过程线后，即可进行该类型无量纲洪水过程线的生成，并将相应类型的过程线与模拟得到的洪峰、洪量及洪水历时 3 个特征量进行融合，由此可生成一场完整的洪水过程。重复上述步骤多次，即可得到若干条随机模拟的洪水序列。利用该方法得到的洪水过程线考虑了洪水形态与洪峰、洪量及洪水历时的相依性，模拟出的洪水峰型及其出现频率与实测洪水更为接近。

12.2.2 实例研究

溪洛渡水利枢纽位于四川省雷波县与云南省永善县接壤的金沙江干流上，是长江防洪体系的关键节点，其上接白鹤滩尾水，下与向家坝相连。向家坝水利枢纽是金沙江干流梯级开发的最末一级，坝址位于四川省宜宾市与云南省水富市交界，距溪洛渡水利枢纽 156.6km，下游 33km 为宜宾市。溪洛渡-向家坝梯级水库作为川江拦洪调峰的主要工程措施，与其他措施相配合，可显著提高宜宾、泸州、重庆等沿岸城市的防洪标准。同时，溪洛渡-向家坝梯级水库在汛期进行防洪调度，可有效地改善下游水文情势，持续、稳定地削减三峡水库入库洪水，进而对三峡水库的调度运行方式产生重要影响。在配合三峡水库进行长江中下游防洪调度方面，该梯级水库与其他干支流水库相比具有不可替代性。因此，以溪洛渡-向家坝梯级为例，进行防洪风险分析。溪洛渡-向家坝梯级水库主要特征参数见表 12.1。

表 12.1 溪洛渡-向家坝梯级水库主要特征参数

名称	死水位/m	汛限水位/m	正常蓄水位/m	设计洪水位/m	防洪库容/亿 m^3
溪洛渡	540	560	600	600.7	46.5
向家坝	370	370	3380	380	9.03

屏山水文站下距溪洛渡水利枢纽 124km，控制集水面积为 45.86 万 km^2。向家坝水利枢纽坝址控制集水面积为 45.88 万 km^2，仅比屏山站大 $200km^2$，且二库间并无支流汇入。因此，选取屏山站的历史洪水资料进行特征量提取及洪水过程线随机模拟。

1. 洪水特征变量随机模拟

根据屏山站 1950—2011 年的 50 场历史洪水过程进行特征量提取及洪水过程线峰型分析。本章选取的洪水特征变量包括洪峰、洪量、洪水历时、峰型系数及峰现时间（无量纲，下同)，各个特征量间相关关系见表 12.2，表 12.2 中标记“ * ”的数据均通过了 $P<0.05$ 的显著性检验。

表 12.2　　洪水特征量间相关系数

特征量	洪峰	洪量	洪水历时	峰型系数	峰现时间
洪峰	1.000	0.710*	0.302*	0.004	−0.395*
洪量		1.000	0.472*	0.091	0.018
洪水历时			1.000	−0.435*	−0.018
峰型系数				1.000	−0.246
峰现时间					1.000

在洪水特征变量相关分析的基础上可采用 Copula 函数进行多变量联合分布函数的构建。洪峰、洪量两个特征变量服从 P-Ⅲ分布，分布参数见表 12.3。洪水历时、峰型系数及峰现时间服从 Weibull 分布，分布参数见表 12.4。

表 12.3　　洪峰、洪量分布参数

特征量	均　　值	C_v	C_s
洪峰/(m^3/s)	17900	0.30	1.20
洪量/亿 m^3	278	0.29	1.16

表 12.4　　洪水历时、峰型系数及峰现时间分布参数

特征量	标度参数	形状参数
洪水历时	696.430	4.622
峰型系数	0.617	1.313
峰现时间	0.459	1.983

由表 12.2 可知，洪峰、洪量、洪水历时三者间为显著相关关系，峰型系数仅与洪水历时显著相关，峰现时间仅与洪峰显著相关，针对上述三组显著相关变量，结合边缘分布函数，可根据 Gumble-Hougaard Copula、Frank Copula 及 Clayton Copula 构建三组 Copula 函数。

洪峰、洪量与洪水历时为显著的正相关关系，其他两组变量为显著负相关关系。在阿基米德族 Copula 函数中 Clayton Copula、Gumble-Hougaard Copula 及 Frank Copula 均可描述正相关关系，仅 Frank Copula 可描述负相关关系。使用上述 3 种类型的函数对各组变量的联合分布进行拟合，并通过离差 OLS 准则进行函数类型优选。Copula 参数及拟合优度评价结果见表 12.5。

表 12.5　　Copula 参数及拟合优度评价结果

函数类型	参数	洪峰、洪量与洪水历时	峰型系数与洪水历时	洪峰与峰现时间
Clayton Copula	θ	2.6703	—	—
	OLS	0.2017	—	—

续表

函数类型	参数	洪峰、洪量与洪水历时	峰型系数与洪水历时	洪峰与峰现时间
Frank Copula	θ	4.1841	−3.0627	−3.8834
	OLS	0.1058	0.1124	0.1835
Gumble-Hougaard Copula	θ	3.3450	—	—
	OLS	0.0994	—	—

由表12.5可知，Gumble-Hougaard Copula对于洪峰、洪量与洪水历时的三维联合分布拟合度最佳，因此，选取Gumble-Hougaard Copula及Frank Copula函数对3组特征变量进行拟合，各组变量的联合分布P—P图如图12.1所示。图12.1中所有散点均落在45°对角线附近，由此可证明联合分布函数拟合效果较好。

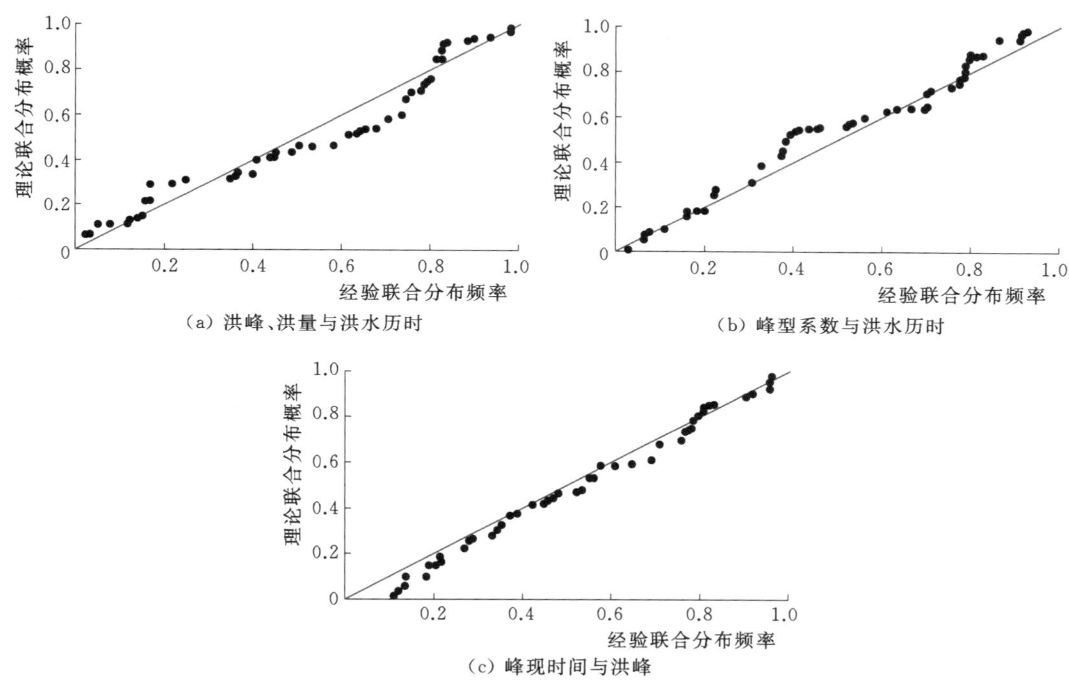

图12.1 特征量联合分布P—P图

根据三组变量的联合分布函数，结合洪水特征量的模拟方法，可获取3000组洪水特征量，每组中包含洪峰、洪量、洪水历时、峰型系数及峰现时间5个特征量。模拟结果中各特征量分布参数见表12.6和表12.7，与表12.3、表12.4对比可知，模拟特征量与实测特征量主要统计参数相差无几，通过了适用性检验，可用于后续洪水过程线放大。

表12.6 模拟序列洪峰、洪量分布参数

特征量	均值	C_v	C_s
洪峰	17768m^3/s	0.32	1.31
洪量	289亿m^3	0.29	1.37

表 12.7 模拟序列洪水历时、峰型系数及峰现时间分布参数

特征量	标度参数	形状参数	特征量	标度参数	形状参数
洪水历时	701.560	4.310	峰现时间	0.416	2.025
峰型系数	0.597	1.502			

2. 洪水过程线聚类分析

为了避免洪水特征量大小对洪水形态的影响，首先对所选取的 50 场洪水过程进行无量纲化，并将每一场洪水过程均分为 24 个时段（$M=25$），以便于后续的模拟。在洪水无量纲化的基础上即可进行 K-means 聚类分析，屏山站的 50 场无量纲洪量过程最终聚为 3 类，无量纲累积洪量曲线聚类结果如图 12.2 所示。为了更直观清晰地展示结果，绘制其相应的无量纲累积洪量过程线聚类结果如图 12.3 所示。由图 12.2 及图 12.3 可知，洪水峰型整体偏“矮胖”，峰现时间相对适中。其中Ⅰ类洪水峰现时间最早且峰值最大，洪峰位于整条过程线前半部分；Ⅲ类洪水相对较为“矮胖”，峰现时间最晚，洪峰位于整条过程线后半部分；Ⅱ类洪水位于上述两者之间，峰值较大，峰现时间处于整条洪水过程线的中段。

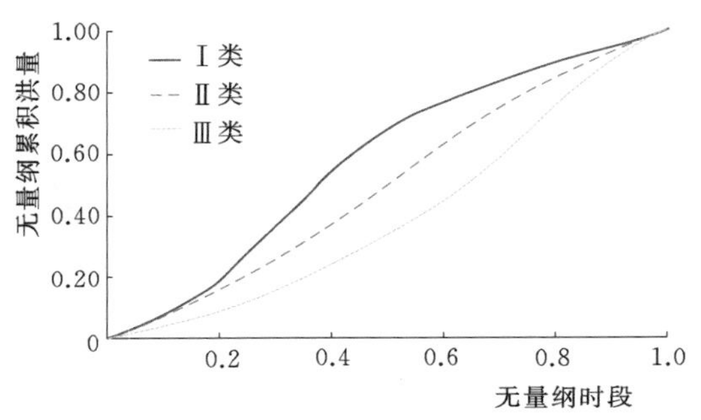

图 12.2 无量纲累积洪量曲线聚类结果

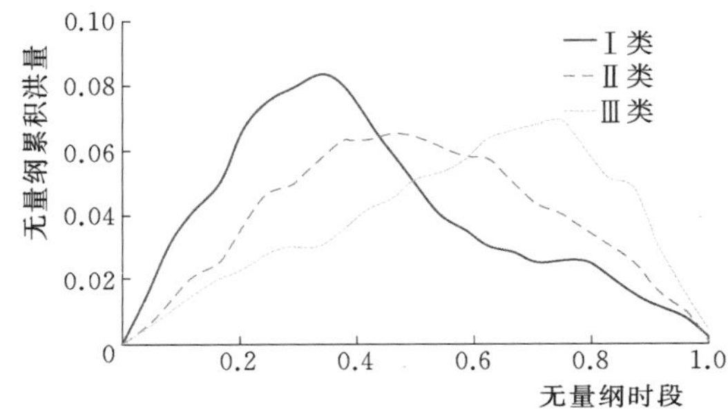

图 12.3 无量纲累积洪量过程线聚类结果

3. 无量纲洪水过程线生成

指定类型无量纲洪水过程线的生成可采用随机模拟方法。首先根据式（12.15）对Ⅰ类、Ⅱ类及Ⅲ类洪水各时段的 $p\omega_i$ 进行对数变换，将其转变为不受约束的相关非正态多变量 Y_i。然后，采用 Johnson 系统函数对 Y_i 进行正态变换，函数表达式如式（12.16）～式（12.18）所示，由此可得 3 种无量纲洪水过程线的最优 Johnson 分布函数类型及参数，由于篇幅所限，以Ⅱ类洪水为例进行展示，其分布函数及参数见表 12.8。此时，相关非正态多变量 Y_i 转变为相关标准正态多变量 Z_i。针对Ⅰ类、Ⅱ类及Ⅲ类洪水各生成 10 条无量纲洪水过程线以作示例，如图 12.4 所示。

表 12.8 无量纲洪水过程线的 Johnson 分布函数及参数（Ⅱ类）

变量	分布类型	γ	δ	ξ	λ
Y_1	S_U	−0.2181	0.8318	0.0276	0.0024
Y_2	S_U	−0.9073	1.0214	0.0274	0.0042
Y_4	S_U	−1.0616	0.1255	0.0294	0.0056
Y_5	S_L	8.0343	2.1140	0.0198	—

续表

变量	分布类型	γ	δ	ξ	λ
Y_6	S_B	0.9444	0.6519	0.0104	0.0036
Y_7	S_B	1.4521	0.7284	0.0297	0.0047
Y_8	S_L	7.9230	1.0204	0.0217	—
Y_9	S_U	−1.1481	0.8104	0.0346	0.0166
Y_{10}	S_B	1.3596	0.7632	0.0223	0.0045
Y_{11}	S_B	1.9495	1.1015	0.0033	0.028
Y_{12}	S_B	3.6184	1.4591	0.0009	0.0205
Y_{13}	S_L	8.4817	1.6323	0.0271	—
Y_{14}	S_U	−0.4937	1.0375	0.0194	0.0245
Y_{15}	S_U	−0.6572	0.7477	0.0161	0.0069
Y_{16}	S_U	−0.5827	1.0379	0.0159	0.0109
Y_{17}	S_U	−0.2777	0.9772	0.0164	0.0035
Y_{18}	S_L	5.5967	1.3102	−0.001	—
Y_{19}	S_U	−1.0939	1.1945	0.0344	0.0046
Y_{20}	S_U	−0.6852	1.1889	0.0343	0.0049
Y_{21}	S_B	1.7404	1.0926	0.0025	0.0409
Y_{22}	S_L	8.8153	1.8857	0.0252	—
Y_{23}	S_U	−0.7635	1.0758	0.0283	0.0040
Y_{24}	S_U	−0.2260	0.5599	0.0296	0.0017

4. 洪水过程线放大

分析随机模拟的3000组特征量与3类代表性无量纲洪水过程线的贴近度，可确定每组特征量所对应的概率最大的洪水过程线类型。经计算，3000组特征量中共计1510组与Ⅰ类洪水贴近度最大，1081组与Ⅱ类洪水贴近度最大，其余409组与Ⅲ类洪水贴近度最大，随机模拟得到的不同峰型洪水过程模拟频率与实测频率对比结果见表12.9。由表12.9可知，不同峰型洪水过程出现频率不同，研究中提出的随机模拟方法与实测洪水各类峰型出现频率相差不大，所得模拟结果具有可靠性。

表12.9　不同峰型洪水过程模拟频率与实测频率对比结果

洪水类型	实 测 值		模 拟 值	
	场次	频率/%	场次	频率/%
Ⅰ类	24	48.0	1510	50.3
Ⅱ类	20	40.0	1081	36.0
Ⅲ类	6	12.0	409	13.7

在此基础上，可将上述3000组特征量与生成的不同类型无量纲洪水过程线进行融合。首先根据洪水历时进行横向放大，然后依据洪峰及洪量进行纵向放大，从而形成3000场

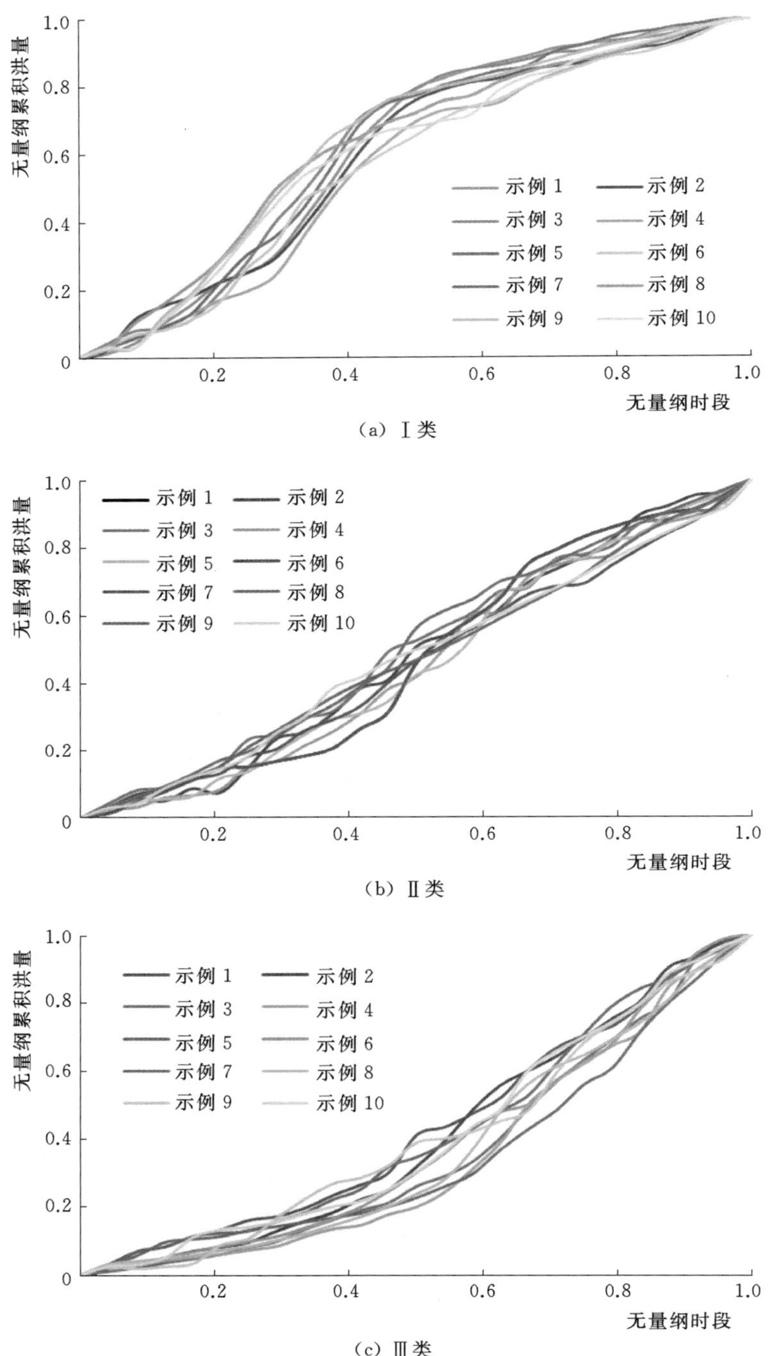

(a) Ⅰ类

(b) Ⅱ类

(c) Ⅲ类

图 12.4 无量纲累积洪量过程线示例

完整的洪水过程。选择均值、均方差 S、变差系数 C_v 及偏态系数 C_s 进行截口统计参数检验，检验结果见表 12.10。由表 12.10 可知，截口统计参数通过率均超过 90%，说明模拟洪水在各截口处可基本保持与实测洪水相同的分布，通过了适用性检验。图 12.5 为放大后的三种类型洪水过程线示例。图 12.5（a）中洪水过程线的洪峰为 21307m^3/s，洪量为 574 亿 m^3，洪水历时 41d，峰现时间早，且峰高量大，属于Ⅰ类洪水过程。图 12.5（b）中洪水过程线洪峰为 21835m^3/s，洪量为 303 亿 m^3，洪水历时 282.5d，峰现时间适中，整体偏“矮胖”，属于Ⅱ类洪水过程。图 12.5（c）中洪水过程线洪峰为 23618m^3/s，洪量为 592 亿 m^3，洪水历时 45d，峰现时间相对于前两者较晚，属于Ⅲ类洪水过程。其余的各峰型随机模拟洪水过程线与上述 3 条曲线形态大体相似，由于篇幅所限不再一一列举。

表 12.10　　截口各统计参数通过率

统计参数	均值	S	C_v	C_s
通过率/%	100.00	95.83	91.67	95.83

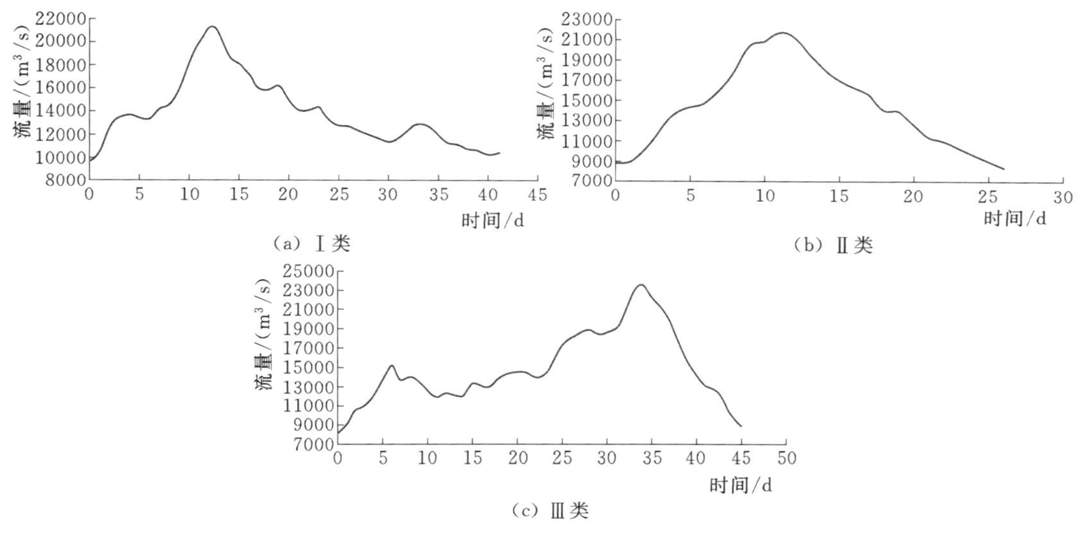

图 12.5　洪水过程线示例

5. 防洪风险分析

溪洛渡-向家坝下游以柏溪镇作为防洪控制点，柏溪镇位于宜宾市上游，现状防洪能力为 10 年一遇，其所在金沙江河段实际允许安全过流能力为 25000m^3/s。以随机模拟洪水过程作为输入，进行溪洛渡-向家坝联合防洪调度风险分析。取向家坝出库流量作为控制指标，若出库流量大于柏溪镇河段安全过流能力，则判定为发生风险。为了比较本章所提洪水模拟方法与传统方法的异同，根据 3 种不同的随机模拟方法各得到 3000 场洪水过程，3 种模拟方法具体步骤如下。

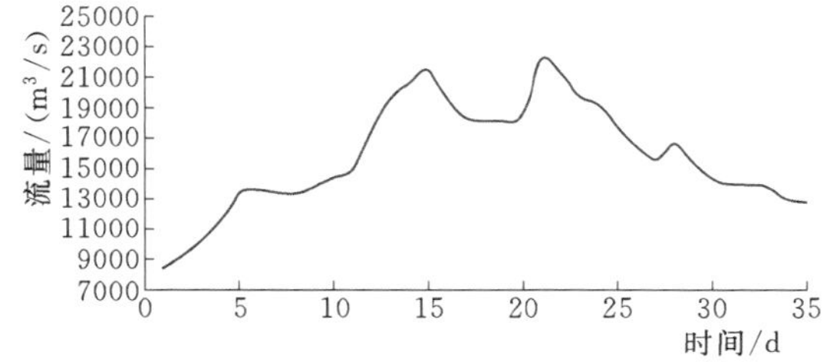

图 12.6　溪洛渡 1952 年典型洪水过程线

方法一：设计洪水过程线放缩。生成的洪水特征变量，采用溪洛渡水库 1952 年典型洪水过程线进行放缩，典型洪水过程如图 12.6 所示，得到 3000 场随机模拟洪水过程。

方法二：考虑洪水过程线形状的随机模拟。模拟 3 类代表性无量纲洪水过程线各 1000 条，并与生成的洪水特征变量进行融合，得到 3000 场峰型不同的洪水过程。

方法三：考虑洪水过程线峰型及其频率的随机模拟。根据生成的每组特征量对应的贴近度最大的洪水过程线形状，进而模拟 Ⅰ 类、Ⅱ 类及 Ⅲ 类无量纲洪水过程线 1510 条、1081 条及 409 条，将洪水特征量与其对应的无量纲洪水过程线进行融合，所得 3000 条洪水过程线不但峰型不同，且各峰型的出现频率亦不同。

对上述 3 种方法得到的洪水过程及实测洪水过程分别进行调洪演算，防洪控制点柏溪镇风险率计算结果见表 12.11。

表 12.11 不同洪水模拟方法风险率对比

模拟方法	方法一	方法二	方法三	实测
风险率/%	9.67	8.03	6.33	6.00

由表 12.11 可知，方法一得到的风险率最大，方法二次之，本章所提方法三的风险率最小，且与实测洪水计算得到的风险率最为接近。究其原因，方法一的洪水放缩所采用的设计洪水为双峰型，主峰位于后段且起涨迅速，为不利典型，故以其作为标准进行缩放得到的模拟洪水风险率明显高于实测洪水。方法二与方法三的区别在于是否考虑了特征值对不同峰型洪水过程线出现频率的影响，进一步分析可知，方法二模拟得到的 3000 场洪水中共 241 场发生风险，其中 Ⅰ 类洪水 41 场、Ⅱ 类洪水 72 场、Ⅲ 类洪水 128 场，而方法三模拟得到的 3000 场洪水中共 190 场发生风险，其中 Ⅰ 类洪水 55 场、Ⅱ 类洪水 43 场、Ⅲ 类洪水 92 场，即 Ⅲ 类洪水比其余两类洪水更易发生风险。方法二未考虑不同峰型出现的频率，设置三类洪水数目相同，而根据历史实测资料统计，Ⅲ 类洪水的数量低于其余两类洪水，因此，方法二的模拟结果比实测值偏高。方法三考虑了不同峰型的出现频率，模拟结果中各类洪水所占比例与历史洪水接近，因此其所求风险率与实测风险率相差不大。由此可知，相比于现有方法，所提出的考虑峰型及其出现频率的洪水随机模拟方法的结果更接近天然流量过程的结果，依托于该方法的水库防洪风险分析结果具有较高的可靠性及实际应用价值。

12.3 考虑入库洪水预报误差的联合防洪调度风险分析模型

12.3.1 入库洪水预报误差的量化

入库洪水预报误差的量化是指采用合适的方法（如误差分布函数假设与拟合）给出洪水预报误差的变化规律，它受多种因素的影响，除自然因素外，其中最主要的就是预报系统模型和方法及预报人员的主观影响。这两类不确定性因素的影响一般可以从历史预报数据中得到体现。但分析预报误差的统计规律时，必须保证预报值是在同一外界环境条件下产生的，这就不可避免地对数据资料提出了较高的要求。实际上，由于预报系统模型和方法的逐年改进及预报调度人员的更替，用历史预报数据进行分析可能难以满足数据的一致性要求，所以，一般可以用来分析的数据是相对较少的。因此，有的学者认为，入库洪水预报的误差服从某一种分布形式或者不服从某一种分布形式的假设都是缺乏有效依据的。但根据统计学原理，可认为预报误差主要分为系统误差和偶然误差。前者是受预报系统模型和方法的影响，一般可以探究到它的大致规律。例如，现在的入库洪水预报值的修正技术就是在参考前阶段预报规律的基础上对预报洪水逐渐修正完成的。如果假设调度人员能够很好掌握系统误差的大致规律，通过逐步修正来做出预报，那在预报误差的分析时，只考虑偶然误差即可。而根据数学分析，偶然误差一般为正态分布，所以可以认为预报误差服从正态分布，只是由于人为修正系统预报误差的效果不同而使预报误差在分布拟合检验时产生不同的置信度。

以 $realQ$ 和 $forecastQ$ 分别表示入库洪水的实测值与预报值，并定义 $X=(realQ-forecastQ)/realQ$ 为预报误差，则 X 与 0 的接近程度反映了预报误差的大小，设 $x_1, x_2, \cdots, x_n$ 为 X 的样本，则有

$$f(x)=\frac{1}{\sqrt{2\pi}\sigma_X}\mathrm{e}^{-\frac{(x-\mu_X)^2}{2\sigma_X^2}} \tag{12.20}$$

式中：$x_i=\frac{(forecastQ_i-realQ_i)}{realQ_i}$；$i=1,2,\cdots,n$。

则易知，参数 μ_X、σ_X 的极大似然估计分别为

$$\begin{cases}\mu_X=\frac{1}{n}\sum_{i=1}^{n}x_i \\ \sigma_X=\sqrt{\frac{1}{n}\sum_{i=1}^{n}(x_i-\mu_X)^2}\end{cases} \tag{12.21}$$

这样，在通过历史预报资料分析确定了参数 μ_X、σ_X 之后，就可以基于蒙特卡罗模拟方法随机生成误差系列 X，然后根据 $realQ=forecastQ/(1-X)$ 可以得到考虑洪水预报误差情况下的入库洪水系列，再对洪水过程进行缩放即可得到一定频率的入库洪水过程。

12.3.2 模型建立

确定了考虑洪水预报误差的入库洪水系列 $SimulateQ_i(i=1,2,\cdots,n)$ 后，经联合防洪调度方案计算及统计分析就可以得到各个风险指标值。对于梯级水库群联合防洪调度而言，由于防洪比兴利更重要，风险指标之间一般存在如下关系 $P_{\mathrm{r}}^{\mathrm{cq}}>P_{\mathrm{d}}^{\mathrm{cq}}>P_{\mathrm{db}}^{\mathrm{cq}}>P_{\mathrm{xs}}^{\mathrm{cq}}$。梯级水库群联合防洪调度风险分析是为了在满足库群防洪安全的前提条件下，最大化地减轻下游防洪损失，并适时发挥尽可能大的兴利效益。这主要体现在当水库群面临不同频率的洪水时，防洪的侧重点也不尽相同。当遭遇下游防洪保护区设计频率洪水时应该重点控制下游防洪保护区的防洪损失最小。当遭遇大坝设计频率洪水时应该重点保证大坝安全。而当面临的洪水量级小于一定级别时就应该重点保证尽可能大地发挥兴利效益。因此在对梯级水库群进行联合防洪调度风险分析时，针对不同频率级别的洪水，梯级水库群防洪风险应该有不同的含义，这样才能与梯级水库联合防洪调度的最终目的相吻合。这里将防洪风险

根据洪水频率分级考虑，对梯级水库群联合防洪调度风险描述为

$$P=\begin{cases}P_{\mathrm{r}}^{\mathrm{cq}}=\max\int_{Z_{\mathrm{a},i}}^{+\infty}f_{\mathrm{r}}(Z_i^M)\mathrm{d}Z_i^M & \boldsymbol{p}\geqslant\boldsymbol{p}_{\mathrm{ds}}\\ P_{\mathrm{d}}^{\mathrm{cq}}=\int_{q_{\mathrm{a}}^{\mathrm{cq}}}^{+\infty}f_{\mathrm{d}}(q_{\mathrm{m}})\mathrm{d}q_{\mathrm{m}} & \boldsymbol{p}_{\mathrm{ds}}>\boldsymbol{p}\geqslant\boldsymbol{p}_{\mathrm{xy}}\\ P_{\mathrm{xs}}^{\mathrm{cq}}=\max\int_{Z_{\mathrm{N},i}}^{+\infty}f_{\mathrm{xy}}(Z_i^L)\mathrm{d}Z_i^L\quad(i=1,2,\cdots,m_1) & \boldsymbol{p}_{\mathrm{xy}}>\boldsymbol{p}>0\\ P_{\mathrm{db}}^{\mathrm{cq}}=\max\int_{Z_{\mathrm{L},i}}^{Z_{\mathrm{M},i}}f_{\mathrm{db}}(Z_i^L)\mathrm{d}Z_i^L\quad(i=1,2,\cdots,m_2) & \boldsymbol{p}>0\end{cases}\tag{12.22}$$

式中：Z_i^M 为水库 i 的坝前最高水位；q_{m} 为防洪共同控制点最大下泄流量；Z_i^L 为水库 i 的防洪调度期末水位；$\boldsymbol{p}=(p_1,p_2,\cdots,p_{\mathrm{m}})$ 为各水库面临的洪水频率；$\boldsymbol{p}_{\mathrm{ds}}=(p_{\mathrm{ds1}},p_{\mathrm{ds2}},\cdots,p_{\mathrm{dsm}})$ 为各水库大坝设计洪水频率向量；$\boldsymbol{p}_{\mathrm{xy}}=(p_{\mathrm{xy1}},p_{\mathrm{xy2}},\cdots,p_{\mathrm{xym}})$ 为下游设计洪水频率向量；$f_{\mathrm{r}}(\cdot)$、$f_{\mathrm{d}}(\cdot)$、$f_{\mathrm{xy}}(\cdot)$、$f_{\mathrm{db}}(\cdot)$ 为对应各变量的分布密度函数。

12.3.3 模型求解

一般情况下，上述梯级水库群联合防洪调度风险为小概率事件。而应用蒙特卡罗算法需要大量的数值计算，对于多个水库的联合调度计算就更加费时，而且在实际调度中也不实用。为了提高计算速度，这里引入模拟最大熵法。求解步骤如下。

步骤一：根据历史洪水预报资料生成 n 场模拟洪水过程系列：$[Q_{ij}(t)](i=1,2,\cdots,m;j=1,2,\cdots,n;t=1,2,\cdots,T)$，其中 T 为联合调度期时段数。将 $[Q_{ij}(t)]$ 缩放到指定频率 p 后得 $[Q'_{ij}(t)]$，经调洪演算后得到各水库的坝前水位过程系列 $Z_{ij}(t)$、共同防洪控制点处下泄流量系列 $q_j(t)$ 和调度期末库水位值 Z_{ij}^L。

步骤二：令 $Z_{ij}^M=\max Z_{ij}(t)$ 和 $q_j^M=\max q_j(t)$，则 Z_{ij}^M、q_j^M、$Z_{ij}^L(i=1,2,\cdots,m_1)$ 和 $Z_{ij}^L(i=1,2,\cdots,m_2)$ 对于水库 i 是对应 n 场模拟洪水过程的样本点。

步骤三：依据模拟最大熵法求解 $f_{\mathrm{r}}(\cdot)$、$f_{\mathrm{d}}(\cdot)$、$f_{\mathrm{xs}}(\cdot)$、$f_{\mathrm{db}}(\cdot)$。

步骤四：由指定频率 p 和模型表达式（12.22）计算梯级水库群联合防洪调度方案风险率 P。

12.3.4 实例研究

12.3.4.1 梯级水库群概况

溪洛渡和三峡是长江中上游干流的两座大型水库，大坝均为千年一遇设计，万年一遇校核，在汛期共同承担下游地区的防洪任务，溪洛渡水库汛期拦蓄金沙江洪水，直接减少了进入三峡水库的洪量，配合三峡水库运行可使长江中下游的两个防洪控制点枝城和城陵矶的防洪压力进一步减小。溪洛渡水库正常蓄水位为 600m，汛期限制水位为 560m，死水位为 540m，调节库容为 64.6 亿 m^3，防洪库容为 46.5 亿 m^3，具有不完全年调节能力，汛期为 6 月到 9 月上旬。三峡水库正常蓄水位 175m，汛期限制水位为 145m，死水位为 155m，调节库容为 165 亿 m^3，防洪库容为 221.5 亿 m^3。三峡水库主要具有防洪、发电、航运等功能，并以防洪为主。为了满足防洪的需求，三峡水库一般在每年的 5 月下旬开始逐渐腾库迎汛，在 6 月上旬时水位将降至 145m，汛期为 6 月中旬开始到 9 月末，蓄水期

为10月，10月末蓄水至175m。在汛期，三峡水库一般维持防洪限制水位145m运行，当需要拦蓄洪水时，库水位会逐渐抬高，但是洪水过后水库水位会尽快降至防洪限制水位，从而为下一次洪水的到来做好准备。

12.3.4.2 联合防洪调度方案

依据《长江流域防洪规划》，溪洛渡、向家坝肩负着长江中下游防洪任务。在“以三峡为核心长江上游干支流控制性水库联合调度研究”防洪专题中，探讨了溪洛渡、向家坝防洪库容在两区域防洪中划分方式，提出向家坝9.03亿m^3防洪库容作为专用防洪库容，以确保宜宾城市防洪标准达到50年一遇，不参与长江中下游防洪调度。溪洛渡46.5亿m^3防洪库容则用来配合三峡水库对长江中下游进行防洪调度的结论。

为了评价上游水库对长江中下游的防洪效益，在调度过程中，三峡水库采用兼顾城陵矶的防洪调度方式。在《三峡水库优化调度方案》中，三峡水库防洪库容221.5亿m^3自下而上划分为三部分：第一部分预留库容56.5亿m^3用作既对城陵矶防洪补偿也对荆江防洪补偿；第二部分预留库容125.8亿m^3仅用作对荆江防洪补偿；第三部分预留库容39.2亿m^3作为对荆江特大洪水进行调节。将相应于第一部分防洪库容蓄满的库水位称为“对城陵矶防洪补偿控制水位”，将相应于第一部分与第二部分防洪库容之和的库水位称为“对荆江防洪补偿控制水位”。具体防洪调度方式如下。

（1）当三峡水库水位低于“对城陵矶防洪补偿控制水位”时，水库当日泄量为：

当日荆江补偿的允许泄量及第三日城陵矶补偿的允许泄量两者中的小值（在一般情况下，城陵矶补偿的允许泄量均小于荆江补偿的允许泄量）。

$q_1=56700-$当日宜昌—枝城区间流量；

$q_2=60000-$第三日宜昌—城陵矶区间流量；

实际下泄量$q=\min(q_1, q_2)$；

但如果$q<25000m^3/s$则取为$25000m^3/s$。

（2）当三峡水库水位高于“对城陵矶防洪补偿控制水位”而低于“对荆江防洪补偿控制水位”时，三峡工程当日下泄量等于当日荆江补偿的允许泄量，即$q=56700-$当日宜昌—枝城区间流量。

（3）当三峡水库水位高于“对城陵矶防洪补偿控制水位”时，水库当日下泄量按$q=80000-$当日宜昌—枝城区间流量，但不大于当日实际入库流量（此时荆江地区采取分蓄洪措施，控制沙市水位不高于45.0m）。

（4）当三峡水库水位超过175m，则以保证大坝安全为主，对洪水适当调节下泄。

12.3.4.3 梯级入库洪水过程模拟

由于历史预报资料的限制，同时也为了减小样本误差，这里对洪水预报误差的标准差在可能范围内进行试算分析，并以三峡洪水预报误差为控制，模拟生成考虑预报误差的三峡和溪洛渡两库联调的洪水过程。为了符合实际情况，其中溪洛渡水库的入库洪水过程是以历史洪水过程为比例缩放得到的，具体模拟过程如图12.7所示。

表12.12给出了模拟的三峡入库洪水过程最大30d洪量、洪峰误差统计结果，对表12.12中数据统计分析后可以看出，模拟的三峡入库洪水过程最大30d洪量误差不大于1%，洪峰误差在$1000m^3/s$内，这是符合实际预报调度统计情况的。

表 12.12　三峡模拟入库洪水过程最大 30d 洪量和洪峰误差统计

模拟洪水次数	实测最大 30d 洪量 /亿 m^3	实测洪峰 /(m^3/s)	模拟最大 30d 洪量 /亿 m^3	模拟洪峰 /(m^3/s)	洪量相对误差 /%	洪峰误差 /m^3
1	1363.2192	61700	1364.5628	61773.0805	0.0986	73.0805
2	1363.2192	61700	1363.5465	62434.3811	0.0240	734.3811
3	1363.2192	61700	1361.7354	62357.3747	−0.1088	657.3747
⋮	⋮	⋮	⋮	⋮	⋮	⋮
19998	1363.2192	61700	1364.1799	61120.9510	0.0705	−579.0490
19999	1363.2192	61700	1368.5933	62569.6873	0.3942	869.6873
20000	1363.2192	61700	1363.2441	62126.7786	0.0018	426.7786

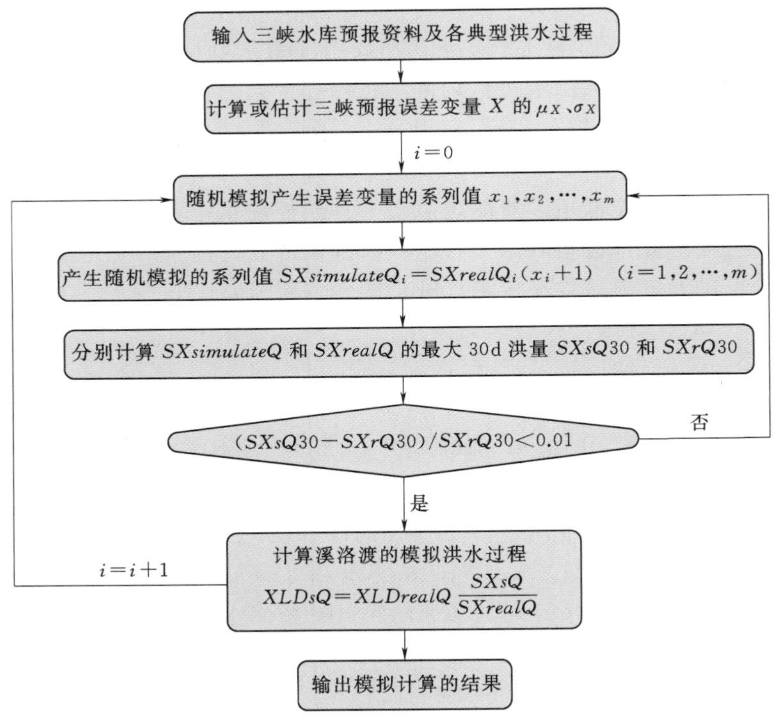

图 12.7　溪洛渡、三峡两库联调的洪水过程模拟流程图

12.3.4.4　考虑洪水预报误差的梯级水库联合防洪调度风险评估

在联合防洪调度中，采用三峡水库兼顾城陵矶的防洪调度方式，以 1998 年 6 月 1 日至 9 月 30 日洪水过程为例，以洪水频率 1%、三峡洪水过程最大 30d 洪量误差不大于 1%、洪峰误差在 1000m^3/s 进行控制，并以预报误差的标准差为 $\mu_X\in(a,+\infty)$ 范围内进行离散分析。可以验证，在 $\mu_X\in(a,+\infty)$ 内，是无法满足上述洪量和洪峰的控制条件的。经模拟分析计算得到 a 约为 0.20。以预报误差的标准差为 0.02、0.04、0.05、0.10、0.15、0.20 进行联合调度计算，得到表 12.13。

表 12.13　　不同预报误差标准差下溪洛渡、三峡百年一遇洪水（1998 年典型）防洪联调计算结果

预报误差标准差		0.02	0.04	0.05	0.10	0.15	0.20
枝城分洪量/亿 m^3		0.00	0.00	0.33	8.01	12.19	25.32
城陵矶分洪量/亿 m^3		274.52	271.33	275.63	276.22	275.81	271.92
水库蓄水量/亿 m^3	溪洛渡	46.50	46.50	46.50	46.50	46.50	46.50
	三峡	165.27	168.82	170.35	179.78	180.90	181.43
水库蓄水程度/%	溪洛渡	100	100	100	100	100	100
	三峡	75	76	77	81	82	82

由于溪洛渡和三峡联调选取的调度期为 6—9 月，而三峡按调度规程的蓄水时间为 10 月初，所以梯级水库群蓄水风险以溪洛渡的蓄水程度来衡量。由表 12.13 可以得出如下结论：在遭遇百年一遇洪水（1998 年典型）时城陵矶分洪是必然的，库群本身防洪风险率和蓄水不足风险率为 0。枝城在预报误差标准差小于 0.05 时基本可以认为不会分洪，但是在预报标准差大于 0.05 时，由于洪水过程的预报误差影响，三峡泄流量与宜昌—枝城区间流量之和出现大于枝城安全流量（$56700m^3/s$）的情形，此时枝城开始分洪。这里以枝城处安全流量为控制分析下游防洪风险率（荆江地区分蓄洪风险率）。从表 12.13 可以看出，在预报误差标准差为 0.05 时，枝城期望分洪量仅为 0.33 亿 m^3，这就说明此时只是存在一定的分洪可能性，要想保证枝城分洪量为 0，预报误差标准差不能大于 0.05。根据式（12.21）计算得到表 12.14。

表 12.14　　不同预报误差标准差下溪洛渡、三峡百年一遇洪水（1998 年典型）防洪联调风险率

预报误差标准差	0.02	0.04	0.05	0.10	0.15	0.20
枝城分洪风险率/%	0.00	0.00	8.33	75.00	100	100
三峡控制水位不达标风险率/%	0.00	0.00	41.67	83.33	91.67	100
溪洛渡水库蓄满率/%	100	100	100	100	100	100

由表 12.14 可知，在预报误差标准差小于 0.05 范围内，下游最大防洪风险率（枝城分洪风险率）为 8.33%；在预报误差标准差小于 0.10 时，最大防洪风险率 75.00%；在预报误差标准差为 0.15 时最大防洪风险率为 100%。所以，在溪洛渡和三峡联合防洪调度遭遇百年一遇洪水（1998 年典型）时，将存在两个临界点，即预报误差标准差 0.05 和 0.15，而在此区间之内存在一定的分洪可能性，而小于 0.05 时下游防洪风险率较小，但是，当预报误差标准差大于 0.15 时下游分洪可能性较大。因此，在联合防洪调度过程中预报误差大小对下游防洪风险大小具有重要影响。

12.4 考虑动态洪水预见期的水库运行水位动态控制

12.4.1 水库汛期运行水位动态控制的必要性和可行性

汛期运行水位动态控制的必要性分析主要是对洪水资源或水能资源可利用量、防洪

安全与兴利蓄水的矛盾激化程度进行分析，通常以静态的分期控制汛限水位方法下的资源利用程度、防洪兴利矛盾激化程度分析为基准（李继清等，2007）。自 2012 年潘口水电站首台机组投产以来，潘口水库来水偏枯，未发生需要滞洪的大洪水；而在汛期，水库始终保持在汛限水位 347.6m 运行，除了 2014 年，其余各年汛后均未能蓄至正常蓄水位，水库一直在较低水头下运行，水资源利用效率较低。因此，开展潘口水库汛期运行水位动态控制研究，能够在不增加防洪风险的前提下，寻求合理抬高汛期运行水位的措施，提高水资源利用效率，对潘口水电站的经济运行很有必要。

在汛期运行水位动态控制的可行性研究方面，主要从坝体安全性、预报系统完善性和梯级水库系统性 3 个方面进行分析。

(1) 坝体安全性。根据《防洪标准》(GB 50201—2014) 及《水电枢纽工程等级划分及设计安全标准》(DL 5180—2003) 的有关规定，潘口水库大坝工程属一等大 (1) 型工程。挡水建筑物、泄洪建筑物、引水建筑物和电站厂房等主要永久建筑物为 1 级水工建筑物，次要建筑物为 3 级，临时建筑物为 4 级。大坝运行多年来，历经数次安全检查，其各项指标合格，运行工况正常，具备了汛期运行水位动态控制的必要前提条件。

(2) 预报系统完善性。潘口水库洪水预报系统集成于潘口水库水调自动化系统中，具有降雨量数据采集插补、实时洪水预报、洪水调度和中长期预报等功能。自 2012 年 6 月投入试运行以来，系统各项功能运行基本稳定，经济效益已基本显现。在水调、运行人员和设计人员的使用过程中，各项功能进一步完善，并在某些功能方面有所扩展，系统功能更为实用。

(3) 梯级水库系统性。潘口水电站位于汉江支流堵河中下游、黄龙滩水电站上游，并配合有一座日调节能力的小漩水电站。近年来，堵河流域开发建设了一系列的水电站，考虑同一干流上的水库群具有互相补偿调节的作用，因此，梯级水库联合调度使得提高潘口水库汛期运行水位成为可能。

12.4.2 研究区域概况

潘口水库位于湖北省竹山县境内的堵河支流潘口河口上游 1.2km 的河段上，下距竹山县城约 13km，距黄龙滩电站约 107.7km，距堵河河口 135.7km，是堵河干流两河口以下梯级开发的“龙头”水库。该水库控制流域面积为 8950km^2，约占堵河流域面积的 71.6%，是堵河干流开发的控制性工程。潘口水电站于 2007 年正式开工建设，2009 年成功截流，2011 年实现下闸蓄水，电站两台机组分别于 2012 年 5 月和 10 月并网发电。流域枢纽工程位置示意图如图 12.8 所示。

潘口水库正常蓄水位为 355.00m，死水位为 330.00m，防洪限制水位为 347.60m，防洪高水位为 358.60m，设计洪水位为 357.14m ($P=0.1\%$)，校核洪水位为 360.82m ($P=0.01\%$)。根据《湖北省堵河潘口水电站 2013 年度汛期调度运用计划》中的论证成果，潘口水库汛限水位以上的库容分为 3 部分，347.60～353.20m 的 3.00 亿 m^3 防洪库容为配合丹江口水库对汉江中下游防洪运用而预留，353.20～358.40m 的 3.11 亿 m^3 防洪库容为提高黄龙滩水库防洪标准而预留，358.40m 以上按保坝方式运用。

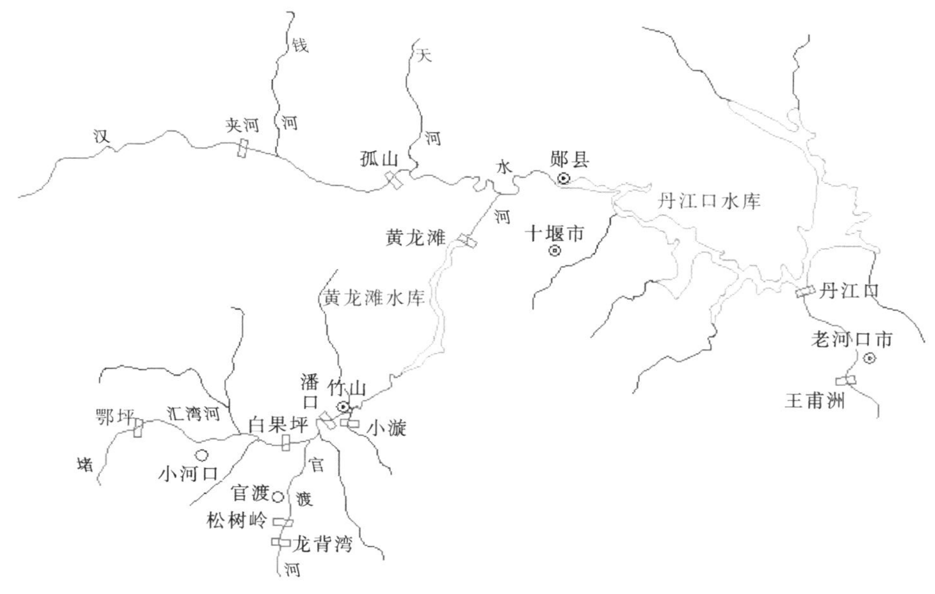

图 12.8　流域枢纽工程位置示意图

在原汛限水位设计方案中，未考虑潘口水库为丹江口水库和黄龙滩水库各自设置的防洪库容是具有重用空间的，即潘口水库在防洪调度中，可以将黄龙滩水电站设置的 3.11 亿 m^3 防洪库容用来调节进入丹江口水库的洪水，但在实际调度中却没有考虑到，导致目前的汛限水位值较低。研究充分考虑了这两部分库容重复利用的可能性，重点结合水库自身的调洪规则及预报系统，建立优化模型，对水库的汛期运行水位动态控制展开研究。

12.4.3　汛期运行水位动态控制域计算

12.4.3.1　动态控制域下限值求解

现考虑以防洪限制水位 347.60m 作为搜索的起点，防洪高水位 358.60m 作为搜索的终点，以 0.02m 为步长，对区间内的水位进行离散。对于每一个离散水位，都设置为汛期起调水位，采用不同频率的入库洪水，运用水库原有的调洪规则进行调洪演算，若其调洪最高水位都低于对应频率的设计最高水位，则满足水库的防洪要求。选取满足约束要求的最高起调水位并将其作为汛期运行水位控制域下限，调洪结果如图 12.9 和图 12.10 所示。

从图 12.9 和图 12.10 可以看出，当汛期运行水位为 350.50m 时，如遇千年一遇设计洪水，调洪最高水位为 357.10m，未超过设计洪水位 357.14m；如遇万年一遇校核洪水，调洪最高水位为 360.09m，未超过校核洪水位 360.82m。因此，若下游潘口水库至黄龙潭水库及黄龙潭水库至丹江口水库的区间入库洪水量级都分别不超过黄龙潭水库及丹江口水库的防洪标准，则认为潘口水库的汛期运行水位是有一定抬升空间的。

根据以上分析，取 350.50m 作为汛期运行水位动态控制域的下限，以其作为调洪的起始水位，调洪成果见表 12.15。

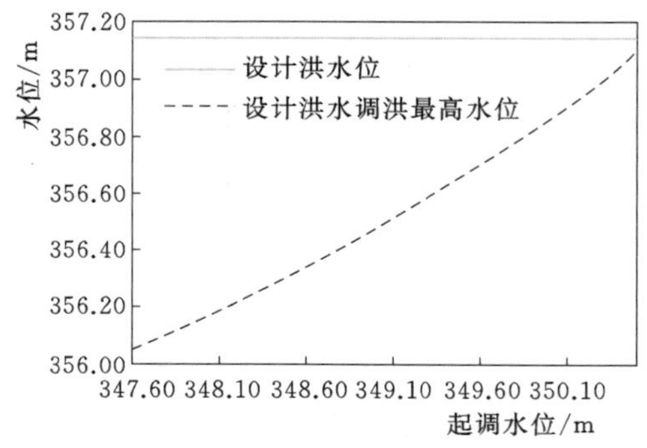

图 12.9 设计洪水调洪最高水位随起调水位变化

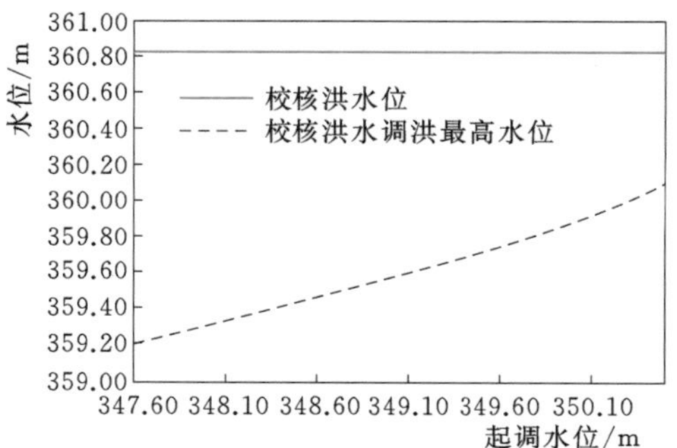

图 12.10 校核洪水调洪最高水位随起调水位变化

表 12.15 不同频率入库洪水调洪结果

设计洪水频率	汛期运行水位/m	调洪高水位/m	最大下泄流量/(m^3/s)
P=0.01%	350.50	360.13	15113
P=0.02%	350.50	359.26	14371
P=0.05%	350.50	358.33	10900
P=0.1%	350.50	356.78	10900
P=0.2%	350.50	356.02	10900
P=0.5%	350.50	354.08	10100

可以观察到，当入库洪水标准为千年一遇及以下时，其最大下泄流量为 10900m^3/s，与设计汛限水位相比，其最大下泄流量同样为 10900m^3/s；当入库洪水标准为万年一遇时，其最大下泄流量为 15113m^3/s，与设计汛限水位相比，其最大下泄流量为 15130m^3/s，相差不大。由此判定，潘口水库不考虑预报时的汛期运行水位取 350.50m 是合理的，同时将之作为动态控制域的下限值。

12.4.3.2 动态控制域上限值求解

根据《水库汛限水位动态控制试点工作意见》，水库汛期运行水位动态控制域的上限值可以按照预报调度法、预泄能力约束法、库容补偿法及其他方法来求解。潘口水库施工期的水文预报方案经过 2008 年至 2011 年 8 月的实践应用，洪峰流量及峰现时间的预报合格率均大于 90%，洪水预报误差合格率 87.5%，其预报精度达到国家发布的《水文情报预报规范》(GB/T 22482—2008) 的合格标准，满足汛期水位动态控制的要求。因此，在基于预报信息可利用的前提下，采用预报预泄法求解潘口水库汛期运行水位动态控制域的上限。

预报预泄法是在洪水来临前，利用洪水预报或降雨预报信息，水库可以在汛前多蓄水，在洪水到达水库时必须保证库水位消落到汛限水位或某一安全水位。其主要思想是在考虑洪水预见期的条件下，水库按保证下游防洪安全的最大泄流能力泄流，这里基于预报预泄模型的思想建立模型，求解汛期运行水位动态控制域上限值，预报预泄模型如下。

目标函数：

$$\max Z_u = Z_d + \Delta Z \tag{12.23}$$

约束条件：

$$\Delta Z \leqslant f(V_x + W_{xl} - W_{ls}) - f(V_x) \tag{12.24}$$

$$W_{xl} = qT \tag{12.25}$$

$$T = t_1 - t_2 \tag{12.26}$$

$$W_{ls} = Qt_1 \tag{12.27}$$

$$q \leqslant q_s \tag{12.28}$$

式中：Z_u 为预报预泄法推求的汛期运行水位上限值，m；Z_d 为汛期起调水位值，m；ΔZ 为预泄期间产生的水位浮动值，m；$f(\cdot)$ 为水位—库容关系函数；V_x 为汛期起调水位对应的库容值，m^3；q 为下泄流量，m^3/s；T 为降雨预报或洪水预见期减去中间信息传递，闸门开启等必需时间的有效洪水预见期，h；t_1 为洪水预见期，h；t_2 为必需时间，h；W_{xl}为水库下泄水量，m^3；Q 为预泄时间内的入库流量，m^3/s；W_{ls}为预泄时间内的入库水量，m^3；q_s 为保证下游安全的泄量，m^3/s。

潘口水库目前使用的是预见期为 6h 的预报洪水，水库下游为竹山县城，竹山县城的抗洪能力达 20 年一遇，河道允许泄量为 $8680m^3/s$，水库在 20 年一遇时的最大下泄流量为 $6386m^3/s$，为保证不增加下游的防洪负担下兼顾预泄，初步确定预见期的下泄流量区间为 $[6000,8680]m^3/s$；水库主汛期的平均入库流量为 $304m^3/s$，为保证安全，将主汛期的入库流量定为 $400m^3/s$；必需时间一般变动不大，根据潘口的汛期运行资料，最终必需时间取 0.5h。根据以上数据，对不同频率的入库洪水，根据预报预泄模型计算，得到的结果如表 12.16 所示。

表 12.16　预泄调度计算成果

预泄末水位/m	预泄流量/(m^3/s)	水位浮动值/m	预泄起始水位/m
350.50	6000	1.98	352.48
350.50	7000	2.34	352.84
350.50	8000	2.69	353.19
350.50	8680	2.93	353.43

从表 12.16 可以看出，若考虑不提前增加下游的防洪负担，预泄期的预泄流量取为 $6000m^3/s$ 比较适合，对应的预泄起始水位为 352.48m，取 352.40m 作为上限值比较合理；若决策更偏向于效益，汛期能保持较高的水头发电，则预泄流量最高可取 $8680m^3/s$，对应的预泄起始水位为 353.43m，取 353.40m 作为上限值比较合理。

12.4.4 考虑洪水预见期的风险与效益分析

12.4.4.1 风险分析

风险分析通常是对所研究的特定事件提出相应的风险定量表示方法。对水库调度系统而言，风险可以理解为水库在调度、运行期间失事事件发生的可能性或偏离正常状态的程度及可能带来的损失。在实际调度中，洪水预见期、预报精度及水库的预泄能力都是不确定的因素，一旦发生较大的偏差，都将会给汛期运行水位动态控制带来风险，从而威胁防洪安全。研究结合潘口水库的实际情况，选择洪水预见期作为风险要素，分析其动态变化时对汛期运行水位动态控制带来的影响。

洪水预见期就是洪水能提前预测的时间，目前的洪水预报都是根据实测的降雨作为输入（已知条件）来预报未来的洪水，所以其预见期就是指洪水的平均汇流时间。对于不同的洪水，由于其降雨强度、降雨时空分布、暴雨中心位置与走向及水流的运动速度都是变化的，因此每一场洪水的预见期都是不同的。潘口水库采用 6h 作为洪水预见期的计算时段长，而对于不同的洪水，其实际预见期可能会与 6h 不同，从而可能导致实际预泄的预泄末水位高于汛期的起调水位，产生调洪过程中的最高水位超过设计条件下最高水位的风险。

针对洪水预见期的影响因素，考虑将洪水预见期设为一个区间，当洪水预见期出现变动时，水库在保证防洪风险不增加的前提下，取最大的水位值作为最终的上限水位值。采用已求得的动态控制域下、上限值 Z_d、Z_u 作为边界条件，对 $[Z_d, Z_u]$ 范围内的水位状态进行离散，以上限水位最大为目标函数建立模型。

目标函数：

$$\max Z_{up} = f(Z_u) \tag{12.29}$$

约束条件：

$$f(Z_d) \leqslant V_u \leqslant f(Z_u) \tag{12.30}$$

$$V_u - W_{xl} + W_{ls} \leqslant V_x \tag{12.31}$$

$$W_{ls} = q t_k \tag{12.32}$$

$$W_{xl} = Q T_k \tag{12.33}$$

$$T_k = t_k - t_2 \tag{12.34}$$

$$t_d \leqslant t_k \leqslant t_u \tag{12.35}$$

式中：Z_{up}为动态域上限水位值，m；V_x 为汛期起调水位对应的库容值，m^3；V_u 为库容，m^3；$f(\cdot)$ 为水位—库容关系函数；t_k 为动态洪水预见期，在洪水预见期的变动区间内随机取值，$k=1,2,\cdots,m,h$；T_k 为有效预见期长度，随 t_k 而变化，h；t_d、t_u 分别为洪水预见期变动区间的下、上限值，h；其他符号意义与前面相同。

主要考虑不利的情况，假定汛期洪水预见期的下限为 3h，变动区间为 [3,6]h，以 0.5h 为间隔，分别取预见期为 3h、3.5h、4h、4.5h、5h、5.5h 和 6h；洪水预见期内的来水流量及下泄流量分别取 $400m^3/s$ 和 $6000m^3/s$，考虑以 0.10m 为步长，对 [350.50, 352.60]m 范围内的水位进行离散，以末水位不超过汛期起调水位为要求，计算在洪水预见期变动的条件下不同起调水位预泄至下限的概率，见表 12.17。

根据表 12.17 数据可以发现，随着洪水预见期的缩短，预泄的起调水位取得较高时会导致预泄末水位高于 350.50m，那么水库在洪水入库初期会加大泄量，以保证在当前调洪起始水位下的安全运行，但加大泄量势必会增加下游防洪对象的防洪压力。为了兼顾下游与水库的防洪安全，理论上应选择以 351.40m 作为汛期运行水位动态控制域的上限值。

表 12.17　　洪水预见期变动条件下不同起调水位预泄至下限的概率

水位上限/m	不同洪水预见期下起调水位预泄至下限的概率						
	3h	3.5h	4h	4.5h	5h	5.5h	6h
351.0	100%	100%	100%	100%	100%	100%	100%
351.1	100%	100%	100%	100%	100%	100%	100%
351.2	100%	100%	100%	100%	100%	100%	100%
351.3	100%	100%	100%	100%	100%	100%	100%
351.4	100%	100%	100%	100%	100%	100%	100%
351.5	96.26%	100%	100%	100%	100%	100%	100%
351.6	72.41%	92.89%	100%	100%	100%	100%	100%
351.7	50.58%	74.62%	100%	100%	100%	100%	100%

12.4.4.2　效益分析

水库进行汛期运行水位动态控制的效益主要包括：汛期增蓄水量、水头提高带来的供水效益和发电效益，可用多种方法分析推求。通过前面的计算（张验科等，2019）可得，潘口水库汛期运行水位动态控制域的范围为［350.50,351.40］m，与汛限水位 347.60m 相比，增加效益情况见表 12.18。

表 12.18　　潘口水库汛期运行水位动态控制的效益

起调水位/m	增加的水量/亿 m^3	增发电量/(亿 kW·h)
350.50	1.48	0.19
351.40	1.99	0.25

从表 12.18 可以看出，当汛期起调水位在［340.50,351.40］m 动态运行时，相比于按汛限水位运行，水库至少增加 1.48 亿 m^3 的蓄水量，最多增加 1.99 亿 m^3 的蓄水量；水库在汛期最少增发 0.19kW·h 的电量，最多增发 0.25kW·h 电量，效益比较显著。

12.5　小结

为了充分发挥梯级水库群联合防洪调度效益，本章将洪水峰型及其频率、洪水预报误差、动态洪水预见期等不确定性因素分别予以重点考虑，对溪洛渡-向家坝-三峡梯级水库群联合防洪调度风险及潘口水库汛期运行水位动态控制风险进行了探索研究，取得了如下主要成果：

（1）考虑到洪峰、洪量及洪水历时与洪水过程线形态间的相关性，引入峰现时间与峰型系数，实现了洪水特征量与洪水过程线形态的有机结合，解决了传统的典型洪水放缩方法带来的洪水形态单一、与天然来流规律相差较大的问题，并应用于溪洛渡-向家坝下游防洪控制点柏溪镇的防洪风险分析。

（2）通过建立溪洛渡-三峡梯级水库联合防洪调度风险评价指标体系和洪水预报误差的量化方法，给出了梯级水库群遭遇一定频率典型洪水过程时的预报误差与联合调度风险的相互关系，可以快速确定联合防洪调度所面临的风险情况，为调度决策提供了重要的理论依据。

（3）以潘口水库汛期运行水位动态控制问题为例，剖析了风险与效益博弈共存的汛期运行水位动态控制问题，基于洪水预报信息，以保证防洪风险不增加为前提，得到合适的汛期运行水位动态控制域，为有效提高汛期发电效益提供了重要的参考。

第 13 章

梯级水库群联合兴利调度风险分析模型及应用

变化环境下梯级水库群联合兴利调度是一个涉及发电、供水、航运和生态等多个目标的不确定条件下的优化问题。为了获取在径流预报误差、调度方式、水流滞时等多种不确定性因素影响下的梯级水库群联合兴利调度期望最大效益，需分别从以下 3 个方面针对中长期和短期发电优化调度风险开展探索研究。

（1）为了获得一定效益目标水平下风险最小的最佳调度方案，需要合理确定联合调度各个目标和总目标的价值函数，提出以期望损失大小来确定各个风险评价指标权重的方法，将获得的效益与面临的风险进行权衡分析，得到不同方案下的效益与风险情况，从而为调度决策人员提供决策依据。

（2）为了提高短期发电效益，减轻不确定性因素对优化调度的影响，对模型构建及求解过程进行改进，将调度方案制订后的实施模式分为水位实施模式、流量实施模式及出力实施模式，并通过对比研究，优选出最科学的实施模式，能够在基本不增加运行成本的前提下有效提升调度方案对实际情况的适应性，对梯级水库群的安全、经济运行具有重要的意义。

（3）在梯级水库群短期发电调度过程中，现有的研究方法很难对水流滞时问题进行定量计算，尤其在复杂流域，伴随着区间入流及上游水库出库流量的影响，水流滞时的取值存在着较强的不确定性，亟须建立耦合滞时因子的水库群短期发电优化调度风险分析模型，并引入并行计算等技术以提高求解效率，为梯级水库群联合兴利调度提供支撑。

13.1 兴利调度价值及风险评价指标

13.1.1 价值函数

在确定性环境下定义的各个目标属性的效用函数常称为价值函数。梯级水库群联合兴利调度价值函数不仅结构复杂，在一般情况下较难设定它的关系式或数值，而且蕴含着多维问题带来的巨大工作量。价值函数决策者常将联合调度各个目标满意程度的比较看作是一种效益关系的比较，并且对于梯级水库群联合兴利调度的价值采用加性价值函数来描述，即认为联合兴利调度的价值具有可分解性，将其分解为各个属性的加性形式，并以联合兴利调度各个目标效益的和来表示，这样就为各个目标及各个联合调度方案在同一层次上比较奠定了基础。由于联合兴利调度方案的风险是以各个目标的价值损失发生的可能性为出发点的，对调度价值产生影响的主要因素也就是风险评价需考虑的风险因子，价值函数中受到风险因子影响的价值变量既是调度效益评价的指标也是调度风险评价指标建立的基础，而调度价值损失发生的可能性是风险评价指标的外在表征。因此，以调度效益为基础和出发点，可建立各个调度目标价值函数如下。

13.1.1.1 发电价值函数

1. 发电价值

水库的发电价值主要指的是水电站的发电效益，在电价一定的情况下，梯级水电站水库群发电价值主要体现在满足一定保证出力条件下的发电量。

2. 函数

设梯级水电站水库群中水电站个数为 m，T 表示调度期内时段数。发电价值是指输送到电力系统的发电量产生的效益 B_{d}，这里以每个调度方案的发电量来衡量，即发电价值函数为

$$B_{\mathrm{d}}=\sum_{i=1}^{m}\sum_{t=1}^{T}E_i(t)C \tag{13.1}$$

式中：$E_i(t)$ 水电站水库 i 在 t 时段的发电量；C 为电价。

3. 发电主要风险因子

除受到调度决策及其他可控因素影响外，水电站水库发电的主要困难在于水文情况难以准确估计或把握，一般主要表现为径流的随机性难以准确描述与量化。目前虽然在一定程度上可以对未来径流情况做出预报，但由于径流预报误差的存在，难免会使发电调度偏离预期的目标。这里主要考虑径流的随机性对发电效益的影响。

《水文情报预报规范》中规定，水文预报误差的概率分布一般取正态分布或 t 分布。由于水文预报技术的局限性，预报值仅作参考，各预报值的置信区间可由式（13.2）推求：

$$Q'=E(Q)+\mu_\alpha\sigma_{Q_0} \tag{13.2}$$

式中：$E(Q)$ 为预报流量的期望值；σ_{Q_0} 为预报值 Q 对实测值 Q_0 的标准差；μ_α 为下 α 分位点。

4. 发电风险评价指标

水库群联合发电调度风险主要涉及两个方面，即系统出力和发电量。在调度期时段数为 T 时，对于由 m 个水电站水库组成的水库群，拟定如下发电风险指标。

（1）水电站水库群发电量不足风险率：在水电站水库群总发电量满足不了电力系统要求时会对供电造成破坏，因此，定义总发电量小于目标发电量的概率为水电站水库群发电量不足风险率，即

$$P_{\mathrm{fd}}^{\mathrm{cq}}=\Pr\left(\sum_{i=1}^{m}E_i<E_0^{\mathrm{cq}}\right) \tag{13.3}$$

式中：$\sum_{i=1}^{m}E_i$ 为库群总发电量；E_i 为水电站水库 i 的发电量；E_0^{cq} 为系统发电量要求。

（2）水电站水库群出力不足风险率：对于时段系统下达负荷需求 N_0^{cq}，水电站水库群

此时段实际出力 N^{cq} 达不到 N_0^{cq} 的概率 P_{cl}^{cq} 称为水电站水库群出力不足风险率：

$$P_{cl}^{cq} = \Pr(N^{cq} < N_0^{cq}) \tag{13.4}$$

式中：$N^{cq} = \sum_{i=1}^{m} N_{0i}$，$N_{0i}$ 为水库 i 的出力。

对于整个调度期，如果有一个时段出力不足即认为整个调度期的出力不能满足用电要求，则此时

$$P_{cl}^{cq} = \Pr\left(\bigcup_{j=1}^{T} (N_{0ij} < N_{0j}^{cq})\right) \tag{13.5}$$

式中：N_{0ij} 为第 j 个时段的实际调度出力；N_{0j}^{cq} 为第 j 个时段的计划出力（即负荷需求）。

13.1.1.2 航运价值函数

1. 航运价值

航运价值可表示为一定吨位的船只在指定航段顺利通航所持续的时间，或者在一定时间段内一定吨位的船只顺利通航的保证程度。而要实现船只顺利通航，航道需具备两个方面的要求：①不同吨位的船只都要有一定的吃水深度，它要求航道有与其等级相应的航运水深；②船只有一个保持其定倾中心稳定的问题，航道水流纵、横向的比降若超过一定值船只就可能有倾覆的危险，再则港区水面若起伏较大将导致码头和停船忽升忽降，便会影响正常工作。所以航道水流应当为稳定流。这样航运对水位和流速方面的要求才能得到满足。因此，航运调度应当满足涉及范围内航道、港口和通航建筑物等航运设施的最高与最低通航水位、最大与最小通航流量、流速等安全运用的要求。

2. 函数

在研究中，假定水库群联合调度时航运的效益与满足通航要求的时间 T_h 成正比，且比例系数为 k_h，则航运价值函数 B_h 可描述为

$$B_h = k_h T_h \tag{13.6}$$

3. 航运主要风险因子

鉴于这里主要研究的是水库群中长期联合调度，重点关注水量调度，尚未涉及水体流态研究。在水库中长期运行中与通航条件密切相关的物理量为水库库水位、下泄流量，其中水库库水位决定了库区上游河道通航水深，下泄流量的大小决定了下游河道通航水深。这些因素主要受径流的随机性和调度方式的影响。

4. 航运风险评价指标

在水库群联合调度中，对于由多个水库所控制的航道的运用，航运调度目标是使航运用水保证程度最大，如果不能满足正常航运要求，则认为遭受损失，因此，用通航不足风险率来描述航运调度面临的风险情况，这里仅考虑了航运对流量的要求。

$$P_{hy} = \Pr\left(\bigcap_{t=1}^{T} (q_c(t) < q_h)\right) \tag{13.7}$$

式中：$q_c(t)$ 为调度过程中航道流量，一般由航道上游库群的下泄流量及河道区间入流量计算得到；q_h 为该河段的通航要求流量；T 为调度期长度。

13.1.1.3 供水价值函数

1. 供水及其价值函数

水库供水一般是指灌溉供水和城市供水，其价值可用可供水量 W_g 和每单位水量产生

的效益 C_g 来衡量。即

$$B_g = C_g W_g \tag{13.8}$$

式中：W_g 为调度期内供水量。

2. 供水风险因子

水库供水风险因子主要包括水文风险因子和用水量风险因子。水文风险因子主要是指入库径流的随机性；用水量风险因子是指国民经济和居民生活的各种用水具体量值的随机性。这里仅考虑入库径流的随机性。

3. 供水风险评价指标

如果水库群没有按照设计保证率要求提供可供水量，则会给相关用水部门造成损失，因此，采用供水不足风险率作为衡量供水风险的指标。

水库群联合调度重点考虑以整个水库群作为水源的供水能力，在调度期内，可以定义水库群供水期内不能满足需水要求的概率 P_{gs}^{cq} 称为水库群供水不足风险率：

$$P_{gs}^{cq} = \Pr\left(\bigcup_{i=1}^{T}\left(\sum_{j=1}^{m} W_{ij} < W_{0i}\right)\right) \tag{13.9}$$

式中：W_{ij} 为调度期内第 i 个时段第 j 个水库的实际可供水量（或流量）；W_{0i} 为调度期内第 i 个时段需水量（或流量）；T 为调度期长度；m 为水库群中水库个数。

13.1.1.4 生态价值函数

1. 生态价值

生态价值是目前水库调度研究的热点，它以满足流域水资源调度和河流生态健康为目标，通过合理统一的调度，使水库对河流生态系统的不利影响降到最低程度，同时利用水库能有效调节水量的功能，促进河流复合生态系统朝着有利于生物演替的方向发展。

2. 函数

对于梯级水库群联合调度主要考虑其生态需水量调度要求。生态需水量调度是以满足河流生态需水量为目的，保持河流适宜生态径流量、全年避免河流用水量出现小于最小生态径流量和大于最大生态径流量的事件。因此，生态价值函数的建立应以联合调度所提供的生态需水量来衡量。特别是在枯水年份，由于来水量较小，而兴利用水所占比例较大，在一定程度上要满足生态需水的最小要求流量。这里假定生态效益与生态流量在一定范围内成正比的关系，比例系数为 k_s，建立如下的生态价值函数：

$$B_s = k_s Q_s \tag{13.10}$$

式中：B_s 为获得的生态价值；Q_s 为引用的生态流量。

3. 主要风险因子及风险评价指标

生态需水量除了受径流的随机性和调度决策的影响外，主要是生态需水量的大小如何确定问题。生态需水量是指维系一定环境功能状况或目标（现状、恢复或发展）下客观需求的水资源量。生态需水量的确定应根据河流所在区域的生态功能要求，即生物体自身的需水量和生物体赖以生存的环境需水量来确定。

例如，对所研究河段（站点）根据建库前多年径流资料的平均流量，划分丰水年、平水年、枯水年；再在水平年划分的基础上，将频率 $P=90\%$ 作为推荐最小生态径流量（生态基流），$P=75\%\sim25\%$为推荐适宜生态径流量，频率 $P=10\%$为推荐最大生态径流量，其中适宜河流生态流量具有一定的范围，频率大小可根据河流特性及其生态功能满足情况而定。

水库群联合调度主要考虑水库群共同承担的下游河段的生态需水要求，而把各水库自身下游河段生态用水流量作为约束条件。在调度期内，库群生态用水不足风险率可定义为整个库群下泄到下游生态控制河段处的流量不能够满足该河段生态流量要求的概率 P_{st}^{cq}：

$$P_{st}^{cq}=1-\Pr(Q_{min}\leqslant Q_s^{cq}(t)\leqslant Q_{max}) \tag{13.11}$$

式中：$Q_s^{cq}(t)$ 为水库群第 t 时段下泄到下游生态控制河段处的流量；Q_{min}为河段最小生态径流量；Q_{max}为河段最大生态径流量。

13.1.1.5 总价值函数

对于水库群联合调度这一复杂的多目标决策问题，针对上述所建立的发电、航运、生态、供水等各目标的价值函数，以及防洪价值函数，以社会总效益最大作为总目标，并赋予防洪、发电、航运、供水、生态各目标价值函数的权重分别为 w_f、w_d、w_h、w_g、w_s，则对于有 m 个水库组成的联合调度系统的总价值函数可表示为

$$\begin{aligned} B_{joint} &= w_f B_f + w_d B_d + w_h B_h + w_g B_g + w_s B_s \\ &= w_f \sum_{i=1}^{m}[L_{1i}(Z_{1i},F_{1i},W_{1i}) - L_{2i}(Z_{2i},F_{2i},W_{2i})] + w_d \sum_{i=1}^{m}\sum_{t=1}^{T} E_i(t)C \\ &\quad + w_h k_h T_h + w_g C_g W_g + w_s k_s Q_s \\ \text{s.t.} &\quad w_f + w_d + w_h + w_g + w_s = 1 \end{aligned} \tag{13.12}$$

式中：L_{1i}、Z_{1i}、F_{1i}、W_{1i}分别为水电站水库 i 在未经联合防洪调度时的洪灾损失、水库坝前最高水位、水库坝前最高水位持续时间、分洪量；L_{2i}、Z_{2i}、F_{2i}、W_{2i}分别为水电站水库 i 在联合防洪调度时的洪灾损失、水库坝前最高水位、水库坝前最高水位持续时间、分洪量；$E_i(t)$ 为水电站水库 i 在 t 时段的发电量；C 为电价；T_h 为满足通航要求的时间；k_h 为航运效益与满足通航要求时间的比例系数；W_g 为可供水量；C_g 为每单位水量产生的效益；B_s 为获得的生态价值；Q_s 为引用的生态流量。

13.1.2 指标体系

在水库群发电调度方案评价中防洪作为基本约束条件要求体现在发电调度规则之中，譬如汛期的汛限水位和最大下泄流量约束等，即防洪要求不以指标形式体现。另外，在开展发电调度的同时，要兼顾供水、航运和生态的要求。对于水电站水库群的综合利用调度，实际上是以发电为主且兼顾其他部门用水的发电调度，所以水电站水库群综合利用方案调度风险评价指标体系如图 13.1 所示。

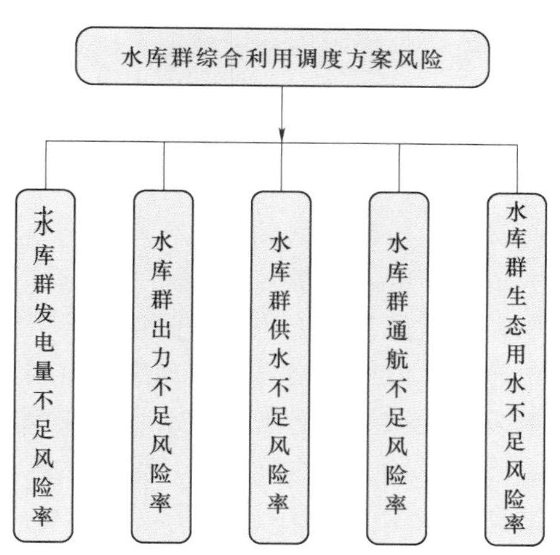

图 13.1 水库群综合利用方案调度方案风险评价指标体系

水库群综合利用调度方案风险评价指标体系为两层模型，第一层为目标层，第二层为指

标量化层，共有五个指标。水库群发电量不足风险率和水库群出力不足风险率代表发电风险，水库群供水不足风险率代表供水风险，水库群通航不足风险率代表通航风险，水库群生态用水不足风险率代表生态风险。

13.2 梯级水库群短期优化调度方案实施模式

13.2.1 实施模式介绍

梯级优化调度方案对应着该梯级中各水库水电站的优化运行过程，针对每一个水库水电站，其主要包括水位过程、出库流量过程及出力过程，具体见式（13.13）。将式中的水位、流量及出力作为方案实施过程中的控制变量，则分别有水位、流量及出力实施模式。

$$\begin{cases}\Omega_i \subseteq \{\hat{Z}_i, \hat{Q}_i, \hat{N}_i\} \\ \hat{Z}_i = \{Z_{i,1}, Z_{i,2}, \cdots, Z_{i,T+1}\} \\ \hat{Q}_i = \{Q_{i,1}, Q_{i,2}, \cdots, Q_{i,T}\} \\ \hat{N}_i = \{N_{i,1}, N_{i,2}, \cdots, N_{i,T}\}\end{cases} \tag{13.13}$$

式中：Ω_i 为水电站水库 i 的运行过程；$\hat{Z}_i$、$\hat{Q}_i$、$\hat{N}_i$ 分别为水电站水库 i 的运行水位过程、出库流量过程、出力过程。

水位实施模式是指调度人员根据实际来水，合理控制水库出库流量，使得其实际运行水位过程与 $\hat{Z}$ 保持一致。当实际入库流量偏小且即使所有机组停机也无法达到规定水位时，允许出现实际运行水位与规定水位产生偏差的现象。采用水位实施模式进行实际调度时，水库运行水位得到了严格控制，有利于水库水电站安全稳定运行。然而在该模式实际应用过程中，电站及机组出力无法与调度方案保持一致，机组可能位于低效率区运行，因此发电效率不高；并且在实际入库流量明显偏大的情况下，即使所有机组处于满发状态，水库运行水位仍可能高于规定水位，若严格按照规定水位实施调度方案，则会产生第一类弃水。这里称这类“水位未达到水位上限时主动产生的弃水”为第一类弃水。

流量实施模式是指水库的实际出库流量过程与 $\hat{Q}$ 保持一致，在精准化调度时还需要确定每一台机组的发电流量。在入库流量预报误差较大的情况下，采取流量实施模式进行实际调度可能出现水库水位突破上限（下限）的现象，此时为了水库水电站安全允许采取加大泄量（减小泄量）的措施，控制水位不突破界限。若不采取上述措施，水位则会直接越限，故这里仍将上述“水位逼近界限但由于采取了特殊措施而不突破界限”的现象视为水位越限。水位越限不仅对水库水电站安全运行产生不利影响，还会影响水库综合利用效益的发挥，如水位越下限时水库无法保障下游生态供水，越上限时被迫产生弃水，影响水电站发电效益。这里称这类“为避免水位突破上限而被迫产生的弃水”为第二类弃水，其示意图如图 13.2 所示。另外，流量实施模式下水库水电站还可能出现第一类弃水或者发电效率不高的现象：当实际入库流量偏大时，水库运行水位偏高，机组耗水率降低，原本恰好满足一台机组满发的流量在此时就无法合理分配。若分配给一台机组，则会产生第一类弃水；若分配给两台机组，则每台机组的发电效率都不高。无论哪一种分配方式，都无法保证水电站经济运行。

出力实施模式是指水电站的实际出力过程与 $\hat{N}$ 保持一致，在精准化调度时还需要确定每一台机组的出力。当然，在预报入库流量较大、调度方案中原本就存在弃水的情况下，出力实施模式在应用时需考虑这部分弃水。与流量实施模式类似，当水库水位突破上限（下限）时，允许实际出力与调度方案存在差异，甚至采取弃水或停止下泄的措施，保证库水位不突破界限。采用出力实施模式进行实际调度有利于电网稳定运行，机组发电效率也较高。但在该模式执行过程中，水库仍可能出现水位越限现象，破坏下游生态供水或产生第二类弃水，出现该现象的原因与流量实施模式类似，此处不再赘述。另外，当水库实际入库流量偏小、运行水位偏低时，机组实际预想出力比调度方案对应的预想出力低，可能出现出力受阻的现象：若调度方案安排一台机组满发，则实际运行时必须开启两台机组才能满足出力要求，此时机组发电效率不高；若调度方案安排全部机组满发，这种情况下水电站则无法完成出力任务。

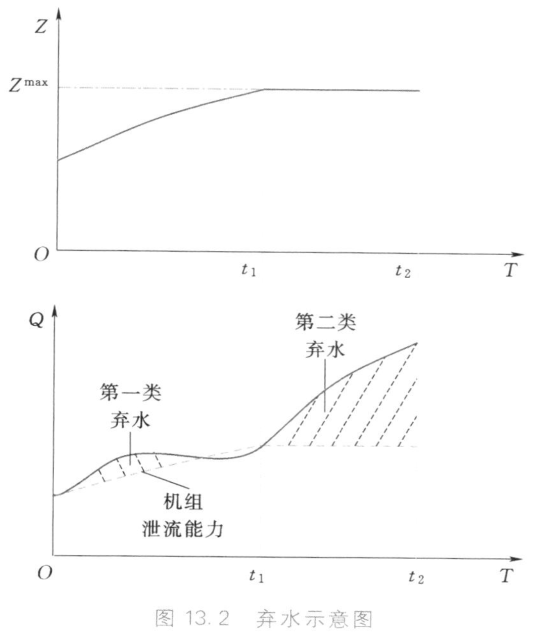

图 13.2 弃水示意图

在不考虑不确定性因素，即认为预报完全准确的情况下，上述三种实施模式是等价的，采用三者进行实际调度，水库水电站的运行方式完全一致。但由于不确定性因素的存在，三者对应的实际运行方式往往不同，因此其对应的风险、效益情况也不同。文献（阎晓冉等，2019）对“以水定电”模式下的调度方案实施模式进行了对比研究，但是该模式下的结果并不一定适用潘口、小漩水库水电站（本节简称潘口、小漩）混合运行模式，因此仍有必要对三种实施模式在混合运行模式下的风险、效益进行对比分析，并优选出最适合潘口、小漩梯级的实施模式。需要说明的是，潘口在“以水定电”模式下只能执行出力实施模式，故仅针对小漩进行 3 种实施模式的对比分析。但考虑到潘口、小漩为一个整体，调度目标为梯级发电效益最大，而并非小漩单站发电效益最大，因此依旧针对梯级制订联合优化调度方案。

13.2.2 实施模式事后评价

采用事后评价（俞洪杰等，2018）对上述 3 种实施模式进行对比分析。所谓事后评价，就是将调度方案实施或模拟实施后再对其进行评价。这种评价方法能够真实反映调度方案在各实施模式下的应用效果，为实施模式的优选提供重要参考依据。评价指标是评价工作的关键，研究针对潘口、小漩梯级的特点，从水库水电站运行经济性、安全稳定性等方面考虑，选取梯级发电效益、小漩水位越限风险率及小漩弃水量 3 个指标建立评价指标体系。

发电效益是衡量水电站经济运行的重要指标。由前文可知，潘口、小漩梯级发电效益可通过调度期内梯级产能与蓄能增量之和来表征。在计及水流滞时的情况下，还需要考虑上个调度期的转入效益及对下个调度期的转出效益，其计算公式见式（13.14）。在不同实施模式下，小漩调度期末水位不同，即调度期内蓄能增量不同，故梯级产蓄能不能简化为潘口蓄能增量与小漩产能之和。

$$B=\sum_{i=1}^{2}\sum_{t=1}^{T}N_{i,t}\Delta t+\left[\sum_{i=1}^{2}\sum_{t=1}^{T}(I_{i,t}-Q_{i,t})\sum_{j=i}^{2}\lambda_j^*\Delta t\right]-\lambda_2^*W_{\text{last}}+\lambda_2^*W_{\text{next}} \quad (13.14)$$

式中：B 为梯级水电站在该调度期对应的发电效益。

水位越限风险率是衡量水库水电站安全稳定运行的重要指标，对于潘口、小漩梯级水库而言，小漩水库调节库容小，其水位越限的风险远远大于潘口，并且梯级联合调度对潘口水位变动的影响十分微弱，因此仅选取小漩水位越限风险率作为评价指标，计算公式为

$$\begin{gathered}Y_2=Y_2^{\max}+Y_2^{\min}=\sum_{t=1}^{T}y_{2,t}^{\max}+\sum_{t=1}^{T}y_{2,t}^{\min}\\ y_{2,t}^{\max}=\begin{cases}\dfrac{1}{T} & Z_{t+1}\geqslant Z_2^{\max}\ \text{且}\ Q_{2,t}^{\text{qs},2}>0\\ 0 & \text{其他}\end{cases}\\ y_{2,t}^{\min}=\begin{cases}\dfrac{1}{T} & Z_{t+1}\leqslant Z_2^{\min}\ \text{且}\ Q_{2,t}<Q_{2,t}^{\text{plan}}\\ 0 & \text{其他}\end{cases}\end{gathered} \quad (13.15)$$

式中：Y_2 为小漩水位越限风险率；$Y_2^{\max}$、$Y_2^{\min}$ 分别为小漩水位越上、下限风险率；$y_{2,t}^{\max}$、$y_{2,t}^{\min}$ 分别为小漩水位越上、下限函数；$Q_{2,t}^{\text{qs},2}$ 为小漩在 t 时段的第二类弃水流量；$Q_{2,t}^{\text{plan}}$ 为调度方案中小漩在 t 时段的出库流量。

无论是第一类弃水还是第二类弃水，均会影响水电站经济效益的发挥，后者还会影响水库水电站的安全稳定运行，因此弃水量指标既能反映水库水电站运行的经济性，又能衡量其安全性。潘口“以电定水”运行，除汛期防洪调度外基本不会产生弃水，而潘口负荷的不确定性却很有可能引起小漩弃水，因此选取小漩弃水量作为评价指标，计算公式为

$$W_2^{\text{qs}}=W_2^{\text{qs},1}+W_2^{\text{qs},2}=\sum_{t=1}^{T}Q_{2,t}^{\text{qs},1}\Delta t+\sum_{t=1}^{T}Q_{2,t}^{\text{qs},2}\Delta t \quad (13.16)$$

式中：W_2^{qs} 为调度期内小漩弃水量；$W_2^{\text{qs},1}$、$W_2^{\text{qs},2}$ 分别为调度期内小漩第一、第二类弃水量；$Q_{2,t}^{\text{qs},1}$ 为小漩在 t 时段的第一类弃水流量。

为了提高评价结果的代表性，本章全面模拟梯级系统的运行工况，对各种工况下的调度方案实施过程进行仿真计算。潘口、小漩梯级中，调度期内潘口负荷过程及调度期初小漩库水位是决定该调度期梯级运行状态的关键变量，故将它们作为工况模拟的关键变量。另外，潘口负荷预报误差导致了不同实施模式应用效果的差异，故将其作为工况模拟的附加变量。分别对调度期内潘口负荷过程及调度期初小漩库水位进行离散，并将两者的离散点遍历组合，然后将预报误差附加在潘口负荷过程中，进而对各种工况进行仿真调度计算。实施模式评价流程如图 13.3 所示。具体步骤如下。

步骤一：将调度期内潘口发电量 $G_{1,\mathrm{day}}$ 在其取值范围 $[G_{1,\mathrm{day}}^{\min}, G_{1,\mathrm{day}}^{\max}]$ 内离散，得到 α 个离散点，对于每一个离散点，采用同倍比放大法计算潘口负荷过程：首先选取潘口典型负荷过程，并计算其对应的发电量，其次将离散点对应的发电量除以典型负荷过程对应的发电量得到放大系数，最后根据放大系数对典型负荷过程进行同倍比放大，得到该离散点对应的潘口负荷过程。将调度期初小漩库水位 $Z_{2,1}$ 在水位上下限 $[Z_2^{\min}, Z_2^{\max}]$ 内离散，得到 ρ 个离散点。根据历史资料采用最大熵法拟合潘口负荷预报误差分布，得到最大熵分布函数，最大熵法的计算流程见图 13.4。

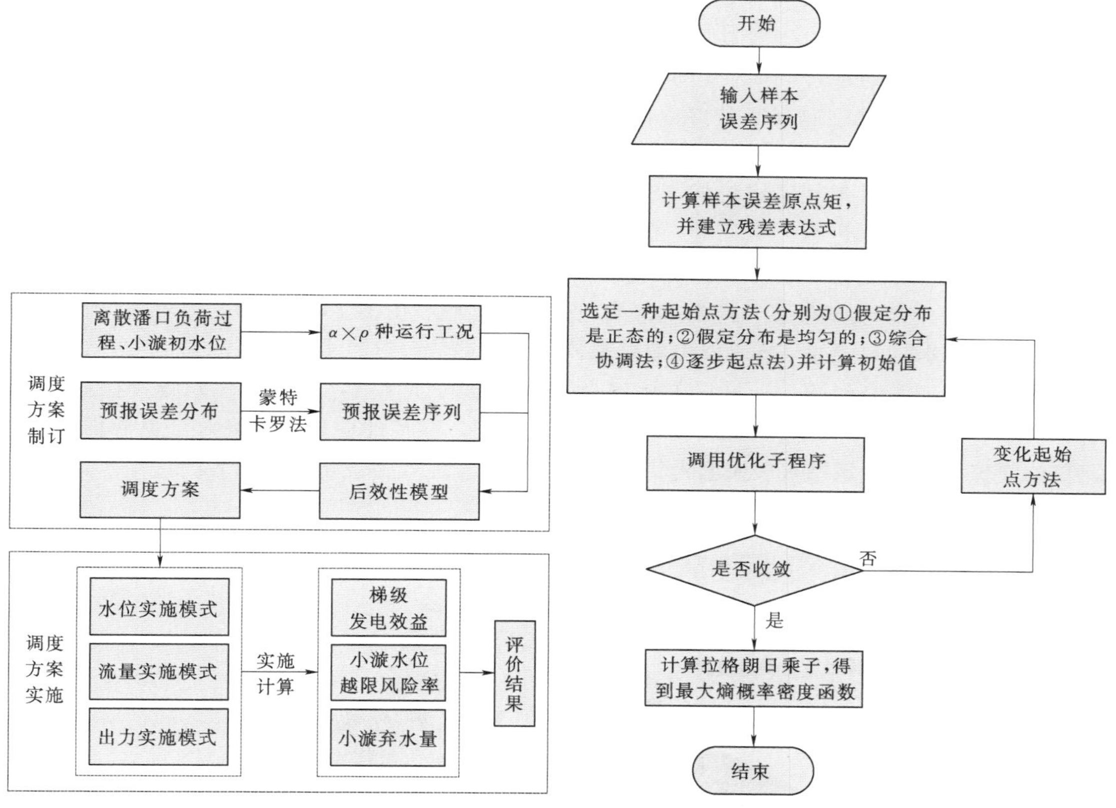

图 13.3 实施模式评价流程图

图 13.4 最大熵法计算流程图

步骤二：将调度期内潘口负荷过程与调度期初小漩库水位的离散点两两组合，得到 $\alpha\times\rho$ 种运行工况。对于每一种工况，采用蒙特卡罗法随机模拟符合最大熵分布的、长度为 T 的预报误差序列，并结合实际负荷序列推算预报负荷序列。将预报负荷序列输入前文建立的后效性模型，通过模型求解得到调度方案。

步骤三：结合潘口实际负荷过程，对每一种运行工况下的调度方案实施计算，其中潘口只能根据实际出力实施调度方案，而小漩则分别采用水位、流量、出力实施模式实施调度方案。所有工况计算完成后，对比分析三种实施模式对应的指标值，得到评价结果。

13.2.3 实例研究

取一日为调度期进行计算，潘口日发电量一般为［0，800］万 kW・h，以 100 万 kW・h为步长对该区间进行离散，得到 9 个离散点，进而得到 9 条潘口日负荷过程线；小漩日初水位为［261.3，264］m，以 0.3m 为步长对该区间进行离散，得到 10 个离散点。根据历史资料计算得到潘口负荷预报误差的最大熵分布函数为

$$g(\delta)=\exp(2.03+2.27\delta-205.09\delta^2-139.98\delta^3+1898.79\delta^4) \tag{13.17}$$

式中：$g(\cdot)$ 为最大熵分布函数；δ 为潘口负荷预报误差。

将潘口日负荷过程与小漩日初水位的离散点遍历组合，得到 90 种运行工况。对于每种工况，结合预报误差得到潘口预报日负荷过程，将其输入后效性模型并求解（模型其他输入均为非关键变量，为方便计算，潘口前一日 23：30—24：00 的出库流量取 0，本日入库流量取多年平均值 163m^3/s，日初水位取常见值 345m；小漩前一日 23：30—24：00 的运行水位及本日日末规定水位均与本日日初水位相同），得到调度方案。接着采用水位、流量及出力实施模式进行方案实施，得到各实施模式对应的梯级发电效益、小漩水位越限风险率及小漩弃水量指标。重复上述过程 20 次，并计算各指标的平均值。

图 13.5 为三种实施模式对应的梯级发电效益对比图。由图 13.5 可知，随着潘口日发电量、小漩日初水位的增加，梯级发电效益整体呈递增趋势，这是由于潘口的发电效率、小漩的发电水头增加所引起的。这里仅关注梯级发电效益的计算值，对其变化趋势不做具体分析。对比 3 种实施模式对应的梯级发电效益曲面可知，绿色曲面整体最高，红色曲面最低，蓝色曲面位于中间。该结果表明出力实施模式对应的发电效益优于其他两者。进一步计算可

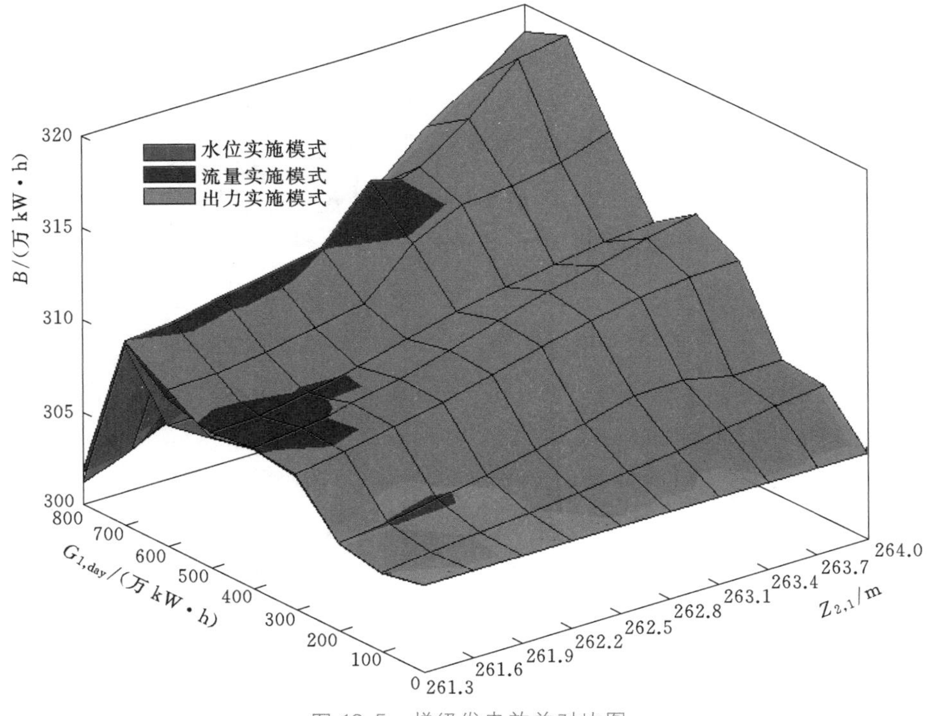

图 13.5 梯级发电效益对比图

得，出力实施模式对应的平均发电效益分别比水位、流量实施模式高 0.81%、0.58%，提升幅度相当可观。究其原因可知，执行出力实施模式时小漩电站及其站内各机组的负荷过程与调度方案保持一致，调度方案制订时考虑了厂内经济运行，机组发电效率较高，故该模式下小漩发电量明显优于其他两者；而潘口发电耗水率受小漩顶托影响并不明显，故 3 者对应的潘口蓄能增量相差不大。因此从梯级整体的角度考虑，出力实施模式对应的发电效益最高。

图 13.6 为三种实施模式对应的小漩水位越限风险率对比图。图 13.6 中红色曲面高度为 0，表明小漩在执行水位实施模式时并不存在水位越限风险（当潘口日发电量、小漩入库水量为 0 时，调度方案中小漩该日所有时段均停机，库水位保持不变，在实施该调度方案时，小漩各时段出库流量均为 0，因此其运行水位即使位于 261.3m 或者 264m，也不存在水位越限的风险）。然而在流量、出力实施模式下，当日初水位接近死水位或正常蓄水位时，小漩均会发生水位越限风险。图 13.6 中蓝色曲面的整体高度与绿色曲面相当，说明流量实施模式与出力实施模式对应的风险率大致相同。另外，两种实施模式对应的水位越上限风险率均大于水位越下限风险率，其原因在于：小漩抬高运行水位对梯级发电有利，故为了追求梯级发电效益，调度方案中小漩会尽量保持高水位运行。在高水位工况下，调度方案中小漩运行水位接近水位上限，此时一旦实际来水偏大，极易出现水位越上限现象；而在低水位工况下，调度方案中小漩运行水位一般不会接近水位下限，故即使实际来水偏小，小漩水位越下限的风险率也相对较低。

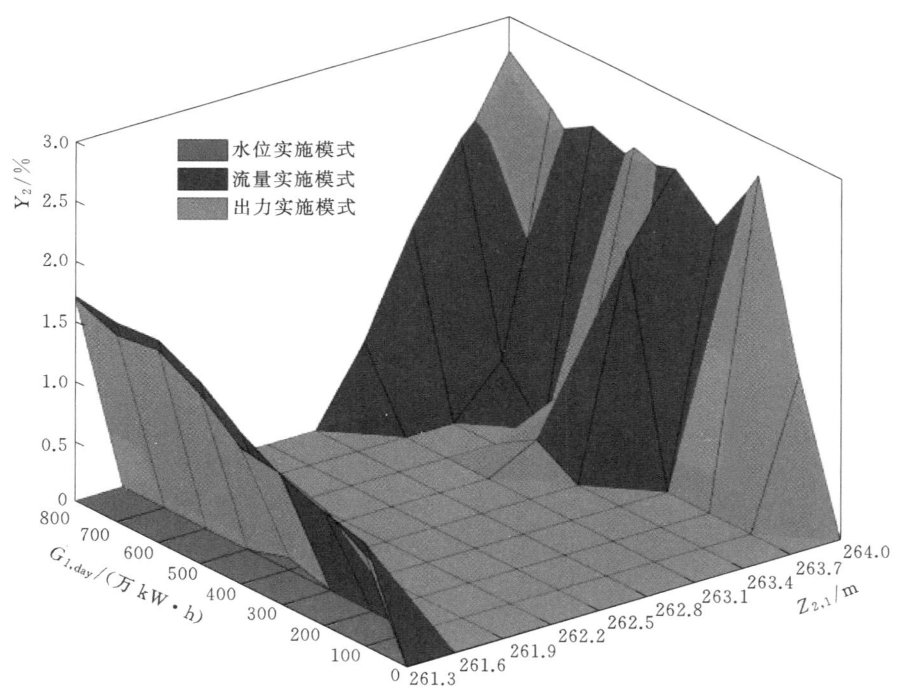

图 13.6 小漩水位越限风险率对比图

图 13.7 为三种实施模式对应的小漩弃水量对比图。由图 13.7 可知，潘口日发电量从 700 万 kW·h 增加至 800 万 kW·h 时，小漩无法完全消纳入库水量，弃水量陡增，这也

导致了梯级发电效益骤减。对比 3 种实施模式对应的小漩弃水量曲面可知，红色曲面整体最高，蓝色曲面次之，而绿色曲面最低，即大部分工况下，小漩执行水位实施模式产生的弃水量最大，流量实施模式次之，出力实施模式最小。当执行水位实施模式时，若实际入库流量偏大，那么即使全部机组满发，小漩仍可能产生弃水，并且弃水情况随着入库流量的增加越来越明显。当执行流量实施模式时，为了避免水位越上限的现象发生，小漩会产生第二类弃水，另外由于方案实施过程中机组的实际动力特性与调度方案存在偏差，故小漩还可能产生第一类弃水。而执行出力实施模式时，发电流量根据出力反推得到，故除了调度方案中原本存在的弃水，小漩不会额外产生第一类弃水，因此该模式所对应的小漩弃水量最低。

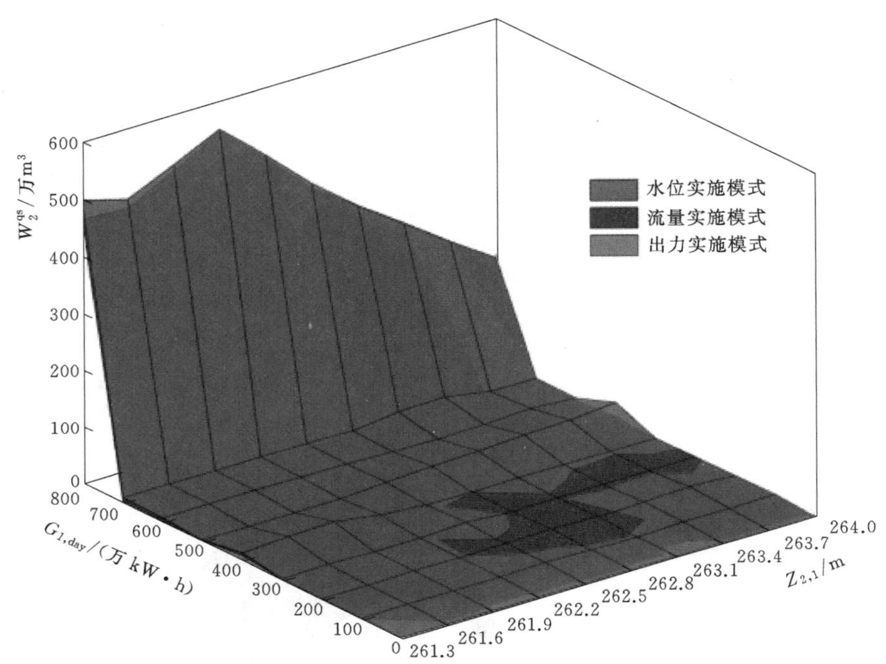

图 13.7 小漩弃水量对比图

综上所述，水位实施模式对应的小漩水位越限风险率最低，但同时小漩弃水量也最大，因此梯级发电效益最差，不利于梯级水电站高效、经济的运行。出力实施模式与流量实施模式对应的小漩水位越限风险率相差不大，但出力实施模式对应的小漩弃水量小于流量实施模式，故该模式下梯级发电效益最高。因此，从风险与效益均衡的角度出发，推荐潘口、小漩梯级水电站在实际调度时采用出力实施模式。

13.3 梯级水库群中长期发电调度风险分析模型

13.3.1 模型建立

13.3.1.1 风险评价指标权重确定方法

本书将除防洪效益之外的所有兴利目标归类为综合利用调度效益。主要涉及发电量、平均出力、供水、航运、生态五个方面。设各指标对应的损失分别为 $L_{发电}$、$L_{出力}$、$L_{供水}$、$L_{航运}$、$L_{生态}$。$L_{总}$ 为所有指标的总损失。

$L_{发电}$代表发电量没有达到预期目标，给发电企业及用户带来的价值损失，采用调度期内实际发电价值与预期总发电价值之差来表示，发电价值为发电量与电价的乘积。

$L_{出力}$代表因出力不能满足下达的负荷要求给用户带来的损失，可认为出力不足产生的损失与发电量不足产生的价值损失计算方法相同。

$L_{供水}$为供水不能满足要求给用户带来的损失，这里以用水部门因供水不足产生的价值差值来衡量，其价值差值里已包含因用水产生破坏对用户所做的相应补偿。

$L_{航运}$为航运破坏造成的损失，用航运价值 B_h 的减少量来表示。

$L_{生态}$用生态价值 B_s 的减少量来表示。

根据损失来确定权重的方法，假定各指标损失和对应的权重为

$$\boldsymbol{L}=(L_{发电},L_{出力},L_{供水},L_{航运},L_{生态})$$

$$\boldsymbol{w}=(w_{发电},w_{出力},w_{供水},w_{航运},w_{生态})$$

在确定各指标遭受破坏后造成的损失后，可计算权重为

$$\begin{aligned}\boldsymbol{w}&=(w_{发电},w_{出力},w_{供水},w_{航运},w_{生态})\\&=\frac{1}{L_{总}}(L_{发电},L_{出力},L_{供水},L_{航运},L_{生态})\end{aligned}$$

13.3.1.2 联合调度方案的综合风险计算方法

风险是指一定时空条件下非期望时间发生的可能性，一般将风险看作是非期望事件发生的概率 P 与其产生的损失 L 的函数。在这里，风险指标即是非期望事件发生的概率，而权重是以价值损失得到的各指标的相对重要程度，所以，针对联合调度方案计算得到的各类风险评价指标值和权重值，采用如下思路进行方案综合风险的计算。

设 $\mathbf{X}=\{x_1,x_2,\cdots,x_m\}$ 为调度方案集，$\mathbf{u}=\{u_1,u_2,\cdots,u_n\}$ 为指标集，对于方案 x_i，其风险评价指标值分别为 $a_{i1},a_{i2},\cdots,a_{in}$，综合所有方案的指标值可以构成方案的决策矩阵：

$$\mathbf{A}=(a_{ij})_{m\times n}=\begin{pmatrix}a_{11}&a_{12}&\cdots&a_{1n}\\a_{21}&a_{22}&\cdots&a_{2n}\\\vdots&\vdots&\ddots&\vdots\\a_{m1}&a_{m2}&\cdots&a_{mn}\end{pmatrix}\tag{13.18}$$

矩阵 $\mathbf{A}$ 中的行向量 $(a_{i1},a_{i2},\cdots,a_{in})$ 与方案 x_i 相对应，代表此方案对应的各个风险评价指标值。假定计算出来的方案 x_i 对应的权重向量为 $\boldsymbol{w}=(w_1,w_2,\cdots,w_i,\cdots w_n)$，则方案 x_i 的综合风险 R_i 为

$$R_i=f(P,L)=\sum_{j=1}^{n}a_{ij}w_{ij}\quad(i=1,2,\cdots,m)\tag{13.19}$$

根据 R_i 大小可对方案 $x_i(i\in M)$ 进行排序，并为最终方案的决策优选提供依据。

13.3.2 实例研究

对于溪洛渡和三峡联合调度时的综合利用调度方案风险评价，这里以月为时段、年为

调度期进行分析。为了使决策者在制订联合调度方案时，就能预测和了解未来调度方案的实施效果，需要结合事前所制订的方案目标进行仿真运行分析。如果已预知未来年的来水丰枯情况，则可以根据现有中长期水文预报技术和决策者的经验确定来水的频率范围。另外，由于航运、供水、生态等调度参数部分需结合实际情况确定，为了以算例分析说明研究中提出方法与模型的评价效果，对部分参数和计算步骤做了假定和简化。现以径流频率为0.4～0.6的平水年为例，对溪洛渡和三峡联合调度方案进行评价分析（张验科，2012）。

13.3.2.1 径流频率拟定及历史资料选取

假设预测未来年的径流频率最小值为 $flowP_1=0.4$，最大值为 $flowP_2=0.6$，则从此频率区间内选取典型历史径流过程系列制订年初的运行计划，在拟订的溪洛渡和三峡的综合利用调度方案下，评估所制订的运行方案目标的完成情况。三峡入库径流频率总表见表 13.1。

表 13.1 三峡入库径流频率总表

年份	径流总量/亿 m^3	径流频率	年份	径流总量/亿 m^3	径流频率
1998	5341.30	0.0204	1985	4260.99	0.5102
1954	5155.95	0.0408	1975	4251.58	0.5306
1999	4909.45	0.0612	1976	4240.62	0.5510
1964	4821.86	0.0816	1993	4199.59	0.5714
2000	4812.29	0.1020	1956	4199.18	0.5918
1974	4721.21	0.1224	1958	4176.82	0.6122
1968	4637.91	0.1429	1960	4085.16	0.6327
1983	4632.80	0.1633	1979	4029.30	0.6531
1991	4628.59	0.1837	1953	4026.92	0.6735
1984	4578.99	0.2041	1970	4014.72	0.6939
1962	4570.81	0.2245	1957	3934.02	0.7143
1982	4570.14	0.2449	1971	3904.86	0.7347
1963	4535.87	0.2653	1997	3878.82	0.7551
1987	4514.89	0.2857	1969	3854.25	0.7755
1967	4507.31	0.3061	1977	3847.30	0.7959
1990	4497.19	0.3265	1986	3840.65	0.8163
1966	4474.70	0.3469	1995	3829.26	0.8367
1955	4453.33	0.3673	1996	3808.61	0.8571
1989	4442.55	0.3878	1988	3762.73	0.8776
1965	4440.12	0.4082	1978	3730.62	0.8980
1980	4417.86	0.4286	1972	3493.71	0.9184
1973	4373.13	0.4490	1959	3390.64	0.9388
1981	4312.99	0.4694	1992	3195.91	0.9592
1961	4312.00	0.4898	1994	3168.63	0.9796

从表13.1可以查到，三峡历史径流系列中径流频率为0.4～0.6的有10场，其径流系列见图13.8。

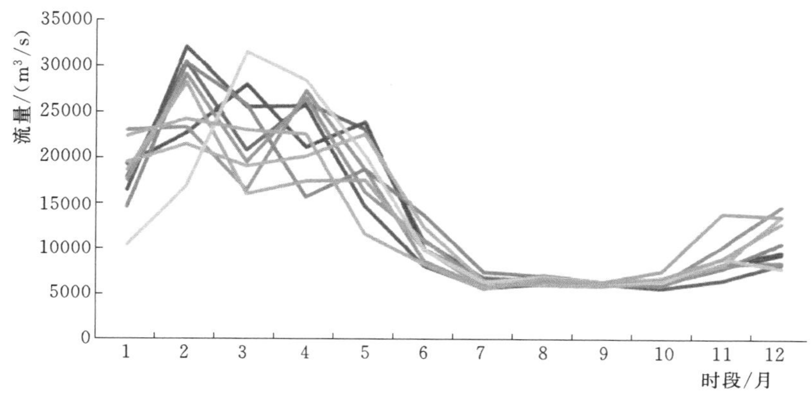

图13.8 径流频率为0.4～0.6的三峡历史径流系列

对以上径流系列进行统计分析，得到表13.2的径流关系表。

表13.2 径流频率为0.4～0.6的历史径流关系表

年份	1月和2月	2月和3月	3月和4月	4月和5月	5月和6月	6月和7月	7月和8月	8月和9月	9月和10月	10月和11月	11月和12月
1966	−1	1	−1	1	1	1	1	1	1	−1	−1
1981	−1	−1	1	−1	1	1	1	1	−1	−1	−1
1974	−1	1	−1	1	1	1	−1	1	−1	−1	−1
1982	−1	1	−1	1	1	1	−1	−1	−1	−1	−1
1962	−1	1	1	−1	1	1	1	1	1	−1	−1
1986	−1	1	−1	1	1	1	−1	1	1	−1	−1
1976	−1	1	−1	−1	1	1	1	1	−1	−1	−1
1977	−1	1	−1	−1	1	1	−1	−1	−1	−1	1
1994	−1	−1	1	1	1	1	−1	1	−1	−1	1
1957	−1	1	1	1	1	1	−1	1	−1	−1	−1

注 表中值为−1表示前一时段值小于后一时段值，值为1则表示前一时段值大于后一时段值。

13.3.2.2 入库径流过程随机模拟

综合利用调度涉及多个兴利部门，而且各部门之间的调度期长度不尽相同，为了兼顾各部门的利益，在同一时期内考虑各方兴利效益的协调，这里以中长期调度进行研究分析。中长期水文预报采用的方法多以水文气候背景分析和数学物理统计方法相结合为主。曹广晶等（2008）认为多年预报平均准确率一般为60%～70%。有些年份较高，有些年份较低，由于预见期长，预报准确率更不稳定。从国内近几年对长江中下游大水年的检验来看，对一些前期具有明显或异常气候背景或特征的年份，其汛期的长期预报基本可取得满意的效果，对汛期总体旱涝趋势有较好的把握，这对实际调度工作具有一定的参考价值。

这里综合考虑中长期水文预报的情况和历史数据的统计结果，分析以三峡水库为核心的长江上游干支流水库群联合调度方案的风险情况。由于目前中长期水文预报具有极大的不确定性，所以对其采用定性与定量相结合的分析方式来加以考虑。现将中长期水文预报的情况进行定性分类为 11 级，并对每一级假设给出径流频率的取值范围：较丰［0.01～0.04］、丰（0.04～0.06］、次丰（0.06～0.1］、丰平（0.1～0.3］、较平（0.3～0.4］、平（0.4～0.6］、次平（0.6～0.7］、平枯（0.7～0.9］、次枯（0.9～0.94］、枯（0.94～0.96］、较枯（0.96～0.99］。

设根据中长期预报确定未来年三峡的径流过程频率介于 P_1 和 P_2 之间，且历史资料中在此期间的径流过程有 m 组，则对应的上游溪洛渡的径流过程也分别有 m 组。以这 m 组年径流的均值作为年径流的期望值，则对应于三峡这一预报结果的溪洛渡、三峡的年径流期望值为 $XLDEQ$ 和 $SXEQ$。溪洛渡、三峡两库联合调度的中长期径流过程模拟流程如图 13.9 所示。

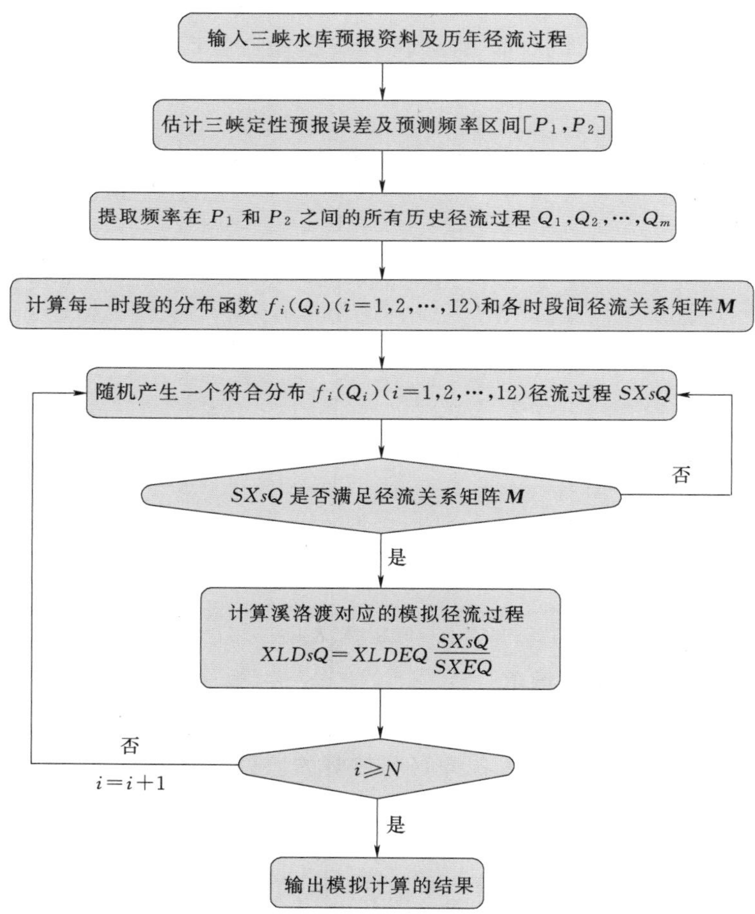

图 13.9 溪洛渡、三峡两库联合调度的中长期径流过程模拟流程图

13.3.2.3 调度风险评价指标计算

溪洛渡和三峡联合调度时的综合利用调度方案的风险评价指标计算流程图如图13.10所示。

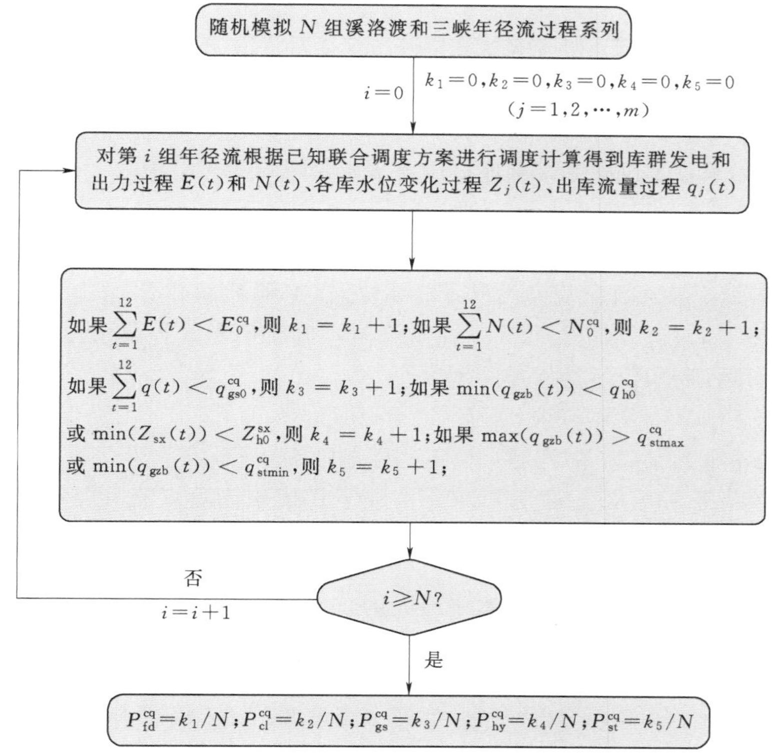

图13.10 溪洛渡和三峡联合调度综合利用调度方案的风险评价指标计算流程图

13.3.2.4 调度方案及调度目标设定

这里选取系统发电量最大模型方案（方案1）、系统保证出力最大模型方案（方案2）和系统均匀泄流调节模型方案（方案3）进行评估分析。

为了安全起见，联合调度的目标可设置为历史径流系列在此频率期间的较小值，而大于此值的都认为联合调度的目标没有遭到破坏。现制定联合调度目标如下，其中，发电量和最小出力目标值为表13.3中内频率最大（年径流量最小）的历史径流系列按系统等流量调节计算的年发电量值和枯期最小出力值；航运和生态供水要求按全年12个月需求考虑，为8760h；供水按8个月需求考虑，为5840h。其中，三峡枯水期满足下游航运要求按5500m^3/s控制。

表13.3 联合调度运行方案的目标值表

项　目	B_{fd}^{cq}（发电量）/(亿kW·h)	B_{cl}^{cq}（出力）最小出力/万kW	B_{hy}^{cq}（航运）通航小时数/h	B_{gs}^{cq}（供水）保证供水时间/h	B_{st}^{cq}（生态）保证生态用水时间/h
综合利用调度目标值	1375.23	1011.97	8760	5840	8760

13.3.2.5 调度方案风险与效益评价分析

按图 13.9、图 13.10 经编程计算后得到各方案的综合利用调度价值及风险指标值如表 13.4 所示。

表 13.4 三种方案下的综合利用调度价值及风险指标值

方　　案		方案 1	方案 2	方案 3
综合利用调度价值	B_{fd}^{cq}（发电量）/(亿 kW·h)	1538.41	1405.20	1477.80
	B_{cl}^{cq}（最小出力）/万 kW	1051.07	1148.05	1055.21
	B_{hy}^{cq}（航运）通航小时数/h	7885.54	8760	8030.40
	B_{gs}^{cq}（供水）保证供水时间/h	4356.95	5840	5840
	B_{st}^{cq}（生态）保证生态需水时间/h	6090.41	8760	8760
综合利用调度风险评价指标值	P_{fd}^{cq}（发电量）/%	8.00	19.20	14.25
	P_{cl}^{cq}（出力）/%	15.50	3.64	8.55
	P_{hy}^{cq}（航运）/%	5.30	0	1.55
	P_{gs}^{cq}（供水）/%	6.32	0	0
	P_{st}^{cq}（生态）/%	4.25	0	0

从表 13.4 分析可以得出，在用 3 个调度方案及模拟径流过程仿真计算后可以得出如下结论：

(1) 方案 1 的发电量是所有方案中最大的，发电量不足风险率是三个方案中最小的，但最小出力、航运却比方案 2 要差，原因在于，方案 1 追求发电量最大，可能会导致枯水期最小出力、航运等效益仅满足约束条件的下限值，在考虑随机性因素的作用下，很容易使其效益减少。

(2) 方案 2 是 3 个方案中枯期最小出力值最大的方案，而且航运、供水、生态等效益也具有较高的期望值和较小的风险，但其发电量值是最小的。综合分析后认为，方案 2 在以出力最大模型计算时，将发电量转化为约束条件来处理，致使为满足出力的增加而对其造成一定影响。

(3) 方案 3 的发电量比不上方案 1，出力值却又比不上方案 2，除发电量风险率比较大外，其他各目标风险率都较小。究其原因，是方案 2 在枯期最小出力值增大的同时也为满足其他目标创造了条件。

为了选择较优方案，根据调查分析，利用前面计算权重的方法分别计算了综合利用调度价值评价各指标和风险评价指标的权重，并将综合效益值和综合风险值标准化到区间[0,1] 内，列于表 13.5 中。

表 13.5 三种方案下的综合效益与风险比较

综合利用调度方案	方案 1	方案 2	方案 3
综合效益评价值	0.3066	0.3531	0.3402
综合风险评价值	0.3372	0.3455	0.3173

从表 13.5 可以看出，综合利用效益评价值最大的方案为方案 2，但是方案 2 的综合

风险评价值（0.3455）却比方案1（0.3372）的要大，这主要是因为方案2在按系统保证出力最大调度时对发电量产生一定的约束造成的；方案1虽然综合风险评价值比方案2要小，但却是3个方案中综合效益评价值最小的，原因在于其为了追求发电量指标最大化，而将其他指标值都拉到底线，一旦受到随机因素的影响抗风险能力不仅较弱，而且容易造成其他各个指标的效益不能得到保证；方案3的综合效益评价值虽然比不上方案2，但其综合风险评价值却是最小的，这说明按照系统等流量调节模型方案的综合效益虽比不上方案2，但其没有充分利用优化调度空间的特点也增加了其抗风险能力，另一个侧面说明优化调度方案虽然可以获得较好的调度效益，但却需要较高的预报精度。在预报条件有限的条件下，传统的按调度规则进行调度的方式相对更加安全，但这种安全是以牺牲一部分本可挖掘的优化调度效益为前提的。

对于上面的3个方案，不同的决策者由于自身对每个目标的偏好不同，可能会得出不同的权重值，以致在评价时可能选择不同的方案，总体来说，在优化调度方案的前提条件下，要想获得较大的综合利用效益，则必然要承担较大的风险，所以，对于风险偏好者一般会选方案2，而对于风险厌恶者一般会选择方案3。但是如果对系统发电量和出力有特殊要求，则另当别论。

13.4 梯级水库群短期发电调度并行计算及风险分析

13.4.1 模型并行计算

13.4.1.1 模型建立

以发电优化调度为例，水库群短期发电优化调度目标函数如下：

$$E=\max\sum_{i=1}^{N}\sum_{t=1}^{T}N_{i,t}\Delta t=\max\sum_{i=1}^{N}\sum_{t=1}^{T}N_i(q_{i,t},H_{i,t})\Delta t \tag{13.20}$$

式中：E 为梯级水电站最优日发电量；N 为水电站总数；T 为调度期的总时段数；$N_{i,t}$ 为 t 时段水电站 i 的出力值；Δt 为时段长度；$N_i(\cdot)$ 为水电站 i 的机组动力曲线；$q_{i,t}$ 为 t 时段水电站 i 的发电流量；$H_{i,t}$ 为 t 时段水电站 i 的平均发电水头。

优化调度模型的约束条件主要包括水量平衡约束、库容约束、下泄流量约束、出力约束等常规约束条件。

13.4.1.2 并行性分析

采用DPSA结合蒙特卡罗随机模拟方法对模型进行求解。短期优化调度中由于水流滞时的影响，当使用动态规划算法进行求解时，由于增加了时间这一维度，使得动态规划算法在梯级水库中应用时由于维数灾问题会使求解时间增加，不利于满足短期优化调度风险分析的时效性要求。DPSA是一种有效的优化调度方法，它采用逐次迭代逼近的思想，将一个多维问题分解为多个一维问题求解。DPSA求解时，先假定其他水库运行状态不变，每次仅对一个水库采用传统动态规划法（DP）求解，然后更新该水库的运行状态及径流信息，这样依次对每个水库进行寻优，不断更新各个水库的最优调度策略，直至目标函数不能继续改进为止，所得的最终调度策略即为通过DPSA求得的最优策略。DPSA求解过程如图 13.11 所示，主要步骤如下。

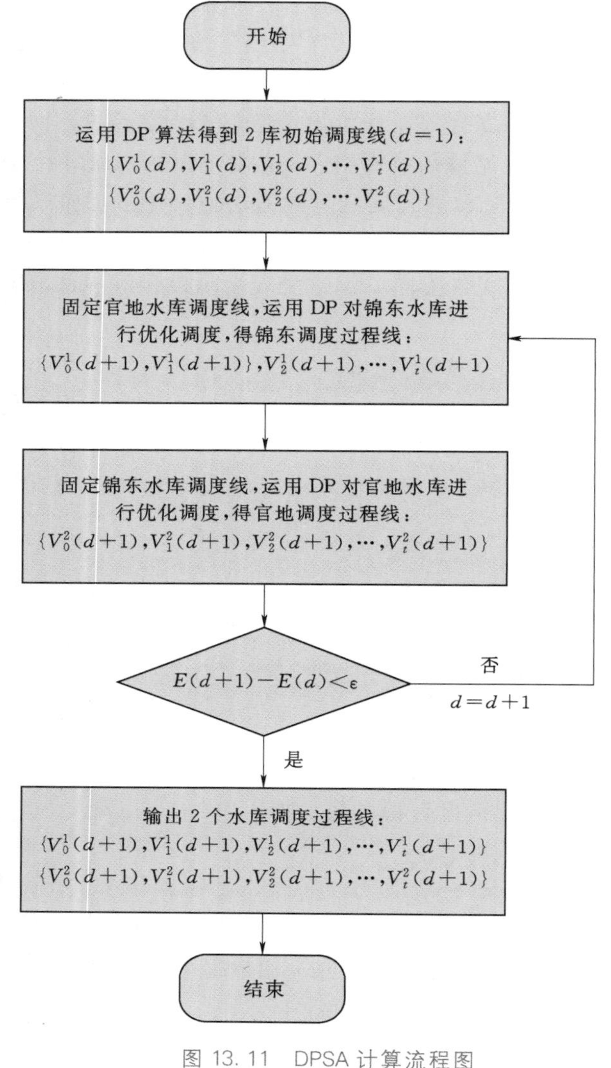

图 13.11 DPSA 计算流程图

步骤一：根据一般经验和分析判断，或用其他简便方法为锦东水库和官地水库定出一条满足约束条件的初始调度线（这里首先采用 DP 算法对锦东和官地水电站分别进行单库优化调度，得出初始调度线）：

$$\{V_0^1(d),V_1^1(d),V_2^1(d),\cdots,V_t^1(d)\}$$
$$\{V_0^2(d),V_1^2(d),V_2^2(d),\cdots,V_t^2(d)\}$$

式中：迭代次数 $d=0$。

步骤二：固定官地水库的调度线，按单库动态规划算法先对锦东水库进行优化调度，计算时段 i 时要计及锦东水库的下泄流量在官地水电站产生的效益、锦东水库的下泄流量与九龙河的区间入流在官地水电站产生的效益，进而得到锦东水库优化后的调度线：

$$\{V_0^1(d+1),V_1^1(d+1),V_2^1(d+1),\cdots,V_t^1(d+1)\}$$

步骤三：将锦东水库优化后的调度线固定，按单库动态规划算法对官地水库进行优化调度。同样，计算时段 i 效益时要计及锦东水库的下泄流量与九龙河的区间入流在官地水电站产生的效益，得出官地水库优化后的调度线：

$$\{V_0^2(d+1),V_1^2(d+1),V_2^2(d+1),\cdots,V_t^2(d+1)\}$$

步骤四：$d=d+1$，重复步骤二、步骤三，当两次迭代梯级水电站总效益 $E(d)$、$E(d+1)$ 满足关系式：$E(d+1)-E(d)<\varepsilon$ 时停止计算（其中 ε 为迭代精度）。

当入库径流的预报值给定时，根据 DPSA 很容易得到水库群优化调度的最优运行策略。然后运用蒙特卡罗随机模拟方法，对两类风险因子进行多次模拟计算，将所有的两类风险因子的遍历组合结果作为模型输入，按所得到的最优运行策略进行调度仿真运行，最后根据仿真调度运行的结果，统计风险指标，确定风险率。

对于传统的计算方法，因为涉及两类风险因子的耦合估计，存在着大量的模拟计算，且随机模拟的次数随水电站数目、风险因子的个数呈指数增加。例如，当需要对 Z 级水电站短期优化调度的风险因子进行模拟计算时，一般会涉及 $2Z-1$ 个风险因子，包括 Z 个入库径流预报误差（或区间入流预报误差）及 $Z-1$ 个滞时因子的模拟，若设置的单因子的模拟次数是 A 次，则共需要进行 A^{2Z-1} 次的模拟，如涉及 3 个风险因子的模拟计算，若设置单因子的模拟次数是 1000 次，则共需进行 10^9，即 10 亿次的模拟计算。由于模拟量巨大，传统算法根本不能满足短期调度风险分析时效性的需求，因此需要引入并行求解技术来提高模拟计算中的求解效率。

并行计算的目的是最大限度地降低求解过程中的时间复杂度，即通过在同一时刻上对算法的计算任务进行分解的方式，利用多个处理器或多台计算机同时完成这一任务，达到扩大空间来减少时间的目的。通过分析，在两类风险因子的耦合估计随机模拟过程中，存在着并行计算的可能性。以下以两个风险因子的耦合估计为例，从时段内并行和时段间并行这两部分进行说明（并行化示意图如图 13.12 所示）。

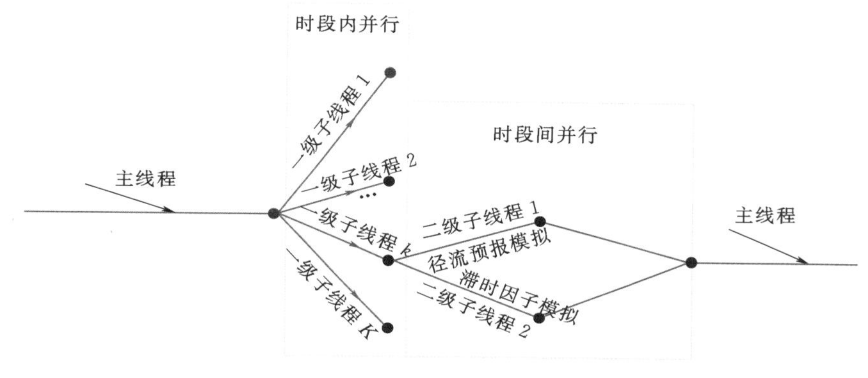

图 13.12 并行化示意图

（1）时段内并行。两个风险因子的随机模拟耦合估计为主线程，为实现并行计算，可以固定入库径流误差的取值，对滞时因子的设定进行等距划分，分别分配到不同的一级子线程上完成时段内的并行计算。

（2）时段间并行。对应于每一个一级子线程，都是一个两个风险因子的随机模拟耦合估计的计算任务，但其中每一单一风险因子的随机模拟都是独立的，因此可分配到不同的二级子线程上进行时段间的并行计算，再联合汇总到主线程上构成两类风险因子的耦合估计。

13.4.1.3 并行计算方法

在多处理器下的 Parallel Extensions 并行编程模式具有普及性高、成本低及易于实现的优点，故选用其实现算法的并行化。模型求解流程如图 13.13 所示。具体步骤如下。

步骤一：根据入库流量的预报值，采用 DPSA 得到最优调度过程。

步骤二：设定径流预报误差的取值、水流滞时的取值区间范围 $[a，b]$ 及模拟次数 P，选定滞时离散度 η，将滞时区间以 η 进行等距划分，共划分为 $k=(b-a)/\eta$ 个部分。因此将主线程拆分成 k 个独立的子线程，每个子线程代表一定滞时设定值下的全部可能的入库流量过程，这时每个子线程需进行 $P_\eta/(b-a)$ 次模拟。

步骤三：根据步骤二的拆分，对应每一部分水流滞时的取值范围 $[a^k，b^k]$，这里 k

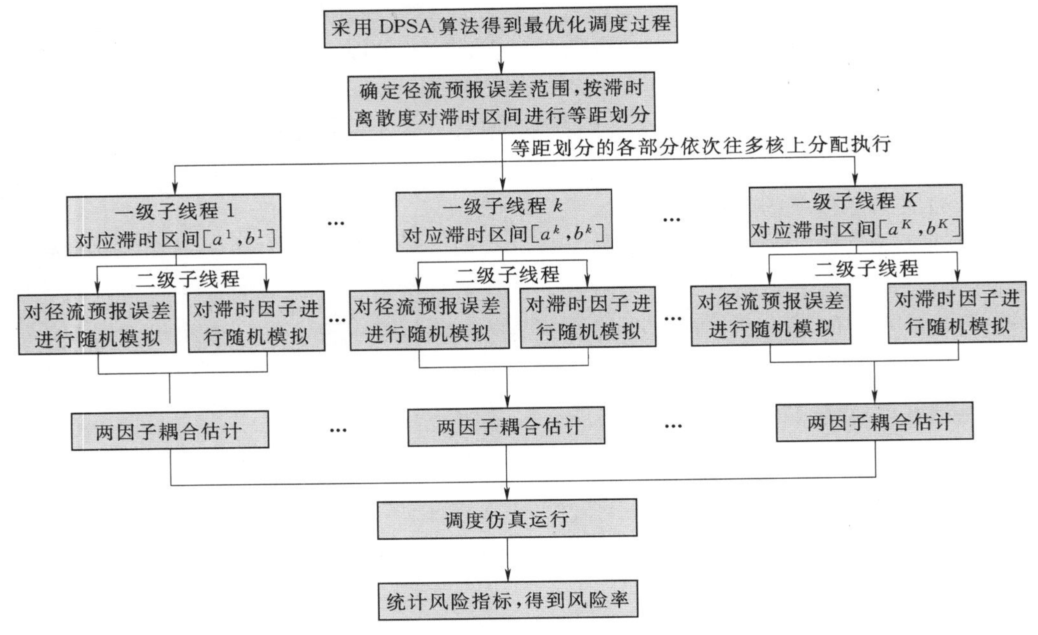

图 13.13 模型求解流程图

代表第 k 个一级子线程，即对滞时区间进行等距划分后形成的第 k 个滞时区间，将其分配到不同的二级子线程上分别对径流预报误差及滞时因子进行独立模拟。

步骤四：将滞时因子与入库径流预报误差的所有遍历组合作为模型输入，按步骤一所得到的运行策略进行调度仿真运行。

步骤五：根据仿真调度运行的结果，统计风险指标，确定风险率。

13.4.1.4 并行评价指标

选用并行加速比 S_p 和并行效率 E_p 作为并行算法的性能评价指标。S_p 表示并行机相对串行机的加速倍数，其用并行计算所需时间 T_p 与串行计算所需时间 T_S 的比值来计算，即 $S_p = T_p / T_S$；并行效率表示一个处理器的计算能力被有效利用的比率，其用并行加速比 S_p 与处理器数量 P 的比值来计算，即 $E_p = S_p / P$，其取值在 0 与 1 之间。易知，并行加速比 S_p 越大则说明算法的并行性能越好，并行效率 E_p 越接近 1 则说明算法的并行性能越好。

13.4.2 短期调度方案风险分析

13.4.2.1 研究背景

锦东、官地水电站是雅砻江流域的两个重要电站，其联合优化调度运行是发挥梯级水能效益的重要手段。以 2014 年 7 月 16 日的调度过程为例进行风险分析计算，图 13.14 所示为实例当日锦东入库流量的预报过程和官地区间的来流预报过程。由于采用“裁弯取直”模式，锦东至官地水流分两个部分：第一部分锦东发电流量通过引水隧洞进入官地水库，第二部分锦东闸坝弃水和生态流量（统称“锦东闸坝过水流量”）绕锦屏大河湾进入官地水库。两部分水流汇流路径与汇流时间完全不同，水流滞时问题相对复杂。根据预报来流情况（见图13.14），经分析取定锦东发电流量至官地的滞时为2.5h；锦东弃水和生态流量至官地的滞时为11h，采用DPSA进行优化调度，优化调度结果见表13.6，所确定的最优运行策略如图13.15所示。从表13.6可以看出，日发电量与实际情况相差不大且有增加（增发489万kW·h）。因为锦东和官地水库为日调节性能，调度过程受预报误差的影响较大，从图13.15中可以看到，DPSA算法所得到的最优调度过程中，锦东和官地的水位变化缓慢，能有效避免因水位波动过大而对电站造成的不利影响。

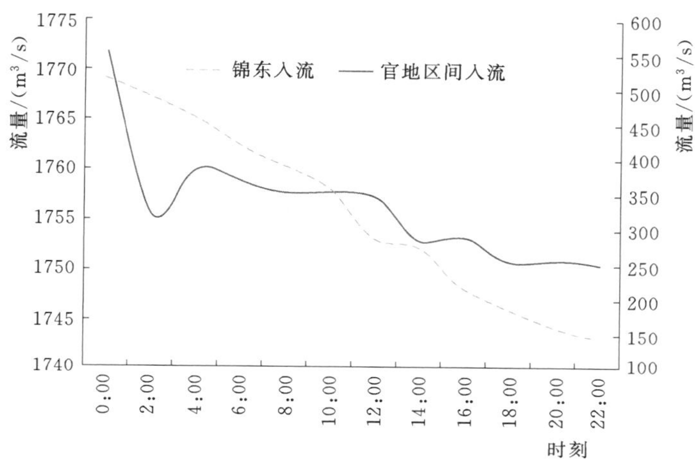

图13.14 锦东-官地来流预报

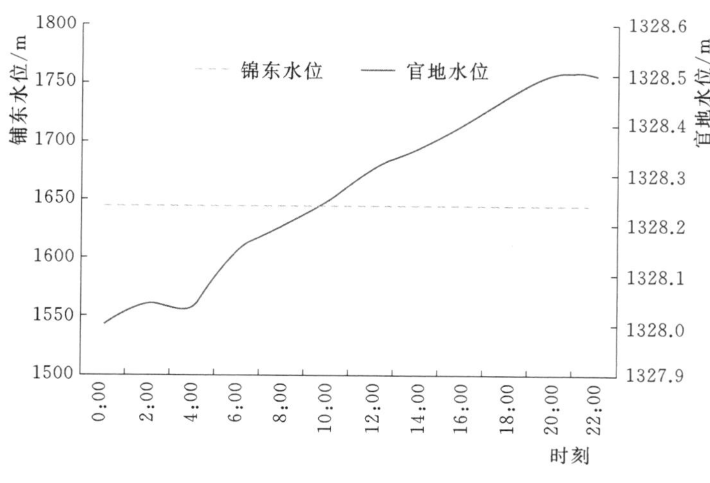

图13.15 最优运行策略

表13.6 优化调度与实际运行情况发电量对比 单位：万kW·h

项　目	锦东	官地	总发电量
优化模型	10368	5568	15936
实际运行	10213	5234	15447

13.4.2.2 风险分析

由于入库径流预报误差与滞时因子不确定性的影响，使得任何一个调度决策过程都面临着一定的风险。在运行管理过程中，希望能定量地对所定运行策略面临的风险情况进行分析与掌握，以便及时作出适当的调整。因此在风险分析过程中就锦东入库流量误差、官地区间流量预报误差、滞时因子的不确定性进行考虑。

在实际运行中，锦东的入库流量完全是由锦西水库的出库流量决定的，当锦西水库的发电计划制订后，锦东水库的来流过程相对比较准确，因此锦东入库流量的预报误差预设定为±10%，锦东的入库流量以预报来流为准，官地区间入库流量预误差设为±20%，设置随机模拟次数 $n=2000$，锦东到官地的滞时离散度 $\eta=0.5$，对离散后的滞时因子进行两两遍历组合，得到不同滞时参数下的风险指标。表 13.7 所示为将随机模拟的锦东水库的入库流量和官地区间的来流作为模型输入，以 $\eta=0.5$ 为步长对锦东到官地的滞时区间进行离散（以 η 为步长对锦东发电流量至官地的滞时在区间［2,3］进行离散；锦东弃水和生态流量至官地的滞时在区间［10,12］进行离散），对其进行遍历组合，分别进行 2000 次模拟得到的风险指标值。其中，表 13.7 中的每一行表示的是离散滞时的两两组合［如第一项（2,10）表示取定锦东发电流量至官地的滞时为 2h，锦东弃水和生态流量至官地的滞时为 10h］所对应的风险指标值。

表 13.7 不同滞时组合对应的风险指标

滞时组合	f_1/%	f_2/%	f_3/%	R/万 m^3
(2,10)	0	0	0	231
(2,10.5)	0	0	0	300
(2,11)	0	0	0	432
(2,11.5)	0	0	0	432
(2,12)	0	0	0	645
(2.5,10)	0	0	0	423
(2.5,10.5)	0	0	0	424
(2.5,11)	0	0	0	424
(2.5,11.5)	0	0	0	980
(2.5,12)	0	0	0	876
(3,10)	0	0	0	876
(3,10.5)	0	0	0	867
(3,11)	0	0	0	874
(3,11.5)	0	0	0	768
(3,12)	0	0	0	768

从表 13.7 可以看到，结合实例，滞时因子的影响主要表现在弃水风险率这一指标上，对出力不足风险率（f_1）、水位越限风险率（f_2）、下泄流量越限风险率（f_3）的影响较弱，因此所定运行策略是可行的。根据运行策略所定发电量可认为基本能得到保障，而且

存在弃水风险的原因也和雅砻江流域的背景有关。雅砻江流域水能资源丰富，来水丰沛，考虑滞时因子时，由于实例当日的前一天上游锦西水库的泄流量相对较多，就相对削弱了滞时的影响。

为进一步对结果进行分析，固定滞时设置参数，仅就锦东入库流量的预报误差和官地区间入库流量的预报误差两个方面进行风险分析。设定锦东发电流量至官地的滞时为2.5h；锦东弃水和生态流量至官地的滞时为11h，对两预报来流序列的误差进行遍历组合，分别进行1000次模拟运行，统计各风险指标如表13.8所示。

表13.8　不同误差设定值对应的风险指标

误差组合	f_1/%	f_2/%	f_3/%	R/万 m^3
(20%,20%)	0.17	0.62	0.13	12.21
(20%,30%)	0.23	0.78	0.21	15.54
(20%,35%)	0.24	0.78	0.21	15.63
(10%,20%)	0.11	0.45	0.11	10.89
(5%,20%)	0.08	0.32	0.11	8.72
(5%,10%)	0.01	0	0	6.12

从表13.8可以看出，随着锦东水库入库流量误差与官地区间来水预报误差精度的提高，运行策略所对应的4个高风险指标值都在不断缩小，这也正好说明所定运行策略的稳定性与可靠性与入库流量的预报精度有着重要的关系。同时，考虑到实例的背景，官地区间的入库流量预报的精度一般很低，难以达到生产实际的要求，因此在此处讨论中，将官地区间的入库流量预报的误差范围扩大到30%，分析知，当来流的预报误差为（20%，35%）（锦东区间的来流误差为20%，官地区间的入库流量误差为30%）时，4个风险指标的值分别为：出力不足风险率为0.24%、控制水位不达标风险率为0.78%，下泄流量越限风险率为0.21%，弃水风险为15.63万m^3/s，实例当日处于汛期，水位越限风险率不足1%，认为处在可接受水平内，其他3个指标的值相对较低，可以认为制定的运行策略的风险是可接受的，所以所制定的最优运行策略是可行的。

13.4.2.3　并行结果

为了测试模型在不同模拟次数、不同核数下的并行性能，以Microsoft Visual Studio 2010开发平台C#编程语言在CPU型号为英特尔®酷睿™ i7（8核）的计算机上采用Parallel Extensions并行编程模式建立6个含不同模拟次数、不同滞时离散步长、不同核数的并行计算方案。考虑到锦东发电流量至官地的滞时区间及锦东弃水和生态流量至官地的滞时区间变化范围相对较小，而官地区间入流预报误差则相对较大，根据简便计算的原则，滞时取值的模拟次数可相对缩小而区间入流的模拟次数则要相应增多，各方案相关参数设置见表13.9，其中1亿/8亿次模拟表示的是对锦东发电流量至官地的滞时、锦东弃水和生态流量至官地的滞时分别进行100次模拟，对官地区间入流预报进行10000次模拟，耦合得到的1亿/8亿个随机模拟方案。各个方案都是多级并行方案，以方案1为例，其中核数所在的列表示一级子线程采用2个内核并行，3×1表示3个二级子线程均分别采用1个内核并行。

表 13.9　　各并行方案参数设置

方案	模拟次数 P	滞时离散步长 η	核数
1	1 亿	1	2+3×1
2	1 亿	1	2+3×2
3	1 亿	1	3+3×1
4	1 亿	1	4+3×1
5	8 亿	0.5	2+3×1
6	8 亿	0.5	2+3×2

当设置的模拟次数不同，统计得到的风险指标值也略有不同，详细计算结果见表 13.10。从表 13.10 中可以看出，出力不足风险率、水位越限风险率、下泄流量越限风险率 3 项风险指标的值都相对较小，均接近或等于 0，主要的差异表现在弃水风险这一风险指标上。分析其原因，这是由于雅砻江流域来水丰沛，实例当日处于汛期，较大的来水量削弱了滞时的影响，所以虽然对滞时进行了不同数值的多次模拟，但是出力不足风险率、水位越限风险率、下泄流量越限风险率 3 个指标的值却并没有多少波动；同样，因为汛期的影响，针对不同滞时取值及预报误差的影响，使得发生弃水的情况并不相同，如表 13.10 的统计结果所示。根据风险指标的计算结果，所定运行策略的各项风险率都相对较低，发电量和大坝、厂房等安全性可认为基本能得到保障。

表 13.10　　风险指标计算结果

模拟次数 P	$f_1/10^{-4}$	$f_2/10^{-4}$	$f_3/10^{-4}$	R/万 m^3
1 亿	0.04	0.15	0.24	634
8 亿	0	0	0	572

以下进一步对不同并行方案的运行时间、加速比及并行效率等进行分析。当考虑到多个风险因子时，由于需要进行 1 亿及以上的模拟计算，模拟计算部分所用耗时大大超过了最优运行策略及风险指标统计部分的耗时，本着简明清晰的原则，仅就模拟计算部分的并行性进行说明，详细计算结果见表 13.11，其中核数为 1 的情况则代表不考虑并行计算时所用的计算时长。

表 13.11　　各方案并行性能比较

模拟次数 P	核数	时间/min	并行加速比 S_p	效率 E_p
1 亿	1	9.59		
	2+3×1	4.42	2.17	0.43
	2+3×2	3.39	2.83	0.35
	3+3×1	3.08	3.11	0.52
	4+3×1	2.99	3.21	0.46
8 亿	1	130.41		
	2+3×1	77.06	1.69	0.34
	2+3×2	69.05	1.89	0.24

从表 13.11 可以看出，并行算法的引入能有效提高模型的计算效率，如当需要进行 8 亿次模拟计算时，传统串行算法的计算时长为 130.41min，而引入并行计算后，可以缩短为 69.05min。总的来看，在并行环境下，CPU 占用的核数越多，计算耗时则越短，算法的并行性能则越强。这是因为并行计算的引入能充分利用内核资源，有效减少资源闲置，提高求解效率。尤其随着单风险因子模拟次数的增加，算法的并行性就显得越发重要。这是因为算法的总模拟量是随着单风险因子模拟次数的增加呈指数增长的，如当设置的模拟次数是 1000 时，因为涉及官地区间的入库流量、锦东发电流量至官地的滞时、锦东弃水和生态流量至官地的滞时 3 个需要随机模拟的风险因子，则共需进行 10 亿次模拟，这在一般的普通计算机上耗时巨长，显然不能满足短期优化调度风险分析对时效的要求，因此需要引入并行计算在多 CPU 多核服务器（或超级计算机）上进行计算。一方面，也正是因为并行算法的引入，可以将总的模拟次数分配到不同的一级、二级子线程上分别进行模拟计算，才能有效缓解多风险因子耦合估计带来的维数灾问题；另一方面，如需进行大量的模拟计算，必然需要使用多 CPU 多核服务器（或超级计算机），这无疑会增加计算成本，但同等设备下，并行算法的引入能有效节省计算时间。

进一步分析可知，在相同的总任务量下，随着 CPU 核数的增加，并行计算的效率却在逐渐下降，如方案 3 和方案 4 总的模拟次数相同，但方案 4 的并行效率却低于方案 3，这是因为在相同的总任务量下，每个子线程（包括一级子线程和二级子线程）分配到的计算量逐渐减少，反而会使得处理器间的通信变得频繁，导致这部分耗时增加，影响了并行计算的效率。由此可知，并行方案的设置并不是核数越多、分配的子线程越多越好，要根据具体问题具体分析（如需要充分考虑并行设备的投入、耗资、计算时效的要求），设置其合适的并行方案。

13.5 小结

为了充分发挥梯级水库群联合兴利调度效益，本章将径流预报误差、调度方式、水流滞时等不确定性因素分别予以重点考虑，选取溪洛渡-三峡梯级水库群中长期发电调度、锦东-官地梯级水库群短期发电调度及潘口-小漩梯级水库群短期发电调度分别进行了探索研究，并分别进行了风险分析，取得了如下主要成果：

（1）对于梯级水库群中长期联合兴利调度，一般需要解决的是在随机径流输入条件下的梯级水库间发电、供水、航运、生态等目标的调度补偿问题，为此，在提出联合兴利调度各个目标的价值函数和风险评价指标体系基础上，构建了联合兴利调度综合风险计算模型，以溪洛渡和三峡水库联合调度为例进行了风险评价分析。由于兴利调度的特点一般是效益越高越好，但是从风险的角度来考虑，如果没有达到预期计划效益一般就认为产生效益损失的风险，因此，联合兴利调度风险评价需要有调度目标的设定为前提。

（2）对不确定性条件下潘口、小漩梯级水库群短期发电优化调度方案的制订与实施开展了研究。一方面，采用事后评价方法对调度方案的 3 种实施模式进行了对比分析，选出了最适合潘口、小漩梯级的实施模式；另一方面，又借鉴警戒水位的概念对调度方案的制订与实施进行了改进，使其更加适用于多种不确定性因素影响下的优化调度。最后得出结合调度规则的调度方案，能够在保证梯级发电效益的同时显著降低下游小漩的水位越限风险率及弃水量，将其在出力实施模式下与调度规则配合实施，能够更好地指导梯级水库群的联合运行。

（3）建立了耦合入库径流预报误差与滞时因子的水库群短期优化调度风险分析模型，并在随机模拟方法的基础上，引入并行算法进行求解。通过应用于雅砻江流域锦东和官地梯级水库群发电调度的实例分析，验证了所提方法的适用性及有效性。

第 14 章

梯级水库群联合调度多目标决策模型及应用

前面的章节对梯级水库群联合调度风险与效益互馈关系进行了分析，并开展了联合防洪和兴利调度的风险分析。多目标调度方案通常是一个非劣解集，执行不同的调度方案将导致防洪、发电、供水等部门间不同的效益组合方式。在实际运行中，考虑决策者的主观偏好等因素，对多个非劣方案进行科学、合理的排序，并寻求最佳均衡解，一直是梯级水库群联合调度多目标决策亟待解决的重点问题。

本章就梯级水库群联合调度多目标决策中的几个具体问题，例如，指标以区间数形式表征、决策结果区分度不显著、多目标非劣解集为连续非凸、水文事件具有不确定性等，重点提出了基于多维关联抽样的区间数灰靶决策模型、多维向量空间决策法、基于分歧理论的理想均变率法、基于马田系统和灰熵法的多维区间数决策模型、基于累积前景理论的专家满意度最大群决策模型，对梯级水库群联合调度多目标决策问题进行了有益探索。

(1) 灰靶决策模型是一种经典的多目标问题决策模型。它由灰色系统理论发展而来，在处理样本容量小、目标维度高的不确定性问题时具有独特优势。然而，既有的区间数灰靶决策模型在决策过程中默认区间内部服从均匀分布，那么很容易认为上下界相同的指标其属性也相同，为决策结果带来很大的不确定性。为此，将一种多维关联抽样算法引入到灰靶决策模型中，通过构建多指标联合分布函数来计算期望靶心距及各个方案的贴近度，将由区间上下界代表指标的属性转变为区间内数据样本集，这样就考虑到了区间分布及指标相关性，弱化了指标极值（区间上下界）对于决策结果的影响，减少了决策过程中的信息损失。

(2) 向量空间决策法（Vector Space Method，VSM）作为解决多属性决策问题的方法之一，因其思路简洁清晰、可用性较强等优点，得到了较为广泛的应用。但同一般的多目标决策分析方法一样，VSM 存在着评价结果不显著、可扩展性弱等不足。立足于提高决策结果的显著性，提出了空间映射距离的概念并对 VSM 进行了改进，形成了一种新的多维向量空间决策方法（WVSM）。通过待选方案有向线段指标与理想方案有向线段指标之间的映射距离，给出了多目标调度非劣解方案的排序方法，并通过实例分析验证了 WVSM 的有效性及实用性。

(3) 对于连续的、非凸的多目标非劣解集，均变率法（Mean Rate Method，MRM）和逼近理想点法（Technique for Order Performance by Similarity to Ideal Solution，TOPSIS）等方法均存在一定的缺陷。基于此，将 TOPSIS 与 MRM 相耦合提出一种新的

决策方法——理想均变率法（Ideal Mean Rate Method，IMRM），IMRM 既结合两者的优势又能弥补其各自的不足，特别地，IMRM 能够定性定量地描述多目标决策的非劣解集中各目标间的相互关系，为决策者提供参考。此外，为进一步分析多目标间的相互转换关系，基于分歧理论给出了多目标间相互转换关系的阈值定理。

（4）自然界中的客观事物复杂多变，水文事件（径流、洪水等）具有很大的不确定性，表现出随机性、模糊性、灰色性等特征。一般解决这类决策问题的办法是将不确定型决策转化为确定型决策，而在转化的过程中应注意尽量避免或减少决策信息的损失。马田系统（Mahalanobis-Taguchi System，MTS）采用马氏距离来测度样本之间的相似性，更适合进行样本间相似性的估计，为此，在改进灰熵法的基础上，提出了基于马田系统和灰熵法（Mahalanobis-Taguchi System and Grey Entropy Method，MTS-GEM）的多维区间数决策模型，为梯级水库群多目标调度决策提供了参考。

（5）鉴于不同专家对数据资料的掌握情况、评价指标体系的构建等方面各有差异，有时会导致在进行决策时的偏好不同。若各个专家只从自己擅长的领域进行分析，最佳方案的评选标准就难以统一，而且面临一些重大决策问题时，需要克服个人认识的盲区对决策可能产生的不利影响。因此，为了充分发挥每个专家的意见和优势，在累积前景理论的专家个体决策结果的基础上，提出了专家满意度最大群决策模型，从而更加充分地考虑并整合多个专家的意见，得到群决策结果，为梯级水库群多目标调度决策提供理论支撑。

14.1 基于多维关联抽样的区间数灰靶决策模型

14.1.1 传统区间数灰靶决策模型

传统区间数灰靶决策模型可参考文献（党耀国等，2005）模型构建的核心步骤为靶心距的计算，如式（14.1）所示：

$$\varepsilon_i=\frac{1}{\sqrt{2}}\{\omega_1[(r_{i1}^L-r_{i_01}^L)^2+(r_{i1}^U-r_{i_01}^U)^2]+\cdots+\omega_m[(r_{im}^L-r_{i_0m}^L)^2+(r_{im}^U-r_{i_0m}^U)^2]\}^{\frac{1}{2}} \tag{14.1}$$

式中：ε_i 为方案 i 的靶心距；ω_m 为指标 m 的权重；$[r_{im}^L,\ r_{im}^U]$ 为方案 i 中指标 m 的区间数值；$[r_{i_0m}^L,\ r_{i_0m}^U]$ 为靶心中指标 m 的区间数值。

从式（14.1）可以看出：①传统区间数灰靶决策模型在计算靶心距时仅考虑了指标区间的上下界，未考虑到边界条件相同时区间内部分布的多样性，易受到极端数值的影响，造成决策结果的偏差；②权重设置对于靶心距的计算至关重要，不同的权重向量可能会导致不同的评价结果，因此应选用合适的赋权方法来完善模型。

为解决上述两个问题，提出了基于多维关联抽样的区间数灰靶决策模型（Interval Number Grey Target Decision-making Model Based on Multi-dimensional Association Sampling，INGTDM-MAS），将多维关联抽样方法及集值统计法引入到传统区间数灰靶决策模型中。多维关联抽样方法考虑了样本集内部样本之间的相关关系，利用 Copula 函数构造多维联合分布，对于具有相关性的区间数指标值进行关联抽样，既考虑了指标之间的联系，又兼顾了指标区间内的分布特点，使决策结果更加合理。集值统计法能有效地集中所有专家的意见和打分，减少了主观赋权可能存在的误差。

14.1.2 模型构建

设有 n 个方案组成决策方案集 $\mathbf{S}=\{s_1,s_2,\cdots,s_i,\cdots,s_n\}$，$m$ 个评价指标组成指标集 $\mathbf{A}=\{a_1,a_2,\cdots,a_j,\cdots,a_m\}$，方案 s_i 对指标 a_j 的属性值为 $[x_{ij}^L,x_{ij}^U](i=1,2,\cdots,n;j=1,2,\cdots,m)$。则方案集 $\mathbf{S}$ 对指标集 $\mathbf{A}$ 的决策样本矩阵为

$$\boldsymbol{X}=\begin{bmatrix}[x_{11}^L,x_{11}^U] & [x_{12}^L,x_{12}^U] & \cdots & [x_{1m}^L,x_{1m}^U]\\ [x_{21}^L,x_{21}^U] & [x_{22}^L,x_{22}^U] & \cdots & [x_{2m}^L,x_{2m}^U]\\ \vdots & \vdots & \ddots & \vdots\\ [x_{n1}^L,x_{n1}^U] & [x_{n2}^L,x_{n2}^U] & \cdots & [x_{nm}^L,x_{nm}^U]\end{bmatrix} \tag{14.2}$$

为解决不同量纲指标间难以比较的问题，首先对决策样本矩阵进行标准化处理。标准化方法由指标类型决定，指标值越大越优的为效益型指标，越小越优为成本型指标。标准化方法如下。

若指标 a_j 为效益型指标：

$$r_{ij}^L=\frac{x_{ij}^L}{\sum\limits_{i=1}^{n}x_{ij}^U}\quad r_{ij}^U=\frac{x_{ij}^U}{\sum\limits_{i=1}^{n}x_{ij}^L} \tag{14.3}$$

若指标 a_j 为成本型指标：

$$r_{ij}^L=\frac{\dfrac{1}{x_{ij}^U}}{\sum\limits_{i=1}^{n}\left(\dfrac{1}{x_{ij}^L}\right)}\quad r_{ij}^U=\frac{\dfrac{1}{x_{ij}^L}}{\sum\limits_{i=1}^{n}\left(\dfrac{1}{x_{ij}^U}\right)} \tag{14.4}$$

设 $[x_{ij}^L,\ x_{ij}^U]$ 标准化处理后为 $[r_{ij}^L,\ r_{ij}^U]$，则处理后的标准化矩阵为

$$\boldsymbol{R}=\begin{bmatrix}[r_{11}^L,r_{11}^U] & [r_{12}^L,r_{12}^U] & \cdots & [r_{1m}^L,r_{1m}^U]\\ [r_{21}^L,r_{21}^U] & [r_{22}^L,r_{22}^U] & \cdots & [r_{2m}^L,r_{2m}^U]\\ \vdots & \vdots & \ddots & \vdots\\ [r_{n1}^L,r_{n1}^U] & [r_{n2}^L,r_{n2}^U] & \cdots & [r_{nm}^L,r_{nm}^U]\end{bmatrix} \tag{14.5}$$

14.1.2.1 基于集值统计的指标权重确定

集值理论吸收了经典统计及模糊统计的理论思想，在每次试验中，经典统计所得结果为空间中具体的一点，而集值统计法的试验结果为模糊子集。在多属性决策中，可理解为专家对于指标的估值为区间数，且该区间可为任意长度。

设指标集为 $\mathbf{A}=\{a_1,a_2,\cdots,a_j,\cdots,a_m\}(m>0)$，专家集为 $\mathbf{B}=\{b_1,b_2,\cdots,b_k,\cdots,b_q\}(q>0)$，第 $k(k=1,2,\cdots,q)$ 位专家对第 j 个指标的打分区间记为 $[c_{jk}^L,\ c_{jk}^U]$。在评价轴 V 将所有专家的打分区间叠加，即可形成一种分布，分布函数如式（14.6）、式（14.7）所示：

$$\overline{X}(v_j)=\frac{1}{q}\sum_{k=1}^{q}X(c_{jk}^L,c_{jk}^U) \tag{14.6}$$

$$X(c_{jk}^L,c_{jk}^U)=\begin{cases}0 & 其他\\1 & c_{jk}^L\leqslant v_j\leqslant c_{jk}^U\end{cases} \tag{14.7}$$

式中：$X(c_{jk}^L,c_{jk}^U)$ 为落影函数；$\overline{X}(v_j)$ 为模糊覆盖频率，表示指标 a_j 的值可以取为 v_j 的概率。

指标 a_j 的综合评价值为

$$\overline{\omega_j}=\frac{\displaystyle\int_{v_{j\min}}^{v_{j\max}} v_j\overline{X}(v_j)\mathrm{d}v}{\displaystyle\int_{v_{j\min}}^{v_{j\max}}\overline{X}(v_j)\mathrm{d}v} \tag{14.8}$$

式中：$v_{j\min}=\min(c_{j1}^L,c_{j2}^L,\cdots,c_{jq}^L)$；$v_{j\max}=\max(c_{j1}^L,c_{j2}^L,\cdots,c_{jq}^L)$。

设 q 位专家针对 m 个评价指标的打分矩阵如下：

$$\boldsymbol{C}=\begin{bmatrix}[c_{11}^L,c_{11}^U] & [c_{12}^L,c_{12}^U] & \cdots & [c_{1q}^L,c_{1q}^U]\\ [c_{21}^L,c_{21}^U] & [c_{22}^L,c_{22}^U] & \cdots & [c_{2q}^L,c_{2q}^U]\\ \vdots & \vdots & \ddots & \vdots\\ [c_{m1}^L,c_{m1}^U] & [c_{m2}^L,c_{m2}^U] & \cdots & [c_{mq}^L,c_{mq}^U]\end{bmatrix} \tag{14.9}$$

鉴于不同专家学历与职称不尽相同，可设专家自身权值为 ω_k^*，若专家权值向量为 $\boldsymbol{W}=(\omega_1^*,\omega_2^*,\cdots,\omega_q^*)$，则 $\sum\limits_{k=1}^{q}\omega_k^*=1$，由式（14.8）进行简化整理可得指标 a_j 的加权综合评价值为 ω_j^0，如式（14.10）所示。对所得 ω_j^0 进行归一化，可得指标 a_j 的权重值为 ω_j，如式（14.11）所示。

$$\omega_j^0=\frac{\dfrac{1}{2}\sum\limits_{k=1}^{q}\omega_k^*[(c_{jk}^U)^2-(c_{jk}^L)^2]}{\sum\limits_{k=1}^{q}\omega_k^*(c_{jk}^U-c_{jk}^L)} \tag{14.10}$$

$$\omega_j=\frac{\omega_j^0}{\sum\limits_{j=1}^{m}\omega_j^0} \tag{14.11}$$

则评价体系指标集 **A** 中各个指标的权重向量为 $\boldsymbol{W}=(\omega_1,\omega_2,\cdots,\omega_j,\cdots,\omega_m)$。

加权标准化指标区间 $[b_{ij}^L,b_{ij}^U]=\omega_j[r_{ij}^L,r_{ij}^U]$，加权标准化矩阵如下：

$$\boldsymbol{B}=\begin{bmatrix}[b_{11}^L,b_{11}^U] & [b_{12}^L,b_{12}^U] & \cdots & [b_{1m}^L,b_{1m}^U]\\ [b_{21}^L,r_{21}^U] & [b_{22}^L,b_{22}^U] & \cdots & [b_{2m}^L,b_{2m}^U]\\ \vdots & \vdots & \ddots & \vdots\\ [b_{n1}^L,b_{n1}^U] & [b_{n2}^L,b_{n2}^U] & \cdots & [b_{nm}^L,b_{nm}^U]\end{bmatrix} \tag{14.12}$$

14.1.2.2 基于关联抽样的指标组合可能项集获取

对于区间数指标而言，其大小不但取决于区间的上下界，同时要考虑区间内分布情况，因此将多维关联抽样方法应用于各个方案指标组合可能项集获取中。

设第 i 个方案中各个指标区间的边缘分布为 F_{i1}、F_{i2} 及 F_{i3}，可构建方案 i 中各个指标的联合分布函数如下：

$$F(b_{i1},b_{i2},\cdots,b_{im})=C_\theta(F_{i1}(b_{i1}),F_{i2}(b_{i2}),\cdots,F_{im}(b_{im})) \tag{14.13}$$

对 m 维区间数指标进行均匀抽样，从每个区间内抽出 N 个样本并遍历组合，得到长度为 N^3 的初始指标组合项集：

$$\mathbf{S}_{i0}=\{(b_{i1}^1,b_{i2}^1,\cdots,b_{im}^1),\cdots,(b_{i1}^p,b_{i2}^q,\cdots,b_{im}^r),\cdots,(b_{i1}^N,b_{i2}^N,\cdots,b_{im}^N)\} \tag{14.14}$$

进而可得各组合项的联合分布律 $F(b_{i1}^p,b_{i2}^q,\cdots,b_{im}^r)$。通过多维关联抽样方法，获取方案 i 最终可能项集，$\mathbf{S}_i=\{s_{i1},\cdots,s_{iy},\cdots,s_{iN_1}\}$，其中 N_1 为可能项数。

多维关联抽样方法不仅考虑了指标区间的分布特征，而且兼顾了指标间的相关性，所得的可能项集对各个方案指标具有更好的代表性。

14.1.2.3 期望靶心距

设任意区间数 $\tilde{a}=[a^L,a^U],\tilde{b}=[b^L,b^U]$，以 Nakahara 等（1992）和 Gisella 等（1998）等定义的可能度概念进行区间数大小比较。

$$P(\tilde{a}>\tilde{b})=\min\left\{\max\left(\frac{a^U-b^L}{l_1+l_2},0\right),1\right\} \tag{14.15}$$

$$P(\tilde{b}\geqslant\tilde{a})=\min\left\{\max\left(\frac{b^U-a^L}{l_1+l_2},0\right),1\right\} \tag{14.16}$$

由式（14.15）及式（14.16）可得加权标准化矩阵的正负靶心分别为

$$T^+=\{[b_1^{+L},b_1^{+U}],\cdots,[b_j^{+L},b_j^{+U}],\cdots,[b_m^{+L},b_m^{+U}]\} \tag{14.17}$$

$$T^-=\{[b_1^{-L},b_1^{-U}],\cdots,[b_j^{-L},b_j^{-U}],\cdots,[b_m^{-L},b_m^{-U}]\} \tag{14.18}$$

若 $s_{iy}=(b_{i1}^p,b_{i2}^q,\cdots,b_{im}^r)\in S$，则正负靶心距分别为

$$d_{iy}^+=\left[\left(b_{i1}^p-\frac{b_1^{+L}+b_1^{+U}}{2}\right)^2+\left(b_{i2}^q-\frac{b_2^{+L}+b_2^{+U}}{2}\right)^2+\cdots+\left(b_{im}^r-\frac{b_m^{+L}+b_m^{+U}}{2}\right)^2\right]^{\frac{1}{2}} \tag{14.19}$$

$$d_{iy}^-=\left[\left(b_{i1}^p-\frac{b_1^{-L}+b_1^{-U}}{2}\right)^2+\left(b_{i2}^q-\frac{b_2^{-L}+b_2^{-U}}{2}\right)^2+\cdots+\left(b_{im}^r-\frac{b_m^{-L}+b_m^{-U}}{2}\right)^2\right]^{\frac{1}{2}} \tag{14.20}$$

由于各个方案可能项集中包含若干指标值组合，所以其正负靶心距均可由同长度的集合表示。设方案 i 的正靶心距集 $\mathbf{d}_i^+=\{d_{i1}^+,\cdots,d_{iy}^+,\cdots,d_{iN_1}^+\}$，负靶心距集 $\mathbf{d}_i^-=\{d_{i1}^-,\cdots,d_{iy}^-,\cdots,d_{iN_1}^-\}$，为了简化计算结果，便于方案比较，提出期望正靶心距 Ed_i^+ 及期望负靶心距 Ed_i^- 如式（14.19）及式（14.20）所示，在考虑可能项集分布的情况下将计算结果由实数集转变为实数，同时保留了原靶心距集的数据特征。

$$Ed_i^+=\sum_{y=1}^{N_1}[d_{iy}^+F_{iy}(b_{i1}^p,b_{i2}^q,\cdots,b_{im}^r)] \tag{14.21}$$

$$Ed_i^-=\sum_{y=1}^{N_1}[d_{iy}^-F_{iy}(b_{i1}^p,b_{i2}^q,\cdots,b_{im}^r)] \tag{14.22}$$

根据方案 i 的期望靶心距可得其期望贴近度如式（14.23）所示，e_i 为期望贴近度，其值越大，则该方案评价结果越优。

$$e_i=\frac{Ed_i^-}{Ed_i^++Ed_i^-} \tag{14.23}$$

由此可构建基于多维关联抽样的区间数灰靶决策模型（王丽萍等，2019），流程如图 14.1 所示。

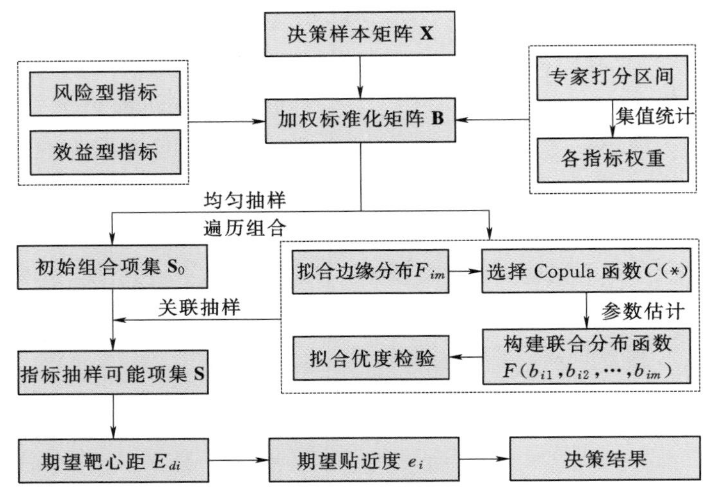

图 14.1 INGTDM-MAS 构建流程图

14.1.3 实例研究

溪洛渡-向家坝梯级水库自建成以来，一直发挥着巨大的防洪、发电、供水等效益。在防洪方面，该梯级控制面积占金沙江流域总面积的 97%，汛期可与三峡水库进行联合防洪调度，有效减轻下游防洪风险；在兴利方面，溪洛渡-向家坝梯级电站多年平均发电量高达 980.44 亿 kW·h，承担着“西电东送”的重要任务，供电目标主要涉及华东、华中地区，可兼顾云南、四川两地的电力需求。然而，出于对下游防洪安全的考虑，溪洛渡-向家坝梯级水库在汛期一般维持汛限水位运行，但是这样就可能对发电水头产生一定的限制，可能导致出力受阻，从而制约了梯级水电站发电效益的发挥，同时也降低了两库的汛末蓄满率。

在预报来水较少的枯水年份，汛期水库水电站运行水位上浮是减少弃水、提高汛末蓄水量的重要途径，可增大汛期发电效益，提升洪水资源利用率。然而，运行水位的变化在增加兴利效益的同时，也潜藏着防洪风险，危及下游人民的生命财产安全。因此，汛期运行水位调整涉及防洪、发电、供水等多个方面，不同调整方案的安全性和经济性均存在差异，是一个典型的多属性决策问题。建立科学的指标体系对汛期运行水位进行优化，对促进水库兴利效益的发挥，缓解水资源供需矛盾具有非常重要的意义。

2015 年 7 月出台的《长江防御洪水方案》指出：在确保防洪安全的前提下，长江干支流控制性水库可采取汛期适度蓄水、汛末提前蓄水、流域调水补水等措施，合理利用洪水资源。基于此方案，针对溪洛渡-向家坝汛期水能资源利用效率偏低的实际问题，构建汛期运行水位上浮方案集合，构建决策矩阵，并引入基于多维关联抽样的区间数灰靶决策模型进行多属性决策，以期进一步挖掘梯级水库多目标调度潜力，优化汛期运行方式。

根据文献（王学敏等，2018）的研究结果，溪洛渡汛期运行水位上浮 2m、向家坝上浮 2.5m 后，在为川渝河段及长江中下游预留 55.53 亿 m^3 的防洪库容之外，仍具有一定的优化空间。因此这里的方案设置时将溪洛渡汛期运行水位分别上浮 1.5m、2m 及 2.5m，向家坝汛期运行水位分别上浮 2.5m、3m，决策方案集为 $\mathbf{S}=\{s_1,s_2,s_3,s_4,s_5,s_6,s_7\}$，汛期运行水位调整方案见表 14.1，其中方案 1 为现行方案。

表 14.1 汛期运行水位调整方案 单位：m

方案	s_1	s_2	s_3	s_4	s_5	s_6	s_7
溪洛渡水位	560	561.5	561.5	562	562	562.5	562.5
向家坝水位	370	372.5	373	372.5	373	372.5	373

根据溪洛渡-向家坝梯级水库群的综合利用要求，设置决策指标集 $\mathbf{A}=\{a_1,a_2,a_3\}$，$a_1$、$a_2$、$a_3$ 分别代表防洪风险率、发电综合指标及汛末蓄水量。各指标含义及求解方法如下。

（1）防洪风险率。针对梯级水库的防洪目标，选取防洪风险率来表征防洪风险。在第 6 章中提出了考虑洪水峰型及其频率的联合防洪调度风险分析模型，并根据屏山站实测历史洪水资料进行了洪水过程随机模拟。在本章中，通过该方法进行了 100 组随机模拟，每组包含 10000 条随机模拟的洪水过程线，以其作为溪洛渡-向家坝梯级水库群的入库洪水过程，进行联合防洪调度的仿真计算。以向家坝下游柏溪镇作为防洪控制点，其现状防洪能力为 25000m^3/s。针对 100 组模拟洪水，计算每组的防洪风险率，从而形成长度为 100 的区间数防洪风险率指标。

（2）发电综合指标。溪洛渡-向家坝梯级以发电为主，且汛期运行水位上浮的主要目的是减少出力受阻、提升发电效益。因此，选取年发电量、出力不足风险率及弃水量 3 个指标来进行表征。输入数据选取溪洛渡坝址 1954—2014 年旬流量。根据第 5 章的研究结果，3 个指标间具有高度相关性，存在聚合可能，因此，采用 11.2.1 节中结构方程模型的路径系数作为权重，按照发电指标权重向量 $\mathbf{W}_{\mathrm{fd}}=\{0.32,0.27,0.41\}$ 将年发电量、出力不足风险率及弃水量进行加权标准化，从而形成长度为 61 的区间数发电综合指标。

（3）汛末蓄水量。除防洪与发电目标外，溪洛渡-向家坝梯级在供水、生态等方面也发挥着巨大的效益，而汛末蓄水量与枯期补水息息相关，增加洪水资源利用率、增加汛末蓄水量也是汛期运行水位上浮的重要目的。因此，仍选取溪洛渡坝址 1954—2014 年的旬流量进行优化调度计算，从而形成长度为 61 的区间数汛末蓄水量指标。

由此可构建区间数多属性决策矩阵：

$$
\boldsymbol{X}=\begin{array}{c} \\ s_1 \\ s_2 \\ s_3 \\ s_4 \\ s_5 \\ s_6 \\ s_7 \end{array}
\begin{array}{c} \begin{array}{ccc} a_1 & a_2 & a_3 \end{array} \\
\begin{bmatrix}
[5.43,7.61] & [0.00,1.71] & [57.30,64.62] \\
[6.72,8.54] & [0.37,1.86] & [59.26,64.62] \\
[6.89,8.79] & [0.38,1.87] & [59.54,64.62] \\
[7.26,9.13] & [0.39,1.88] & [59.61,64.62] \\
[7.61,9.44] & [0.51,1.89] & [59.90,64.62] \\
[8.30,9.97] & [0.52,1.90] & [60.16,64.62] \\
[8.81,10.22] & [0.54,1.91] & [60.67,64.62]
\end{bmatrix}\end{array}
$$

14.1.3.1 加权标准化

根据式（14.3）、式（14.4）对决策矩阵进行标准化，其中防洪风险率为成本型指标，发电综合指标及汛末蓄水量为效益型指标，由此可得标准化矩阵 $\boldsymbol{R}$。

$$
\boldsymbol{R}=\begin{array}{c} \\ s_1 \\ s_2 \\ s_3 \\ s_4 \\ s_5 \\ s_6 \\ s_7 \end{array}
\begin{array}{c}
\begin{array}{ccc} \quad a_1 & \qquad\qquad a_2 & \qquad\qquad a_3 \end{array} \\
\left[\begin{array}{ccc}
[0.1339,0.2374] & [0.0000,0.6322] & [0.1267,0.1552] \\
[0.1193,0.1918] & [0.0283,0.6848] & [0.1310,0.1552] \\
[0.1159,0.1871] & [0.0292,0.6882] & [0.1316,0.1552] \\
[0.1116,0.1775] & [0.0301,0.6920] & [0.1318,0.1552] \\
[0.1080,0.1694] & [0.0392,0.6962] & [0.1324,0.1552] \\
[0.1022,0.1553] & [0.0403,0.7003] & [0.1330,0.1552] \\
[0.0997,0.1463] & [0.0414,0.7042] & [0.1341,0.1552]
\end{array}\right]
\end{array}
$$

采用集值统计法进行指标赋权，参与打分的专家共 5 位，假设各专家权重相同，均设置为 0.2，专家打分矩阵为 $\boldsymbol{C}$。

$$
\boldsymbol{C}=\left[\begin{array}{ccccc}
[0.24,0.33] & [0.36,0.40] & [0.19,0.25] & [0.33,0.42] & [0.32,0.41] \\
[0.33,0.38] & [0.32,0.40] & [0.38.0.44] & [0.21,0.29] & [0.25,0.38] \\
[0.19,0.29] & [0.16,0.20] & [0.25,0.31] & [0.21,0.29] & [0.13,0.22]
\end{array}\right]
$$

评价指标 $\mathbf{A}=\{a_1,a_2,a_3\}$ 的权值为 $\overline{\boldsymbol{W}}=(0.326,0.330,0.226)$，进行归一化，得到权重向量 $\boldsymbol{W}=(0.369,0.374,0.256)$，$\boldsymbol{B}$ 为加权标准化决策矩阵。各指标专家打分落影函数图如图 14.2 所示，可直观表现出专家对于指标打分的区间分布情况。防洪风险率、综合

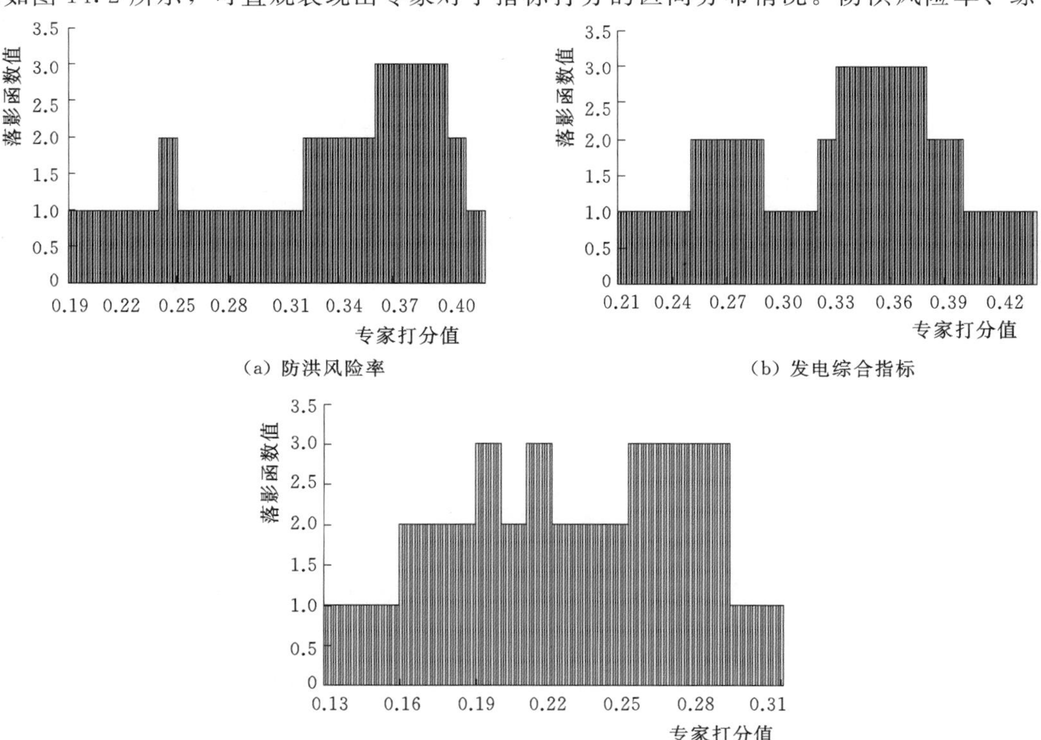

(a) 防洪风险率

(b) 发电综合指标

(c) 汛末蓄水量

图 14.2 专家打分落影函数图

发电指标及汛末蓄水量3个指标打分区间长度较小，说明专家对于所选指标的打分较集中，对于此次决策而言，指标具有良好的代表性。

$$
\boldsymbol{B}=\begin{array}{c} \\ s_1 \\ s_2 \\ s_3 \\ s_4 \\ s_5 \\ s_6 \\ s_7 \end{array}\begin{array}{c} \begin{array}{ccc} a_1 & a_2 & a_3 \end{array} \\ \begin{bmatrix} [0.0495,0.0877] & [0.0000,0.2365] & [0.0325,0.0398] \\ [0.0441,0.0709] & [0.0106,0.2562] & [0.0336,0.0398] \\ [0.0428,0.0691] & [0.0109,0.2575] & [0.0338,0.0398] \\ [0.0412,0.0656] & [0.0113,0.2589] & [0.0339,0.0398] \\ [0.0399,0.0626] & [0.0147,0.2605] & [0.0340,0.0398] \\ [0.0378,0.0574] & [0.0151,0.2620] & [0.0341,0.0398] \\ [0.0368,0.0540] & [0.0155,0.2635] & [0.0344,0.0398] \end{bmatrix} \end{array}
$$

14.1.3.2 三维指标联合分布函数

设方案 i 的防洪风险率、发电综合指标及汛末蓄水量分别为 a_{i1}、a_{i2} 及 a_{i3}，7组方案中防洪风险率及发电综合指标数据序列采用Logistic分布进行拟合，汛末蓄水量数据序列采用Weibull分布进行拟合，选择Kolmogorov-Smirnov（K-S）检验法进行拟合检验。表14.2、表14.3、表14.4列出了各方案下3个指标的区间分布参数、检验统计量及检验结果，3个指标的边缘分布函数均通过了置信度为0.05的K-S检验。

表14.2 防洪风险率Logistic分布参数及检验结果

指标	a_{11}	a_{21}	a_{31}	a_{41}	a_{51}	a_{61}	a_{71}
位置参数 μ	0.0674	0.0585	0.0549	0.0526	0.0511	0.0501	0.0457
尺度参数 σ	0.0122	0.0107	0.0172	0.0159	0.0143	0.0125	0.0191
检验统计量	0.0508	0.1029	0.0656	0.0881	0.0974	0.0514	0.1102
临界值	0.1360	0.1360	0.1360	0.1360	0.1360	0.1360	0.1360
检验结果	通过	通过	通过	通过	通过	通过	通过

表14.3 发电综合指标Logistic分布参数及检验结果

指标	a_{12}	a_{22}	a_{32}	a_{42}	a_{52}	a_{62}	a_{72}
位置参数 μ	0.1179	0.1324	0.1340	0.1361	0.1377	0.1398	0.2002
尺度参数 σ	0.0397	0.0388	0.0412	0.0405	0.0402	0.0431	0.0414
检验统计量	0.0987	0.0815	0.1055	0.0742	0.0814	0.1219	0.1007
临界值	0.1741	0.1741	0.1741	0.1741	0.1741	0.1741	0.1741
检验结果	通过	通过	通过	通过	通过	通过	通过

表14.4 汛末蓄水量Weibull分布参数及检验结果

指标	a_{13}	a_{23}	a_{33}	a_{43}	a_{53}	a_{63}	a_{73}
形状参数 μ	4.2619	4.3045	4.3845	4.4111	4.4967	4.5233	4.6970
尺度参数 σ	0.0357	0.0364	0.0366	0.0368	0.0370	0.0374	0.0379
检验统计量	0.1256	0.0875	0.0699	0.0893	0.0721	0.1029	0.964
临界值	0.1741	0.1741	0.1741	0.1741	0.1741	0.1741	0.1741
检验结果	通过	通过	通过	通过	通过	通过	通过

Copula 函数类型的选择取决于指标间相关性的正负及强弱。表 14.5 列出了不同方案下各指标间的 Kendall 相关系数。由此可得，防洪风险率与其他两个指标为弱负相关关系，发电综合指标与汛末蓄水量呈现较强正相关关系。在常用的 Achimedean 型 Copula 函数中，只有 Frank Copula 既可以描述正相关随机变量，又可以描述负相关随机变量，同时，对于变量间相关性强弱程度没有限制，因此，这里选择 Frank Copula 对各方案指标构建三维联合分布函数。通过最大似然估计法对 7 组方案的 Copula 参数值进行估计，联合分布函数通过了显著性为 0.05 的 K-S 检验，参数估计及检验结果见表 14.6。图 14.3 为各方案多维指标联合分布 P—P 图，各序列的经验累积分布频率与理论累积分布概率基本一致，可见拟合效果较好。

表 14.5 指标间 Kendall 相关系数

方案	1	2	3	4	5	6	7
防洪风险率与发电综合指标	−0.165	−0.194	−0.118	−0.163	−0.197	−0.221	−0.101
防洪风险率与汛末蓄水量	−0.126	−0.108	−0.085	−0.150	−0.093	−0.122	−0.175
发电综合指标与汛末蓄水量	0.773	0.694	0.734	0.682	0.795	0.696	0.703

表 14.6 Frank Copula 三维联合分布参数及检验值

方案	1	2	3	4	5	6	7
参数 θ	−1.7132	−1.2035	−1.4198	−1.5127	−1.3619	−1.2054	−1.5203
检验统计量	0.0016	0.0013	0.0007	0.0011	0.0017	0.0021	0.0019
临界值	0.0025	0.0025	0.0025	0.0025	0.0025	0.0025	0.0025
检验结果	通过	通过	通过	通过	通过	通过	通过

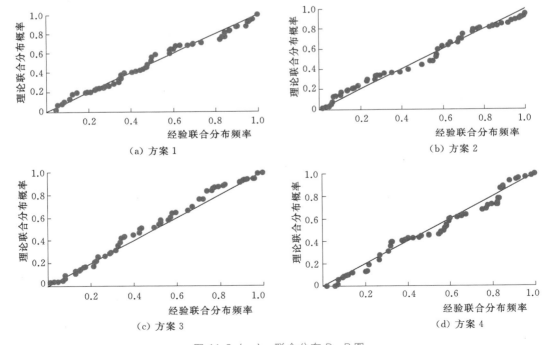

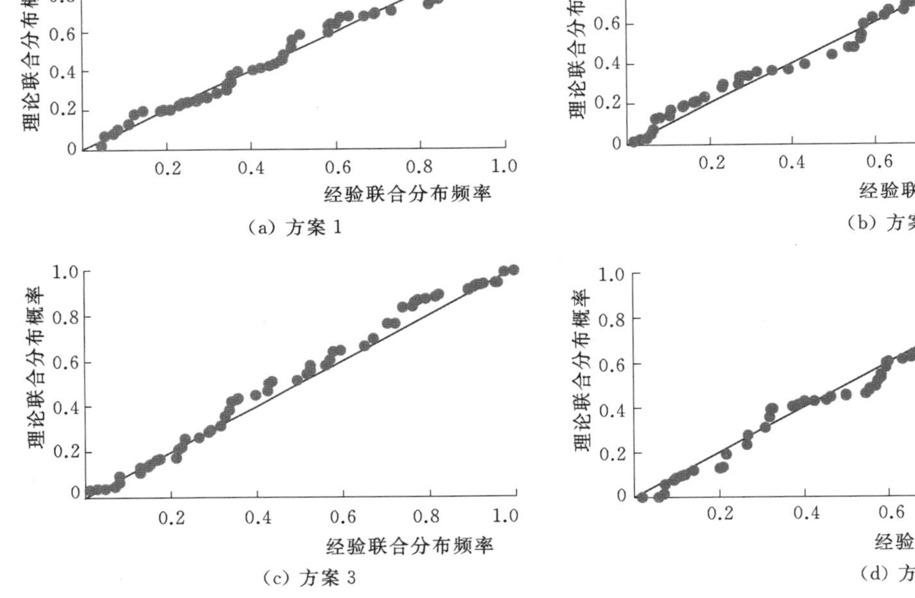

图 14.3（一） 联合分布 P—P 图

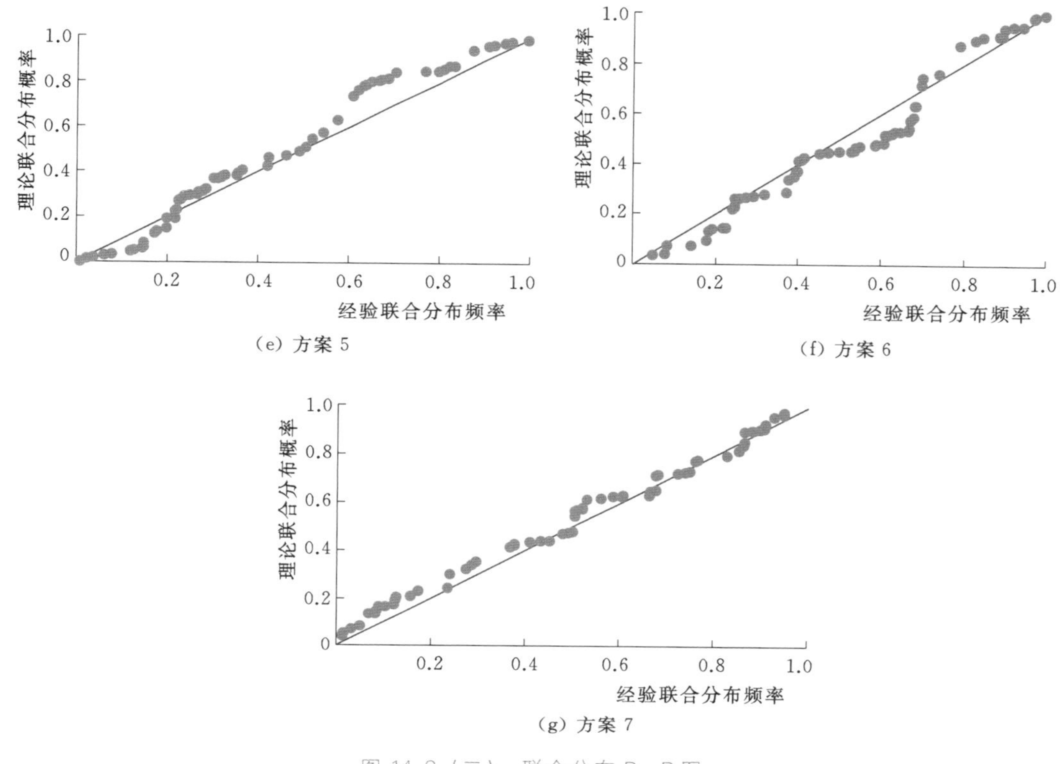

(e) 方案 5

(f) 方案 6

(g) 方案 7

图 14.3（二） 联合分布 P—P 图

基于此，可绘制各方案三维指标联合分布概率密度图，由于篇幅所限，方案 1 及方案 7 的结果对比显著，仅列出方案 1 及方案 7 的三维指标联合分布概率密度图，如图 14.4 所示。

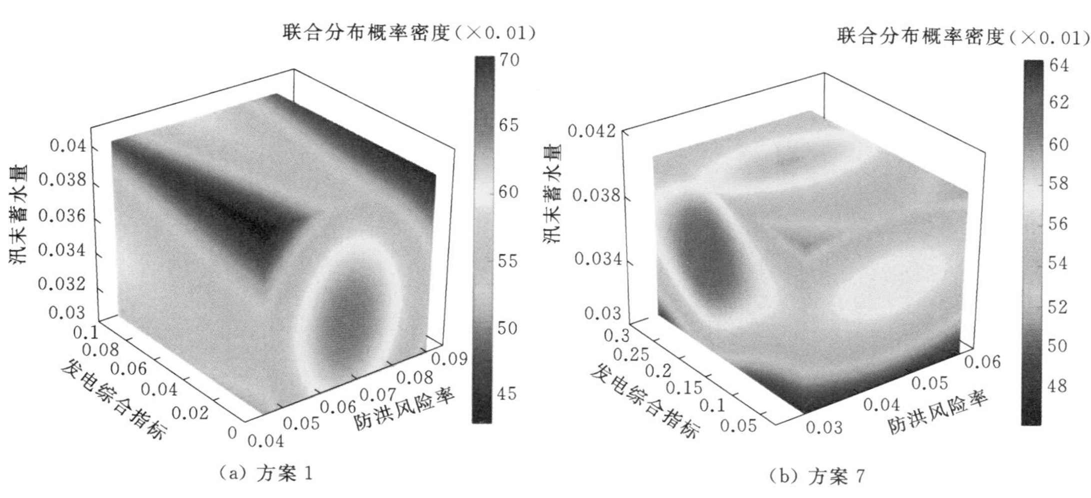

(a) 方案 1

(b) 方案 7

图 14.4 三维指标联合分布概率密度分布图

图 14.4 中指标空间共有三个维度，分别代表防洪风险率、发电综合指标及汛末蓄水量，随着联合分布概率密度的增大颜色逐渐由蓝色过渡为红色。可以看出，在每一指标维度上，取值越靠近区间边界则概率密度越小。对于整个三维空间而言，概率密度大的指标组合往往出现在空间中部。方案 7 的汛期运行水位相比于方案 1，溪洛渡抬升了 2.5m，向家坝抬升了 3m，防洪风险率标准化值减小，而发电综合指标及汛末蓄水量均有所增加，使图 14.4（b）中的数据集中区比图 14.4（a）更靠近 x 轴负方向及 y、z 两轴的正方向。显然，同一指标在不同方案下不仅是取值区间上下界的不同，区间内部的数据分布同样可能出现明显差异。因此，在该实例的决策过程中，不仅要考虑三维指标空间的边界，更应考虑空间频繁项集的分布情况，从而使决策结果更准确。

14.1.3.3 方案决策

由前文可知，本实例中三维指标空间内各点概率密度不等，而且，防洪风险率、发电综合指标及汛末蓄水量间存在密切的相关关系，因此，考虑指标相关性及区间分布，采用多维关联抽样法进行可能项集筛选。

首先对各指标区间进行均匀抽样，样本数为 100，则每个方案可得到长度为 1000000 的初始组合项集。根据拟合的 Copula 函数，结合的多维关联抽样方法获取指标组合的可能项集。

对加权标准化决策矩阵根据式（14.15）及式（14.16）进行区间数大小比较，可得正靶心 $\mathbf{T}^+$ 及负靶心 $\mathbf{T}^-$。

$$\mathbf{T}^+=\{[0.0495,0.0877],[0.0155,0.2635],[0.0344,0.0398]\}$$

$$\mathbf{T}^-=\{[0.0368,0.0540],[0.0000,0.2365],[0.0325,0.0398]\}$$

根据各方案的可能项集求出正负靶心距集 $\mathbf{d}_i^+$ 及 $\mathbf{d}_i^-$，根据其联合分布函数可得期望正、负靶心距分别为 Ed_i^+ 及 Ed_i^-，并计算贴近度 e_i，计算结果见表 14.7。为了便于结果对比，利用改进前的传统区间数灰靶决策模型进行方案决策，计算结果见表 14.8。

表 14.7　INGTDM-MAS 计算结果

方案	$\mathbf{d}_i^+$	$\mathbf{d}_i^-$	Ed_i^+	Ed_i^-	e_i	排序
1	[0.0010,0.0104]	[0.0007,0.1128]	0.0513	0.0364	0.4152	7
2	[0.0008,0.0935]	[0.0004,0.0915]	0.0452	0.0411	0.4763	6
3	[0.0007,0.0962]	[0.0006,0.0966]	0.0439	0.0428	0.4937	5
4	[0.0006,0.0871]	[0.0008,0.0923]	0.0406	0.0413	0.5042	4
5	[0.0003,0.0826]	[0.0008,0.1072]	0.0348	0.0657	0.6146	2
6	[0.0004,0.0849]	[0.0009,0.1003]	0.0389	0.0614	0.6536	1
7	[0.0008,0.0894]	[0.0004,0.0943]	0.0409	0.0585	0.5885	3

表 14.8　传统区间数灰靶决策模型计算结果

方案	Ed_i^+	Ed_i^-	e_i	排序
1	0.0236	0.0222	0.4847	7
2	0.0163	0.0181	0.5262	6

续表

方案	Ed_i^+	Ed_i^-	e_i	排序
3	0.0168	0.0213	0.5591	5
4	0.0175	0.0226	0.5636	4
5	0.0209	0.0284	0.5761	1
6	0.0237	0.0319	0.5734	2
7	0.0288	0.0383	0.5708	3

由表14.7、表14.8可知，INGTDM-MAS与传统区间数灰靶决策模型的决策结果基本一致，方案5、方案6、方案7为较优方案，而方案1、方案2为较劣方案，方案3、方案4则相对适中。在较优方案集中，溪洛渡、向家坝两库的汛期运行水位抬升幅度较大，而较劣方案集中抬升幅度较小，相对偏保守。就整体决策结果而言，所有方案的贴近度均大于原始方案（方案1），所以梯级水库汛期运行水位上浮具有必要性。

在方案1中，溪洛渡、向家坝保持汛期运行水位不变，而方案5在此基础上将溪洛渡汛期运行水位提升至562m，向家坝提升至373m，方案6相较于方案5，溪洛渡水位再度抬升0.5m，但是向家坝水位下降0.5m。上述两方案实现了兴利效益的显著增长，就指标期望而言，发电综合指标增长了5.34%～6.27%，汛末蓄水量提升了3.11%～4.19%。在防洪方面，风险率期望由6.71%上升至7.83%～9.75%，而下游防洪控制点柏溪镇的现状防洪能力为10年一遇，所以方案调整后风险率增加较小，且仍处于下游防洪风险可控范围内。

INGTDM-MAS与传统区间数灰靶决策模型虽然决策结果大体相同，但是对于最优方案的选取存在分歧。在前者的决策结果中，方案6贴近度最大，而传统区间数灰靶决策模型决策结果为方案5最优。另外，在传统模型中方案5和方案6方案贴近度十分接近，区分度不明显，而改进模型则排序清晰，各方案差异化显著。为探究其原因，绘制以上两方案的三维指标联合分布概率密度图，如图14.5所示、图14.6为其剖面图。

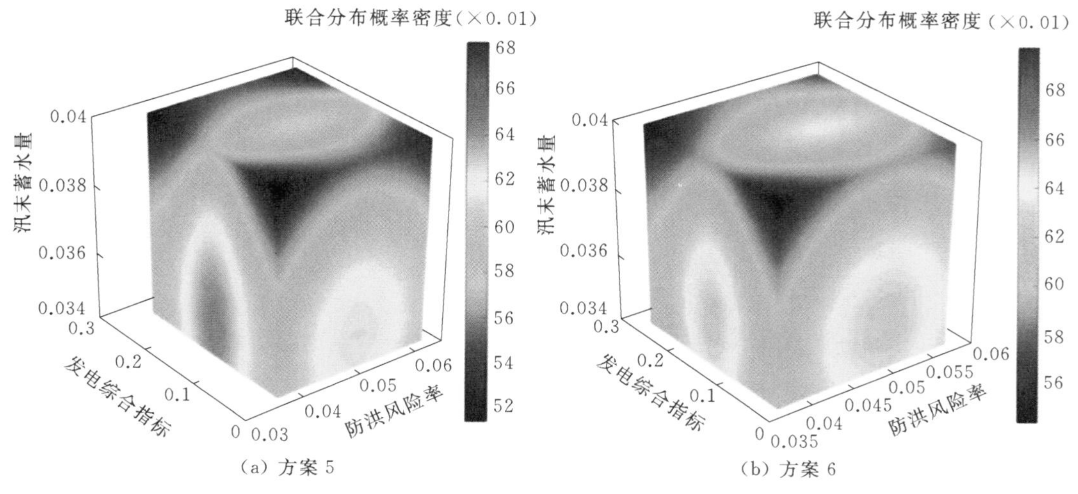

(a) 方案5　　(b) 方案6

图14.5 三维指标联合分布概率密度图

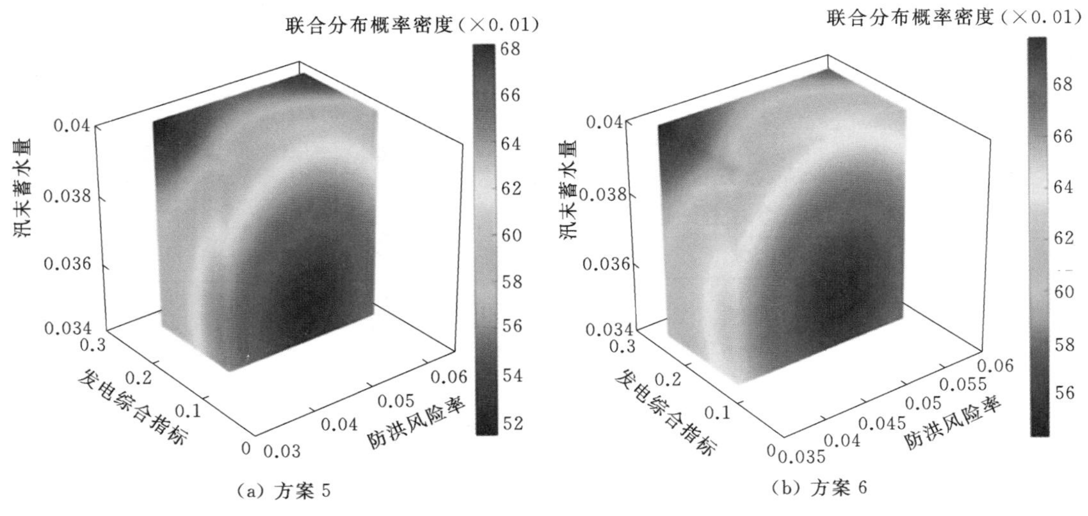

(a) 方案 5　　(b) 方案 6

图 14.6　三维指标联合分布概率密度剖面图

由图 14.5 可得，仅就指标空间边界而言，方案 6 的标准化防洪风险率指标上界与下界均小于方案 5，即方案 6 的风险率明显增加。传统模型仅依据区间上下界数据进行决策，忽略了区间内部的分布情况，故认为方案 6 的期望防洪风险率（标准化，下同）明显大于方案 5。但考虑了区间内部分布之后，通过计算可得方案 6 与方案 5 的防洪风险率期望相差无几。引起该差异的原因如下：概率密度较高区域的数据对期望风险率计算影响较大，反之概率密度较低区域的数据对其影响较小。而由图 14.6 可知，防洪风险率区间内部分布形态并非均匀分布，概率密度大致呈现出由中部向边界减小的趋势，且边界的概率密度远远小于中部。因此，相对于高概率密度区而言，区间边界对于期望风险率的影响不大，而且方案 6 的高概率密度区［图 14.6（b）中红色区域］与方案 5 的高概率密度区［图 14.6（a）中红色区域］基本重合，故在考虑了区间内部分布之后，INGTDM-MAS 认为，方案 6 的防洪风险率增量在可接受范围内，同时，年发电量和汛末蓄水量在方案 5 的基础上均有所提高，因此，决策结果为方案 6 最优，即溪洛渡、向家坝两库均可上浮 2.5m。由此也验证了 INGTDM-MAS 对于非均匀分布区间数指标的多属性决策具有独特优势。

14.2 多维向量空间决策法

14.2.1 向量空间决策法

向量空间决策法（VSM）是由 Gerard Salton 等提出的信息检索领域的经典模型。VSM 首先将每一文档都映射为向量空间中的一个点，将通过对文档集进行切分、停用处理等步骤得到的一系列词作为文档的特征向量。继而，这些词对应的特征向量就构成一个空间，每个词对应空间中的一维。最后通过计算需要检索的信息向量与文档向量空间中的信息向量夹角的余弦值来表示查询信息与文档的相似程度。VSM 原理示意图如图 14.7 所示。

假设目标文档信息向量为 $\boldsymbol{a}_1$，需要检索的文档信息向量集为 $\mathbf{A}=\{\boldsymbol{a}_1,\boldsymbol{a}_2,\boldsymbol{a}_3,\boldsymbol{a}_4\}$，则通过 $\boldsymbol{a}_i\in\mathbf{A}$ 与 $\boldsymbol{a}_1$ 的向量夹角余弦值来表示 $\boldsymbol{a}_i\in\mathbf{A}$ 与 $\boldsymbol{a}_1$ 的相似程度。VSM 只考虑了空间两向量的夹角而忽略了向量的长度差异，其处理方式虽然能简化计算，但却容易削弱模型的评价性能，造成评价结果不显著，对方案间优劣排序的区分度不明显的现象。

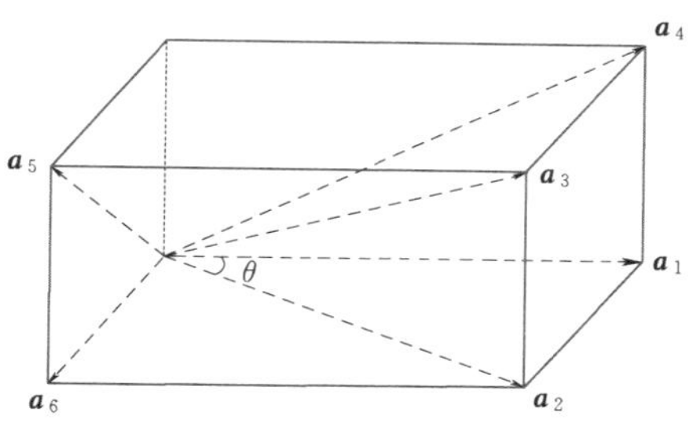

图 14.7　VSM 原理示意图

对于决策者来说，决策结果的显著性不仅有利于其直观方便地做出决策，而且可以方便快捷地给出方案间的排序。以向量空间决策法，对决策结果的显著性进行详细的说明。以图 14.7 为例，易知 $\boldsymbol{a}_1$ 与 $\boldsymbol{a}_5$ 和 $\boldsymbol{a}_6$ 的夹角都是直角。根据向量空间决策法，决策者无法给出方案的优劣排序，但是如果既考虑方案间的夹角也同时考虑方案间长度的差异的话，容易知道向量 $\boldsymbol{a}_6$ 的长度与理想向量 $\boldsymbol{a}_1$ 的长度更为接近。基于此，提出了待选方案指标向量到理想方案指标向量的映射距离的表示方法，并以此来表征评价结果，改进后的方法既能提高结果的显著性，又能方便决策者更直观地进行方案的评价与决策。

14.2.2　多维向量空间决策法

14.2.2.1　向量空间的构造方法

假设某水库群多目标调度的非劣解集为 $\mathbf{Q}=\{Q_1,Q_2,\cdots,Q_i,\cdots,Q_m\}$，综合评价指标集为 $\mathbf{R}=\{R_1,R_2,\cdots,R_i,\cdots,R_n\}$，把方案 $Q_i\in\mathbf{Q}$ 对指标 $R_i\in\mathbf{R}$ 的评价值记为 $y_{ij}(i=1,2\cdots,m;j=1,2,\cdots,n)$，即 y_{ij} 表示第 i 个方案中的第 j 个评判指标。则建立初始评判矩阵为

$$\mathbf{Y}=(y_{ij})_{m\times n}=\begin{bmatrix} y_{11} & y_{12} & \cdots & y_{1n} \\ y_{21} & y_{22} & \cdots & y_{2n} \\ \vdots & \vdots & \ddots & \vdots \\ y_{m1} & y_{m2} & \cdots & y_{mn} \end{bmatrix} \tag{14.24}$$

由于各评价指标量纲信息不同，为便于分析，需要对各评价值进行标准化处理。一般地，采用极差法对不同类型的评价指标进行无量纲化处理，处理后的结果形成标准化决策矩阵：

$$\boldsymbol{U}_{mn}=(u_{mn})_{mn} \tag{14.25}$$

对于期望值越大越好型指标的处理方法是：

$$u_{mn}=\frac{y_{mn}-\min_m y_{mn}}{\max_m y_{mn}-\min_m y_{mn}} \tag{14.26}$$

对于期望值越小越好型指标的处理方法是：

$$u_{mn}=\frac{\max_m y_{mn}-y_{mn}}{\max_m y_{mn}-\min_m y_{mn}} \tag{14.27}$$

依据向量空间的排序，确定理想方案：

$$\mathbf{U}_{\mathrm{opt},j}=\{u_{\mathrm{opt},1},\cdots,u_{\mathrm{opt},j},\cdots,u_{\mathrm{opt},n}\} \tag{14.28}$$

式中：$u_{\mathrm{opt},j}=\max\limits_{1\leqslant i\leqslant m}u_{ij}$，$j=1,2,\cdots,n$。

将其表示成一个 n 维向量（$u_{oti1},u_{oti2},\cdots,u_{otin}$），类似的可以将某方案 $U_i=(U_{i1},U_{i2},\cdots,U_{in})(i=1,2,\cdots,m)$，表示为空间向量 $\boldsymbol{u}_i=(u_{i1},u_{i2},\cdots,u_{in})$。

选取空间某点 $O(O_1,O_2,\cdots,O_n)$ 作为起点，以理想方案对应的指标值作为终点，形成有向线段 $ou_{\mathrm{opt},i}$，以空间某点 O 作为公共起点，以评价方案 u_i 对应的指标值作为终点，形成有向线段 ou_i。

采用熵权法来确定各指标的权重。根据熵值的定义，第 j 个指标的熵值：

$$E_j=-\ln(n)^{-1}\sum_{i=1}^{n}v_{ij}\ln v_{ij} \tag{14.29}$$

如果 $v_{ij}=0$，则定义 $\lim\limits_{p_{ij}=0}v_{ij}\ln v_{ij}=0$。继而得到序列 j 的客观权重：

$$w_j=\frac{1-E_j}{\sum\limits_{j=1}^{m}(1-E_j)}\quad(j=1,2,\cdots,n) \tag{14.30}$$

式中：$\sum\limits_{j=1}^{n}w_j=1$。

则 $\boldsymbol{W}=(w_1,w_2,\cdots,w_n)$ 为各评价指标序列的权重。这样就得到了带有权重的空间有向线段：

$$ou_{\mathrm{opt},i}^{\omega}=\omega_j ou_{\mathrm{opt},i}\quad(i=1,2,\cdots,m;j=1,2,\cdots,n)$$

$$ou_{ij}^{\omega}=\omega_j ou_{ij}\quad(i=1,2,\cdots,m;j=1,2,\cdots,n)$$

综上，有向线段 $ou_{\mathrm{opt},i}^{\omega}$、$ou_{ij}^{\omega}$ 就构成了以所选空间某点 $O(O_1,O_2,\cdots,O_n)$ 为基点的向量空间 **A**。

14.2.2.2 映射距离的求解方法

构造的向量空间 **A** 即为决策向量空间。在向量空间 **A** 中多目标调度的理想方案有向线段为

$$ou_{\mathrm{opt}}^{\omega}=(\omega_1 ou_{\mathrm{opt},1},\omega_2 ou_{\mathrm{opt},2},\cdots,\omega_n ou_{\mathrm{opt},n}) \tag{14.31}$$

多目标调度的评价方案有向线段集合 **B** 为

$$\mathbf{B}=\{ou_{ij}^{\omega}\mid ou_{ij}^{\omega}=\omega_j ou_{ij}\}\quad(i=1,2,\cdots,m;j=1,2,\cdots,n)$$

有向线段 $ou_{\mathrm{opt}}^{\omega}$ 与 ou_{ij}^{ω} 的夹角为 θ_{ij}。由向量空间的知识可得夹角 θ_{ij} 的余弦值为

$$\cos\theta_{ij}=\frac{ou_{\mathrm{opt}}^{\omega}ou_{ij}^{\omega}}{\sqrt{\sum\limits_{j=1}^{m}ou_{\mathrm{opt}}^{\omega 2}}\sqrt{\sum\limits_{j=1}^{m}ou_{ij}^{\omega 2}}} \tag{14.32}$$

从而求得

$$\theta_{ij}=\arccos(\cos\theta_{ij}) \tag{14.33}$$

最后得到评价方案 ou_{ij}^{ω} 与理想方案 $ou_{\mathrm{opt}}^{\omega}$ 之间的加权映射距离为

$$D_i=\sum_{j=1}^{n}ou_{ij}^{\omega}\sin\theta_{ij}\quad(i=1,2,\cdots,m) \tag{14.34}$$

D_i 的值越小表示评价方案到理想方案间的映射距离越短，即 D_i 的值越小对应的评

价方案的评价值越接近理想方案的指标值，也就是说 D_i 越小对应的评价方案越优。

14.2.2.3 WVSM 的求解方法

WVSM 求解步骤如下：

步骤一：获取多目标调度的非劣解集方案 $\mathbf{Q}=\{Q_1,Q_2,\cdots,Q_m\}$。

步骤二：根据特定水库群的多目标调度评价指标，计算评价指标值，构成评价方案集 $\mathbf{P}=(p_{ij})_{mn}$。

步骤三：对评价集进行标准化处理，得到标准化的评价矩阵 $\boldsymbol{U}=(u_{ij})_{mn}$。

步骤四：根据权重计算方法，计算各指标权重 ω_j。

步骤五：定义考虑权重的理想方案有向线段 $ou_{\text{opt},i}^{\omega}=\omega_j ou_{\text{opt},i}$ 与考虑权重的待选方案有向线段 $ou_{ij}^{\omega}=\omega_j ou_{ij}$，构造多目标决策向量空间 $\mathbf{A}$。

步骤六：计算评价方案有向线段 ou_{ij}^{ω} 与理想方案有向线段 $ou_{\text{opt},i}^{\omega}$ 之间的加权映射距离 D_i。

步骤七：根据 D_i 的值从小到大排列得到方案优劣排序。

WVSM（图 14.8）采用加权映射距离的方式表示待选评价向量与理想向量之间的关系，较原模型只采用夹角的方式，具有如下优势。

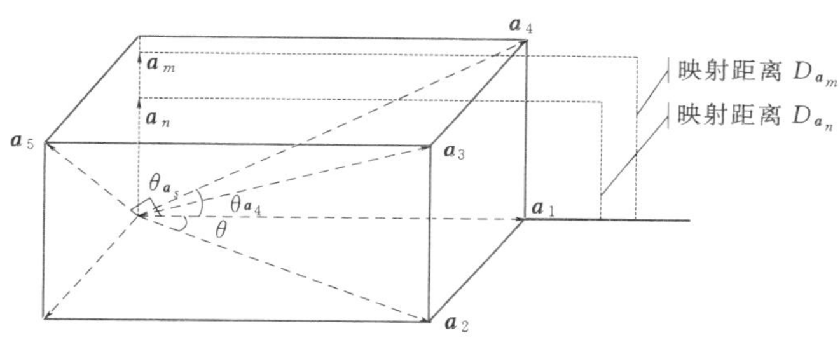

图 14.8 WVSM 示意图

（1）当待选方案向量 $\boldsymbol{a}_m$ 与 $\boldsymbol{a}_n$ 方向一致时，通过向量间夹角的大小无法判定方案的优劣排序，通过向量之间映射距离的长短能够决策出哪个方案与理想方案更加接近。

（2）当待选方案向量 $\boldsymbol{a}_4$ 与 $\boldsymbol{a}_5$ 长度一致时，需要综合考虑距离及夹角两个方面才能够决策出哪个方案与理想方案更加接近。

14.2.3 实例研究

水库群多目标调度是一个多维的、复杂的系统工程问题，受所建模型、求解方法及求解精度的影响，得到的非劣解集不完全相同且均存在一定的误差，有些情况下还会存在某些方案各方面指标非常接近的情况。为了在保证方案评价过程全面性、客观性的基础上，提高评价模型的显著性水平，首先采用文献（Li et al.，2009）计算得到的多目标防洪优化调度非劣解方案集为基础，根据实用有效、计算简便的原则，选取最高水位、超防洪高水位风险率、下泄洪峰、超控制下泄流量风险率、发电量 5 个决策指标，将提出的基于空间向量映射距离的多目标决策方法，应用到三峡梯级防洪多目标优化调度方案集的评价过程中。其多目标调度方案评价集 1 见表 14.9。

表 14.9　多目标调度方案评价集 1

方案	最高水位 /m	超防洪高水位风险率 /%	下泄洪峰 /(m³/s)	超控制下泄流量风险率 /%	发电量 /(亿 kW·h)
1	153.06	2.57	54662	40.23	40.45
2	153.30	3.25	54335	35.03	40.58
3	153.98	6.01	53706	23.94	40.70
4	154.56	8.94	52921	13.31	40.79
5	155.20	14.38	52301	7.55	40.82
6	155.68	19.84	51932	4.97	40.85
7	156.25	27.77	51297	1.72	40.92
8	156.77	35.34	50631	0.51	40.95
9	157.24	43.36	50319	0.22	41.02

对决策矩阵进行标准化处理后，所得标准化决策矩阵 $\boldsymbol{U}$ 为

$$
\boldsymbol{U}=\begin{bmatrix}
1 & 1 & 0 & 0 & 0 \\
0.94 & 0.98 & 0.07 & 0.13 & 0.22 \\
0.77 & 0.91 & 0.22 & 0.41 & 0.43 \\
0.64 & 0.84 & 0.40 & 0.67 & 0.59 \\
0.48 & 0.71 & 0.55 & 0.82 & 0.64 \\
0.37 & 0.57 & 0.63 & 0.88 & 0.70 \\
0.23 & 0.38 & 0.78 & 0.96 & 0.82 \\
0.11 & 0.19 & 0.994 & 0.99 & 0.87 \\
0 & 0 & 1 & 1 & 1
\end{bmatrix}
$$

采用熵权法确定各个评价指标的权重，最终的权重分配结果为 $\boldsymbol{W}=(0.234,0.177,0.245,0.185,0.159)$。依据向量空间的有序性，确定理想方案 $U_{opt}=\boldsymbol{W}^{T}(u_{opt,1},u_{opt,2},\cdots,u_{opt,5})=(0.234,0.177,0.245,0.185,0.159)$。选取空间原点 $O(0,0,0,0,0)$ 作为起点，这样以理想方案 U_{opt} 对应的指标值作为终点形成有向线段 $u_{opt,i}$，以评价方案 $u_i(u_{i1},u_{i2},\cdots,u_{i5})(i=1,2,\cdots,9)$ 对应的指标值作为终点形成有向线段 u_{ij}，计算各方案有向线段与理想方案有向线段之间夹角的余弦值为 $\cos\theta_i(i=1,2,\cdots,9)$，求得各方案与理想方案之间的加权余弦和值为 $D_i(i=1,2,\cdots,9)$，详细计算结果见表 14.10。

表 14.10　WVSM 计算结果

方案	1	2	3	4	5	6	7	8	9
$\cos\theta_i$	0.113	0.137	0.166	0.179	0.181	0.178	0.170	0.157	0.136
$\sin\theta_i$	0.994	0.991	0.986	0.984	0.983	0.984	0.986	0.988	0.991
D_i	0.100	0.079	0.060	0.042	0.035	0.049	0.054	0.067	0.090

根据方案对应的映射距离越小则方案越优的原则，选取方案 5 为最佳优选方案，方案 4 和方案 6 为备选方案。由表 14.9 中可以看出，方案 5 所对应的各项指标的值比较均衡，且没有出现极大极小值的情况，且方案 5 所对应的超防洪高水位风险率较方案 6 低

5.46%，方案5对应的超控制下泄流量风险率较方案4低5.76%。根据三峡水库的设计标准，虽然方案5中所对应的超防洪高水位的风险率为14.38%，但该调度方案超设计洪水位175m的风险率为0。虽然方案5并不属于任何属性下的最优决策，但与其他方案相比，方案5对各指标的考量相对均衡，而且能在保证较大发电量的同时使超防洪高水位风险率和超控制下泄流量风险率处于相对低的水平，故方案5为最符合工程实际需要的最佳方案。

作为方法对比，将WVSM与逼近理想点法（TOPSIS）、VSM计算结果进行了分析比较，并根据TOPSIS评价值越大方案越优、VSM评价值越大方案越优的原则给出了方案优劣排序。方案排序计算结果见表14.11。

表14.11 方案排序计算结果

评价方法	计算结果									
	方案	1	2	3	4	5	6	7	8	9
TOPSIS	评价值	0.440	0.507	0.578	0.670	0.684	0.656	0.614	0.568	0.435
	排序	8	7	5	2	1	3	4	6	9
VSM	评价值	0.113	0.137	0.166	0.179	0.181	0.178	0.169	0.16	0.136
	排序	9	7	5	2	1	3	4	6	8
WVSM	评价值	0.100	0.079	0.060	0.042	0.035	0.049	0.054	0.067	0.090
	排序	8	7	5	2	1	3	4	6	9

从表14.11中可以看出，采用WVSM方法计算得到的排序结果与基于熵权法确定权重的TOPSIS计算的排序结果相同，而与VSM相比，最优方案与前六位备选方案相同，不同之处在于最劣两方案的排列顺序，不过他们在整体调度方案中的排名是十分相近的。

此外，将WVSM与TOPSIS的计算结果进行无量纲化处理，将两种方法的计算结果调整到同一量级水平，便于从显著性水平上进行对比。无量纲化后的评价值转变的数值越大则对应方案越优的类型。图14.9中可以直观地看出，WVSM方法与TOPSIS的方案优

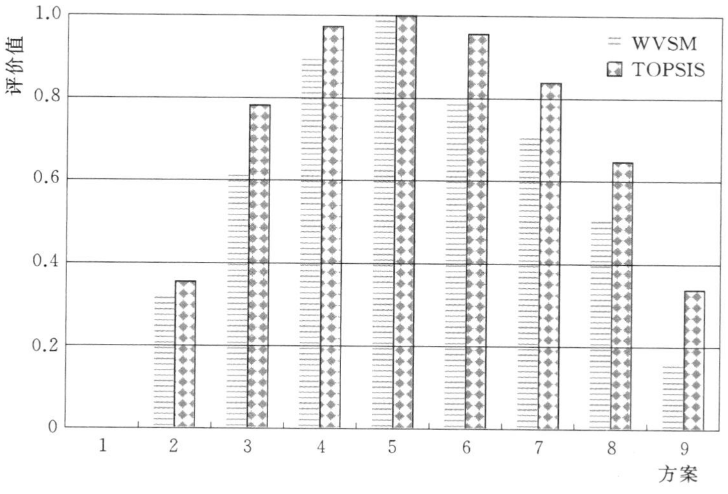

图14.9 WVSM与TOPSIS结果显著性对比

劣排序相同，但是相比于 TOPSIS，WVSM 能更好地区分量化各个指标，评价值离散度更强，在复杂问题中更能方便决策者方便快捷地选出最佳调度方案。

为进一步说明所提方法——WVSM 的普适性，以文献（Ke-Fei et al.，2012）计算得到的多目标调度风险分析非劣解方案集为基础，同样根据实用有效、计算简便的原则，选取库群发电量不足风险率、库群供水不足风险率、库群通航不足风险率、库群生态用水不足风险率 4 个决策指标，应用到溪洛渡-三峡梯级多目标调度风险分析方案集的评价过程中。其多目标调度方案评价集 2 见表 14.12。

表 14.12　　多目标调度方案评价集 2　　%

方案	库群发电量不足风险率	库群供水不足风险率	库群通航不足风险率	库群生态用水不足风险率
1	0.1503	0.0216	0.0328	0.0298
2	0.1425	0.0196	0.0167	0.0321
3	0.1268	0.0196	0.0167	0.0321
4	0.1268	0.0231	0.0167	0.0107
5	0.1425	0.0216	0.0344	0.0321
6	0.1345	0.0231	0.0169	0.0104

对决策矩阵进行标准化处理后，所得标准化决策矩阵 $\boldsymbol{U}$ 为

$$\boldsymbol{U}=\begin{bmatrix} 0 & 0.878 & 0.428 & 0.090 & 0.106 \\ 0.332 & 0.879 & 1 & 1 & 0 \\ 1 & 0 & 1 & 1 & 0 \\ 1 & 1 & 0 & 1 & 0.986 \\ 0.332 & 0.878 & 0.428 & 1 & 0 \\ 0.672 & 1 & 0 & 0 & 0 \end{bmatrix}$$

同样采用熵权法确定各个评价指标的权重，最终的权重分配结果为（0.262，0.218，0.167，0.178，0.175）。依据向量空间的有序性，确定理想方案。选取空间原点 $O(0,0,0,0,0)$ 作为起点，这样以理想方案 U_{opt} 对应的指标值作为终点形成有向线段 $u_{\text{opt},i}$，以评价方案 $u_i(u_{i1},u_{i2},\cdots,u_{i4})(i=1,2,\cdots,6)$ 对应的指标值作为终点形成有向线段 u_{ij}，计算各方案有向线段与理想方案有向线段之间夹角的余弦值为 $\cos\theta_i(i=1,2,\cdots,6)$，然后求得各方案与理想方案之间的加权余弦和值为 $D_i(i=1,2,\cdots,6)$，详细计算结果见表 14.13。

表 14.13　　WVSM 计算结果

方案	1	2	3	4	5	6
$\cos\theta_i$	0.123	0.150	0.143	0.170	0.138	0.164
$\sin\theta_i$	0.992	0.986	0.990	0.985	0.990	0.985
D_i	0.742	0.535	0.620	0.170	0.686	0.237

作为方法对比，将所提方法 WVSM 与改进的逼近理想点排序法（改进 TOPSIS）、VSM 计算结果进行了分析比较，并根据 TOPSIS 评价值越大方案越优、VSM 评价值越

大方案越优的原则给出了方案优劣排序。详细计算结果见表 14.14。

表 14.14 方案排序计算结果

评价方法	方案	1	2	3	4	5	6
TOPSIS	评价值	0.223	0.491	0.532	0.651	0.207	0.635
	排序	5	4	3	1	6	2
VSM	评价值	0.123	0.15	0.143	0.17	0.138	0.164
	排序	6	3	4	1	5	2
WVSM	评价值	0.742	0.535	0.62	0.17	0.686	0.237
	排序	6	3	4	1	5	2

从表 14.14 可以看出，采用 WVSM 计算得到的排序结果与基于熵权法确定权重的 VSM 计算的排序结果相同，最终计算的各方案优劣排序为方案 4、方案 6、方案 2、方案 5、方案 3、方案 1；WVSM 计算得到的排序结果与 TOPSIS 的排序结果并不完全一致。结合上面的例子，可以看出 WVSM 的适用性是非常广的。针对不同的实例数据，VSM 与 TOPSIS 均出现了个别方案排序不合理的情况，但 WVSM 推荐的排序都是十分理想的。从表 14.12 可以看出，方案 4 的库群发电量不足风险率、库群通航不足风险率在各个方案中都是最小的，而库群生态用水不足风险率在各个方案中仅次于方案 5，而且两个值特别接近。只有库群供水不足风险率这一指标相对较不满足，但是这一指标的值在各个方案中都是比较接近的。

此外，将 VSM 与 WVSM 的计算结果进行无量纲化处理，将两种方法的计算结果调整到同一量级水平，便于从显著性水平上进行对比。无量纲化后的评价值转变的数值越大则对应方案越优的类型。图 14.10 中可以直观地看出，VSM 与 WVSM 的方案优劣排序相同，但是相比于 VSM 方法，WVSM 能更好地区分量化各个指标，评价值离散度更强，在复杂问题中更能方便决策者方便快捷地选出最佳调度方案。

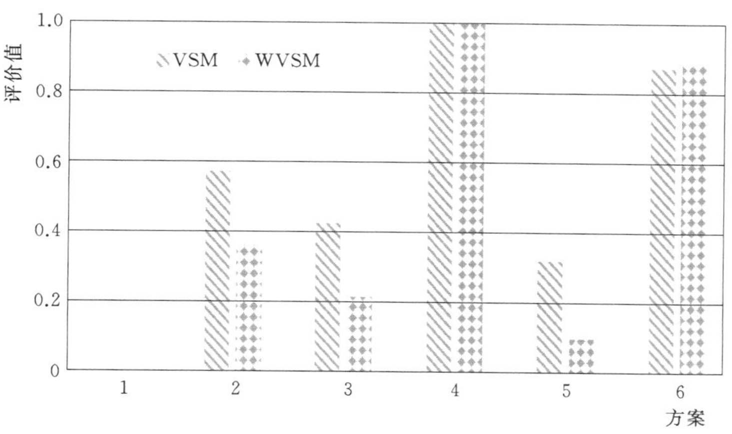

图 14.10 VSM 与 WVSM 结果显著性对比

14.3 基于分歧理论的理想均变率法

14.3.1 均变率法和逼近理想点法

为简化起见，以两个目标为例，分析均变率法（MRM）和逼近理想点法（TOPSIS）两种方法的优缺点。

14.3.1.1 MRM 与均衡解

设所产生的非劣解集中只涉及两个目标 y_1、y_2，且非劣解集中的两个边际非劣解为 $(0, y_2^*)$ 和 $(y_1^*, 0)$，从图 14.11 中可以看出，两个边际非劣解连线的斜率表示了两个目标非劣解曲线的平均变化率（简称均变率）。选定解曲线上导数值等于均变率的解称为均衡解。当解曲线为单调递减形式时，用数学表达式表示为

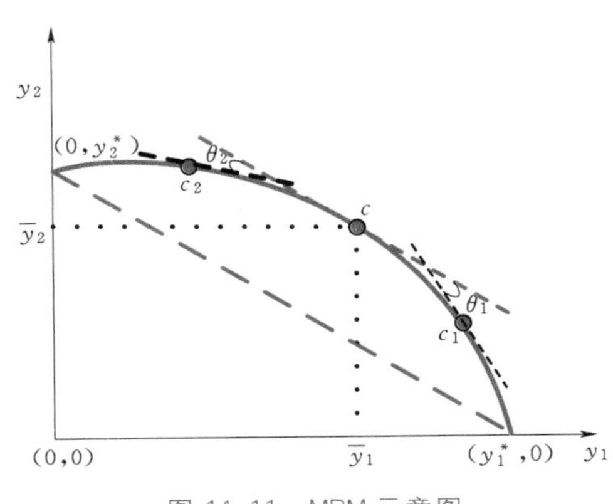

图 14.11 MRM 示意图

$$\left.\frac{\mathrm{d}y_2}{\mathrm{d}y_1}\right|_{(\overline{y_1},\overline{y_2})} = -\frac{y_2^*}{y_1^*} \tag{14.35}$$

$c(\overline{y_1}, \overline{y_2})$ 就是一个均衡解。这里所提的均衡解的概念，是以解曲线的均变率为基础的，它表达决策者的偏好表现为两个目标在此点具有相同的平均增率，且其平均增率与边际非劣解连线的变化率保持一致。借用物理学中平均速率的意义，均衡解的意义可以理解为：均衡解所代表的点朝各自边际解的瞬时变化率是相同的，且在均衡解所在的任一小的邻域内，除均衡解以外的任一个解朝各自边际解的瞬时变化率（边际变化率）都不一致，也就是说其他解的边际变化率都会偏向某一个边际解。图 14.11 中的非劣解曲线上，只有 c 点的变化率满足这样的条件，即 c 点朝目标 y_1 与目标 y_2 具有相同的变化率。

MRM 决策方式的另一个显著特点是，能均衡考虑各目标的关系而并不偏好某一个目标，这种属性是可以用这一点的切线与边际非劣解连线（基础切线）的夹角来表示。也就是说，根据 MRM，可以对非劣解间的关系进行定量的计算，通过非劣解曲线上每一点的切线和基础切线的夹角就可以判定这一点的偏好。如图 14.11 中，c 点的切线与基础切线的夹角为 0，则 c 点没有偏好；c_1 点的切线与基础切线的夹角为 θ_1，则 c_1 点是偏好目标 y_1 的点；c_2 点的切线与基础切线的夹角为 θ_2，则 c_2 点是偏好目标 y_2 的点。

特别地，当非劣解曲线与边际非劣解连线平行时，存在无穷多个均衡解；当非劣解曲线非凸时，也可能存在多个均衡解。

14.3.1.2 TOPSIS 与均衡解

TOPSIS 作为一种常用的多目标决策方法，其决策的规则是将各个非劣解方案与正理想解和负理想解做比较，选取其中最接近正理想解同时又远离负理想解的方案为最优方案。如图 14.12 所示：若非劣解曲线为以 $O(0,0)$ 为圆心、r 为半径的一段圆弧 l，正理

想点为$O^-(0,0)$，负理想点为$O^+(1,1)$，根据 TOPSIS，易知点 C 为最满意方案。同理，根据 MRM，选出的最满意方案也是点 C。这也正是 TOPSIS 及 MRM 的异曲同工之处。

若$O^+C_1=O^+C_2$，又因为$O^-C_1=O^-C_2$，进一步分析知，根据 TOPSIS 非劣解 C_1、C_2 孰优孰劣无法确定。可见，TOPSIS 存在决策结果不显著的问题，尤其是针对连续的非劣解集的情况，这种缺陷将更加明显。如图 14.12 中，根据 TOPSIS 在最满意方案 C 的足够小的邻域内各方案的评价结果的差异性并不明显，但是从平均增率的意义上讲，MRM 得到的均衡解是一个平衡点，显然根据 MRM 在最满意方案 C 的一个足够小的领域内只有一个均衡解。但是，如果解曲线是非凸的，MRM 则可能存在多个均衡解。为此，考虑将 MRM 与 TOPSIS 进行耦合，来解决非劣解非凸时，MRM 存在多个均衡解、TOPSIS 评价结果不显著的问题。

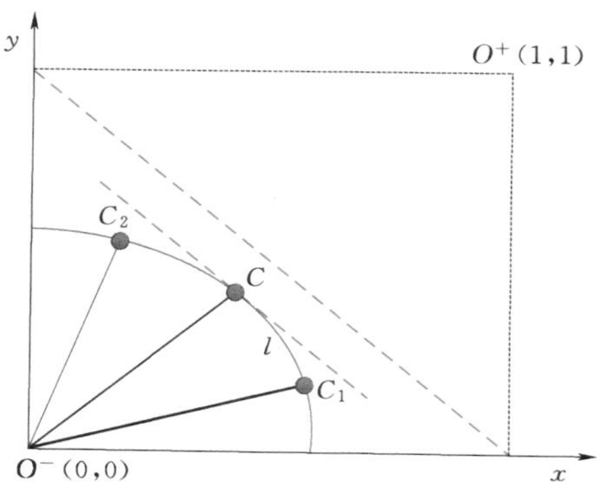

图 14.12　MRM 与 TOPSIS 相同之处示意图

14.3.1.3　MRM 与 TOPSIS 的互补关系

需要说明的是，将 MRM 与 TOPSIS 耦合并不是简单的嵌入组合，而是需要深入分析 MRM 与 TOPSIS 的互补关系，找到结合点，从而得到新的决策方法——IMRM。

下面分析 MRM 与 TOPSIS 的互补关系。

(1) TOPSIS 决策失效的时候，MRM 有效。以图 14.13 为例说明，图中线段 $OA=OB$，非劣解曲线为 EF，正理想点 A，负理想点 B。根据 TOPSIS，非劣解曲线 EF 上的每一点 EF_i 到 B 的距离 $d_i^+(B,EF_i)$ 与其到 A 的距离 $d_i^-(A,EF_i)$ 都相等。因此用 TOPSIS 决策时，计算每一点得到的贴近度 $c_i=d_i^-/(d_i^++d_i^-)=1/2$，TOPSIS 无法给出方案的优劣排序。但是，根据 MRM，选取和边际解非劣解曲线 EF 相切的点作为均衡解，可确定最满意方案为 EF_0 所对应的方案。

(2) MRM 存在多个均衡解时，TOPSIS 有效。如图 14.14 所示，MRM 存在 O_1、O_2、O_3 三个均衡解，但无法判断哪个最优；此时利用 TOPSIS 方法可以决策出最满意解，

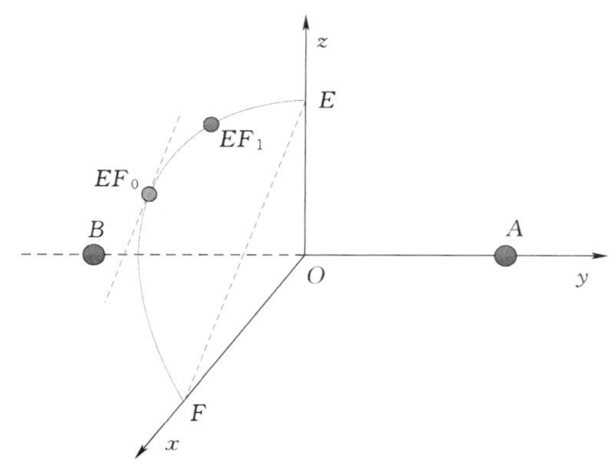

图 14.13　TOPSIS 失效，MRM 有效

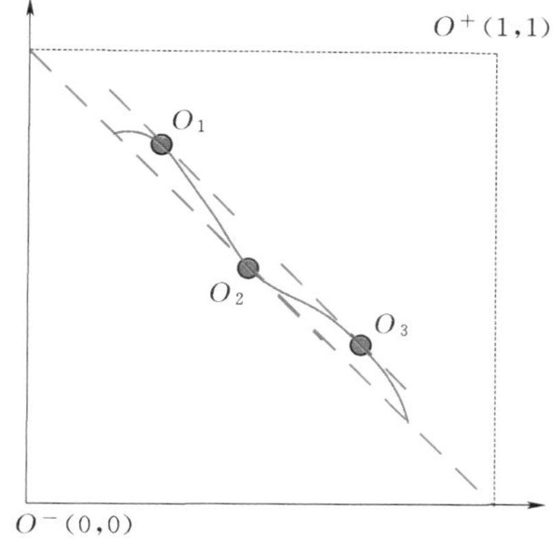

图 14.14　MRM 存在多个均衡解时，TOPSIS 有效

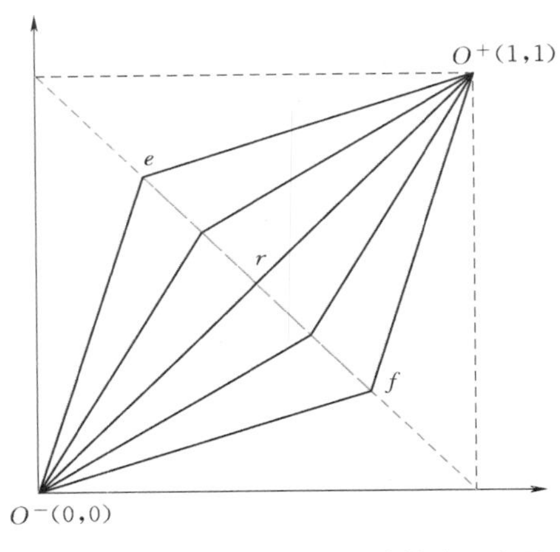

图 14.15 MRM 及 TOPSIS 的缺陷示意图

且其最满意解是由解曲线上的点和这点的斜率共同决定的。

(3) 如果解曲线与边际非劣解的连线重合的时候，MRM 与 TOPSIS 方法均失效。如图 14.15 中，若线段 ef 为解曲线，根据 MRM，线段 ef 上的所有点均为均衡解；又由于解曲线 ef 和线段 O^-O^+ 的中垂线重合，故根据 TOPSIS，解曲线 ef 上的贴近度均为 1/2，也无法进行方案的优劣排序。

综上，对于某些特定的非劣解曲线，MRM 和 TOPSIS 都各有不足。为了避免 MRM 和 TOPSIS 在理论及方法上的不完备，提出理想均变率法（IMRM）用于多目标决策，将 IMRM 的最满意解定义为最佳均衡解，下面给出 IMRM 最佳均衡解的定义及其求解方法。

14.3.2 理想均变率法及阈值定理

14.3.2.1 阈值定理

首先介绍分歧定义。动力系统从一种平衡态过渡到另一种平衡态的现象叫作分歧。严格定义如下。

定义 1： 设 M 为 n 维流型，则有

$$\frac{\mathrm{d}x}{\mathrm{d}t}=F(u,t,\psi) \tag{14.36}$$

式（14.36）是定义在 **M** 上的系统，其中 ψ 是具有某种度量的类函数。记式（14.36）的解空间为 $\mathbf{X}=\{x(t);x(t)\in\mathbf{M}\}$，如果存在 $\psi_0(x,y)\in\psi$，对任意的 $\varepsilon>0$，有使得 $|\psi_1-\psi_0|<\varepsilon$ 和 $|\psi_2-\psi_0|<\varepsilon$ 的 ψ_1，$\psi_2\in\psi$ 成立，并且系统的解 x_1、x_2 分别属于不同的等价类，则称 $\psi_0(x,t)$ 为式（14.36）的一个分歧点。分歧可以看作是任何解的性态发生变化的一种现象。

$$\frac{\mathrm{d}x_1}{\mathrm{d}t}=f(x_1,t,\psi_1(x_1,t)) \tag{14.37}$$

$$\frac{\mathrm{d}x_2}{\mathrm{d}t}=f(x_2,t,\psi_2(x_2,t)) \tag{14.38}$$

多目标决策问题是一个典型的非线性系统，给出如下定义。

定义 2： 设 A 为一组非劣解集组成的动力系统，α_i 为 IMRM 决策方法得到的一个均衡解，当非劣解集非凸时存在多个均衡解，均衡解从一种稳定态发展到另一种稳定态，即产生了分歧。如图 14.16 中，均衡解由 g 向 h 转化的过程，即发生了分歧。发生分歧后，首先判断分歧发生的方向，然后判断系统是否能恢复稳定，即是否存在唯一的最佳均衡解。以下基于分歧理论给出从多个均衡解中求取最佳均衡解的方法，并探讨多目标间转化关系的阈值。

定理 1：设 A 是一个多目标决策问题的决策方案集，$\|a\|$ 是系统 A 从一个非劣边际解 x_i 转换为另一个非劣边际解 x_j 的度量，则 $\|a\|$ 为目标 x_i、x_j 间转换关系的阈值，其中 $\|a\|=\dfrac{\Delta x_i}{\Delta x_j}$。

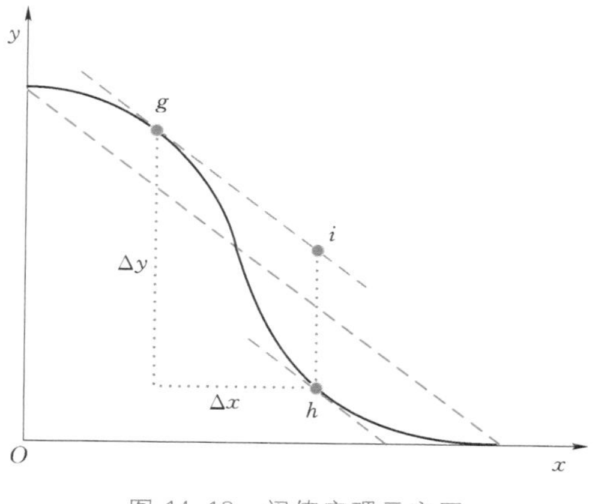

图 14.16 阈值定理示意图

简单来说，阈值就是为了追求目标 x 而牺牲目标 y 的程度，当从某一均衡点转化到另一均衡点的边际变化率小于阈值时，说明由于追求目标 x 而牺牲目标 y 的程度小于正常水平，该转化是有利的；反之，当从某一均衡点转化到另一均衡点的边际变化率大于阈值时，说明由于追求目标 x 而牺牲目标 y 的程度已超出正常水平，该转化是不合适的。以图 14.16 中的 g 与 h 进行说明，从均衡解 g 向 h 进行转化时，由系统的平均变化率可得，当 x 指标增加 Δx 时，y 指标应该平均减小 $\mathrm{d}x \cdot y^*/x^*$，即 g 点应该转化到 i 点才是恰好合适的，但由于其边际变化率 $\mathrm{d}y/\mathrm{d}x > y^*/x^*$，故此时 y 指标实际减少值 $\mathrm{d}y > \mathrm{d}x \cdot y^*/x^*$，$g$ 点低于 i 点，因此像 g 点转化到 h 点这样的转化是不合适的。

3 个目标间的转化关系，可以简化为两两目标间的转化关系，如设一个 3 目标最优化问题的 3 个非劣边际解为 $a_1(x_1,y_1,z_1)$、$a_2(x_2,y_2,z_2)$、$a_3(x_3,y_3,z_3)$，其多目标间转换关系的阈值应与点 a_1、a_2、a_3 确定的基础切平面的变化率相同，即任意两个均衡解的连线必须在基础切平面上或者与基础切平面平行。同理，4 个及以上目标间的相互转化关系也可依此进行分析。阈值定理的应用并不限于均衡解，对于一般非劣解甚至不在非劣解集中的解，都能应用阈值定理判断两个解之间的转化是否合适，从而比较出其孰优孰劣。

14.3.2.2 IMRM 最佳均衡解的定义

具有下列条件之一者称为 IMRM 的最佳均衡解：

（1）若均衡解表现为一条线段，且与边际非劣解的连线重合，则取线段中靠近正负理想点连线中点的点。

（2）任意小的领域内只有一个均衡解。

（3）当存在多个均衡解时（第 1 条除外），首先利用分歧理论选择出满足阈值条件的所有等价的均衡解，然后利用 TOPSIS 在所有等价的均衡解中进行决策，贴近度最大的解为最佳均衡解。

14.3.2.3 IMRM 最佳均衡解的存在性与唯一性

定理 2：设 A 是一个多目标决策问题的决策方案集 $\mathbf{A}=\{A_i\}$，a_i^* 是一个稳定平衡点（最佳均衡解）的充要条件是：对于一组均衡解中的每一个方案 $a_i \in \{A_i\}$，有

$$E_i(\alpha_i^* \parallel \alpha_i) \leqslant E_i(\alpha_i^*) \tag{14.39}$$

式中：$E_i(\alpha_i^* \parallel \alpha_i)$ 是指在将方案 α_i^* 换成方案 α_i 后的期望。

证明：

必要性：显然。

充分性：设（14.39）成立，则有：

$$E_i(\alpha_i^* \parallel \alpha_i^{(j)}) \leqslant E_i(\alpha_i^*) \quad (j=1,2,\cdots,n) \tag{14.40}$$

设 $\alpha_i^{(j)} \in \{A_i\}$ 是均衡解集中的一个方案，式（14.40）中不等式两端依次乘 $p_i^{(j)}$，$\sum_{j=1}^{n} p_i^{(j)}=1$，得到

$$E_i(\alpha_i^* \parallel \alpha_i^{(j)}) p_i^{(j)} \leqslant E_i(\alpha_i^*) p_i^{(j)} \quad (j=1,2,\cdots,n) \tag{14.41}$$

对 j 从 1 到 n 求和，得到

$$\sum_{j=1}^{n} E_i(\alpha_i^* \parallel \alpha_i^{(j)}) p_i^{(j)} \leqslant \sum_{j=1}^{n} E_i(\alpha_i^*) p_i^{(j)} \tag{14.42}$$

式（14.42）左端就是 $E_i(\alpha_i^* \parallel \alpha_i)$，右端的和等于 1。因此

$$E_i(\alpha_i^* \parallel \alpha_i) \leqslant E_i(\alpha_i^*) \tag{14.43}$$

α_i^* 是一个稳定的平衡点得证。

定理 2 证明了 IMRM 最佳均衡解的存在，以下证明 IMRM 最佳均衡解的唯一性与有效性。

（1）可以证明，对于某一连续可微的凸性解曲线，最佳均衡解存在且唯一。这个结论可用拉格朗日中值定理、解曲线的凸性和最佳均衡解的定义得证。

如图 14.11，设 y_1 为自变量，y_2 为随 y_1 变化的函数，因为 y_2 在闭区间 $[0,y_1^*]$ 上连续，在开区间 $(0,y_1^*)$ 上可微，由拉格朗日中值定理，在区间 $(0,y_1^*)$ 内必有一点 ξ，使得

$$y_2'(\xi)=\frac{y_1^*-y_2^*}{y_1^*-0}=-\frac{y_2^*}{y_1^*} \tag{14.44}$$

按照均衡解的定义，ξ 是一个均衡解，根据解曲线的凸性和最佳均衡解的条件，即可得出最佳均衡解存在且唯一的结论。

（2）一般情形中，解曲线并非满足凸性的要求，这样就可能存在多个均衡解，根据这些均衡解，还可以进一步利用分歧理论与 TOPSIS 得到最佳均衡解。

定理 3：对于连续的多目标决策问题，IMRM 得到的最佳均衡解必为 MRM 多个均衡解中的一个，且为均衡解中与 TOPSIS 贴近度最大的点。

证明：以下证明都是基于归一化的数据进行的。如图 14.17 所示，设归一化后，非劣解曲线为 $Y(X)$、正理想点 (1,1)、负理想点 (0,0)、边际解曲线为 $Y=-X+1$。由 IMRM 得到均衡解为 $\{Y_1,Y_2,Y_3\}$；根据阈值定理 Y_1Y_2 的斜率不等于边际变化率 -1，则认为转化不合理，舍弃均衡解 Y_2；Y_1Y_3 的斜率等于 -1，则认为转化合理，保留均衡解 Y_1、Y_3。判定 Y_1、Y_3 为等价均衡解。此后根据 TOPSIS，从 Y_1、Y_3 中选出最佳均衡解。由 TOPSIS，计算 $Y(X)$ 上每一点的贴近度有：

$$c_i=\frac{\sqrt{X^2+Y^2}}{\sqrt{X^2+Y^2}+\sqrt{(X-1)^2+(Y-1)^2}} \tag{14.45}$$

求 $\max(c_i)$，可等价为求解：

$$\min\phi(X,Y)=\min\frac{\sqrt{X^2+Y^2}}{\sqrt{(X-1)^2+(Y-1)^2}} \tag{14.46}$$

也就是求

$$\phi(X,Y)=0 \tag{14.47}$$

计算得

$$Y'=-\frac{2X+Y^2-2XY}{2Y+X^2-2XY} \tag{14.48}$$

也就是说，由 TOPSIS 计算 $Y(X)$ 上每一点的贴近度时，满足 $\max(c_i)$ 的点，其必满足：

$$\begin{cases} Y'=-\dfrac{2X+Y^2-2XY}{2Y+X^2-2XY} \\ Y=G(X) \end{cases} \tag{14.49}$$

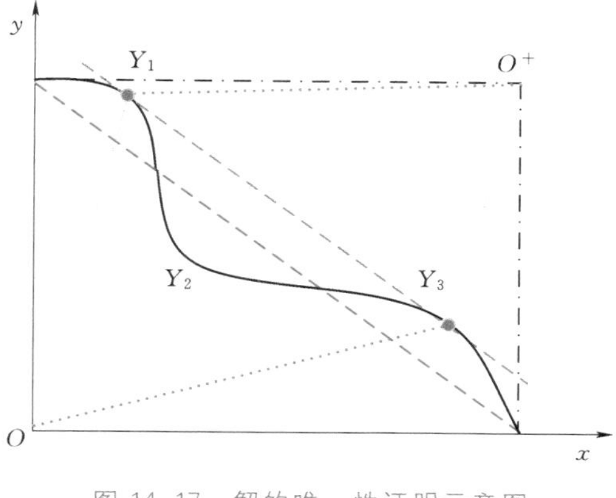

图 14.17 解的唯一性证明示意图

结合最佳均衡解的定义，令 $Y'=-1$，求得的解则为最佳均衡解。再根据 IMRM 最佳均衡解定义，其唯一性得证。

14.3.2.4 IMRM 求解方法

IMRM 的求解（张培，2018）思路可以概括如下：对于某一可微的凸性解曲线，利用 MRM 可以求出最佳均衡解；对于非凸的解曲线，首先利用 MRM 求出其多个均衡解，然后利用分歧理论及 TOPSIS，进一步比较得到最佳均衡解。

IMRM 的最佳均衡解的具体求解步骤如下：

步骤一：对多目标非劣解集进行标准化处理。

步骤二：确定边际非劣解，建立边际非劣解切线方程，求其斜率 k。

步骤三：设定一定的离散步长 η，以 η 为度量，求标准化后的非劣解集上每一点的切线的斜率 k_i。

步骤四：逐步缩小 η，直至找到标准化后的非劣解集上 $k_i=k$ 的所有点。

步骤五：利用 MRM，确定非劣解集上 k_i 与边际非劣解切线斜率 k 相同的点，则为均衡解。

步骤六：若步骤五只有一个均衡解，则其为最佳均衡解。

步骤七：若步骤五有两个或以上的均衡解，则利用分歧理论从多个均衡解中求出转换合理的均衡解，再利用 TOPSIS 选出最佳均衡解。

步骤八：特殊情况（如定义中第一条），则根据最佳均衡解的定义进行计算。

最佳均衡解的概念同样可以推广到两个以上目标的问题中，不同的是，在三个及以上多目标问题中，非劣解集表现为非劣解曲面或多维曲面的形式，边际非劣解表现为一个切平面或多维超平面的形式。根据定义，最佳均衡解是解曲面或多维解曲面上满足如下条件的一个点，这点的切平面和边际非劣解切平面或多维超平面平行，在数值计算中则表现为这点的切平面的法向量与多维边际非劣解切平面的法向量平行。

14.3.3 实例研究

以雅砻江流域锦官电源组（锦西-锦东-官地）梯级水电站的多目标调度决策为例，建立以防洪、发电、生态为调度目标的多目标递阶结构优化调度模型，采用遗传算法对模型进行求解。

14.3.3.1 多目标调度递阶结构模型

水库群多目标调度风险分析是一个复杂的问题，涉及目标的多样性、不可公度性及各个目标决策时段的长短不一性，实际上是多个目标的耦合调度，即发电与生态调度是水库群中长期调度方式，防洪调度是中长期调度过程中，洪水来临时的短期调度。加之洪水过程的不确定性及入库径流的随机性，增加了问题求解的难度。故将调度期划分为汛期与非汛期，为了保证模型的真实性与良好的求解性能，以寻求在满足运行限制水位（主要有防洪限制水位、正常蓄水位及消落期最低水位）的要求下水库群防洪、发电与生态三个目标间的相互转换关系为目的，建立了以防洪调度、发电调度和生态调度单独运行为下层子目标、三目标联合运行风险最小、效益最优为上层总目标的水库群多目标调度风险分析递阶结构模型（MORM），MORM 示意图如图 14.18 所示。

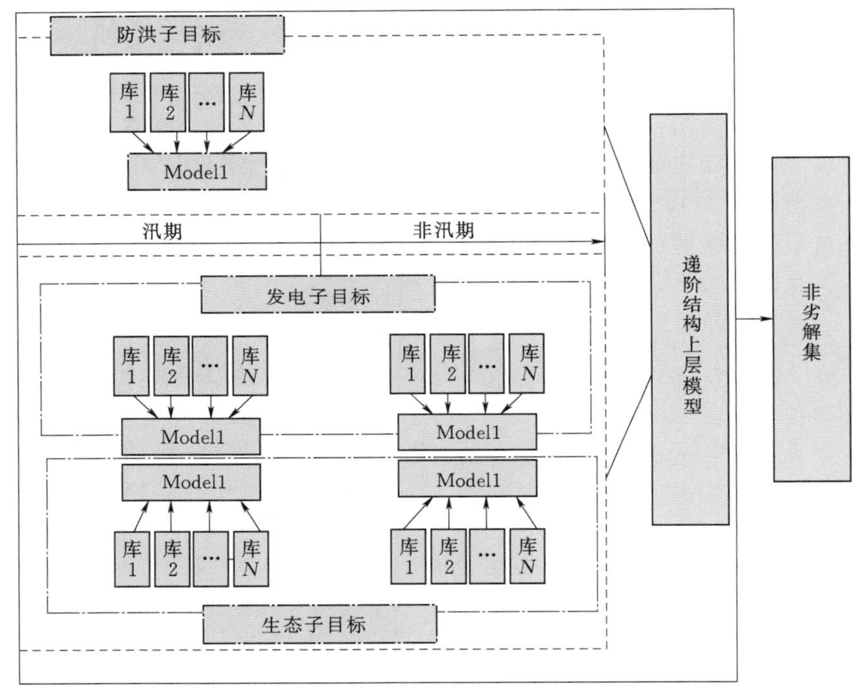

图 14.18 MORM 示意图

目标函数和约束条件如下。

(1) 防洪子目标：下游防洪控制点遭遇洪水的风险率 R 最小，即

$$
\begin{aligned}
\min R = \min_{x\in X}(&\max(R_1(\cap FV)),\max(R_2(\cap FV)),\cdots,\max(R_i(\cap FV)),\cdots,\\
&\max(R_m(\cap FV))) = f_1
\end{aligned}
\tag{14.50}
$$

式中：R_i 为第 i 个防洪控制点可能遭遇洪灾的风险率；$\cap FV$ 为系统中所有水库的汛期运行水位对应的库容的一个组合；f_1 为防洪、发电与生态这三个目标与决策变量间的函数关系。

(2) 发电子目标：年内发电量 E 最大，即

$$\max E=\max\sum_{t=1}^{T}\sum_{n=1}^{N}N_t^n\Delta t=f_2 \tag{14.51}$$

式中：N_t 为 t 时段系统的总出力；Δt 为时段长度；T 为调度期的总时段数；f_2 为防洪、发电与生态这三个目标与决策变量间的函数关系。

（3）生态子目标：年内生态保证率 P 最大，即

$$\max P=\max\frac{p}{T}=f_3 \tag{14.52}$$

式中：p 为调度期内满足生态流量要求的时段数；f_3 为防洪、发电与生态这三个目标与决策变量间的函数关系。

递阶结构上层总目标：

$$\begin{gathered}\max f=\max\{-f_1,f_2,f_3\}\\ \text{s. t. } x\in X\end{gathered} \tag{14.53}$$

式中：X 代表所有约束 x 所构成的决策变量可行域。

模型系统 MORM 的绝对最优解通常是不存在的，因此采取遗传算法对 MORM 进行求解。MORM 求解流程如图 14.19 所示。首先利用遗传算法对防洪子目标、发电子目标、生态子目标分别进行寻优计算，然后在各个子目标优化结果的基础上，利用递阶结构上层的总目标，协调各分期水库运行效益。在汛期，上层总目标与下层子目标之间的关联变量是水库的汛期运行水位所对应的库容，它是洪灾风险率 R 的函数；在非汛期，上层总目标与下层子目标之间的关联变量是水库的各时段水库水位。在汛期，防洪子目标接到上层总目标层下达的一定起调库容值 FV 后，即可得出其对应的洪灾风险率，同时反馈到上层总目标模型；相同的，发电调度与生态调度子目标在接到上层总目标层下达的起调库容值后，即可求得该值下的发电、生态与洪灾风险率的相互关系，并反馈至上层总目标模型；非汛期类同。计算结束时，只要将满足约束的各种不同的洪灾风险率 R、生态保证率 P 和相应的发电量 E 一并取出，便得到模型的非劣解集。

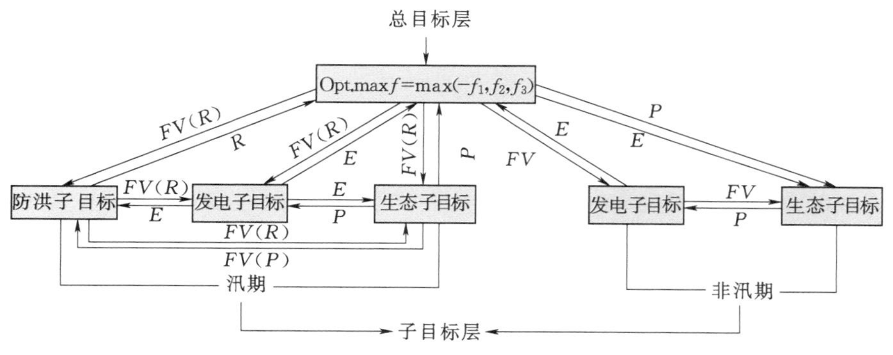

图 14.19 MORM 求解流程图

计算得到非劣解曲面如图 14.20 所示，包括发电量、洪灾风险率、生态保证率 3 个评价指标，对其进行标准化处理，标准化后结果如图 14.21 所示，3 个指标均转化为越大越优型指标。

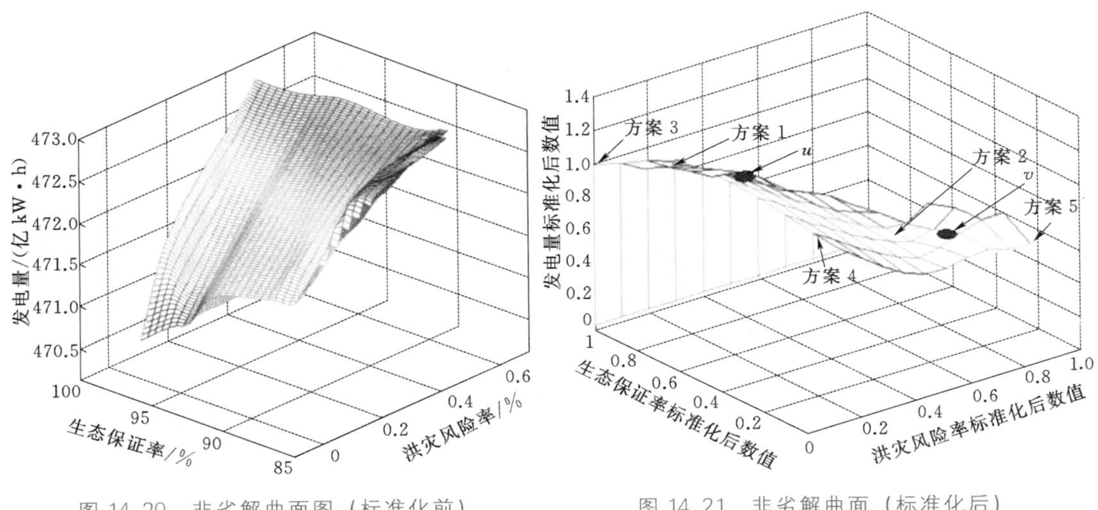

图 14.20 非劣解曲面图（标准化前）　　图 14.21 非劣解曲面（标准化后）

14.3.3.2 结果及分析

由于所得非劣解曲面是非凸的，根据 MRM 求解流程，确定边际非劣解方案 3(1,1,0)、方案 4(1,0.25,0.42)、方案 5(0,0.07,1)，建立非劣解切平面方程为 $0.48x+0.56y+z=1.04$。经计算，存在两个满足均衡解条件的方案（方案 1 和方案 2），见图 14.21。两个均衡解对应的点分别是方案 1(0.8,0.4,0.42) 和方案 2(0.51,0.75,0.78)。

为方便比较 MRM、TOPSIS、WVSM 和 IMRM 的优劣，选取方案 1（均衡解）、方案 2（均衡解）、方案 3（边际解）、方案 4（边际解）、方案 5（边际解），分别用以上 4 种方法进行优劣排序，计算结果见表 14.15。

表 14.15　方案排序计算结果

方法	排序结果
MRM	方法失效，均衡解方案 1、方案 2 无法排序，非劣解方案 3、方案 4、方案 5 也无法排序
TOPSIS	方案 2＞方案 3＞方案 1＝方案 4＞方案 5
WVSM	方案 2＞方案 1＞方案 4＞方案 3＞方案 5
IMRM	方案 2＞方案 1，非劣解方案 3、方案 4、方案 5 无法排序

4 种方法的计算结果见表 14.15。方案 1 与方案 2 的切平面的法向量与非劣解切平面的法向量平行，方案 1 与方案 2 为均衡解，利用 MRM 无法得出最佳均衡解。根据 IMRM 在方案 1 与方案 2 中利用 TOPSIS（结果见表 14.16）进行决策。取正理想点为（1,1,1），负理想点为（0,0,0），方案 1 和方案 2 的贴近度分别为 0.54 和 0.67，得方案 2 为 IMRM 最佳均衡解方案。另外，根据 IMRM 利用分歧理论进行阈值判定，方案 1 在基础切平面上的投影为（0.81,0.40,0.43），方案 2 在基础切平面上的投影为（0.39,0.60,0.52），计算方案 1 到方案 2 的向量（0.29,−0.35,−0.36）到投影向量（0.42,−0.20,−0.09）的夹角不为 0，方案 2 与方案 1 存在优劣排序，计算方案 2 和方案 1 到基础切平面的距离分别为 0.014 和 0.323，因此方案 2 优于方案 1，故根据阈值定理，方案 2 也是 IMRM 的最

佳均衡解。这也验证了 IMRM 阈值定理的有效性及准确性。

表 14.16　　TOPSIS 与 IMRM 计算结果

方案	切平面单位法向量	TOPSIS c_i	非劣解切平面单位法向量	目标函数值		
				发电量/(亿 kW·h)	生态保证率/%	洪灾风险率/%
1	(0.39,0.45,0.80)	0.54	(0.39,0.45,0.80)	471.41	91	0.2
2	(0.39,0.45,0.80)	0.67		471.68	94	0.3
3	(0.81,−0.57,0.12)	0.59		470.21	98	0.1
4	(−0.81,0.51,0.30)	0.54		471.38	91	0.1
5	(−0.02,−0.93,0.37)	0.42		472.98	86.1	0.5

从表 14.15 的结果中，可以看出，MRM、TOPSIS、WVSM（详细计算结果见表 14.17）及 IMRM 4 种方法推荐的最优方案都是最佳均衡解方案 2。最佳均衡解（方案 2）的各个目标函数值分别为：年发电量 471.68 亿 kW·h，洪灾风险率 0.3%，生态流量保证率为 94%。最佳均衡解所对应的年发电量 471.68 亿 kW·h 与实际运行发电量 471.30 亿 kW·h 差距不大且略有增加，洪灾风险率及生态流量保证率都能满足实际需求，这也进一步表明 TOPSIS、WVSM 及 IMRM 获取最佳均衡解的方法是有效的。

表 14.17　　WVSM 与 TOPSIS 计算结果

方案	1	2	3	4	5
TOPSIS(c_i)	0.54	0.67	0.59	0.54	0.42
WVSM(D_i)	0.62	0.70	0.58	0.61	0.44

1. IMRM 与 TOPSIS 对比

根据 TOPSIS，方案 2 也是所给的 5 个方案中是最优的，计算结果见表 14.16，这也验证了 TOPSIS、WVSM 与 IMRM 结果的一致性。但是根据 TOPSIS，方案 3 要优于方案 1，但是这却并不合理。方案 3 的各个目标函数值分别为：年发电量 470.21 亿 kW·h，洪灾风险率 0.1%，生态流量保证率为 98%；方案 1 的各个目标函数值分别为：年发电量 471.41 亿 kW·h，洪灾风险率 0.2%，生态流量保证率为 91%。分析知，方案 3 作为边际非劣解，其对应方案的发电量和洪灾风险是所有方案中最小的，若是方案 3 优于方案 2，则决策太偏向于保守型，不尽合理。另外，TOPSIS 在处理连续的非劣解集时，存在结果显著性差的问题。从表 14.16 可以看出方案 1 与方案 4 的相对贴近度的值均为 0.54，可见 TOPSIS 在处理连续的非劣解排序时，存在评价结果显著性差的问题。而 IMRM 能有效避免这一问题，因为后两者是以均变率为决策偏好，这样就充分考虑了方向因素又兼顾距离因素，所以 IMRM 在处理连续的非劣解曲线或曲面问题上具有优势。

2. WVSM 与 TOPSIS 对比

WVSM 与 TOPSIS 计算结果见表 14.17。

根据 TOPSIS 评价值越大方案越优、WVSM 评价值越小方案越优的原则可以给出方案优劣排序。从表 14.17 中可以看出，采用 WVSM 计算得到的排序结果中方案 1 是劣于方案 3 的，这与 TOPSIS 的决策结果一致，可见在处理连续问题时，WVSM 能有效避免 TOPSIS 部分方案排序结果不合理的缺点。另外，为说明 WVSM 结果较 TOPSIS 决策结果的显著性，将 WVSM 与 TOPSIS 方法的计算结果进行无量纲化处理，将两种方法的计算结果调整到同一量级水平，便于从显著性水平上进行对比。无量纲化后的评价值越大则对应方案越优的类型。

图 14.22 中可以直观地看出，一方面，WVSM 推荐的排序方案 1 是优于方案 3 的，这也是合理的；另一方面，相比于 TOPSIS 方法，WVSM 能更好地区分量化各个指标，评价值离散度更强，在复杂问题中更能方便决策者直观快捷的选出最佳调度方案。这也有一个方面表现出结果的直观性与显著性对决策者进行决策具有更好的指导意义。

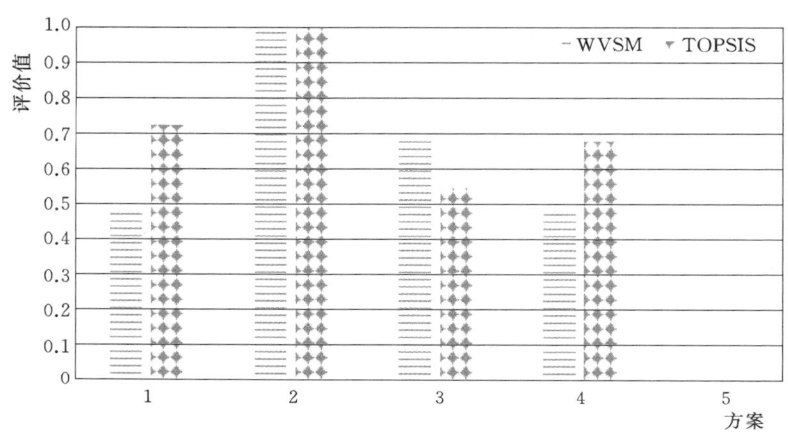

图 14.22 WVSM 与 TOPSIS 结果显著性对比

3. IMRM 与 WVSM 对比

分析以上 4 种方法：处理非凸的连续的非劣解排序问题时，MRM 失效，TOPSIS 存在个别方案排序不合理、评价结果显著性差的问题，WVSM 与 IMRM 能在均衡解中给出优劣排序且两种方法选出最佳均衡解结果一致。IMRM 有一个显著的优势，即 IMRM 通过了阈值定理，能定量分析多目标间的相互转换关系，计算数据具有科学性与直观性。特别是通过阈值定理 IMRM 能有效分析非劣解集上任何两点间的优劣关系，可以给出除边际非劣解外所有方案的优劣排序。例如，根据阈值定理，多目标间转换关系的阈值为垂直于（0.48,0.56,1）的单位向量，可由方案 1 与方案 2 在基础切平面上的投影得到，即（0.42,−0.20,−0.09）的单位向量 $\boldsymbol{e}=(0.89,-0.42,-0.19)$。$\boldsymbol{e}$ 中第一项表示的是防洪目标，后两项分别为发电目标及生态目标，由此防洪与发电及生态两目标的相互关系是负相关的。以洪灾风险率向其他两目标转化为例，直观地对风险转换关系进行说明，选取实际数据（图 14.20）为例进行说明。当洪灾风险率在 0.1%到 0.2%之间时，生态与发电的矛盾更加突出，在图 14.20 中表现为非常陡的曲面，发电效益随生态流量保证率的增加而逐渐减少，其变化趋势比较明显；随着洪灾风险率的增加（洪灾风险率为 0.5%），两者的矛盾在很大趋势上趋于缓和，当洪灾风险率为 0.4%～0.5%时，生态流量保证率对发电效益在一定区间内并没有多大改善，反而会增加洪灾风险损失。

另外，因 IMRM 是根据均变率的思想来进行最佳均衡解的选取，利用 IMRM 可以很方便地分析所求多目标问题的非劣解中点与点之间的变化关系。可以利用边际非劣解切平面，在非劣解曲面上划出偏好区。下面举例说明：如图 14.20，非劣解曲面 **u** 上每一点的发电量及生态流量保证率的目标值均大于方案 2 对应的发电量及生态流量保证率，就方案 2 这一均衡解来说，曲面 **u** 上的点可称为偏好发电量和生态流量保证率这一目标的解。也就是说，方案 2 在向曲面 **u** 上的点的转换过程中，是以增加防洪风险为代价获取生态流量保证率和发电量这两个目标的增长为代价的。而非劣解曲面 **v** 上的每一点的发电量和洪灾风险率的值均大于方案 2 所对应的发电量和洪灾风险率（图 14.21 为各目标值标准化处理后的曲面，此处洪灾风险率经标准化处理已变成越大越优型的指标），就方案 2 这一均衡解来说，曲面 **v** 上这些点可称为偏好防洪风险和发电量这两个目标的解。也就是说，方案 2 在向曲面 **v** 上的点转换的过程中，为了减少洪灾风险及增加发电量是以牺牲生态保证率为代价的。

图 14.20 中可以看出，最佳均衡解（方案 2）的任意小的邻域内，非劣解曲面的变化较平坦，具有很好的稳健性。同时，也可以表明该解在整个解空间中既不冒进也不保守，并且能够充分协调各个目标，所得到的最佳均衡解具有全局性，更加贴近真实情况。

虽然 IMRM 在处理连续非劣解问题时具有优势，但是却不能给出边际非劣解的优劣排序。WVSM 可以有效弥补其不足，通过分析，WVSM 不仅具有结果显著性的优势，与 TOPSIS 存在部分非劣解排序不合理的情况不同，WVSM 推荐的排序结果与 IMRM 更为相近。综上所述，IMRM 与 WVSM 各有优劣，是两种新的有效的多目标决策方法。在使用过程中，两者同时使用，不仅能完成所有方案的优劣排序，而且能有效地分析多目标间的相互转换关系。

14.4 基于马田系统和灰熵法的多维区间数决策模型

14.4.1 马田系统简介

受众多因素的影响，自然界中的客观事物复杂多变，水文事件（径流、洪水等）具有很大不确定性，表现出随机性、模糊性、灰色性等特征，加上人类思维的模糊性，近些年来，决策信息不确定特别是属性值和属性权重均不确定的多属性决策方法逐渐成为研究的热点。一般解决这类决策问题的难点及首要任务就是将不确定型决策转化为确定型决策。而在转化的过程中，一方面，应注意尽量避免或减少决策信息的损失，因为信息损失越多，造成在最优方案的选择过程中出现的偏差就越大，进而在执行方案时可能因为达不到预期所制定的目标，导致风险事件的发生；另一方面，应减少较多的区间数计算，便于方法在实际应用中对大部分的使用者来说更具有可操作性。比如，区间数的比较只考虑区间数的上下边界值，虽然决策效率有所提高，但信息损失也大。粗糙集法、VIKOR 法等给区间数排序带来难度。

马田系统（Mahalanobis-Taguchi System，MTS）是日本质量工程学家田口玄一在 20 世纪 90 年代提出的一种针对不平衡数据的模式识别方法。目前，MTS 正逐步被国内外的学者们所了解、熟知和掌握，并不断尝试着探寻 MTS 或 MTS 与不同理论相结合后在其他领域的应用。Buenviaje 等（2016）通过 MTS 从以往数据集中得到了医学模式。Huang 等（2009）利用 MTS 良好的数据挖掘功能，将其与人工神经网络算法（Artificial Neural Network，ANN）相结合，提出了 MTS-ANN 算法。常志朋等（2014）利用 MTS 的正交表、马氏距离和信噪比 3 个关键工具，并基于 TOPSIS 思想，研究了区间数多属性决策问题。曾伟等（2015）基于马田系统与灰色累积前景理论对变压器维修方案进行了决策等。正交表是一种用于多因素系统优化的直接试验方法。正交表可表示为 $\boldsymbol{L}_a(b^{N_0})$ 的形式，其中 a 表示试验次数，b 表示每个因素的水平数，N_0 表示正交表中最多可以安排的因素个数。正交表是一套编制好的标准表，实际应用时可以根据因素个数和因素的水平数，选取合适规格的正交表。正交表设计试验，试验次数少、获取信息全面，可有效减少信息的损失。由印度统计学家 Mahalanobis（1936）提出的马氏距离是一种协方差距离，与欧式距离相比，能够较好反映属性间相关性这一信息。信噪比（Signal-to-Noise Ratio，SNR）的概念源于信号传输，定义为信号的功率与噪声的功率之比。田口玄一将指标（非负且连续）数学期望的平方 μ^2 看作信号的功率，方差 σ^2 看作噪声的功率，重新定义了信噪比。当指标的期望值为某一正值 M_0，即越接近 M_0 越好时，称其为望目特性；期望值为 0，即越小越好时，称其为望小特性；期望值为 $+\infty$，即越大越好时，称其为望大特性。因此，信噪比又被分为望目特性信噪比、望小特性信噪比和望大特性信噪比。信噪比用于度量指标的波动性，可为决策结果的准确性提供保障。

与其他一些模式识别方法一样，虽然 MTS 也采用距离来测度样本之间的相似性以达到识别的目的，但 MTS 并没有像其他一些模式识别方法采用欧氏距离，而是采用马氏距离。相较于欧氏距离，马氏距离更适合进行样本间相似性的判别。MTS 理论从提出到现在只有近 20 多年的发展历史，通过文献检索情况也证实了 MTS 与灰色分析相结合的研究成果非常少，其理论研究有待继续深入、应用领域也需要进一步拓展。因此，针对属性权重和属性值均为区间数的不确定多属性决策问题，本章基于文献（周珍等，2017）处理区间数的方式，对灰熵法做了改进，提出了基于马田系统和灰熵法（Mahalanobis-Taguchi System and Grey Entropy Method，MTS-GEM）的多维区间数决策模型，然后将决策模型引入水文水资源领域，通过梯级水库调度方案的优选，为水库调度工作提供一定科学依据。

14.4.2 多维区间数与 MTS

14.4.2.1 多维区间数的正交试验

区间数一般是指可表示为 $\tilde{a}=[a^L,a^U](a^L,a^U\in\mathbf{R}$，且 $a^U\geqslant a^L)$ 形式的规范区间数，其中 a^L 为区间数的下界，a^U 为区间数的上界。实数可看成是下界与上界相等的区间数。对任意的两个区间数 $\tilde{a}=[a^L,a^U]$和 $\tilde{b}=[b^L,b^U]$，其基本运算法则如下：

（1）$[a^L,a^U]+[b^L,b^U]=[a^L+b^L,a^U+b^U]$

（2）$[a^L,a^U]-[b^L,b^U]=[a^L-b^U,a^U-b^L]$

（3）$[a^L,a^U]\times[b^L,b^U]=[\min(a^Lb^L,a^Lb^U,a^Ub^L,a^Ub^U),\max(a^Lb^L,a^Lb^U,a^Ub^L,a^Ub^U)]$

(4) $[a^L, a^U] \div [b^L, b^U] = [a^L, a^U] \times \left[\frac{1}{b^L}, \frac{1}{b^U}\right] \quad 0 \notin [b^L, b^U]$

(5) $\lambda[a^L, a^U] = [\lambda a^L, \lambda a^U] \quad \lambda \geqslant 0$

设所需试验的问题中有 n 个因素（$n \leqslant N$），因素在其变化范围（x_j^L，x_j^U）内为均匀分布，每个因素的水平数为 b。由于 n 个因素可构成 n 维空间中的超长方体 $\prod_{j=1}^{n}(x_j^L, x_j^U)$，所以一次正交试验的结果对应着超长方体上的一个点。

以 3 因素 $[(x_1^L, x_1^U)(x_2^L, x_2^U)(x_3^L, x_3^U)]$ 的正交试验为例，如取区间数下界值时为水平 1，取区间数上界值时为水平 2，则可采用如表 14.18 所示的 $\mathbf{L}_4(2^3)$ 正交表进行正交试验，结果如图 14.23 所示。

表 14.18 $\mathbf{L}_4(2^3)$ 正交表

试验	因素		
	$\tilde{x}_1$	$\tilde{x}_2$	$\tilde{x}_3$
一	1	1	1
二	1	2	2
三	2	1	2
四	2	2	1

14.4.2.2 信噪比与马氏距离

设非负连续指标总体为 D，其信噪比 η^* 的计算公式如下：

$$\eta^* = \frac{\mu^2}{\sigma^2} \tag{14.54}$$

式中：μ^2 和 σ^2 分别为总体 D 均值的平方和方差。

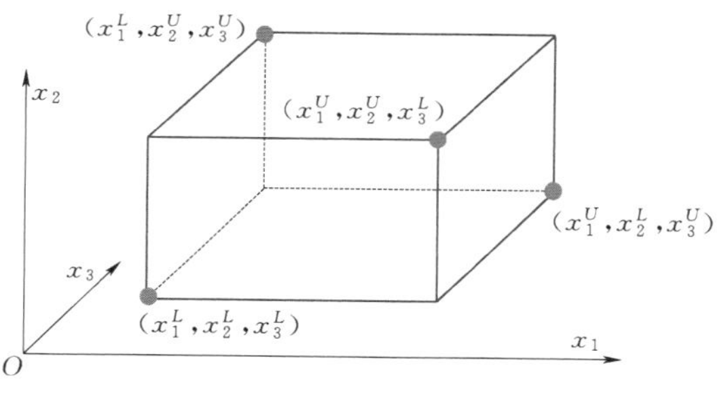

图 14.23 三维区间数正交试验结果

实际中，度量指标波动性的各类型信噪比计算公式如下：

(1) 望目特性（Nominal the Better，NB）信噪比。由数理统计知识可知，总体 D 的方差 σ^2、均值的平方 μ^2 的无偏估计量分别为

$$\hat{\sigma}^2 = \frac{1}{a-1}\sum_{g=1}^{a}(D_g - \overline{D}^2) \tag{14.55}$$

$$\hat{\mu}^2 = \overline{D}^2 - \frac{\hat{\sigma}^2}{a} \tag{14.56}$$

式中：$\overline{D} = \frac{1}{a}\sum_{g=1}^{a} D_g$；$a$ 为样本数。

(2) 将 $\hat{\sigma}^2$ 和 $\hat{\mu}^2$ 代入式（14.54），并对 η^* 做常用对数变换，可得望目特性信噪比 η^{NB}：

$$\eta^{NB}=10\lg\frac{\hat{\mu}^2}{\hat{\sigma}^2} \tag{14.57}$$

（3）望小特性（Smaller the Better，SB）信噪比。对于望小特性指标 D，希望 μ^2 和 σ^2 都越小越好，等价于 $\mu^2+\sigma^2=E(D^2)$ 越小越好，取 D^2 的无偏估计 $\hat{D}^2=\frac{1}{a}\sum_{g=1}^{a}D_g^2$，并将 $(\hat{D}^2)^{-1}$ 作为信噪比，按式（14.58）计算望小特性信噪比 η^{SB}：

$$\eta^{SB}=-10\lg\left(\frac{1}{a}\sum_{g=1}^{a}D_g^2\right) \tag{14.58}$$

（4）望大特性（Larger the Better，LB）信噪比。由望大特性指标 D，可知 D^{-1} 为望小特性指标，根据望小特性信噪比公式的推导过程，可得到望大特性信噪比 η^{LB}：

$$\eta^{LB}=-10\lg\left(\frac{1}{a}\sum_{g=1}^{a}\frac{1}{D_g^2}\right) \tag{14.59}$$

设 $\mathbf{Z}$ 为 n 维实数空间的一个总体，$\boldsymbol{\mu}=(\mu_1,\mu_2,\cdots,\mu_n)^T$ 和 Σ^{-1} 分别为 Z 的均值向量和协方差矩阵的逆，$\boldsymbol{x}=(x_1,x_2,\cdots,x_n)^T$ 是 n 维实数空间的任一样本，则样本 $\boldsymbol{x}$ 到总体 $\mathbf{Z}$ 的马氏距离 d 为

$$d^2=(\boldsymbol{x}-\boldsymbol{\mu})^T\Sigma^{-1}(\boldsymbol{x}-\boldsymbol{\mu}) \tag{14.60}$$

方案决策时，备选方案与参考方案的马氏距离越小越好，故采用望小特性信噪比。如将代表参考方案的样本 $\boldsymbol{x}$ 与代表参考方案的总体 Z 作为 MTS 的输入，则备选方案与参考方案的马氏距离 d 为输出响应。

14.4.2.3 MTS 改进 GEM 的优势

GEM 最初用于多维实数方案的决策，现简述如下。

灰熵是灰数的熵。灰数是信息不完全、不确定的一个数集，数集中是可能的取值。设灰数 $\mathbf{q}=\{q_i\mid i=1,2,\cdots,n\}$，$i\in\mathbf{J}$，$\mathbf{J}$ 为有限集合，且 $q_i\geqslant0$，$\sum_{i=1}^{n}q_i=1$，则称 $H(\mathbf{q})=-\sum_{i=1}^{n}q_i\ln q_i$ 为灰数 $\mathbf{q}$ 的灰熵。$q_i=0$ 时，$q_i\ln q_i=0$。$q_1,q_2,\cdots,q_n$ 越趋于均等，$H(\mathbf{q})$ 越大，由此可得到 $H(\mathbf{q})_{\max}=\ln n$，并将 $B(\mathbf{q})=\frac{H(\mathbf{q})}{H(\mathbf{q})_{\max}}$ 定义为灰数的均衡度。

信息熵是指信号源的熵。一个离散信号源可表示为 $X:\begin{bmatrix}x_1 & x_2 & \cdots & x_i & \cdots & x_n\\ p_1 & p_2 & \cdots & p_i & \cdots & p_n\end{bmatrix}$，$i\in\mathbf{J}$，$\mathbf{J}$ 为无限集合，随机变量 X 取值 x_i 的概率为 p_i，且 $P(X=x_i\cap X=x_j)=0$，$i\neq j$，$\sum_{i=1}^{n}p_i=1$，则称 $H(X)=-\sum_{i=1}^{n}p_i\ln p_i$ 为信号源的信息熵。

灰熵与信息熵存在的相同点与不同点：

（1）相同点。相同点 1：灰熵与信息熵的计算公式结构相同，具有信息熵的性质，如对称性、非负性、可加性、上凸性、极值性。

相同点 2：灰熵的物理意义是度量灰数的波动程度，信息熵的物理意义是描述信号源的不确定性，两者的物理意义在本质上是一致的。

（2）不同点。不同点 1：灰熵定义在有限信息空间，信息熵定义在无限信息空间。

不同点 2：灰熵是一种非概率熵，具有灰色性，即 q_i 是可能的取值；信息熵是一种概率熵，具有确定性，即 p_i 是一个确定的值。

GEM 原理：设由 m 个方案，n 个指标构成初始决策矩阵 $\boldsymbol{X}=[x_{ij}]_{m\times n}(i=1,2,\cdots,m;j=1,2,\cdots,n)$。通过对 $\boldsymbol{X}$ 作加权标准化变换，得到矩阵 $\boldsymbol{C}=[c_{ij}]_{m\times n}$，设备选方案为 $\boldsymbol{c}_i=(c_{i1},c_{i2},\cdots,c_{in})$。给定参考方案 $\boldsymbol{p}_\zeta=(p_{\zeta1},p_{\zeta2},\cdots,p_{\zeta n})(\zeta=1,2,\cdots,z)$ 时，备选方案 $\boldsymbol{c}_i$ 与参考方案 $\boldsymbol{p}_\zeta$ 的关联度 $G_{\zeta i}$ 计算如下：

$$G_{\zeta i}=\frac{1}{n}\sum_{j=1}^{n}r_{ki}^{(j)} \tag{14.61}$$

$$r_{\zeta i}^{(j)}=\frac{\min\limits_i\min\limits_j|p_\zeta^{(j)}-c_i^{(j)}|+\zeta\max\limits_i\max\limits_j|p_\zeta^{(j)}-c_i^{(j)}|}{|p_\zeta^{(j)}-c_i^{(j)}|+\zeta\max\limits_i\max\limits_j|p_\zeta^{(j)}-c_i^{(j)}|} \tag{14.62}$$

式中：$r_{\zeta i}^{(j)}$ 为备选方案 $\boldsymbol{c}_i$ 和参考方案 $\boldsymbol{p}_\zeta$ 在第 j 个指标的关联系数；ζ 为分辨系数，一般取 0.5。

备选方案 $\boldsymbol{c}_i$ 与参考方案为 $\boldsymbol{p}_\zeta$ 的关联系数序列为 $\mathbf{r}_{\zeta i}=\{r_{\zeta i}^{(j)}|j=1,2,\cdots,n\}$，序列 $\mathbf{r}_{\zeta i}$ 的均衡度 $J_{\zeta i}$ 计算如下：

$$J_{\zeta i}=-\frac{1}{\ln n}\sum_{j=1}^{n}q_{\zeta i}^{(j)}\ln q_{\zeta i}^{(j)} \tag{14.63}$$

式中：$q_{\zeta i}^{(j)}=\dfrac{r_{\zeta i}^{(j)}}{\sum\limits_{j=1}^{n}r_{\zeta i}^{(j)}}$。

备选方案 $\boldsymbol{c}_i$ 与参考方案 $\boldsymbol{p}_\zeta$ 的均衡接近度 $\gamma_{\zeta i}$ 为

$$\gamma_{\zeta i}=G_{\zeta i}J_{\zeta i} \tag{14.64}$$

均衡接近度越大，备选方案与参考方案越相似。

由式（14.62）可以看出，关联系数是两点间距离的反映，但采用欧式距离计算，忽略了指标间相关性，而实际情况下，指标间一般是存在相关性的，这样就使得关联度和均衡度的计算结果不合理。另外，指标间还存在着交互作用，一部分是可控的，另一部分是非可控的，非可控交互作用会影响到输出响应的稳定性。所以，虽然均衡度是反映关联系数序列波动性的一个指标，但它却没能够体现出由指标间存在的非可控交互作用所带来的波动性。MTS 系统的优点是不仅可以运用正交表对多维实数或多维区间数进行灵活处理，将指标间交互作用考虑在内，而且可以采用考虑指标间相关性的马氏距离计算关联系数。因此，利用 MTS 改进 GEM，可以增强 GEM 的决策性能。

14.4.3 MTS-GEM 多维区间数决策模型

14.4.3.1 加权标准化决策矩阵的建立

设由 m 个备选方案、n 个指标构成初始区间数决策矩阵 $\widetilde{\boldsymbol{X}}=[\widetilde{x}_{ij}]_{m\times n}(i=1,2,\cdots,m;j=1,2,\cdots,n)$，其中 $\widetilde{x}_{ij}=[x_{ij}^L,x_{ij}^U]$。

由于初始区间数决策矩阵 $\widetilde{\boldsymbol{X}}$ 中各指标的量纲不同，采用式（14.65）～式（14.66）对不同类型的指标作无量纲化处理，得到标准化区间数决策矩阵 $\widetilde{\boldsymbol{B}}=[\widetilde{b}_{ij}]_{m\times n}$，其中 $\widetilde{b}_{ij}=$

$[b_{ij}^L, b_{ij}^U]$。

效益型指标

$$\tilde{b}_{ij}=\left[\frac{x_{ij}^L-\min_i x_{ij}}{\max_i x_{ij}-\min_i x_{ij}},\frac{x_{ij}^U-\min_i x_{ij}}{\max_i x_{ij}-\min_i x_{ij}}\right] \tag{14.65}$$

成本型指标

$$\tilde{b}_{ij}=\left[\frac{\max_i x_{ij}-x_{ij}^U}{\max_i x_{ij}-\min_i x_{ij}},\frac{\max_i x_{ij}-x_{ij}^L}{\max_i x_{ij}-\min_i x_{ij}}\right] \tag{14.66}$$

式中：$\min_i x_{ij}=\min(\min_i x_{ij}^L,\min_i x_{ij}^U)$，$\max_i x_{ij}=\max(\max_i x_{ij}^L,\max_i x_{ij}^U)$。

区间数指标的区间数权重可采用专家打分法、熵权法或者组合赋权法等方法得到，现对熵权法做简要介绍。

确定各指标权重 $\tilde{\boldsymbol{W}}=[\tilde{w}_j]_{1\times n}$，其中 $\tilde{w}_j=[w_j^L,\ w_j^U]$。首先根据标准化区间数决策矩阵 $\tilde{\boldsymbol{B}}$ 计算区间数指标熵：

$$E_j^L=-\frac{1}{\ln m}\sum_{i=1}^{m}\left[\left(\frac{b_{ij}^L}{\sum_{i=1}^{m}b_{ij}^L}\right)\ln\left(\frac{b_{ij}^L}{\sum_{i=1}^{m}b_{ij}^L}\right)\right] \tag{14.67}$$

$$E_j^U=-\frac{1}{\ln m}\sum_{i=1}^{m}\left[\left(\frac{b_{ij}^U}{\sum_{i=1}^{m}b_{ij}^U}\right)\ln\left(\frac{b_{ij}^U}{\sum_{i=1}^{m}b_{ij}^U}\right)\right] \tag{14.68}$$

式中：E_j^L、E_j^U 分别为区间数指标下界熵、上界熵；当 $b_{ij}^L=0$ 或 $b_{ij}^U=0$ 时，$\left(\frac{b_{ij}^L}{\sum_{i=1}^{m}b_{ij}^L}\right)\ln\left(\frac{b_{ij}^L}{\sum_{i=1}^{m}b_{ij}^L}\right)=0$ 或 $\left(\frac{b_{ij}^U}{\sum_{i=1}^{m}b_{ij}^U}\right)\ln\left(\frac{b_{ij}^U}{\sum_{i=1}^{m}b_{ij}^U}\right)=0$。

然后计算区间数指标权重 $\tilde{w}_j$：

$$\tilde{w}_j=[w_j^L,w_j^U]=\left[\min\left(\frac{1-E_j^L}{\sum_{j=1}^{n}(1-E_j^L)},\frac{1-E_j^U}{\sum_{j=1}^{n}(1-E_j^U)}\right),\max\left(\frac{1-E_j^L}{\sum_{j=1}^{n}(1-E_j^L)},\frac{1-E_j^U}{\sum_{j=1}^{n}(1-E_j^U)}\right)\right] \tag{14.69}$$

由标准化区间数决策矩阵 $\tilde{\boldsymbol{B}}$ 和区间数指标权重 $\tilde{\boldsymbol{W}}$，利用区间数的乘法运算法则，得到带有权重的加权标准化决策矩阵 $\tilde{\boldsymbol{C}}=[\tilde{c}_{ij}]_{m\times n}$，其中 $\tilde{c}_{ij}=\tilde{w}_j\times\tilde{b}_{ij}$。

基于 TOPSIS 思想，确定正理想方案 $\tilde{p}_+$ 和负理想方案 $\tilde{p}_-$：

$$\tilde{p}_+=\{[\max_i c_{i1}^L,\max_i c_{i1}^U],[\max_i c_{i2}^L,\max_i c_{i2}^U],\cdots,[\max_i c_{in}^L,\max_i c_{in}^U]\} \tag{14.70}$$

$$\tilde{p}_-=\{[\min_i c_{i1}^L,\min_i c_{i1}^U],[\min_i c_{i2}^L,\min_i c_{i2}^U],\cdots,[\min_i c_{in}^L,\min_i c_{in}^U]\} \tag{14.71}$$

14.4.3.2 方案的正交试验及衍生指标计算

根据指标个数 n，选择 $N\geqslant n$ 的 2 水平正交表，n 个指标可安排在正交表的任意 n 列。对于区间数 $\tilde{a}=[a^L,a^U]$，选取 a^L 和 a^U 为水平 1 和水平 2。备选方案 $\tilde{c}_i(i=1,2,\cdots,m)$ 的布点矩阵 $\boldsymbol{C}_i$ 为

$$\boldsymbol{C}_i=\begin{bmatrix}c_i^{(1)}\\c_i^{(2)}\\\vdots\\c_i^{(a)}\end{bmatrix}=\begin{bmatrix}c_{i1}^{(1)} & c_{i2}^{(1)} & \cdots & c_{in}^{(1)}\\c_{i1}^{(2)} & c_{i2}^{(2)} & \cdots & c_{in}^{(2)}\\\vdots & \vdots & \ddots & \vdots\\c_{i1}^{(a)} & c_{i2}^{(a)} & \cdots & c_{in}^{(a)}\end{bmatrix}_{a\times n}\tag{14.72}$$

式中：$c_i^{(g)}(g=1,2,\cdots,a)$ 为方案 $\tilde{c}_i$ 的第 g 个布点；$c_{i1}^{(g)}$，$c_{i2}^{(g)}$，…，$c_{in}^{(g)}$ 为 $c_i^{(g)}$ 的 n 个分量。

同理，可得到正理想方案布点矩阵 $\boldsymbol{P}_+$ 和负理想方案布点矩阵 $\boldsymbol{P}_-$。

将由初始区间数指标计算得到的基于平方马氏距离的信噪比和均衡接近度定义为衍生指标。参照式（14.72）计算备选方案布点 $c_i^{(g)}(i=1,2,\cdots,m;g=1,2,\cdots,a)$ 与正理想方案和负理想方案的平方马氏距离 $d^2[c_i^{(g)},\boldsymbol{P}_+]$ 和 $d^2[c_i^{(g)},\boldsymbol{P}_-]$。

1. 信噪比

第 i 个方案与正理想方案和负理想方案的望小特性信噪比 η_{+i} 和 η_{-i} 为

$$\eta_{+i}=-10\lg\left\{\frac{1}{a}\sum_{g=1}^{a}d'^2[c_i^{(g)},\boldsymbol{P}_+]\right\}\tag{14.73}$$

$$\eta_{-i}=-10\lg\left\{\frac{1}{a}\sum_{g=1}^{a}d'^2[c_i^{(g)},\boldsymbol{P}_-]\right\}\tag{14.74}$$

式中：a 为正交试验次数；$d'^2[c_i^{(g)},\boldsymbol{P}_+]$、$d'^2[c_i^{(g)},\boldsymbol{P}_-]$ 为按式（14.75）～式（14.76）标准化后的平方马氏距离。

$$d'^2[c_i^{(g)},\boldsymbol{P}_+]=\frac{\max\limits_g d^2[c_i^{(g)},\boldsymbol{P}_+]-d^2[c_i^{(g)},\boldsymbol{P}_+]}{\max\limits_g d^2[c_i^{(g)},\boldsymbol{P}_+]-\min\limits_g d^2[c_i^{(g)},\boldsymbol{P}_+]}\tag{14.75}$$

$$d'^2[c_i^{(g)},\boldsymbol{P}_-]=\frac{d^2[c_i^{(g)},\boldsymbol{P}_-]-\min\limits_g d^2[c_i^{(g)},\boldsymbol{P}_-]}{\max\limits_g d^2[c_i^{(g)},\boldsymbol{P}_-]-\min\limits_g d^2[c_i^{(g)},\boldsymbol{P}_-]}\tag{14.76}$$

2. 改进灰熵法均衡接近度

备选方案 $\tilde{c}_i$ 与正理想方案的关联度 G_{+i} 和与负理想方案的关联度 G_{-i}：

$$G_{+i}=\frac{1}{a}\sum_{g=1}^{a}r_{+i}^{(g)}\tag{14.77}$$

$$G_{-i}=\frac{1}{a}\sum_{g=1}^{a}r_{-i}^{(g)}\tag{14.78}$$

式中：$r_{+i}^{(g)}$ 为备选方案 $\tilde{c}_i$ 和正理想方案在第 g 个布点的关联系数；$r_{-i}^{(g)}$ 为备选方案 $\tilde{c}_i$ 和负理想方案在第 g 个布点的关联系数。

基于平方马氏距离对关联系数公式做如下修正：

$$r_{+i}^{(g)}=\frac{\min\limits_i\min\limits_g d^2[c_i^{(g)},\boldsymbol{P}_+]+\zeta\max\limits_i\max\limits_g d^2[c_i^{(g)},\boldsymbol{P}_+]}{d^2[c_i^{(g)},\boldsymbol{P}_+]+\zeta\max\limits_i\max\limits_g d^2[c_i^{(g)},\boldsymbol{P}_+]}\tag{14.79}$$

$$r_{-i}^{(g)}=\frac{\min\limits_i\min\limits_g d^2[c_i^{(g)},\boldsymbol{P}_-]+\zeta\max\limits_i\max\limits_g d^2[c_i^{(g)},\boldsymbol{P}_-]}{d^2[c_i^{(g)},\boldsymbol{P}_-]+\zeta\max\limits_i\max\limits_g d^2[c_i^{(g)},\boldsymbol{P}_-]}\tag{14.80}$$

式中：分辨系数 ζ 取 0.5。

备选方案 $\tilde{c}_i$ 与正理想方案的均衡度 J_{+i} 和与负理想方案的均衡度 J_{-i}：

$$J_{+i}=-\frac{1}{\ln a}\sum_{g=1}^{a}q_{+i}^{(g)}\ln q_{+i}^{(g)} \tag{14.81}$$

$$J_{-i}=-\frac{1}{\ln a}\sum_{g=1}^{a}q_{-i}^{(g)}\ln q_{-i}^{(g)} \tag{14.82}$$

式中：$q_{+i}^{(g)}=\dfrac{r_{+i}^{(g)}}{\sum_{g=1}^{a}r_{+i}^{(g)}}$，$q_{-i}^{(g)}=\dfrac{r_{-i}^{(g)}}{\sum_{g=1}^{a}r_{-i}^{(g)}}$。

备选方案 $\tilde{c}_i$ 与正理想方案的均衡接近度 γ_{+i} 和与负理想方案的均衡接近度 γ_{-i}：

$$\gamma_{+i}=G_{+i}J_{+i} \tag{14.83}$$

$$\gamma_{-i}=G_{-i}J_{-i} \tag{14.84}$$

14.4.3.3 方案决策

根据信噪比和均衡接近度，构建决策矩阵 $\boldsymbol{Y}$ 如式（14.85）所示，其中，效益型指标为 η_{-i} 和 γ_{+i}，成本型指标为 η_{+i} 和 γ_{-i}。

$$\boldsymbol{Y}=\begin{bmatrix}\eta_{+1} & \eta_{-1} & \gamma_{+1} & \gamma_{-1}\\ \eta_{+2} & \eta_{-2} & \gamma_{+2} & \gamma_{-2}\\ \vdots & \vdots & \vdots & \vdots\\ \eta_{+m} & \eta_{-m} & \gamma_{+m} & \gamma_{-m}\end{bmatrix}_{m\times 4} \tag{14.85}$$

至此，已将多维区间数决策问题转化为多维实数决策问题，可按如下多维实数向量空间决策方法（Multi - dimensional Real Vector Space Decision - making Method，MRVSDM）进行最优方案的选择。

（1）将 m 个 n 维实数看作以 O 为原点的 n 维空间中的点 $A_1,\cdots,A_i,\cdots,A_m$，进而可得到向量 $\boldsymbol{a}_1=\overrightarrow{OA}_1$，…，$\boldsymbol{a}_i=\overrightarrow{OA}_i$，…，$\boldsymbol{a}_m=\overrightarrow{OA}_m$。

（2）假定参考方案向量为 $\boldsymbol{p}$，$|\boldsymbol{a}_i|$、$|\boldsymbol{p}|$ 分别为向量 $\boldsymbol{a}_i$、$\boldsymbol{p}$ 的模，计算向量 $\boldsymbol{a}_i$ 与向量 $\boldsymbol{p}$ 的夹角 $\theta_i=(\widehat{\boldsymbol{a}_i,\boldsymbol{p}})=\arccos\left(\dfrac{\boldsymbol{a}_i\cdot\boldsymbol{p}}{|\boldsymbol{a}_i||\boldsymbol{p}|}\right)$ 及向量 $\boldsymbol{a}_i$ 到向量 $\boldsymbol{p}$ 的映射距离（Mapping Distance，MD）$\mathrm{MD}_i=|\boldsymbol{a}_i|\sin\theta_i$。其中，$\boldsymbol{a}_i\cdot\boldsymbol{p}$ 为两向量的数量积。

（3）由上述可得到映射距离集合 $\mathbf{MD}=\{\mathrm{MD}_i\,|\,i=1,2,\cdots,m\}$。依据 MD_i 越小，向量 $\boldsymbol{a}_i$ 与向量 $\boldsymbol{p}$ 越接近的原则，选择满足目标 $\min\limits_{i}\mathrm{MD}_i$ 的方案为最优方案。

三维实数向量空间决策示意图如图 14.24 所示。

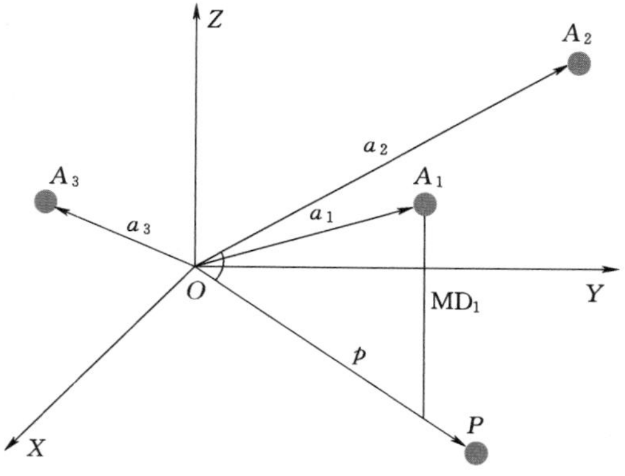

图 14.24 三维实数向量空间决策示意图

综上，MTS-GEM 模型的应用过程主要是将代表方案的区间数指标作为输入，通过正交试验及计算马氏距离、信噪比、改进均衡接度等一系列中间环节，最后输出各方案到理想方案的映射距离。基于马田系统和灰熵法的多维区间数决策流程如图 14.25 所示。

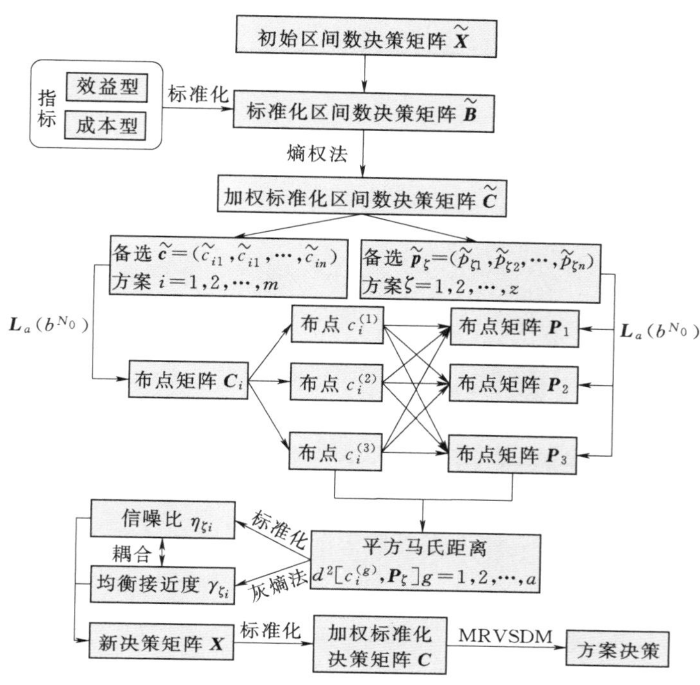

图 14.25　基于马田系统和灰熵法的多维区间数决策流程图

14.4.4　算例分析

14.4.4.1　单一水库多目标优化调度方案优选

水库多目标调度是一个多维的、复杂的系统工程问题，受径流预报、调度模型、求解方法及求解精度等多方面的影响，获得的非劣解集中各属性值往往不是一个精确的实数，而是具有不确定性的区间数。潘口水电站是一座具有发电、防洪、供水等综合利用任务的年调节电站，其基本参数见表 14.19。

表 14.19　潘口水电站参数

项　　目	指标名称	单　　位	指标描述
特征水位	死水位	m	330.0
	防洪限制水位	m	347.6
	正常蓄水位	m	355.0
	防洪高水位	m	358.4
	设计洪水位	m	357.1
	校核洪水位	m	360.8
库容特性	死库容	亿 m^3	8.50
	调节库容	亿 m^3	11.20
	总库容	亿 m^3	23.38
	调节性能		完全年调节

续表

项　　目	指标名称	单　　位	指标描述
发电特性	装机容量	MW	500
	保证出力	MW	78.1
	多年平均年发电量	亿 kW·h	10.474
径流特性	坝址以上流域面积	km^2	8950
	多年平均流量	m^3/s	163
	多年平均径流量	亿 m^3	51.4
	装机利用小时	h	2042
调度模式			以电定水

为合理调整水库汛期运行水位上限，提高洪水资源利用率，文献（王丽萍等，2019）选取了防洪风险率、年发电量、汛末蓄水量为选择汛期运行水位上限方案的评价指标。防洪风险率利用洪水随机模拟的方法得到，即根据入库洪水随机模型模拟出能够全面反映水库实测入库洪水统计特性的 n 条年最大入库洪水过程线。根据水库调度模型进行调洪演算，从而得到坝前年最高水位序列，超越规定水位的次数与 n 的比值作为防洪风险率。年发电量是指一年调度期内水电站的发电量总和，表征水电站的发电效益，年发电量越多，年发电效益越大。汛末蓄水量是指汛末水库蓄水位与死水位之间的水量，表征水库的供水效益，汛末蓄水量越多，供水效益越大。潘口水库汛期运行水位方案设置如图 14.26 所示。潘口水库目前汛期运行最高水位采用方案 1。

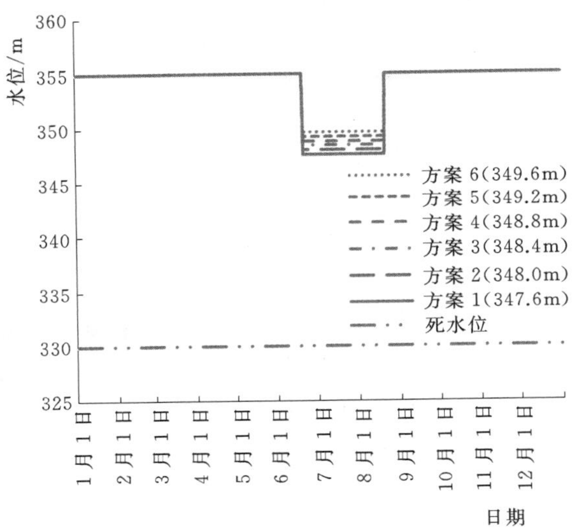

图 14.26　潘口水库汛期运行水位方案设置

通过蒙特卡罗法随机模拟 100 组 1000 场设计标准的洪水，对每场洪水进行调洪演算并统计每组 1000 场洪水中发生水位越限的次数 $\lambda_\xi(\xi=1,2,\cdots,100)$，计算每组防洪风险率 $\lambda_\xi/1000$，区间形式的防洪风险率为 $[\min\limits_{1\leqslant\xi\leqslant100}(\lambda_\xi/1000),\max\limits_{1\leqslant\xi\leqslant100}(\lambda_\xi/1000)]$；同理，利用 1971—2011 年共 41 年的月入库流量资料，通过水库调度计算得到 41 个年发电量和 41 个汛末蓄水量，取发电量的最小值和最大值得到区间形式的年发电量，取汛末蓄水量的最小值和最大值得到区间形式的汛末蓄水量。初始区间数决策矩阵 $\widetilde{\boldsymbol{X}}$ 见表 14.20。

对表 14.20 中效益型指标（年发电量、汛末蓄水量）和成本型指标（防洪风险率）作标准化处理，得到标准化区间数决策矩阵 $\widetilde{\boldsymbol{B}}$（表 14.21）。

表 14.20 初始区间数决策矩阵 $\widetilde{X}$

方案	防洪风险率 $\widetilde{x}_{i1}$/%	年发电量 $\widetilde{x}_{i2}$/(亿 kW·h)	汛末蓄水量 $\widetilde{x}_{i3}$/亿 m^3
1	[1.812,4.371]	[6.531,14.392]	[4.887,11.200]
2	[1.882,4.408]	[7.086,14.983]	[5.411,11.200]
3	[1.993,4.421]	[7.687,15.639]	[6.033,11.200]
4	[2.211,4.689]	[8.275,16.136]	[6.751,11.200]
5	[2.534,5.028]	[8.699,16.641]	[7.523,11.200]
6	[2.977,5.594]	[9.320,17.343]	[8.431,11.200]

表 14.21 标准化区间数决策矩阵 $\widetilde{B}$

方案	防洪风险率 $\widetilde{b}_{i1}$	年发电量 $\widetilde{b}_{i2}$	汛末蓄水量 $\widetilde{b}_{i3}$
1	[0.323,1.000]	[0.000,0.727]	[0.000,1.000]
2	[0.314,0.981]	[0.051,0.782]	[0.083,1.000]
3	[0.310,0.952]	[0.107,0.842]	[0.182,1.000]
4	[0.239,0.895]	[0.161,0.888]	[0.295,1.000]
5	[0.150,0.809]	[0.201,0.935]	[0.418,1.000]
6	[0.000,0.692]	[0.258,1.000]	[0.561,1.000]

本算例中采用主客观组合赋权的方式对区间数指标进行赋权。现有 5 个专家分别对 3 个指标的重要性进行打分，得到打分矩阵为

$$\begin{array}{c} \\ \widetilde{x}_1 \\ \widetilde{x}_2 \\ \widetilde{x}_3 \end{array} \begin{array}{ccccc} \text{专家 1} & \text{专家 2} & \text{专家 3} & \text{专家 4} & \text{专家 5} \\ \left[\begin{array}{ccccc} [0.320,0.360] & [0.376,0.397] & [0.360,0.380] & [0.348,0.370] & [0.333,0.375] \\ [0.300,0.340] & [0.333,0.350] & [0.340,0.360] & [0.326,0.348] & [0.292,0.333] \\ [0.260,0.300] & [0.235,0.252] & [0.240,0.260] & [0.261,0.283] & [0.250,0.292] \end{array}\right] \end{array}$$

对每个指标，主观权重区间下限取所有专家打分的最小值，区间上限取所有专家打分的最大值，得到区间数指标的主观权重为

$$\begin{array}{cccc} & \widetilde{x}_1 & \widetilde{x}_2 & \widetilde{x}_3 \\ \widetilde{\boldsymbol{S}}=\{ & [0.320,0.397] & [0.292,0.360] & [0.235,0.300]\} \end{array}$$

根据熵权法得到信息熵权 $t_j^L=(0.252,0.347,0.401)$、$t_j^U=(0.573,0.427,0)$，区间数指标的客观权重为

$$\begin{array}{cccc} & \widetilde{x}_1 & \widetilde{x}_2 & \widetilde{x}_3 \\ \widetilde{\boldsymbol{T}}=\{ & [0.252,0.573] & [0.347,0.427] & [0,0.401]\} \end{array}$$

由 $\widetilde{\boldsymbol{S}}$ 和 $\widetilde{\boldsymbol{T}}$ 得到区间数指标最终权重 $\widetilde{\boldsymbol{W}}=[\widetilde{w}_j]_{1\times n}$，$\widetilde{w}_j=[\beta s_j^L+(1-\beta)t_j^L,\beta s_j^U+(1-\beta)t_j^U]$，$\beta(0\leqslant\beta\leqslant1)$ 为经验因子，反映决策者对主观经验和客观数据的偏好程度（彭杨等，2013）。区间数指标的最终权重为

$$\tilde{W}=\{\overset{\tilde{x}_1}{[0.252,0.573]}\ \overset{\tilde{x}_2}{[0.292,0.427]}\ \overset{\tilde{x}_3}{[0,0.401]}\}$$

由矩阵 $\tilde{\boldsymbol{B}}$ 和 $\tilde{\boldsymbol{W}}$，得到加权标准化区间数决策矩阵 $\tilde{\boldsymbol{C}}$（表 14.22）。

表 14.22 加权标准化区间数决策矩阵 $\tilde{C}$

方案	防洪风险率 $\tilde{c}_{i1}$	年发电量 $\tilde{c}_{i2}$	汛末蓄水量 $\tilde{c}_{i3}$
1	[0.032,0.397]	[0.000,0.430]	[0.000,0.443]
2	[0.031,0.390]	[0.013,0.462]	[0.020,0.443]
3	[0.031,0.378]	[0.028,0.498]	[0.043,0.443]
4	[0.024,0.355]	[0.042,0.525]	[0.069,0.443]
5	[0.015,0.321]	[0.052,0.553]	[0.098,0.443]
6	[0.000,0.275]	[0.067,0.591]	[0.132,0.443]

通过矩阵 $\tilde{\boldsymbol{C}}$，基于 TOPSIS 思想，确定正理想方案 $\tilde{\boldsymbol{p}}_+$ 与负理想方案 $\tilde{\boldsymbol{p}}_-$ 为

$$\tilde{\boldsymbol{p}}_+=\{[0.032,0.397][0.067,0.591][0.132,0.443]\}$$

$$\tilde{\boldsymbol{p}}_-=\{[0.000,0.275][0.000,0.430][0.000,0.443]\}$$

本算例中有 3 个指标，选取 $\boldsymbol{L}_4(2^3)$ 正交表，备选方案布点矩阵 $\boldsymbol{C}_i(i=1,2,\cdots,6)$、正理想方案布点矩阵 $\boldsymbol{P}_+$ 和负理想方案布点矩阵 $\boldsymbol{P}_-$ 见表 14.23。

表 14.23 方案布点矩阵

矩阵	防洪风险率	年发电量	汛末蓄水量	矩阵	防洪风险率	年发电量	汛末蓄水量
$\boldsymbol{C}_1$	0.032	0.000	0.000	$\boldsymbol{C}_5$	0.015	0.052	0.098
	0.032	0.430	0.443		0.015	0.553	0.443
	0.397	0.000	0.443		0.321	0.052	0.443
	0.397	0.430	0.000		0.321	0.553	0.098
$\boldsymbol{C}_2$	0.031	0.013	0.020	$\boldsymbol{C}_6$	0.000	0.067	0.132
	0.031	0.462	0.443		0.000	0.591	0.443
	0.390	0.013	0.443		0.275	0.067	0.443
	0.390	0.462	0.020		0.275	0.591	0.132
$\boldsymbol{C}_3$	0.031	0.028	0.043	$\boldsymbol{P}_+$	0.032	0.067	0.132
	0.031	0.498	0.443		0.032	0.591	0.443
	0.378	0.028	0.443		0.397	0.067	0.443
	0.378	0.498	0.043		0.397	0.591	0.132
$\boldsymbol{C}_4$	0.024	0.042	0.069	$\boldsymbol{P}_-$	0.000	0.000	0.000
	0.024	0.525	0.443		0.000	0.430	0.443
	0.355	0.042	0.443		0.275	0.000	0.443
	0.355	0.525	0.069		0.275	0.430	0.000

计算布点矩阵 $\boldsymbol{C}_i$ 中各点到正理想方案布点矩阵 $\boldsymbol{P}_+$ 和负理想方案布点矩阵 $\boldsymbol{P}_-$ 的平方马氏距离，列于表 14.24。

表 14.24　平方马氏距离

方　案	$d^2[c_i^{(g)},\boldsymbol{P}_+]$				$d^2[c_i^{(g)},\boldsymbol{P}_-]$			
1	4.509	1.611	2.674	3.430	1.949	1.942	4.158	4.164
2	4.081	1.701	2.526	3.111	1.740	2.191	3.928	4.133
3	3.614	1.820	2.333	2.772	1.511	2.500	3.599	4.074
4	3.209	1.986	2.087	2.349	1.359	2.821	3.100	3.785
5	2.859	2.194	1.837	1.921	1.266	3.200	2.506	3.417
6	2.546	2.536	1.576	1.586	1.235	3.796	1.847	3.162

对平方马氏距离进行标准化并计算信噪比指标、均衡接近度指标，得到决策矩阵 $\boldsymbol{X}$（表 14.25）。

表 14.25　衍生指标决策矩阵 X

方　案	η_{+i}	η_{-i}	γ_{+i}	γ_{-i}
1	2.998	3.010	0.753	0.652
2	2.829	2.894	0.775	0.660
3	2.508	2.784	0.801	0.669
4	1.869	2.633	0.824	0.686
5	2.429	2.446	0.841	0.705
6	2.984	3.010	0.838	0.710

对 $\boldsymbol{X}$ 进行标准化，并取各指标权重为 0.25，得到如表 14.26 所示的加权标准化决策矩阵 $\boldsymbol{C}$。

选取参考方案 $\boldsymbol{p}=(0.25,0.25,0.25,0.25)$，并计算备选方案到参考方案的映射距离 MD_i。

表 14.26　衍生指标加权标准化决策矩阵 C

方案	η_{+i}^*	η_{-i}^*	γ_{+i}^*	γ_{-i}^*
1	0.000	0.250	0.000	0.250
2	0.037	0.199	0.063	0.216
3	0.109	0.150	0.136	0.177
4	0.250	0.083	0.202	0.103
5	0.126	0.000	0.250	0.022
6	0.003	0.250	0.241	0.000

为验证本章方法的可行性与有效性，采用信噪比贴近度作为方案排序准则的方法作为第一种比较方法：

$$\eta_i=\frac{\eta_{-i}}{\eta_{+i}+\eta_{-i}} \tag{14.86}$$

基于 TOPSIS 思想，定义改进的均衡接近度贴近度如下：

$$\gamma_i=\frac{\gamma_{+i}}{\gamma_{+i}+\gamma_{-i}} \tag{14.87}$$

当 $\gamma_{-i}\to 0$ 时，$\gamma_i\to 1$，方案越靠近正理想方案；$\gamma_{+i}\to 0$ 时，$\gamma_i\to 0$，方案越远离正理想方案。排序准则为 γ_i 越大，对应的方案越优。将该方法作为第二种比较方法。

依据方法一、方法二和方法三（本章方法）各自排序准则对方案进行排序，结果见表 14.27。

表 14.27 方案排序结果

方案	方法一		方法二		方法三	
	η_i	排序	γ_i	排序	MD_i	排序
1	0.5010	6	0.5359	6	0.2500	6
2	0.5057	3	0.5401	5	0.1585	3
3	0.5260	2	0.5449	2	0.0492	1
4	0.5848	1	0.5457	1	0.1378	2
5	0.5018	5	0.5440	3	0.1983	4
6	0.5021	4	0.5413	4	0.2443	5

由表 14.27 可以看出，3 种方法决策结果中排在最后一位的均为方案 1，而方案 1 为目前潘口水库所采用的方案，这也就是说明 3 种方法均认为方案 1 不是最优方案，需要选取其他方案，符合潘口水库面临的现状。方法三认为方案 3 为最优方案。方案 3 是在目前方案 1 的基础上，将汛期运行最高水位抬升了 0.8m。

可从信噪比、改进均衡接近度指标的计算过程分析导致方案排序结果不一致的原因：信噪比、改进均衡接近度分别反映了备选方案与参考方案输出响应的强弱和几何曲线的均衡接近程度。单独采用方法一或方法二时，决策结果被采纳的可能性会降低。研究所提方法中同时包含了方法一和方法二各自的优点，并且通过映射距离再次逼近参考方案，故决策结果更为准确、合理。因此，推荐方案 3 为最优方案。

表 14.28 中信噪比贴近度和均衡接近度贴近度均为效益型指标，映射距离为成本型指标，将映射距离按极差法转换为效益型指标，然后将 3 种指标归一化，置于同一图中进行对比（图 14.27）。

14.4.4.2 梯级水库防洪优化调度方案优选

以三峡梯级水库防洪优化调度方案的优选为例，对所建决策模型的扩展性能进行阐述。选取超防洪高水位风险率、超控制下泄流量风险率、调度期末水位和发电量为方案决策指标，初始区间数决策矩阵 $\tilde{X}$ 见表 14.28。

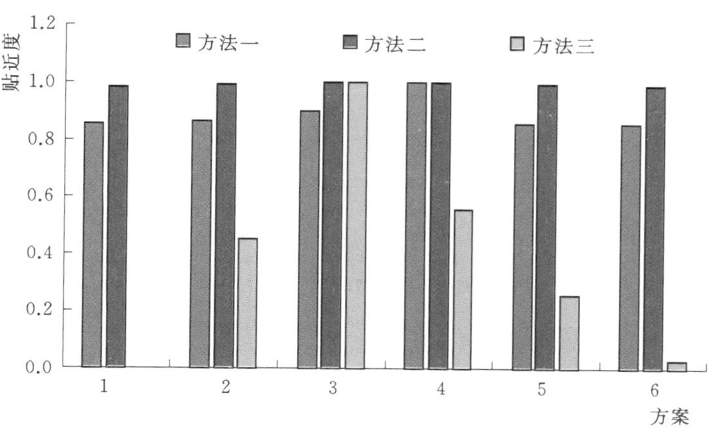

图 14.27 贴近度对比

表 14.28 初始区间数决策矩阵 $\tilde{X}$

方案	超防洪高水位风险率 $\tilde{x}_{i1}$/%	超控制下泄流量风险率 $\tilde{x}_{i2}$/%	调度期末水位 $\tilde{x}_{i3}$/m	发电量 $\tilde{x}_{i4}$/(亿 kW·h)
1	[2.37,2.77]	[40.22,40.24]	[149.89,150.89]	[40.35,40.55]
2	[3.05,3.45]	[35.02,35.04]	[150.47,151.47]	[40.48,40.68]
3	[5.81,6.21]	[23.93,23.95]	[151.47,152.47]	[40.60,40.80]
4	[8.74,9.14]	[13.30,13.32]	[152.45,153.45]	[40.69,40.89]
5	[14.18,14.58]	[7.54,7.56]	[153.49,154.49]	[40.72,40.92]
6	[19.64,20.04]	[4.96,4.98]	[154.26,155.26]	[40.75,40.95]
7	[27.57,27.97]	[1.71,1.73]	[155.08,156.08]	[40.82,41.02]
8	[35.14,35.54]	[0.50,0.52]	[155.87,156.87]	[40.85,41.05]
9	[43.16,43.56]	[0.21,0.23]	[156.45,157.45]	[40.92,41.12]

对表 14.28 中效益型指标（调度期末水位、发电量）和成本型指标（超防洪高水位风险率、超控制下泄流量风险率）作标准化处理，得到标准化区间数决策矩阵 $\tilde{B}$（表 14.29）。

该算例中采用熵权法计算区间数指标的权重。信息熵权 $w_j^L=(0.233,0.248,0.310,0.209)$、$w_j^U=(0.317,0.357,0.232,0.094)$，区间数指标权重为：$\tilde{W}=\{[0.233,0.317][0.248,0.357][0.232,0.310][0.094,0.209]\}$

表 14.29　　标准化区间数决策矩阵 $\widetilde{B}$

方案	超防洪高水位风险率 $\widetilde{b}_{i1}$	超控制下泄流量风险率 $\widetilde{b}_{i2}$	调度期末水位 $\widetilde{b}_{i3}$	发电量 $\widetilde{b}_{i4}$
1	[0.9903,1.0000]	[0.0000,0.0005]	[0.0000,0.1323]	[0.0000,0.2597]
2	[0.9738,0.9835]	[0.1299,0.1304]	[0.0767,0.2090]	[0.1688,0.4286]
3	[0.9068,0.9165]	[0.4069,0.4074]	[0.2090,0.3413]	[0.3247,0.5844]
4	[0.8356,0.8454]	[0.6725,0.6730]	[0.3386,0.4709]	[0.4416,0.7013]
5	[0.7036,0.7133]	[0.8164,0.8169]	[0.4762,0.6085]	[0.4805,0.7403]
6	[0.5710,0.5807]	[0.8808,0.8813]	[0.5780,0.7103]	[0.5195,0.7792]
7	[0.3785,0.3882]	[0.9620,0.9625]	[0.6865,0.8188]	[0.6104,0.8701]
8	[0.1947,0.2044]	[0.9923,0.9928]	[0.7910,0.9233]	[0.6494,0.9091]
9	[0.0000,0.0097]	[0.9995,1.0000]	[0.8677,1.0000]	[0.7403,1.0000]

由矩阵 $\widetilde{\boldsymbol{B}}$ 和 $\widetilde{\boldsymbol{W}}$，得到加权标准化区间数决策矩阵 $\widetilde{\boldsymbol{C}}$（表 14.30）。

表 14.30　　加权标准化区间数决策矩阵 $\widetilde{C}$

方案	超防洪高水位风险率 $\widetilde{c}_{i1}$	超控制下泄流量风险率 $\widetilde{c}_{i2}$	调度期末水位 $\widetilde{c}_{i3}$	发电量 $\widetilde{c}_{i4}$
1	[0.2308,0.3171]	[0.0000,0.0002]	[0.0000,0.0410]	[0.0000,0.0543]
2	[0.2270,0.3119]	[0.0322,0.0465]	[0.0178,0.0648]	[0.0159,0.0895]
3	[0.2113,0.2906]	[0.1009,0.1453]	[0.0486,0.1058]	[0.0305,0.1221]
4	[0.1948,0.2681]	[0.1667,0.2399]	[0.0787,0.1460]	[0.0415,0.1465]
5	[0.1640,0.2262]	[0.2023,0.2912]	[0.1106,0.1887]	[0.0452,0.1547]
6	[0.1331,0.1841]	[0.2183,0.3142]	[0.1343,0.2203]	[0.0489,0.1628]
7	[0.0882,0.1231]	[0.2384,0.3431]	[0.1595,0.2539]	[0.0574,0.1818]
8	[0.0454,0.0648]	[0.2459,0.3539]	[0.1838,0.2863]	[0.0611,0.1900]
9	[0.0000,0.0031]	[0.2477,0.3565]	[0.2016,0.3101]	[0.0696,0.2089]

通过矩阵 $\widetilde{\boldsymbol{C}}$，基于 TOPSIS 思想，确定正理想方案 $\widetilde{\boldsymbol{p}}_+$ 与负理想方案 $\widetilde{\boldsymbol{p}}_-$ 为

$$\widetilde{\boldsymbol{p}}_+=\{[0.2308,0.3171][0.2477,0.3565][0.2016,0.3101][0.0696,0.2089]\}$$

$$\widetilde{\boldsymbol{p}}_-=\{[0,0.0031][0,0.0002][0,0.0410][0,0.0543]\}$$

该算例中有 4 个指标，选取 $\boldsymbol{L}_8(2^7)$ 正交表并按前 4 列进行布点，备选方案布点矩阵 $\boldsymbol{C}_i(i=1,2,\cdots,9)$、正理想方案布点矩阵 $\boldsymbol{P}_+$ 和负理想方案布点矩阵 $\boldsymbol{P}_-$ 见表 14.31。

表 14.31 方案布点矩阵

矩阵	超防洪高水位风险率	超控制下泄流量风险率	调度期末水位	发电量
C_1	0.2308	0.0000	0.0000	0.0000
	0.2308	0.0000	0.0000	0.0543
	0.2308	0.0002	0.0410	0.0000
	0.2308	0.0002	0.0410	0.0543
	0.3171	0.0000	0.0410	0.0000
	0.3171	0.0000	0.0410	0.0543
	0.3171	0.0002	0.0000	0.0000
	0.3171	0.0002	0.0000	0.0543
C_2	0.2270	0.0322	0.0178	0.0159
	0.2270	0.0322	0.0178	0.0895
	0.2270	0.0465	0.0648	0.0159
	0.2270	0.0465	0.0648	0.0895
	0.3119	0.0322	0.0648	0.0159
	0.3119	0.0322	0.0648	0.0895
	0.3119	0.0465	0.0178	0.0159
	0.3119	0.0465	0.0178	0.0895
C_3	0.2113	0.1009	0.0486	0.0305
	0.2113	0.1009	0.0486	0.1221
	0.2113	0.1453	0.1058	0.0305
	0.2113	0.1453	0.1058	0.1221
	0.2906	0.1009	0.1058	0.0305
	0.2906	0.1009	0.1058	0.1221
	0.2906	0.1453	0.0486	0.0305
	0.2906	0.1453	0.0486	0.1221
C_4	0.1948	0.1667	0.0787	0.0415
	0.1948	0.1667	0.0787	0.1465
	0.1948	0.2399	0.1460	0.0415
	0.1948	0.2399	0.1460	0.1465
	0.2681	0.1667	0.1460	0.0415
	0.2681	0.1667	0.1460	0.1465
	0.2681	0.2399	0.0787	0.0415
	0.2681	0.2399	0.0787	0.1465
C_5	0.1640	0.2023	0.1106	0.0452
	0.1640	0.2023	0.1106	0.1547
	0.1640	0.2912	0.1887	0.0452
	0.1640	0.2912	0.1887	0.1547
	0.2262	0.2023	0.1887	0.0452
	0.2262	0.2023	0.1887	0.1547
	0.2262	0.2912	0.1106	0.0452
	0.2262	0.2912	0.1106	0.1547
C_6	0.1331	0.2183	0.1343	0.0489
	0.1331	0.2183	0.1343	0.1628
	0.1331	0.3142	0.2203	0.0489
	0.1331	0.3142	0.2203	0.1628
	0.1841	0.2183	0.2203	0.0489
	0.1841	0.2183	0.2203	0.1628
	0.1841	0.3142	0.1343	0.0489
	0.1841	0.3142	0.1343	0.1628
C_7	0.0882	0.2384	0.1595	0.0574
	0.0882	0.2384	0.1595	0.1818
	0.0882	0.3431	0.2539	0.0574
	0.0882	0.3431	0.2539	0.1818
	0.1231	0.2384	0.2539	0.0574
	0.1231	0.2384	0.2539	0.1818
	0.1231	0.3431	0.1595	0.0574
	0.1231	0.3431	0.1595	0.1818
C_8	0.0454	0.2459	0.1838	0.0611
	0.0454	0.2459	0.1838	0.1900
	0.0454	0.3539	0.2863	0.0611
	0.0454	0.3539	0.2863	0.1900
	0.0648	0.2459	0.2863	0.0611
	0.0648	0.2459	0.2863	0.1900
	0.0648	0.3539	0.1838	0.0611
	0.0648	0.3539	0.1838	0.1900

续表

矩阵	超防洪高水位风险率	超控制下泄流量风险率	调度期末水位	发电量	矩阵	超防洪高水位风险率	超控制下泄流量风险率	调度期末水位	发电量
C_9	0.0000	0.2477	0.2016	0.0696	P_+	0.3171	0.2477	0.3101	0.0696
	0.0000	0.2477	0.2016	0.2089		0.3171	0.2477	0.3101	0.2089
	0.0000	0.3565	0.3101	0.0696		0.3171	0.3565	0.2016	0.0696
	0.0000	0.3565	0.3101	0.2089		0.3171	0.3565	0.2016	0.2089
	0.0031	0.2477	0.3101	0.0696	P_-	0.0000	0.0000	0.0000	0.0000
	0.0031	0.2477	0.3101	0.2089		0.0000	0.0000	0.0000	0.0543
	0.0031	0.3565	0.2016	0.0696		0.0000	0.0002	0.0410	0.0000
	0.0031	0.3565	0.2016	0.2089		0.0000	0.0002	0.0410	0.0543
P_+	0.2308	0.2477	0.2016	0.0696		0.0031	0.0000	0.0410	0.0000
	0.2308	0.2477	0.2016	0.2089		0.0031	0.0000	0.0410	0.0543
	0.2308	0.3565	0.3101	0.0696		0.0031	0.0002	0.0000	0.0000
	0.2308	0.3565	0.3101	0.2089		0.0031	0.0002	0.0000	0.0543

计算布点矩阵 $\boldsymbol{C}_i$ 中各点到正理想方案布点矩阵 $\boldsymbol{P}_+$ 和负理想方案布点矩阵 $\boldsymbol{P}_-$ 的平方马氏距离，对平方马氏距离进行标准化并计算信噪比指标、均衡接近度指标，得到决策矩阵 $\boldsymbol{X}$（表 14.32）。

表 14.32　　衍生指标决策矩阵 $\boldsymbol{X}$

方案	η_{+i}	η_{-i}	γ_{+i}	γ_{-i}
1	3.0103	3.0103	0.4270	0.9988
2	2.8631	3.0102	0.4969	0.9746
3	2.4677	3.0103	0.6614	0.8056
4	2.0425	3.0103	0.8282	0.6081
5	1.9989	3.0103	0.8901	0.5154
6	2.2690	3.0103	0.8574	0.4785
7	2.6899	3.0103	0.7391	0.4359
8	2.9087	3.0102	0.6107	0.4212
9	3.0103	3.0103	0.4898	0.4178

对 $\boldsymbol{X}$ 进行标准化，并取各指标权重为 0.25，得到如表 14.33 所示的加权标准化决策矩阵 $\boldsymbol{C}$。

选取参考方案 $\boldsymbol{p}=(0.250,0.250,0.250,0.250)$，计算备选方案到参考方案的映射距离 MD_i，并依据方法一、方法二和方法三（本章方法）各自排序准则对方案进行排序，结果见表 14.34。由表 14.34 可以看出，三种方法决策结果不同，按照方法三推荐方案 2 为最优方案。

表 14.33　　衍生指标加权标准化决策矩阵 C

方案	η_{+i}^{*}	η_{-i}^{*}	γ_{+i}^{*}	γ_{-i}^{*}
1	0.0000	0.2500	0.0000	0.0000
2	0.0364	0.0000	0.0377	0.0104
3	0.1341	0.1543	0.1265	0.0831
4	0.2392	0.1825	0.2166	0.1681
5	0.2500	0.1752	0.2500	0.2080
6	0.1832	0.1640	0.2324	0.2239
7	0.0792	0.1560	0.1685	0.2422
8	0.0251	0.1393	0.0992	0.2485
9	0.0000	0.2500	0.0339	0.2500

表 14.34　　方案排序结果

方案	方法一		方法二		方法三	
	η_i	排序	γ_i	排序	MD_i	排序
1	0.5000	8	0.2995	9	0.2165	8
2	0.5125	6	0.3377	8	0.0327	1
3	0.5495	4	0.4508	7	0.0519	2
4	0.5958	2	0.5766	5	0.0559	3
5	0.6010	1	0.6333	2	0.0628	5
6	0.5702	3	0.6418	1	0.0565	4
7	0.5281	5	0.6290	3	0.1156	6
8	0.5086	7	0.5918	4	0.1615	7
9	0.5000	8	0.5397	6	0.2343	9

文献（彭杨等，2013）提出了一种基于区间优势可能势的模糊折衷型多属性决策方法，指出可以将备选方案与正理想方案的贴近度越小方案越优或者备选方案与负理想方案贴近度越大方案越优作为方案优选的原则，备选方案与正理想方案的贴近度见表 14.35。

表 14.35　　备选方案与正理想方案的贴近度

方案	1	2	3	4	5	6	7	8	9
贴近度	0.492	0.466	0.489	0.487	0.494	0.494	0.494	0.501	0.508

表 14.34 中的映射距离、表 14.35 中的贴近度均为越小越优型指标，均按最大值归一化后绘制于图 14.28 中。从图 14.28 可以看出，利用本章方法选出的最优方案与文献（张慧峰，2012）中一致，但本章方法较文献（张慧峰等，2012）方法的优点是可以运用较少的决策指标，在减少计算工作量的同时，可以获得显著的区分度，从而提升了决策效率。

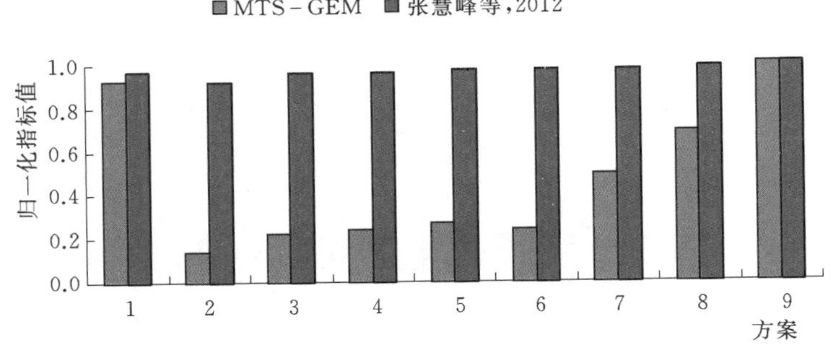

图 14.28 方法显著性对比

14.5 基于累积前景理论的专家满意度最大群决策模型

14.5.1 累积前景理论

在多属性决策方面，大多数研究通常基于传统的期望效用理论，该理论假设决策者完全理性，但存在 Allias 悖论和 Ellsberg 悖论等无法解释的现象。Tversky 等（1992）在有限理性的基础上，发现不确定条件下个体判断和决策的实际行为偏离了期望效用理论的预测，提出了前景理论（Prospect Theory，PT）。而累积前景理论（Cumulative Prospect Theory，CPT）是在前景理论的基础上发展而来，体现了决策者面对损失和收益时不同的风险态度，更加符合决策过程中决策者的实际心理。综合前景价值由价值函数 $\nu(x)$ 和概率权重函数 $\pi(\theta)$ 两部分组成，分别用来表示决策者对决策方案所得收益的主观价值感受及对收益实现概率的主观判断。基于累积前景理论的专家个体方案排序方法如下。

14.5.1.1 决策矩阵归一化处理

决策矩阵由多种属性组成，为了消除各属性量纲与尺度上的差异，需要对决策矩阵中每一个元素进行归一化处理。

对于效益型的属性：

$$u^{i}_{p,q}=\frac{a^{i}_{p,q}-a^{i}_{\min}(q)}{a^{i}_{\max}(q)-a^{i}_{\min}(q)} \tag{14.88}$$

对于成本型的属性：

$$u^{i}_{p,q}=\frac{a^{i}_{\max}(q)-a^{i}_{p,q}}{a^{i}_{\max}(q)-a^{i}_{\min}(q)} \tag{14.89}$$

式中：$u^{i}_{p,q}$ 为 $a^{i}_{p,q}$ 的归一化值，$0\leqslant u^{i}_{p,q}\leqslant 1$；$a^{i}_{\min}(q)$、$a^{i}_{\max}(q)$ 分别为第 i 个专家给出的第 q 个属性的最小值、最大值。经过归一化处理后的决策矩阵记为 $\boldsymbol{U}^{i}=(u^{i}_{p,q})_{G\times\#}$，$G$ 代表专家个数，# 代表指标个数。

14.5.1.2 价值函数和概率权重函数

价值函数 $\nu(x)$ 是相对于参考点形成的收益或损失，第 i 个专家给出的第 q 个属性的参考点$\overline{u_q^i}$由式（14.90）给出。$x=u_{p,q}^i-\overline{u_q^i}$，表示属性值$u_{p,q}^i$与参考点$\overline{u_q^i}$的距离，$x>0$为收益，$x<0$为损失。

$$\overline{u_q^i}=\begin{cases}u_{\max}^i(q) & \text{成本型属性}\\ u_{\min}^i(q) & \text{效益型属性}\end{cases} \tag{14.90}$$

累积前景理论的价值函数为

$$v^+(x)=x^\alpha \quad x>0 \tag{14.91}$$

$$v^-(x)=-\lambda(-x)^\beta \quad x<0 \tag{14.92}$$

风险态度系数α、$\beta(0\leqslant\alpha,\ \beta\leqslant1)$越大，表示决策者越倾向冒险。损失规避系数$\lambda>1$说明决策者对待损失比收益更敏感。一般令$\alpha=\beta=0.88$，$\lambda=2.25$。经过试算，$\lambda=2.25$反映的风险态度过于保守，这里取$\lambda=1.1$。

决策者对于概率的感知，即面临收益和损失时的前景权重函数$\pi^+(\theta)$和$\pi^-(\theta)$，用收益和损失的非线性函数作为权重函数，其计算公式为

$$\pi^+(\theta_q^i)=\frac{(\theta_q^i)^{\gamma^+}}{[(\theta_q^i)^{\gamma^+}+(1-\theta_q^i)^{\gamma^+}]^{1/\gamma^+}} \tag{14.93}$$

$$\pi^-(\theta_q^i)=\frac{(\theta_q^i)^{\gamma^-}}{[(\theta_q^i)^{\gamma^-}+(1-\theta_q^i)^{\gamma^-}]^{1/\gamma^-}} \tag{14.94}$$

式中：γ^+、γ^-分别为前景权重函数的凹、凸程度，一般取$\gamma^+=0.61$，$\gamma^-=0.69$。

14.5.1.3 综合前景价值

综合前景价值是面临收益和损失时的前景价值的累加。为了避免属性数目对决策结果的影响，在传统综合前景价值计算公式的基础上，分别计算成本型属性和效益型属性的平均综合前景价值，再进行累加，则第i个专家e_i给出的第p个方案d_p的综合前景价值计算公式为

$$\phi_{i,p}=\frac{1}{Y}\sum v^+(x)\pi^+(\theta_q^i)+\frac{1}{Z}\sum v^-(x)\pi^-(\theta_q^i) \tag{14.95}$$

式中：Y为成本型属性的个数；Z为效益型属性的个数。

将第i个专家各方案的综合前景价值按照从大到小的顺序排列即得到符合每个专家决策心理的方案排序。

14.5.2 专家满意度最大群决策模型

由于受到时间、个人能力的限制，在面对复杂且充满不确定性的决策环境时，决策者往往很难选择出最优方案，一般只能通过某种决策机制找到一个相对满意的决策方案，所以说，实际决策时遵循的往往是满意度原则而非效用最大化原则。如何在考虑每个专家评价结果的基础上，得到一个尽可能令所有专家都满意的方案是建立群决策模型的关键。因此，提出了基于最大专家满意度的群决策模型（Expert Most-satisfied Group Decision Model，EMGDM）。

$$\max EDS=\max\sum_{i=1}^{G}\psi_i\sum_{p=1}^{M}(-|\phi'_{i,p}-\phi_{i,b_p}|) \tag{14.96}$$

式中：EDS为专家满意度。

$\boldsymbol{\Phi}=(\phi)_{G\times M}$为所有专家给出各方案的综合前景价值矩阵，$\boldsymbol{\Phi}'=(\phi')_{G\times M}$为将矩阵$\boldsymbol{\Phi}=(\phi)_{G\times M}$的行向量按照递减的顺序排列后的新矩阵，即所有专家排序后的各方案的综合前景价值矩阵。$\boldsymbol{B}=(b)_{1\times M}$为方案$d_1$、$d_2$、…、$d_M$可能出现的排序结果矩阵；$b_p$为第$p$个方案的排序序数，$M$个方案可能有$M$！种排序情况。

基于最大专家满意度的群决策模型的含义是：最终决策结果各排序上的方案前景值与专家综合前景价值矩阵中相同排序上的方案综合前景值一致性最大。例如，最终决策结果中方案 3 排第一位，那么对于第一个专家，$|\phi'_{i,p}-\phi_{i,b_p}|$代表综合前景价值矩阵$\boldsymbol{\Phi}$的第一个行向量中第三列的值与顺序排列后矩阵$\boldsymbol{\Phi}'$的第一个行向量中第一列的值的距离，可以理解为专家一给出的排在第一位的方案与方案 3 的综合前景值的绝对差值。对于一种方案排序组合，将各专家的满意度按权重进行累加，寻求所有方案排序组合中EDS最大的方案即为所求决策结果。

14.5.3 决策步骤

基于上述累积前景理论的专家个体方案排序和最大专家满意度群决策模型的计算步骤如下。

步骤一：决策者根据待决策的问题邀请行业权威专家参与群决策，并给出各专家的权重。

步骤二：各专家根据给定的方案，挑选合适的决策属性进行计算，通过组合赋权法给出属性权重，建立相应的决策矩阵。

步骤三：根据式（14.88）、式（14.89）对各专家的评价矩阵进行归一化处理。

步骤四：根据式（14.90）～式（14.92）计算决策矩阵中元素的价值函数；根据属性权重式（14.93）、式（14.94）确定各属性的概率权重函数值。

步骤五：根据式（14.95）计算各方案的综合前景价值。将第i个专家针对各方案的综合前景价值按降序排列即可得到符合每个专家决策心理的方案排序。

步骤六：建立 EMGDM，采用动态规划法进行求解，得到使所有专家满意度最大的方案排序。

14.5.4 实例研究

三峡水电站是世界上规模最大的水电站，总库容为 393 亿 m^3，具有防洪、发电、航运等多种功能。三峡工程初步设计水库 10 月 1 日开始蓄水，月底均匀蓄至正常蓄水位 175m。但三峡水库建成以来，长江上游 10 月来水呈逐步减小的变化趋势。随着长江“黄金水道”船舶运输量逐年增长、长江沿岸经济增速换挡及长江流域供水灌溉需求显著提高，各综合利用目标间的矛盾日益显现。与此同时，长江中下游 10 月基本进入枯水季节，三峡蓄水目标与下游长江沿岸的抗旱补水目标的矛盾突出。各方面都对三峡水库蓄水时间提出了新的要求。三峡水库汛末提前蓄水可以有效利用洪水资源，提高汛末蓄满率，降低枯水期下游供水压力，有利于水库发电、航运等功能的充分发挥。三峡水库提前蓄水是一个十分复杂的决策问题，涉及多目标间的协调，关系和责任重大，需要克服个人认识的盲区对决策可能产生的不利影响，所以，以此作为实例验证群决策方法的有效性。

鉴于5～11人组成的中等规模的群体所作出的决策最有效，2～5人的较小群体较易得到一致的意见，4～5人的群体易使成员得到满足。因此，实例部分挑选了5篇研究充分、方案设置一致的关于三峡汛末提前蓄水的文献（王炎等，2016；彭杨等，2002，2003；李雨等，2013，李英海，2013），摘选其中5位专家的决策矩阵，见表14.36～表14.40。

表14.36 专家1的决策矩阵 A_1

蓄水时间	9月下旬坝前水位越限风险率(0.1%洪水)/%	9月下旬坝前水位越限风险率(1%洪水)/%	下游多年航运效益增量/亿元	多年平均发电效益增量/亿元	变动回水区多年航运效益增量/亿元
9月1日	99	91.4	−1.12	11.463	−1.191
9月6日	29.5	16.2	−0.9374	9.778	−0.9925
9月11日	10.5	6.7	−0.755	8.25	−0.794
9月16日	2.86	0	−0.5729	6.046	−0.595
9月21日	0	0	−0.391	4.097	−0.397

表14.37 专家2的决策矩阵 A_2

蓄水时间	9月上旬坝前水位越限风险率(0.1%洪水)/%	9月上旬坝前水位越限风险率(1%洪水)/%	多年平均发电量增量/(亿kW·h)	下游重庆河段泥沙疏浚费用占发电效益的百分比/%	重庆河段碍航提前的时间/年
9月1日	3.81	1.95	45.5	0.19	8.03
9月6日	0.95	0.95	39.78	0.19	7.24
9月11日	0	0	34.06	0.17	6.06
9月16日	0	0	25.82	0.17	4.61
9月21日	0	0	17.57	0.14	2.67

表14.38 专家3的决策矩阵 A_3

蓄水时间	年平均汛末蓄满率/%	末水位/m	年均发电量/(亿kW·h)	年均弃水量/亿m^3	防洪风险率/%
9月1日	98.08	174.87	207.363	43.038	97.69
9月6日	97.12	174.84	203.134	44.213	24.37
9月11日	94.23	174.8	199.431	44.011	10.59
9月16日	94.23	174.77	195.331	45.756	1.86
9月21日	91.35	174.67	191.232	47.961	0

表14.39 专家4的决策矩阵 A_4

蓄水时间	风险率(0.1%洪水)/%	风险损失率(0.1%洪水)/%	年均发电量/(亿kW·h)	年均弃水量/亿m^3	年均蓄水位/m
9月1日	0.78	2.93	367.39	75.66	174.8
9月6日	0	0	364.31	79.65	174.73
9月11日	0	0	359.34	85.1	174.64
9月16日	0	0	357.25	88.56	174.59
9月21日	0	0	353.80	92.40	174.52

表 14.40　　专家 5 的决策矩阵 A_5

蓄水时间	年平均汛末蓄满率/%	多年平均末水位/m	年均发电量/(亿 kW·h)	年均弃水量/亿 m^3	防洪风险率/%
9 月 1 日	84.62	174.64	198.632	30.234	98.04
9 月 6 日	82.69	174.59	194.663	30.905	23.53
9 月 11 日	86.54	174.62	190.859	31.939	9.8
9 月 16 日	73.08	174.47	187.538	33.68	1.96
9 月 21 日	69.23	174.34	183.882	35.647	0

由于专家权重和属性权重并非本章的重点，此处假设 5 个专家的权重相同。通过式（14.88）～式（14.95）可计算出每个专家给出各方案的综合前景价值及符合每个专家决策心理的个体方案排序，见表 14.41。

表 14.41　　专家给出各方案的综合前景值及排序

蓄水时间		9 月 1 日	9 月 6 日	9 月 11 日	9 月 16 日	9 月 21 日
专家 1	综合前景值	−0.0302	0.0624	0.0763	0.0663	0.0497
	方案排序	5	3	1	2	4
专家 2	综合前景值	−0.0200	0.0234	0.0543	0.0168	0
	方案排序	5	2	1	3	4
专家 3	综合前景值	−0.0168	0.0811	0.0723	0.0900	0.0765
	方案排序	5	2	4	1	3
专家 4	综合前景值	−0.0292	0.1481	0.1205	0.1095	0.0877
	方案排序	5	1	2	3	4
专家 5	综合前景值	−0.0147	0.0745	0.0785	0.0706	0.0536
	方案排序	5	2	1	3	4

建立 EMGDM 并采用动态规划法进行求解。该模型的主要优势在于打破常规的决策模式，直接将最终的方案排序结果作为未知变量进行求解。当不考虑方案排序重复时，可将其转化为无后效性的多阶段决策问题，采用 DP 算法求解。以方案序号 $p=1,2,3,\cdots,M$ 作为阶段变量，$1\sim p-1$ 为余留阶段，以每个方案可能的顺序 b_p 作为状态变量，EDS 作为决策变量，则状态转移方程可以表示为

$$EDS(p)=EDS(p-1)+\sum_{i=1}^{G}\psi_i(-|\phi'_{i,p}-\phi_{i,b_p}|) \tag{14.97}$$

求解过程中考虑各阶段之间状态变量不重复的约束，即不同方案不能位于相同的次序上。求解出满足 EMGDM 的方案排序为方案 3（9 月 11 日蓄水）>方案 2>方案 4>方案 5>方案 6。这种方案排序与所有专家个体决策排序的满意度最大，体现了对待损失比收益更敏感的决策心理，所以即使方案 1 的效益最大，因为其风险最大而成为最劣方案，方案 5 虽然效益最小，因为其承担的风险极小而排在方案 1 之前。

从图 14.29 可以看出，通过 EMGDM 得到的各方案排序情况与大多数专家个体决策

出的排序情况一致。对于方案 1，所有专家和 EMGDM 的决策结果一致认为其排到最后，方案 1（9 月 1 日蓄水）较现行方案提前了 30 天，三峡面临的防洪风险骤增，累积前景理论赋予风险指标的权重更大，体现了决策者决策心理中对损失的规避程度大于对相同程度收益的偏好程度；3 个专家认为方案 2（9 月 6 日蓄水）排第二，其余两个专家分别认为其排第一和第三，在 EMGDM 的决策结果中排第二，该方案可以获得较高的效益，但同时需要承担较高的风险，因此并非最优；专家一、专家二、专家五认为方案 3（9 月 11 日蓄水）的排序第一，与 EMGDM 的决策结果相同，其综合前景值为正值，表明效益前景值可以抵消掉风险前景值，并且方案 3 需要承担的风险远远小于方案 1 和方案 2。三峡提前蓄水问题关系到后期枯水期的兴利，意义重大，不宜冒险，因此可以采纳这个结果；大多数专家认为方案 4 排序第三，方案 5 排序第四，均和 EMGDM 的决策结果相符，充分体现出了专家满意度最大的原则。

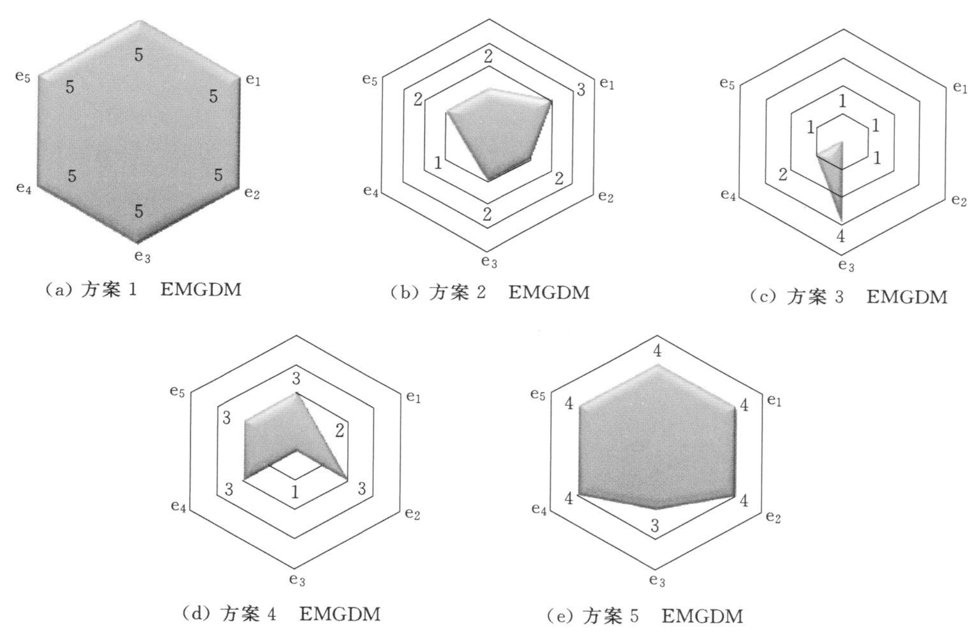

(a) 方案 1 EMGDM

(b) 方案 2 EMGDM

(c) 方案 3 EMGDM

(d) 方案 4 EMGDM

(e) 方案 5 EMGDM

图 14.29 CPT 个体方案排序与 EMGDM 方案排序对比

14.6 小结

本章针对梯级水库群联合调度多目标决策问题，重点介绍了 5 种模型，分别是针对个体决策者的模型——基于多维关联抽样的区间数灰靶决策模型、多维向量空间决策法、基于分歧理论的 IMRM、基于马田系统和灰熵法的多维区间数决策模型和针对群体决策者的多目标群决策模型——基于累积前景理论的专家满意度最大群决策模型。

区间数灰靶决策模型解决了传统区间数决策模型的忽略指标间相关性、默认区间内部为均匀分布等过程的不足；在区分计算相近或易混淆指标的量化问题上，多维向量空间决策法有显著优势；IMRM 引入分歧理论确定了多目标效益转化间的阈值，并给出了最佳均衡解的存在性及唯一性的理论证明；基于马田系统和灰熵法的多维区间数决策模型能够有效消除区间数的不确定性；专家满意度最大群决策模型可以充分考虑每个参与者的意见和心理特征，有效整合专家的意见。这几种决策模型是对现有多目标决策理论的完善和补充。

参 考 文 献

白小勇，王晨华，李允军，等，2008. 人工鱼群算法与离散微分动态规划结合在水库优化调度中的应用[J]. 水电自动化与大坝监测，32（6）：66-69.

曹广晶，蔡治国，2008. 三峡水库综合调度管理综述［J］. 中国三峡建设（科技版），39（2）：1-5.

常志朋，程龙生，刘家树，等，2014. 基于马田系统与TOPSIS的区间数多属性决策方法［J］. 系统工程理论与实践，34（1）：168-175.

畅建霞，黄强，王义民，2001. 基于改进遗传算法的水电站水库优化调度［J］. 水力发电学报（3）：85-90.

陈凯，彭杨，吴志毅，2017. 基于Copula-Monte Carlo法的水库防洪调度多目标风险分析［J］. 中国农村水利水电（5）：170-173，180.

陈璐，卢韦伟，周建中，等，2016. 水文预报不确定性对水库防洪调度的影响分析［J］. 水利学报，47（1）：77-84.

陈森林，李丹，陶湘明，等，2017. 水库防洪补偿调节线性规划模型及应用［J］. 水科学进展，28（4）：507-514.

陈守煜，1990. 多阶段多目标决策系统模糊优选理论及其应用［J］. 水利学报（1）：1-10.

陈守煜，于雪峰，2003. 相对隶属度理论及其在地下水水质评价中应用［J］. 辽宁工程技术大学学报（5）：691-694.

陈田庆，解建仓，张刚，等，2011. 基于小生境和交叉选择粒子群算法的水库优化调度研究［J］. 西北农林科技大学学报（自然科学版），39（7）：201-206.

陈文轩，2009. 多目标模糊决策方法在铁山水库用水调度管理中的应用研究［D］. 长沙：中南大学.

陈勇明，谢海英，2007. 邓氏灰靶变换的不相容问题的统计模拟检验［J］. 系统工程与电子技术，29（8）：1285-1287.

迟福东，严磊，肖海斌，等，2019. 大坝系统风险识别评估方法及在小湾水电站工程的应用［C］//国际碾压混凝土坝技术新进展与水库大坝高质量建设管理——中国大坝工程学会2019学术年会.

戴明龙，2004. 大系统分解协调法与GM(1，1）模型在流域防洪联合调度中的耦合应用［D］. 成都：四川大学.

戴晓晖，1996. 水资源优化调度中的多目标线性规划方法［J］. 新疆水利（4）：11-17.

党耀国，刘国峰，王建平，等，2004. 多指标加权灰靶的决策模型［J］. 统计与决策（3）：29-30.

党耀国，刘思峰，刘斌，2005. 基于区间数的多指标灰靶决策模型的研究［J］. 中国工程科学，7（8）：31-35.

董增川，1986. 大系统分解原理在库群优化调度中的应用［D］. 南京：河海大学.

都金康，李罕，王腊春，等，1995. 防洪水库（群）洪水优化调度的线性规划方法［J］. 南京大学学报（自然科学版）（2）：301-309.

方国华，林泽昕，付晓敏，等，2017. 梯级水库生态调度多目标混合蛙跳差分算法研究［J］. 水资源与水工程学报，28（1）：69-73，80.

方强，王先甲，2006. 具有状态约束的最大值原理在水库调度中的应用［J］. 自动化学报，32（5）：767-773.

冯仲恺，程春田，牛文静，等，2015. 均匀动态规划方法及其在水电系统优化调度中的应用［J］. 水利学报，46（12）：1487-1496.

付湘，纪昌明，1998. 防洪系统最优调度模型及应用［J］. 水利学报（5）：49-53.

葛文波，2008. 线性规划在三峡～葛洲坝梯级枢纽优化调度中的应用［D］. 重庆：重庆大学.

公茂果，程刚，焦李成，等，2011. 基于自适应划分的进化多目标优化非支配个体选择策略［J］. 计算机研究与发展，48（4）：545-557.

郭仲伟，1987. 风险分析与决策［M］. 北京：机械工业出版社.

郝晋，石立宝，周家启，2002. 基于蚁群优化算法的机组最优投入［J］. 电网技术，26（11）：26-31.

何洋，2016. 入库径流预报误差分析及在水库群短期发电调度中的应用［D］. 北京：华北电力大学.

何洋，纪昌明，田开华，等，2016. 基于最大熵原理的入库径流预报误差分布规律研究［J］. 中国农村水利水电（11）：115-120.

侯云鹤，熊信艮，吴耀武，等，2002. 基于广义蚁群算法的电力系统经济负荷分配［J］. 中国电机工程学报，28（21）：6-10.

侯召成，陈守煜，2004. 水库防洪调度多目标模糊群决策方法［J］. 水利学报（12）：106-111.

胡芳肖，张美丽，李蒙娜，2014. 新型农村社会养老保险制度满意度影响因素实证［J］. 公共管理学报，11（4）：95-104.

胡名雨，李顺新，2008. 逐次逼近动态规划法在水库优化调度中的应用［J］. 计算机与现代化（6）：8-10.

胡振鹏，冯尚友，1989. 丹江口水库运行中防洪与兴利矛盾的多目标分析［J］. 水利水电技术（12）：42-48.

黄锋，王丽萍，向腾飞，等，2014. 基于混沌人工鱼群算法的水库发电优化调度研究［J］. 中国农村水利水电（10）：149-153.

黄志中，周之豪，1995. 大系统分解—协调理论在库群实时防洪调度中的应用［J］. 系统工程理论方法应用，4（3）：53-59.

纪昌明，李继清，张玉山，2005. 防洪工程体系综合风险评价的物元模型［J］. 华北电力大学学报，32（1）：86-90.

纪昌明，刘方，彭杨，等，2013a. 基于鲶鱼效应粒子群算法的水库水沙调度模型研究［J］. 水力发电学报，32（1）：70-76.

纪昌明，李继伟，张新明，等，2013b. 基于免疫蛙跳算法的梯级水库群优化调度［J］. 系统工程理论与实践，33（8）：2125-2132.

纪昌明，李传刚，刘晓勇，等，2016. 基于泛函分析思想的动态规划算法及其在水库调度中的应用研究［J］. 水利学报，47（1）：1-9.

纪昌明，李荣波，田开华，等，2017a. 基于来水不确定性的梯级水电站负荷调整耦合模型——以锦官电源组梯级水电站为例［J］. 水利学报，48（1）：1-12.

纪昌明，张培，苏阳悦，2017b. 理想均变率法及其在水库群多目标调度决策中的应用［J］. 水力发电学报，36（12）：1-9.

纪昌明，马皓宇，李传刚，等，2018. 基于可行域搜索映射的并行动态规划［J］. 水利学报，49（6）：649-661.

纪昌明，梁小青，张验科，等，2019. 入库径流预报误差随机模型及其应用［J］. 水力发电学报，38（10）：75-85.

贾仁甫，陈守伦，梁伟，2008. 基于混沌优化算法的混联水电站群长期优化调度［J］. 水利学报，39（9）：1131-1135.

江钊，2012. 分段线性逼近法在梯级水电站优化调度中的应用［D］. 武汉：华中科技大学.

蒋志强，纪昌明，孙平，等，2014. 多层嵌套动态规划并行算法在梯级水库优化调度中的应用［J］. 中国农村水利水电（9）：70-75.

蒋志强，武文杰，覃晖，等，2019. 考虑预报误差的水电站短期调度模糊风险研究［J］. 水力发电学报，

38（2）：36-46.

赖锡军，姜加虎，黄群，等，2006. 洞庭湖洪水空间分布和运动特性分析［J］. 长江科学院院报，23（6）：22-26.

李爱玲，1997. 水电站水库群系统优化调度的大系统分解协调方法研究［J］. 水电能源科学，15（4）：58-61.

李安强，李荣波，何小聪，2018. 基于灰靶理论的水库调度方案决策模型及其应用［J］. 人民长江，49（13）：90-94.

李崇浩，缪益平，纪昌明，2005. 基于进化蚁群算法的梯级水电厂日优化运行［A］//中国人工智能进展. 北京：北京邮电大学出版社：1209-1213.

李传刚，2018. 考虑水流演进的梯级水库短期优化调度模型及其算法研究［D］. 北京：华北电力大学.

李凡，卢安，蔡立晶，2001. 基于Vague集的多目标模糊决策方法［J］. 华中科技大学学报（自然科学版），29（7）：1-3.

李国栋，李庚银，杨晓东，等，2010. 基于雷达图法的电能质量综合评估模型［J］. 电力系统自动化，34（14）：70-74.

李继清，姚志宗，贾怀森，等，2007. 刘家峡水库汛期动态防洪限制水位论证研究［J］. 水力发电学报，26（5）：1-6.

李娜，梅亚东，段文辉，等，2006. 基于Vague集理论和群决策的大坝病险综合评价方法［J］. 水电自动化与大坝监测，30（6）：65-69.

李荣波，李安强，游中琼，等，2019. 基于8MDIP-VIKOR的水库多目标调度方案评价模型［J］. 人民长江，50（5）：191-195.

李维乾，解建仓，薛保菊，等，2008. 蜜蜂进化型遗传算法在水库优化调度中的应用［J］. 水资源与水工程学报，19（6）：41-44，48.

李文家，许自达，1990. 三门峡、陆浑、故县三水库联合防御黄河下游洪水最优调度模型探讨［J］. 人民黄河（4）：21-26.

李文君，邱林，陈晓楠，等，2011. 基于集对分析与可变模糊集的河流生态健康评价模型［J］. 水利学报，42（7）：775-782.

李响，郭生练，刘攀，等，2010. 考虑入库洪水不确定性的三峡水库汛限水位动态控制域研究［J］. 工程科学与技术，42（3）：49-55.

李晓磊，邵之江，钱积新，2002. 一种基于动物自治体的寻优模式：鱼群算法［J］. 系统工程理论与实践（11）：32-38.

李英海，周建中，2010. 基于改进熵权和Vague集的多目标防洪调度决策方法［J］. 水电能源科学，28（6）：32-35.

李英海，董晓华，刘冀，等，2013. 考虑抗旱补水需求的三峡水库提前蓄水方案研究［J］. 水电能源科学，31（8）：63-65.

李雨，郭生练，郭海晋，等，2013. 三峡水库提前蓄水的防洪风险与效益分析［J］. 长江科学院院报，30（1）：8-14.

梁小青，2020. 梯级水库调度不确定性分析与多属性决策模型研究［D］. 北京：华北电力大学.

廖伯书，张勇传，1989. 水库优化运行的随机多目标动态规划模型［J］. 水利学报（12）：43-49.

林剑艺，程春田，于滨，等，2008. 基于改进蚁群算法的梯级水库群优化调度［J］. 水电能源科学（4）：53-55，204.

林昭华，侯云鹤，熊信艮，等，2003. 广义蚁群算法用于电力系统无功优化［J］. 华北电力大学学报，30（2）：6-9.

刘宝碇，彭锦，2005. 不确定理论教程［M］. 北京：清华大学出版社.

刘方，张粒子，2017. 基于大系统分解协调和多核集群并行计算的流域梯级水电中长期调度［J］. 中国电机工程学报，37 (9)：2479-2491.

刘红岭，2009. 电力市场环境下水电系统的优化调度及风险管理研究 [D]. 上海：上海交通大学.

刘玒玒，汪妮，解建仓，等，2015. 水库群供水优化调度的改进蚁群算法应用研究 [J]. 水力发电学报，34 (2)：31-36.

卢有麟，陈金松，祁进，等，2015. 基于改进熵权和集对分析的水库多目标防洪调度决策方法研究 [J]. 水电能源科学，33 (1)：43-46.

罗军刚，解建仓，2008. 基于 Vague 集的模糊多目标决策方法及应用 [J]. 数学的实践与认识 (20)：114-122.

罗强，宋朝红，雷声隆，2001. 水库群系统非线性网络流规划法 [J]. 武汉大学学报（工学版）(3)：22-26.

马超，崔喜艳，2018. 水库月平均流量滚动预报及其不确定性研究 [J]. 水力发电学报，37 (2)：59-67.

马光文，1991. 大系统随机控制理论在水库群优化调度中的应用 [J]. 系统工程学报 (2)：46-58.

梅亚东，冯尚友，1989. 水电站水库系统死库容优选的非线性网络流模型 [J]. 水电能源科学 (2)：168-175.

梅亚东，谈广明，2002. 大坝防洪安全的风险分析 [J]. 武汉大学学报（工学版），35 (6)：11-15.

梅亚东，谈广明，2002. 大坝防洪安全评价的风险标准 [J]. 水电能源科学，20 (4)：8-10.

孟宪萌，胡和平，2009. 基于熵权的集对分析模型在水质综合评价中的应用 [J]. 水利学报，40 (3)：257-262.

彭少明，王煜，张永永，等，2016. 多年调节水库旱限水位优化控制研究 [J]. 水利学报，47 (4)：552-559.

彭杨，李义天，谢葆玲，等，2002. 三峡水库汛后提前蓄水方案研究 [J]. 水力发电学报 (3)：12-20.

彭杨，李义天，张红武，2003. 三峡水库汛末不同时间蓄水对防洪的影响 [J]. 安全与环境学报 (4)：22-26.

彭杨，纪昌明，刘方，2013. 梯级水库水沙联合优化调度多目标决策模型及应用 [J]. 水利学报，44 (11)：1272-1277.

彭勇，唐国磊，薛志春，2011. 基于改进人工鱼群算法的梯级水库群优化调度 [J]. 系统工程理论与实践，31 (6)：1118-1125.

申海，解建仓，罗军刚，2011. 水库洪水调度多目标决策方法及应用 [J]. 沈阳农业大学学报，42 (3)：340-344.

申海，解建仓，罗军刚，等，2012. 直觉模糊集的水库洪水调度多属性组合决策方法及应用 [J]. 西安理工大学学报，28 (1)：56-61.

申建建，程春田，廖胜利，等，2009. 基于模拟退火的粒子群算法在水电站水库优化调度中的应用 [J]. 水力发电学报，28 (3)：10-15.

史亚军，彭勇，徐炜，2016. 基于灰色离散微分动态规划的梯级水库优化调度 [J]. 水力发电学报，35 (12)：35-44.

宋捷，党耀国，王正新，等，2010. 正负靶心灰靶决策模型 [J]. 系统工程理论与实践，30 (10)：1822-1827.

苏哲斌，2014. 基于灰色聚类分析的西安市空气质量评价模型 [J]. 纺织高校基础科学学报，27 (3)：404-408.

孙平，王丽萍，蒋志强，等，2014. 两种多维动态规划算法在梯级水库优化调度中的应用 [J]. 水利学报，45 (11)：1327-1335.

唐剑东，熊信艮，吴耀武，等，2004. 基于改进 PSO 算法的电力系统无功优化 [J]. 电力自动化设备，24 (7)：81-84.

田峰巍，黄强，刘恩锡，1987. 非线件规划在水电站厂内经济运行中的应用 [J]. 西安理工大学学报（3）：68-73.

万芳，邱林，黄强，2011. 水库群供水优化调度的免疫蚁群算法应用研究［J］. 水力发电学报，30（5）：234-239.

万俊，陈惠源，1994. 梯级水电站群优化补偿大系统分解协调模型软件研究［J］. 人民长江，25（10）：36-40.

万新宇，王光谦，2011. 基于并行动态规划的水库发电优化［J］. 水力发电学报，30（6）：166-170，182.

万星，周建中，2007. 自适应对称调和遗传算法在水库中长期发电调度中的应用［J］. 水科学进展（4）：598-603.

汪新星，张明，2004. 基于改进微粒群算法的水火电力系统短期发电计划优化［J］. 电网技术，28（12）：16-19.

王本德，蒋云钟，1996. 考虑降雨预报误差的防洪风险研究［J］. 水文科技信息，13（3）：23-27.

王本德，于义彬，刘金禄，等，2004. 水库洪水调度系统的模糊循环迭代模型及应用［J］. 水科学进展，15（2）：233-237.

王渤权，2018. 改进遗传算法及水库群优化调度研究［D］. 北京：华北电力大学.

王德智，董增川，丁胜祥，2006. 基于连续蚁群算法的供水水库优化调度［J］. 水电能源科学（2）：77-79，5.

王健，2018. 水火电系统中长期非线性调度模型及方法研究［D］. 大连：大连理工大学.

王骏，王士同，邓赵红，2012. 聚类分析研究中的若干问题［J］. 控制与决策，27（3）：321-328.

王丽萍，孙平，蒋志强，等，2014. 基于正态云变异蛙跳算法的梯级水电站短期优化调度［J］. 水力发电学报，33（6）：61-67，104.

王丽萍，孙平，蒋志强，等，2015. 基于并行云变异蛙跳算法的梯级水库优化调度研究［J］. 系统工程理论与实践，35（3）：790-798.

王丽萍，王渤权，李传刚，等，2017. 基于均匀自组织映射遗传算法的梯级水库优化调度［J］. 系统工程理论与实践，37（4）：1072-1079.

王丽萍，李宁宁，马皓宇，等，2019. 大坝可接受风险水平确定方法研究［J］. 水力发电学报，38（4）：136-145.

王丽萍，阎晓冉，王渤权，等，2019. 基于多维关联抽样的区间数灰靶决策模型及其应用［J］. 系统工程理论与实践，39（6）：1610-1622.

王文平，1997. 灰靶决策的灰效用理论研究［J］. 华中科技大学学报（自然科学版）（1）：89-91.

王新博，宋斌，2015. 基于自适应混合蛙跳算法的水库调度研究［J］. 吉林水利（11）：24-26.

王学敏，陈芳，张睿，2018. 溪洛渡、向家坝水库汛期运行水位上浮空间研究［J］. 人民长江，49（13）：52-58.

王炎，李英海，等，2016. 三峡水库汛末蓄水方案优化设计［C］//第十四届中国水论坛. 吉林长春. 北京：中国水利水电出版社：6.

王正初，周慕逊，李军，等，2007. 基于人工鱼群算法的水库优化调度研究［J］. 继电器（21）：43-46，50.

王正新，党耀国，杨虎，2009. 改进的多目标灰靶决策方法［J］. 系统工程与电子技术，31（11）：2634-2636.

王志刚，杨丽徙，陈根永，2002. 基于蚁群算法的配电网网架优化规划方法［J］. 电力系统及其自动化学报，14（6）：73-76.

吴沧浦，1960. 年调节水库的最优运用［J］. 科学记录，4（2）：81-85.

吴昊，纪昌明，蒋志强，等，2015. 梯级水库群发电优化调度的大系统分解协调模型［J］. 水力发电学报，34（11）：40-50.

吴鸿亮，唐德善，周克发，等，2007. 基于物元理论的城市防洪体系综合评价研究［J］. 水力发电（9）：6-8.

向波，纪昌明，罗庆松，2008. 免疫粒子群算法及其在水库优化调度中的应用［J］. 河海大学学报（自然科学版）（2）：198-202.

解建仓，田峰巍，黄强，等，1998. 大系统分解协调算法在黄河干流水库联合调度中的应用［J］. 西安理工大学学报（1）：3-7.

谢崇宝，袁宏源，1997. 水库防洪全面风险率模型研究［J］. 武汉水利电力大学学报，30（2）：71-74.

谢维，纪昌明，吴月秋，等，2010. 基于文化粒子群算法的水库防洪优化调度［J］. 水利学报，41（4）：452-457，463.

徐刚，马光文，梁武湖，等，2005. 蚁群算法在水库优化调度中的应用［J］. 水科学进展（3）：397-400.

徐刚，马光文，涂扬举，2005. 蚁群算法求解梯级水电厂日竞价优化调度问题［J］. 水利学报，36（8）：978-981.

徐嘉，胡彩虹，吴泽宁，2011. 离散微分动态规划在水库优化调度中的应用研究［J］. 气象与环境科学，34（4）：79-83.

阎晓冉，王丽萍，俞洪杰，等，2019. 三种水库优化调度方案实施模式的对比研究［J］. 水电能源科学，37（1）：61-64.

阎晓冉，2020. 梯级水库多目标互馈关系及决策方法研究［D］. 北京：华北电力大学.

杨百银，王锐琛，1996. 水库泄洪布置方案可靠度及风险分析研究［J］. 水力发电（8）：54-59.

杨俊杰，周建中，李英海，等，2009. 基于模糊联系数的水库多目标防洪调度决策［J］. 华中科技大学学报（自然科学版）（9）：101-104.

俞洪杰，纪昌明，阎晓冉，等，2018. 水库短期发电调度方式评价研究［J］. 中国农村水利水电（12）：178-183.

喻杉，2012. 基于改进蚁群算法的梯级水库群优化调度研究［D］. 北京：华北电力大学.

袁晓辉，王乘，张勇传，等，2004. 粒子群优化算法在电力系统中的应用［J］. 电网技术，28（19）：14-19.

袁晓辉，袁艳斌，王金文，等，2005. 水火电力系统短期发电计划优化方法综述［J］. 中国电力，35（9）：33-38.

曾伟，郝玉国，范瑞祥，等，2015. 基于马田系统和灰色累积前景理论的变压器区间数维修风险决策［J］. 华北电力大学学报，42（5）：100-110.

曾勇红，姜铁兵，张勇传，2004. 基于线性规划的梯级水电系统短期发电计划［J］. 水电自动化与大坝监测，28（4）：59-62.

张慧峰，周建中，张勇传，等，2012. 基于区间优势可能势的模糊折衷型防洪多目标多属性决策方法［J］. 四川大学学报（工程科学版），44（4）：57-63.

张宁，2020. 吉林省中部城市引松供水工程水资源配置方案研究［D］. 长春：长春工程学院.

张培，纪昌明，张验科，等，2017. 考虑多风险因子的水库群短期优化调度风险分析模型［J］. 中国农村水利水电（9）：181-185，190.

张培，2018. 锦官电源组库群优化调度风险分析与多目标决策方法研究［D］. 北京：华北电力大学.

张世宝，温洁，张红旗，等，2011. 基于 NSGA-Ⅱ的三门峡水库汛期多目标优化调度［J］. 人民黄河，33（12）：14-15.

张验科，2012. 综合利用水库调度风险分析理论与方法研究［D］. 北京：华北电力大学.

张验科，张佳新，俞洪杰，等，2019. 考虑动态洪水预见期的水库运行水位动态控制［J］. 水力发电学报，38（9）：64-72.

赵波，曹一家，2004. 电力系统机组组合问题的改进粒子群优化算法［J］. 电网技术，28（21）：6-10.

赵铜铁钢，雷晓辉，蒋云钟，等，2012. 水库调度决策单调性与动态规划算法改进［J］. 水利学报，

43 (4): 414-421.

赵晓慎，张超，王文川，2011. 基于熵权法赋权的贝叶斯水质评价模型［J］. 水电能源科学，29 (6): 33-35.

赵学敏，胡彩虹，王永新，2009. 综合利用水库工程方案评价的集对分析法［J］. 水力发电，35 (3): 11-13.

周华艳，周建中，何中政，等，2018. 基于烟花量粒子群算法的水库群联合优化调度［J］. 水电能源科学，36 (10): 84-87，38.

周晓光，张强，胡望斌，2005. 基于 Vague 集的 TOPSIS 方法及其应用［J］. 系统管理学报，14 (6): 537-541.

周珍，邢瑶瑶，孙红霞，等，2017. 政府补贴对京津冀雾霾防控策略的区间博弈分析［J］. 系统工程理论与实践，37 (10): 2640-2648.

周志华，2016. 机器学习［M］. 北京：清华大学出版社.

邹进，张勇传，2003. 一种多目标决策问题的模糊解法及在洪水调度中的应用［J］. 水利学报，34 (1): 119-122.

邹进，2013. 自适应逐次逼近遗传算法及其在水库群长期调度中的应用［J］. 系统工程理论与实践，33 (1): 267-272.

LOGANATHAN G V，BHATTACHARYA D，姚慈亮，1991. 水库优化调度的目的规划方法［J］. 人民长江 (12): 52-58.

AFSHAR M H，MOEINI R，2008. Partially and fully constrained ant algorithms for the optimal solution of large scale reservoir operation problems [J]. Water Resources Management，22 (12): 1835-1857.

AFSHAR M H，2013. Extension of the constrained particle swarm optimization algorithm to optimal operation of multi-reservoirs system [J]. International Journal of Electrical Power & Energy Systems，51 (6): 71-81.

ANGELINE P J，1999. Using selection to improve particle swarm optimization [A] //Proceedings of the 1999 Congress on Evolutionary Computation [C]. Piscataway，NJ，IEEE Press: 84-89.

BARROS，YANG，LOPES，et al，2001. Large-scale hydropower system optimization [J]. AHR Publication，Integrated Water Resources Management，Wallingford，U. K.，271: 263-268.

BEKER L，YEH W W-G，FULTS D M，1976. Operations models for central valley project [J]. Journal of Water Resources Planning and Management，102 (WR1): 101-115.

BELLAMN R E，1957. Dynamic programming [M]. Princeton University Press.

BENDERM J，SIMONOVIC S P，2000. A fuzzy compromise approach to water resource systems planning under uncertainty [J]. Fuzzy Sets & Systems，115 (1): 35-44.

BERGH F V D，ENGELBRECHT A P，2002. A new locally convergent particle swarm optimizer [A] // Proceedings of IEEE Conference on Systems，Man，and Cybernetics [C]. Hammamet，Tunisia: 96-101.

BUENVIAJE B，BISCHOFF J，RONCACE R，et al，2016. Mahalanobis Taguchi System to identify preindicators of delirium in the ICU [J]. IEEE Journal of Biomedical and Health Informatics，20 (4): 1205-1212.

BULLNHEIMER B，HARTL R F，STRAUSS C，1999. A new rank based version of the ant system - a computational study [J]. Central European Journal of Operations Research，7 (1): 25-38.

CHEN D，LEON A S，ENGLE S P，et al，2017. Offline training for improving online performance of a genetic algorithm based optimization model for hourly multi-reservoir operation [J]. Environmental Modelling & Software，96: 46-57.

COELLOCAC，PULIDO G T，LECHUGA M S，2004. Handling multiple objectives with particle swarm optimization [J]. IEEE Transactions on Evolutionary Computation, 8 (3): 256-279.

DANTZIG G B, EAVES B C, 1974. Studies in optimization [M]. Mathematical Association of America.

DORIGO M, MANIEZZO V, COLORNI A, 1991. Distributed optimization by ant colonies [A] //Proc 1st European conf Artificial Life [C]. Pans, France: Elsevier: 134-142.

DORIGO M, MANIEZZO V , COLORNI A, 1996. Ant system: Optimization by a colony of cooperating agents. IEEE Trans Syst Man Cybernetics-Part B [J]. IEEE TRANSACTIONS ON CYBERNETICS, 26 (1): 29-41.

FARAH H, AZEVEDO C L, 2016. Safety analysis of passing maneuvers using extreme value theory [J]. IATSS Research, 41 (1): 12-21.

FOUEDJIO F, 2016. A hierarchical clustering method for multivariate geostatistical data [J]. Spatial Statistics: S2211675316300367.

FOUFOULA E, KITANIDIS P K, 1988. Gradient dynamic programming for stochastic optimal control of multi-dimensional water resources systems [J]. Water Resources Research, 24 (8): 1345-1359.

FU G, 2008. A fuzzy optimization method for multi-criteria decision making: An application to reservoir flood control operation [J]. Expert Systems with Applications, 34 (1): 145-149.

GAING Z L, 2003. Discrete particle swarm optimization algorithm for unit commitment [A]. IEEE Power Engineering Society General Meeting [C]. Ontario, Canada: 418-424.

GISELLA F, GHISELLI R R, SILVIA M, 1998. Note on ranking fuzzy triangular numbers [J]. International Journal of Intelligent Systems, 13 (7): 613-622.

HAIMES Y Y, 1977. Hierarchical analysis of water resources system: Modeling and optimization of large systems [M]. New York: McGraw-Hill International Book Co.

HALL W A, 1967. Optimum operation for planning of a complex water resources system [J]. Water Resources Center, School of Engineering and Applied Science.

HE Y, XU Q, YANG S, et al, 2014. Reservoir flood control operation based on chaotic particle swarm optimization algorithm [J]. Applied Mathematical Modelling, 38 (17-18): 4480-4492.

HEIDARI M, CHOW V T, KOKOTOVIC P V, et al, 1971. Discrete differential dynamic programing approach to water resources systems optimization [J]. Water Resources Research, 7 (2): 273-282.

HIGASHI N, IBA H, 2003. Particle swarm optimization with Gaussian mutation [A] //Proceedings of the 2003 Congress on Evolutionary Computation [C]. Piscataway, NJ, IEEE Press: 72- 79.

HUANG C L, HSU T S, LIU C M, 2009. The Mahalanobis-Taguchi system neural network algorithm for data-mining in dynamic environments [J]. Expert Systems with Applications, 36 (3): 5475-5480.

ISMAIL A, ENGELBRECHT A P, 2000. Global optimization algorithms for training product unit neural networks [C]. International Joint Conference on Neural Networks, I: 132-137.

KANTOROVITCH L, 1939. The method of successive approximation for functional equations [J]. Acta Mathematica, 71 (1): 63-97.

KASSABALIDIS I, EL-SHARKAWI M A, II R J M, et al, 2002. Adaptive-SDR: Adaptive swarm-based distributed routing [C]//Neural Networks. IJCNN'02. Proceedings of the 2002 International Joint Conference on 2002. IEEE, 1: 351-354.

KELLNER R, GATZERT N, 2013. Estimating the basis risk of index-linked hedging strategies using multivariate extreme value theory [J]. Journal of Banking & Finance, 37 (11): 4353- 4367.

KENNEDY J, EBERHART R C, 1995. Particle swarm optimization [A] //IEEE International Conf. on Neural Networks [C]. Perth, Australia: IEEE: 1942-1948.

KUHN H W, TUCKER A W, 1951. Nonlinear programming [C]//Berkeley Symposium on Mathematical Statistics & Probability. University of California Press.

LI K F, JI C M, ZHANG Y K, 2012. A study of risk assessment and decision-making for hydropower reservoirs' multi-objective joint operation [J]. China Rural Water & Hydropower (10): 120-122.

LI L, XIA J, XU C, et al, 2010. Evaluation of the subjective factors of the GLUE method and comparison with the formal Bayesian method in uncertainty assessment of hydrological models [J]. Journal of Hydrology, 390 (3-4): 210-221.

LI X, GUO S L, LIU P, et al, 2010. Dynamic control of flood limited water level for reservoir operation by considering inflow uncertainty [J]. Journal of Hydrology, 391 (1-2): 124-132.

LI Y H, ZHOU J Z, ZHANG Y C, et al, 2009. Risk decision model for the optimal operation of reservoir flood control and its application [J]. Water Power, 35 (4): 19-22.

LITTLE J D C, 1955. The use of storage water in a hydroelectric system [J]. Operational Research, 3 (2): 187-197.

LUO J, QI Y, XIE J, et al, 2015. A hybrid multi-objective PSO-EDA algorithm for reservoir flood control operation [J]. Applied Soft Computing, 34 (C): 526-538.

MAHALANOBIS P C, 1936. On the generalized distance in statistics [C]. Proceedings of the National Institute of Sciences of India (2): 49-55.

MARIANO S J P S, CATALAO J P S, MENDES V M F, et al, 2007. Head-dependent maximum power generation in short-term hydro scheduling using nonlinear programming [C]. Proceedings of the IASTED International Conference on Energy and Power Systems: 247-252.

MESAROVIC M D, TAKAHARA Y , MACKO D, 1970. Theory of hierarchical multilevel system [M]. New York: Academic Press.

NAKAHARA Y, SASAKI M, GEN M, 1992. On the linear programming problems with interval coefficients [J]. Computers & Industrial Engineering, 23 (1-4): 301-304.

NEUMANN J V, MORGENSTERN O, 1947. Theory of games and economic behavior (2d rev. ed.) [J]. Princeton University Press, 26 (1-2): 131-141.

PONNAMBALAM L, VANNELLI A, UNNY T E, 1989. An application of Karmarkar's interior-point linear-programming algorithm for multi-reservoir operations optimization[J]. Stochastic Hydrology & Hydraulics, 3 (1): 17-29.

ROBERT G, 1994. Reynolds. An introduction to cultural algorithms [A] //Proceeding of the third annual conference on evolutionary programming [C]. New Jersey: World Scientific: 131-139.

ROSSMAN L A, 1977. Reliability-constrained dynamic programing and randomized release rules in reservoir management [J]. Water Resources Research, 13 (2): 247-255.

SALERNO J, 1997. Using the particle swarm optimization technique to train a recurrent neural model [C]// International Conference on Tools with Artificial Intelligence. IEEE.

SENSARMA PS, RAHMANI M, 2002. A comprehensive method for optima expansion planning using particle swarm optimization [A] //Proceedings of the IEEE Power Engineering Society Transmission and Distribution Conference [C]. New York, USA: 1317-1322.

SHI Y, EBERHART R C, 2001. Fussy adaptive particle swarm optimization [A] //In: Proceedings of the 2001 Congress on Evolutionary Computation Piscataway [C]. NJ, IEEE Press: 101-106.

STUTZLE T, HOOS H H, 2000. Max-min ant system [J]. Journal of Future Generation Computer Systems, 16: 889-914.

TURGEON A, 1980. Optimal operation of multi-reservoir power systems with stochastic inflows [J]. Water Resources Research, 1980.

TVERSKY A, KAHNEMAN D, 1992. Advances in prospect theory: Cumulative representation of uncertainty [J]. Journal of Risk and Uncertainty, 5 (4): 297-323.

VALDES J B, FILIPPO M D, STRZEPEK K M, et al, 1992. Aggregation-disaggregation approach to multireseroir operation [J]. Journal of Water resource Planning &Management, ASCE, 118 (4): 423-443.

VEDULA S, MUJUMDAR P P, 1992. Optimal reservoir operation for irrigation of multiple crops [J]. Water Resources Research, 28 (1): 1-9.

WINDSOR J S, 1973. Optimization model for the operation of flood control systems [J]. Water Resources Research, 9 (5): 1219-1226.

XIA Q, XIANG N, WANG S, 1988. Optimal daily scheduling of cascaded plants using a new algorithm of non-linear minimum cost network flow concept [J]. IEEE Transactions on Power Systems, 3 (3): 929-935.

XIANG L, WEI J, LI T, et al, 2013. A parallel dynamic programming algorithm for multi-reservoir system optimization [J]. Journal of Tsinghua University, 67 (4): 1-15.

YAN B, GUO S, CHEN L, 2014. Estimation of reservoir flood control operation risks with considering inflow forecasting errors [J]. Stochastic Environmental Research and Risk Assessment, 28 (2): 359-368.

YEH, TROTT W, 1972. Optimization of water resources development; Optimization of capacity specification for components of regional, complex, integrated, multi-purpose water resources systems [J]. Engineering Univ. of California, Los Angeles, 72 (45).

YOSHIDA H, KAWATA K, FUKUYAMA Y., et al, 2001 Particle swarm optimization for reactive power and voltage control considering voltage stability [C]. Proc. Intl. Conf. on Intelligent System Application to Power Systems. Rio de Janeiro, Brazil: 117-121.

YOUNG G K, 1967. Finding reservoir operating rules [J]. Journal of the Hydraulics Division, 93 (6): 297-321.

ZADEH L A, 1978. Fuzzy sets as a basis for a theory of possibility [J]. Fuzzy Sets and Systems.

ZHANG R, ZHOU J, OUYANG S, et al, 2013. Optimal operation of multi-reservoir system by multi-elite guide particle swarm optimization [J]. International Journal of Electrical Power & Energy Systems, 48 (1): 58-68.

ZHANG Z, JIANG Y, ZHANG S, et al, 2014. An adaptive particle swarm optimization algorithm for reservoir operation optimization [J]. Applied Soft Computing Journal, 18 (4): 167-177.

ZHANG Z, ZHANG S, WANG Y, et al, 2013. Use of parallel deterministic dynamic programming and hierarchical adaptive genetic algorithm for reservoir operation optimization [J]. Computers & Industrial Engineering, 65 (2): 310-321.

ZHAO T, CAI X, YANG D, 2011. Effect of stream flow forecast uncertainty on real-time reservoir operation [J]. Advances in Water Resources, 34 (4): 495-504.

ZHAO T, ZHAO J, YANG D, et al, 2013. Generalized martingale model of the uncertainty evolution of streamflow forecasts [J]. Advances in Water Resources, 57 (9): 41-51.